Arbeiten zur Angewandten Statistik

Band 30

Claus Weihs

Auswirkungen von Fehlern in den Daten auf Parameterschätzungen und Prognosen

Springer-Verlag Berlin Heidelberg GmbH

Dr. Claus Weihs
Ciba-Geigy AG
Mathematische Applikationen
CH-4002 Basel/Schweiz

Die „Arbeiten zur Angewandten Statistik" sind die Fortsetzung der Reihe „Berichte aus dem Institut für Statistik und Versicherungsmathematik und aus dem Institut für Angewandte Statistik der Freien Universität Berlin".

ISSN 0066-5673
ISBN 978-3-7908-0374-7

CIP-Kurztitelaufnahme der Deutschen Bibliothek

Weihs, Claus:
Auswirkungen von Fehlern in den Daten auf Parameterschätzungen und Prognosen / Claus Weihs
Heidelberg : Physica-Verlag, 1987
(Arbeiten zur angewandten Statistik; Bd. 30)
ISBN 978-3-7908-0374-7 ISBN 978-3-662-00405-0 (eBook)
DOI 10.1007/978-3-662-00405-0
NE: GT

7120/7130-543210

VORWORT

Die vorliegende Arbeit beschäftigt sich einerseits mit asymptotischen Eigenschaften und Simulationsaussagen für ökonometrische Fehler-in-den-Variablen Modelle und andererseits mit der effizienten Implementierung von nichtlinearen ökonometrischen Schätzern für die Simulation. Im Vordergrund steht dabei die Diskussion der ökonometrischen Modelle, den historischen Ausgangspunkt bildete allerdings der numerische Aspekt. Die Arbeit wurde am 10.9.1986 als Dissertation am Fachbereich IV (Wirtschafts- und Sozialwissenschaften/Mathematik) der Universität Trier angenommen. Ihr fächerübergreifender Charakter wird insbesondere auch daran deutlich, dass sie einerseits von Prof. Dr. R. Hettich (Fachbereich IV-Mathematik) und andererseits von Prof. Dr. W. Krelle (Institut für Gesellschafts- und Wirtschaftswissenschaften der Universität Bonn) betreut wurde. Ihnen verdanke ich vielfältige Anregungen, ohne die diese Arbeit sicherlich ganz anders aussehen würde.

Besonders danken möchte ich auch Prof. Dr. P. Schönfeld (Institut für Gesellschafts- und Wirtschaftswissenschaften der Universität Bonn) für seine konstruktive Kritik. Ausserdem möchte ich den Mitarbeitern im SFB 21 bzw. 303 an der Universität Bonn und den Mitarbeitern des Centro Scientifico, IBM Italia, in Pisa danken für viele anregende Diskussionen, insbesondere Carlo Bianchi, Giorgio Calzolari, Jürgen von Hagen, Alfons Kirchen, Manfred Kiy, Lorenzo Panattoni, Hermann Sarrazin und Heinz Welsch. Mein spezieller Dank gilt aber Anke Meyer (Universität Konstanz), die mir in allen Höhen und Tiefen der Arbeit mit Rat und Tat zur Seite gestanden hat. Schliesslich möchte ich auch nicht versäumen, Renate Meiners und Frau M. Steinert zu danken für das sorgfältige Tippen des Manuskripts.

Abschliessend möchte ich noch erwähnen, dass die numerischen Tests und die Simulationen dieser Arbeit auf den Rechenanlagen des RHRZs und des SFB 21 bzw. 303 in Bonn sowie von IBM Italia in Pisa und Rom mit Hilfe des ökonometrischen Software-Produkts IAS-System Bonn (vgl. Weihs (1984a)) durchgeführt wurden.

Basel, März 1987 C. Weihs

INHALTSVERZEICHNIS

0. EINLEITUNG 1

I. ZUR THEORIE (NICHT-)LINEARER ÖKONOMETRISCHER MODELLE 8

1. Das ökonometrische Modell 8

1.1 Der Begriff des ökonometrischen Modells 8

1.2 Ein nichtlineares interdependentes Modell mit Fehlern-in-den-Variablen 11

1.3 Identifizierbarkeit in Fehler-in-den-Variablen-Modellen: Kalmans Kritik 17

2. Schätzung und Prognose bei fehlerfreien Daten 30

2.1 Parameterschätzung 30

2.1.1 FIML-Schätzung 30

2.1.2 Eigenschaften des FIML-Schätzers 38

2.1.3 OLS-Schätzer 48

2.2 Prognosen 49

2.2.1 Ein-Schritt-Prognosen 49

2.2.2 Mehr-Schritt-Prognosen 55

2.2.3 Ex-post-Prognosen 60

3. Schätzung und Prognose bei Fehlern in den Variablen 62

3.1 Fehlerprozesse 62

3.1.1 Allgemeine Form 62

3.1.2 Prozentsätze der exakten Variablen 68

3.1.3 Prozentsätze der Erwartungswerte 69

3.1.4 Prozentsätze der Standardabweichungen 70

3.2 Verteilung des OLS-Schätzers 78

3.2.1 Inkonsistenz auf Grund von Meßfehlern 78

3.2.2 Konsistenz trotz Meßfehlern 81

3.2.3 Small-sample-Analyse: Kleine Meßfehler 93

3.3 Verteilung des Maximum-Likelihood-Schätzers 95

3.3.1 Konsistente ML-Schätzungen im Eingleichungsmodell 95

3.3.2 Konsistente ML-Schätzungen in Mehrgleichungsmodellen 104

3.4 Prognosen bei Fehlern in den Variablen 108

3.4.1 Prognosen in statischen Einzelgleichungsmodellen 108

3.4.2 Prognosen in dynamischen Einzelgleichungsmodellen 112

3.4.3 Prognosen in dynamischen interdependenten Modellen 115

II. SIMULATION VON FEHLERN IN DEN VARIABLEN 122

1. Das Monte-Carlo-Experiment 122

1.1 Das Monte-Carlo-Experiment bei Simulationsmodellen 123

1.2 Das Monte-Carlo-Experiment bei Real-world-Modellen 129

2. Simulationsmodelle 140

2.1 Ein statisches Simulationsmodell in reduzierter Form 141

2.2 Ein dynamisches interdependentes Simulationsmodell 158

2.3 Zusammenfassung der Ergebnisse 176

3. Varianten des Modells Klein 1 178

4. Ein makroökonomisches Modell für die BRD 199

4.1 Überblick 199

4.2 Das Modell als Abbildung des Kontenrahmens der Volkswirtschaftlichen Gesamtrechnung (VGR) 200

4.2.1 Verwendungs-, Verteilungs- und Umverteilungsrechnung 200

4.2.2 Ausfüllung des Kontenrahmens 203

4.2.3 Schätzansätze 207

4.3 Prognosen 219

4.3.1 Ex-post-Prognosen 219

4.3.2 Ex-ante-Prognosen 220

4.4 Datenfehleranalyse 223

4.4.1 Fehler in makroökonomischen Variablen 223

4.4.2 Datenerstellung des Statistischen Bundesamts 224

4.4.3 Qualitätsbeurteilung durch Experten 226

4.4.4 Datenrevisionen 227

4.4.5 Darstellung des statistischen Fehlers 229

4.4.6 Verfahren von Langaskens und van Rijckeghem 231

4.4.7 Anwendung des Verfahrens 232

4.4.8 Implementierung der Fehlerprozesse 238

4.5 Monte-Carlo-Experimente 240

5. Fazit 256

III. ZUR NUMERIK DER SCHÄTZALGORITHMEN 260

0. Einleitung 260

1. FIML-Schätzung und OLS-Schätzung: Approximation der Hessematrix der Zielfunktionen 265

1.1 OLS-Schätzung 265

1.2 FIML-Schätzung 266

2. Eine trust-region Methode zur Lösung von nichtlinearen Minimierungsproblemen 273

2.1 Überblick 273

2.2 Eine Klasse von trust-region Methoden 274

2.3 Zur Skalierung 277

2.4 Globale Konvergenz 280

2.5 Lokale Konvergenz: Konvergenzgeschwindigkeit 286

2.6 Näherungen für Hessematrizen 291

2.6.1 Gauss-Newton-Näherungen 291

2.6.2 Quasi-Newton-Näherungen 293

3. Numerische Realisierung der Schätzalgorithmen 302

3.1 Ausgestaltung der trust-region Methode 302

3.2 Testergebnisse bei historischen Daten 307

3.2.1 OLS-Schätzung 308

3.2.2 FIML-Schätzung 312

3.2.3 Der Standard-Algorithmus: BFGS-mix 316

3.3 Testergebnisse bei simulierten Daten 320

3.3.1 Implementierung bei Monte-Carlo-Simulationen 320

3.3.2 Eine Monte-Carlo Studie zum Vergleich der Konvergenzeigenschaften von Varianten des trust-region Algorithmus 322

4. Fazit 328

Anhang 1: Das Kontensystem der Volkswirtschaftlichen Gesamtrechnung 330

Anhang 2: Datendokumentation 341

Anhang 3: Gütegruppeneinteilung von VGR-Daten des Statistischen Bundesamts 381

Literaturverzeichnis 384

0. EINLEITUNG

Bei der Gründung der Econometric Society (1930) wurde die Förderung der ökonomischen Theorie in ihrer Beziehung zu Statistik und Mathematik zu deren Hauptziel erklärt (Econometrica 1, 1933, p. 1). In diesem umfassenden Sinn beinhaltet die Ökonometrie die Analyse der Beziehungen zwischen ökonomischen Variablen (wie z.B. Mengen und Preisen, Einkommen und Ausgaben) durch Abstraktion und mathematische Formulierung von Theorien, sowie die Beurteilung der empirischen Brauchbarkeit der daraus resultierenden "Modelle" mit Hilfe von relevantem Datenmaterial (vgl. Hendry (1980), p. 388).

Heute wird der Begriff Ökonometrie allerdings oft in einem engeren Sinn gebraucht, nämlich als Interpretation und Analyse von statistischen Daten im Zusammenhang mit einer existierenden ökonomischen Theorie. Danach besteht die ökonometrische Theorie unter anderem aus der Untersuchung von Eigenschaften von Datengenerierungsprozessen, von Methoden zur statistischen Analyse ökonomischer Daten, von Schätzmethoden für Modellparameter mit unbekannten Werten, von Methoden zum Test ökonomischer Hypothesen und von Methoden zur Prognose des zukünftigen Verhaltens ökonomischer Systeme. In der angewandten Ökonometrie dagegen werden z.B. makroökonomische Modelle entwickelt, die teilweise Hunderte von Gleichungen enthalten, wobei eine einzelne Gleichung für einen autonomen Aspekt des Verhaltens einer Gruppe von Wirtschaftssubjekten steht (wie z.B. Konsumenten oder Produzenten) und das Modell als Ganzes die Gesamtentwicklung (eines Ausschnitts) der Ökonomie beschreiben soll (vgl. Hendry (1980), p. 388/9).[1)]

Inzwischen haben zwei der herausragenden Vertreter der Ökonometrie Nobelpreise für Ökonomie erhalten (Tinbergen 1969 und

---

1) Ein ausführlicher Überblick über ökonometrische Theorie und Modellbildung findet sich z.B. bei Schönfeld (1980).

Klein 1980). Die ökonometrischen Methoden waren und sind aber insbesondere bei Ökonomen keineswegs unumstritten. Einer der ersten und bedeutendsten Kritiker war J.M. Keynes (1939), (1940). Er bezweifelte, daß es mit den damaligen ökonometrischen Modellen möglich wäre, eine qualitative ökonomische Theorie zu widerlegen oder quantitative Anhaltspunkte über die zukünftige ökonomische Entwicklung zu erhalten. Leider erscheinen Keynes' Einwände auch heute noch aktuell. Insbesondere liefern sie eine gültige Liste von wesentlichen Problemen des heutigen Modellbaus, wie z.B. das Auftreten unechter Korrelationen aufgrund von schlechten oder zu wenig Daten, des Auslassens wesentlicher Einflußfaktoren oder der Vernachlässigung von Simultanitäten; die Unfähigkeit, hochkorrelierte Effekte zu trennen; die Fragwürdigkeit so typischer Modellvereinfachungen wie Linearität und konstante Parameter (vgl. Hendry (1980), p. 396).

In letzter Zeit scheint sich die Kritik an den Inhalten der Ökonometrie eher noch verstärkt zu haben. Dabei wird nicht nur die Praxis des ökonometrischen Modellbaus angegriffen, sondern auch die Inhalte ökonometrischer Theorie (vgl. z.B. Griliches (1974), Lucas (1976), Hendry(1980), Sims (1980), Kalman (1982 a,b), Leamer (1983)). Insbesondere wurde verschiedentlich angeregt, in der theoretischen Forschung andere Schwerpunkte zu setzen. Am weitesten geht dabei wohl Kalman, der eine Abkehr von der wahrscheinlichkeitstheoretischen Betrachtungsweise fordert zugunsten einer systemtheoretischen Betrachtung (vgl. Kalman (1982a), p. 170). Kalman kritisiert unter anderem die in der Ökonometrie übliche Vorgehensweise, die "Schätzbarkeit" von unbekannten Parametern durch a-priori-Annahmen zu erzwingen, die anhand von beobachteten Daten nicht überprüfbar sind (vgl. Kalman (1982b), p. 171).

Auch Hendry (1980, p. 403) kritisiert die in der Ökonometrie häufig zu beobachtende Tendenz, Modellhypothesen nicht zu testen. Im Gegensatz zu Kalman wendet sich Hendry aber nicht gegen die theoretische Fundierung des ökonometrischen Modellbaus, sondern gegen seine überwiegende Praxis. Er fordert dazu auf, beim Bau empirischer Modelle die vorhandenen Techniken zu nutzen, um die Modellhypothesen weitestgehend zu testen (vgl. p. 397). Im Mittelpunkt ökonometrischer Forschung sollte nach Hendry die Entwicklung gründlich getesteter empirischer Modelle stehen, die die verfügbaren Daten unter Einbeziehung der neuesten ökonometrischen Techniken und der neuesten Erfahrungen anderer Modellbauer auf der Basis einer wohlfundierten ökonomischen Theorie angemessen beschreiben (vgl. p. 403). In diesem Zusammenhang spricht auch Hendry von einer Fehlallokation der ökonometrischen Forschungsaktivitäten, insbesondere durch die Konzentration auf die Entwicklung immer neuer Schätztechniken. Dabei spielt er an auf die rasche Entwicklung der Computertechnologie in den letzten Jahren, wodurch die Verwendung der wegen ihrer theoretischen Eigenschaften sehr attraktiven "Maximum-Likelihood-Schätzer" wieder interessant wurde, deren Berechnung lange Zeit als zu aufwendig galt. Damit tritt dann die Beschäftigung mit den meisten anderen Schätzern in den Hintergrund, da sie als Approximationen des ML-Schätzers interpretiert werden können (vgl. Hendry (1976), Hendry (1980), p. 399/400). Auch die teilweise übliche Beschränkung auf lineare Modelle läßt sich inzwischen kaum noch mit prohibitiv großen Rechenzeiten bei nichtlinearen Modellen begründen.

Zumindest eine Tatsache steht der Verwendung immer allgemeinerer komplexerer Modelle allerdings entgegen: das größtenteils <u>notorisch unzuverlässige</u> verfügbare <u>Datenmaterial</u>. Daran dürfte sich seit den Warnungen von Morgenstern (1950) kaum etwas geändert haben (vgl. z.B. Hendry (1980, p. 390), Rinne (1981)). Kann aber eine komplexe ökonomische Theorie überhaupt anhand von empirischen Modellen überprüft werden, wenn die beobachteten Variablen und die "wirklichen" Variablen, für die die Theorie formuliert wurde, u.U. wenig miteinander zu tun haben? Nun hat schon Frisch (1934) die Verwendung sogenannter <u>Fehler-in-den-Variablen Modelle</u> gefordert, in denen Meßfehler explizit zugelassen sind. Über Jahrzehnte hinweg standen dann allerdings andere Probleme im Vordergrund, etwa die Schätzung in interdependenten Modellen (vgl. Griliches (1974), p. 973). Erst der relative Erfolg einfacher Fehler-in-den-Variablen Methoden bei der Behandlung von Modellvariablen, deren direkte Beobachtung in jedem Fall ausgeschlossen ist (wie "permanentes" Einkommen, erwartete Preise, "Humankapital" und Fähigkeiten), ließen Fehler-in-den-Variablen Modelle Anfang der siebziger Jahre auch wieder für die Behandlung von Meßfehlern interessant werden (vgl. Griliches (1974), p. 976/7).

Allerdings erscheint die Berücksichtigung von Meßfehlern in ökonometrischen Modellen nicht unproblematisch; denn Meßfehler sind natürlich keinesfalls beobachtbar. Fehler-in-den-Variablen Modelle enthalten damit notwendigerweise a-priori-Annahmen, die anhand von Daten nicht überprüfbar sind (vgl. Kalmans Kritik (s.o.)). Bedauerlicherweise erweist sich aber auch die Suche nach einer andersgearteten Begründung der a-priori-Annahmen, etwa durch die Beschaffung von Expertenmeinungen über Art und Größe der Meßfehler, als einigermaßen schwierig. Eines der größten Hindernisse stellt dabei sicherlich die unglückliche Trennung dar zwischen Datenproduzenten (wie dem Statistischen Bundesamt) und Datennutzern (wie den Modellbauern) (vgl. z.B. Griliches (1974, p. 973), Hendry (1980, p. 389)).

Diese Arbeit liefert in zweierlei Hinsicht einen Beitrag zu der Diskussion über die Berücksichtigung von Fehlern-in-den-Variablen in ökonometrischen Modellen. Einerseits werden die Auswirkungen unterschiedlicher a-priori-Annahmen über die stochastischen Eigenschaften der Meßfehler diskutiert anhand der Verteilung von Schätzungen und Prognosen. Dazu werden Schätzer, die für meßfehlerfreie Daten entwickelt wurden, auf meßfehlerbehaftete Daten angewendet. Für gewisse lineare Modelle werden analytische Aussagen über das daraus resultierende Verhalten von Schätzungen und Prognosen hergeleitet (vgl. I.3). Für allgemeinere Modelle wurden Monte-Carlo-Simulationen durchgeführt (vgl. II).

Andererseits werden für ein kleines makroökonomisches Modell für die BRD auch Methoden diskutiert zur Beschaffung von Informationen über Art und Größe von Meßfehlern in den beteiligten Variablen (vgl. II.4.4). In diesem Zusammenhang ist hervorzuheben, daß das Statistische Bundesamt für diese Arbeit diejenigen Modellvariablen, die von ihm publiziert wurden, grob klassifiziert hat hinsichtlich der Größe der darin enthaltenen Meßfehler (vgl. II.4.4.3).

Vergleicht man die Ergebnisse für Meßfehler unterschiedlicher stochastischer Struktur und unterschiedlicher Größe, so ergeben sich bemerkenswert deutlich unterschiedliche Auswirkungen auf die Verteilung von Schätzungen und Prognosen. Fehlspezifizierte Meßfehlerprozesse können also die Aussagen ökonometrischer Modelle stark verfälschen. Deshalb sollte unbedingt versucht werden, bei der Modellierung von Meßfehlerprozessen so viel a-priori-Information über den Datengenerierungsprozeß wie möglich zu berücksichtigen. Ob die in der BRD im Augenblick verfügbaren Informationen über das Datenmaterial, etwa der Volkswirtschaftlichen Gesamtrechnung des Statistischen Bundesamts, ausreichen für eine vertretbare Spezifizierung, darf angezweifelt werden.

Empirische ökonometrische Modelle sind in der Praxis zumeist sowohl interdependent als auch nichtlinear. Das gilt auch für das untersuchte makroökonomische Modell für die BRD. Für die Parameterschätzung in solchen Modellen erscheint der nichtlineare "Full-Information-Maximum-Likelihood" (FIML)-Schätzer attraktiv wegen seiner asymptotischen Eigenschaften (vgl. I.2.1). Da sich dessen Berechnung aber auch bei Verwendung moderner Computer als sehr zeitaufwendig erweist, war schon im voraus klar, daß für die umfangreichen Monte-Carlo-Experimente dieser Arbeit sehr große Rechenzeiten benötigt werden würden. Um diese in vertretbaren Grenzen zu halten, wurde deshalb zunächst ein stabiler und schneller numerischer Algorithmus entwickelt zur Berechnung ökonometrischer Schätzungen in nichtlinearen interdependenten Modellen, insbesondere zur Berechnung von FIML-Schätzungen. Den zweiten Schwerpunkt dieser Arbeit bildet daher die Diskussion der Konvergenzeigenschaften dieses Algorithmus (vgl. III).

Der Algorithmus gehört zu der modernen Algorithmenklasse der "trust-region-Methoden" (vgl. z.B. Moré (1983)). Insbesondere durch Ausnutzung der speziellen Struktur der interessierenden Schätzer ist es gelungen, Varianten des Algorithmus zu entwickeln, die sehr günstige Eigenschaften für praktische Anwendungen aufweisen. Sie sind stabil gegenüber schlechter Skalierung und schlecht gewählten Startwerten, sie konvergieren global, und sie konvergieren sehr schnell (nämlich "superlinear") in der Nähe des Optimums (vgl. III.2). Anhand eines Vergleichs mit anderen Varianten konnte auch ihre praktische Überlegenheit demonstriert werden und zusätzlich die große Bedeutung der Güte des numerischen Algorithmus, insbesondere hinsichtlich des Rechenzeitaufwandes bei wiederholten Anwendungen in Monte-Carlo-Simulationen (vgl. III.3).

Die Arbeit ist wie folgt aufgebaut. In Kapitel I werden analytische Ergebnisse für (nicht-)lineare ökonometrische Modelle mit und ohne Fehler-in-den-Variablen dargestellt. Dabei beinhaltet I.1 die Definition des allgemeinsten der untersuchten Modelltypen (I.1.1, I.1.2) und eine Diskussion der Identifizierbarkeit spezieller Fehler-in-den-Variablen Modelle (I.1.3) In I.2 werden Ergebnisse über Schätzung und Prognose im allgemeinsten Modell bei Abwesenheit von Meßfehlern dargestellt (I.2.1, I.2.2). Und in I.3 werden spezielle Fehlermodelle diskutiert hinsichtlich Schätzung und Prognose in linearen Modellen.

In Kapitel II werden Ergebnisse von Monte-Carlo-Simulationen vorgestellt. In II.1 wird der Aufbau des Monte-Carlo-Experiments beschrieben. In II.2 folgen Ergebnisse für Simulationsmodelle, bei denen sämtliche Parameter und Verteilungen a-priori bekannt sind, so daß beliebig viele Datensätze erzeugt werden können, die mit dem Modell kompatibel sind. In II.3 und II.4 werden Ergebnisse für Real-world-Modelle diskutiert, für die nur der historische Datensatz vorliegt und einige Parameter unbekannt sind.

In Kapitel III schließlich folgt die Diskussion der Konvergenzeigenschaften des numerischen Algorithmus zur Berechnung der ökonometrischen Schätzungen. In III.1 werden Approximationen der Hessematrizen der Zielfunktionen der untersuchten Schätzer diskutiert. In III.2 wird der Algorithmus vorgestellt und seine globalen und lokalen Konvergenzeigenschaften hergeleitet. In III.3 endlich werden numerische Realisierungen des Algorithmus vorgestellt und ihre Eigenschaften bei der Schätzung empirischer Modelle verglichen.

I. ZUR THEORIE (NICHT-)LINEARER ÖKONOMETRISCHER MODELLE

1. Das ökonometrische Modell

Der Begriff des ökonometrischen Modells ist grundlegend für die gesamte Ökonometrie. Einerseits werden theoretische Untersuchungen i.a. im Rahmen eines geeigneten Modells durchgeführt, und andererseits bilden empirische Modelle (z.B.) das Verhalten ganzer Volkswirtschaften nach. Zunächst folgt deshalb eine Definition dieses Modellbegriffs und eine Darstellung einiger gängiger Modelleigenschaften (vgl. 1.1). Danach wird derjenige Typ des ökonometrischen Modells vorgestellt, der in dieser Arbeit verwendet wird (vgl. 1.2). Daran schließt sich dann eine Diskussion der Tragweite der a-priori-Annahmen an, die dem Modell zugrundeliegen (vgl. 1.3). Insbesondere wird die Schwierigkeit einer angemessenen Berücksichtigung von Meßfehlern in ökonometrischen Variablen angesprochen, als Einführung in die Thematik dieser Arbeit. Nach diesen grundlegenden Abschnitten folgt eine Darstellung von stochastischen Eigenschaften von zwei der wichtigsten Objekte ökonometrischer Untersuchungen, nämlich von Schätzungen unbekannter Modellparameter und von Prognosen für ökonometrische Variablen in der Zukunft. Dabei wird einerseits von meßfehlerfreien Variablen ausgegangen (vgl. 2), und andererseits werden die Auswirkungen unterschiedlicher Spezifizierungen der Eigenschaften der Meßfehler diskutiert (vgl. 3).

1.1 Der Begriff des ökonometrischen Modells [1)]

(1.1.1) Ein ökonometrisches Modell $\mathbb{M}$ ist die Menge aller mathematischen Systeme, die alle Hypothesen $\mathbb{H}$ erfüllen, die bzgl. eines studierten ökonomischen Phänomens a-priori getroffen wurden. Zur Menge $\mathbb{H}$ der Hypothesen gehören die folgenden Elemente:

(1) die Auswahl der Modellvariablen, d.h. i.a.
- der durch das Modell erklärten, sogenannten

---

1) Vgl. Schönfeld (1969), (1971).

endogenen Variablen,
- der die Außenwelt repräsentierenden, sogenannten exogenen Variablen, und
- gewisser Störvariablen, die den Zufall im Modell repräsentieren etwa in Form von Meßfehlern oder nicht erklärten Restgrößen;

(2) die Festlegung der allgemeinen Gestalt der Relationen zwischen den Modellvariablen, im folgenden immer des Funktionstyps von Gleichungen;

(3) die Festlegung des Erklärungshorizonts T des Modells, d.h. i.a. des Zeitraums, für den das Modell gelten soll;

(4) die Festlegung der zulässigen Verteilungen oder der zulässigen Werte der exogenen Variablen;

(5) die Festlegung der zulässigen Verteilungen der Störvariablen;

(6) die Auswahl der explizit auszuweisenden Parameter der Modellrelationen;

(7) die Spezifikation des Parameterraums des Modells, d.h. der zulässigen Parameterwerte.

(1.1.2) Ein wesentliches Merkmal ökonometrischer Modelle ist die Unterscheidung zwischen endogenen und exogenen Modellvariablen. Dabei wird unterstellt, daß das Modell die Bestimmung der endogenen Variablen aus den exogenen Variablen beschreibt und daß die exogenen Variablen unabhängig von den endogenen Variablen bestimmt werden (vgl. (1.2.7)).

(1.1.3) Bei der Behandlung der exogenen Modellvariablen ist zu unterscheiden zwischen unbedingter und bedingter Betrachtung. In beiden Fällen werden die exogenen Variablen als Zufallsvariablen aufgefaßt. Während aber in unbedingter Betrachtung Hypothesen über die gemeinsame Verteilung der exogenen Variablen und der Störvariablen getroffen werden, wird in bedingter Betrachtung das Modell für gegebene Realisierungen der exogenen Variablen untersucht, und deshalb werden Hypothesen über die Menge der möglichen

Realisierungen der exogenen Variablen getroffen.

(1.1.4) Man unterscheidet dynamische und statische Modelle. Ein Modell heißt dynamisch, wenn seine Entwicklung im Zeitablauf durch Relationen bestimmt ist, in denen mindestens eine endogene Variable zu verschiedenen Zeitpunkten auftritt. Bei dynamischen Modellen werden die endogenen Variablen unterteilt in gemeinsam abhängige Variablen und verzögerte endogene Variablen. Dabei sind die gemeinsam abhängigen Variablen die endogenen Variablen in der jeweils gegenwärtigen Zeitperiode. Entsprechend sind die verzögerten endogenen Variablen die endogenen Variablen vor einer bestimmten Anzahl von Zeitperioden. In Erweiterung von (1.1.2) sagt man in dynamischen Modellen, daß die gemeinsam abhängigen Variablen durch die vorherbestimmten Variablen bestimmt werden, nämlich durch die exogenen und die verzögerten endogenen Variablen. Ein nichtdynamisches Modell heißt statisch.

(1.1.5) Welcher Erklärungshorizont verwendet wird, hängt wesentlich davon ab, ob das betrachtete Modell dynamisch oder statisch ist. Gebräuchlich sind

$\mathcal{T}_0 := \{t \mid t=1,\ldots,T\}$, $\mathcal{T}_1 := \{t \mid t=1,2,3,\ldots\}$,
$\mathcal{T}_2 := \{t \mid t=0,\pm1,\pm2,\ldots\}$.

Bei dynamischen Modellen wird i.a. $\mathcal{T}_1$ oder $\mathcal{T}_2$ als Erklärungshorizont gewählt. Dabei stellt sich das Problem des Beginns des stochastischen Prozesses der endogenen Variablen. Dafür werden die folgenden Ansätze verwendet:

- der stochastische Prozeß $\{y_t \mid t \in \mathcal{T}\}$ hat den Erklärungshorizont $\mathcal{T} := \mathcal{T}_1$, und die "Startwerte" $y_{-h},\ldots,y_{-1},y_0$ sind fest, d.h. sie besitzen eine Einpunktverteilung (feste Anfangsbedingungen);
- der stochastische Prozeß $\{y_t \mid t \in \mathcal{T}\}$ hat den Erklärungshorizont $\mathcal{T} := \mathcal{T}_2$, und bei Betrachtung des Ausschnitts $\mathcal{T}_1$ von $\mathcal{T}$ sind die Startwerte $y_{-h},\ldots y_{-1},y_0$ in den

zweiseitigen Prozeß eingepaßt (stochastische Anfangsbedingungen).

(1.1.6) Hinsichtlich der Kausalstruktur der Modelle unterscheidet man interdependente und rekursive Modelle sowie Modelle in reduzierter und finaler Form. Modelle, die in ihrer ökonomisch relevanten Form angegeben sind, heißen Modelle in struktureller Form. Solche Modelle heißen interdependent, wenn in ihnen gemeinsam abhängige Variable auftreten, die einander wechselseitig beeinflussen. Modelle in struktureller Form heißen rekursiv, wenn sich die gemeinsam abhängigen Variablen so anordnen lassen, daß jede dieser Variablen nur von ihren Vorgängern abhängig ist. Sind die Modellgleichungen nach den gemeinsam abhängigen Variablen aufgelöst, ist also der kausale Zusammenhang zwischen den gemeinsam abhängigen Variablen einerseits und den vorherbestimmten Variablen und den Störvariablen andererseits explizit aus dem Modell ersichtlich, spricht man von einem Modell in reduzierter Form. Sind die gemeinsam abhängigen Variablen ausgedrückt als Funktionen der exogenen Variablen, der Störvariablen und etwaiger fester Startwerte für die verzögerten endogenen Variablen, so spricht man von einem Modell in finaler Form.

Um mathematisch-statistische Aussagen über das Verhalten von ökonometrischen Modellen erhalten zu können, benötigt man insbesondere eine Spezifizierung der funktionalen Form des Modells und der stochastischen Eigenschaften seiner Variablen. Das folgende Modell ist grundlegend für die ganze Arbeit. Die Modellannahmen werden allerdings in späteren Abschnitten teilweise verschärft.

1.2 Ein nichtlineares interdependentes Modell mit Fehlern-in-den-Variablen

Seien die Zufallsvariablen y_{it}, $i=1,\dots,M$, $t \in T$, erklärt durch (zeitunabhängige) funktionale Beziehungen f_i, $i=1,\dots,M$, deren Form vollständig bekannt ist:

$$(1.2.1)\quad \begin{aligned} y_{it} &= f_i(y_{1t},\dots,y_{Mt};\ x_{1t},\dots,x_{Pt};\ \beta_1^*,\dots,\beta_n^*) + \varepsilon_{it} \\ &=: f_i(y_t;\ x_t;\ \beta^*) + \varepsilon_{it},\ i=1,\dots,m, \\ y_{it} &= f_i(y_t;\ x_t) \qquad\qquad ,\ i=m+1,\dots,M. \end{aligned}$$

Dabei repräsentieren die M Zufallsvariablen y_{it} die <u>gemeinsam abhängigen Variablen</u>, die P Zufallsvariablen x_{jt} die <u>vorherbestimmten Variablen</u> und die m Zufallsvariablen ε_{it} <u>Fehler in den Gleichungen</u> (sogenannte <u>Residuen</u>). Die "fehlerbehafteten" ersten m Gleichungen des Modells heißen <u>Verhaltensgleichungen</u>. Die restlichen $(M-m)$ Gleichungen heißen <u>Identitäten</u>.

Die Funktionen f_i, $i=1,\dots,M$, seien zweimal stetig differenzierbar in allen Argumenten, jedenfalls in dem relevanten Bereich der Argumente.

Als <u>Erklärungshorizont</u> $\mathcal{T}$ des Modells wird wahlweise $\mathcal{T}_1$ oder $\mathcal{T}_2$ verwendet. Es wird angenommen, daß die <u>gemeinsam abhängigen Variablen</u> y_{it}, $i=1,\dots,M$, <u>und</u> die <u>vorherbestimmten Variablen</u> x_{jt}, $j=1,\dots,P$, <u>in</u> der sogenannten <u>Referenzperiode</u> $\mathcal{T}_0 = \{t \mid t=1,\dots,T\} \subset \mathcal{T}$ <u>indirekt beobachtbar</u> sind <u>mit Hilfe von Meßvariablen</u> der Form:

$$(1.2.2)\quad \begin{aligned} \mathrm{y}_{it} &= y_{it} + d_{yit},\ i=1,\dots,M, \\ \mathrm{x}_{jt} &= x_{jt} + d_{xjt},\ j=1,\dots,P, \quad \text{wobei} \end{aligned}$$

- die <u>Fehler in den Variablen</u> d_{yit}, d_{xjt} (sogenannte <u>Meßfehler</u>) im Mittel verschwinden:
  $E(d_{yit}) = E(d_{xjt}) = 0$, $i=1,\dots,M$, $j=1,\dots,P$, $t \in \mathcal{T}_0$,
- die Fehler in den verzögerten Variablen mit den Fehlern in den entsprechenden unverzögerten Variablen in der entsprechenden Vorperiode übereinstimmen und

- die Meßfehler insgesamt so geschaffen sind, daß die Identitäten in (1.2.1) auch für die Meßvariablen exakt gelten [1].

Die Zufallsvariablen y_{it}, x_{jt} heißen auch latente Variablen. Die Zufallsfehler in den Gleichungen ε_{it} und in den Variablen d_{yit}, d_{xjt} werden sämtlich als unbeobachtbar vorausgesetzt. Die (zeitunabhängigen) Konstanten $\beta_1^*,\dots,\beta_n^*$ sind unbekannte (funktionale) Parameter des Modells.

Im folgenden heißt (für jedes $t \in T$)

(1.2.3) $y_{Bt} := (y_{1t},\dots,y_{mt})'$ der Vektor der Verhaltensvariablen,

$y_{It} := (y_{m+1,t},\dots,y_{Mt})'$ der Vektor der Identitätsvariablen [2],

$y_t := (y_{Bt}'; y_{It}')'$ der Vektor der gemeinsam abhängigen Variablen,

$w_t := (x_{1t},\dots,x_{pt})'$ der Vektor der verzögerten endogenen Variablen,

$z_t := (x_{p+1,t},\dots,x_{Pt})'$ der Vektor der exogenen Variablen.

Außerdem bezeichne y_s den Vektor mit den Komponenten der w_t, die endogene Variable außerhalb der Referenzperiode bezeichnen. y_s heißt Vektor der endogenen Startwerte (vgl. (1.1.5)). Die Komponenten von y_s haben also die Form:

$x_{jt} = y_{i,t-k}$ für gewisse $i \in \{1,\dots,M\}$, $k \in \{1,2,\dots\}$, $t \in T$.
Analog werden die Bezeichnungen

---

1) Diese Forderung entspricht einer Eigenschaft der offiziellen Statistik in der BRD (vgl. 3.1.1).

2) Die Aufteilung der gemeinsam abhängigen Variablen in Verhaltensvariablen und Identitätsvariablen ist in gewisser Weise willkürlich, da alle f_i von allen y_i abhängen können. Man beachte aber, daß (1.2.10) gelten muß, und man vgl. (2.1.1.25).

$y_{Bt}, y_{It}, y_t, w_t, z_t, y_s$ für die gemessenen Variablen, $d_{Bt}, d_{It}, d_{yt}, d_{wt}, d_{zt}, d_{ys}$ für die Fehler in den Variablen und f_B, f_I, f für die Modellfunktionen verwendet.

Damit lassen sich die funktionalen Gleichungen (1.2.1), (1.2.2) zusammenfassen zu dem folgenden <u>Modell für die gemessenen Variablen</u>:

(1.2.4)

$$
\begin{aligned}
y_{it} &= f_i(y_{1t}-d_{y1t},\dots,y_{Mt}-d_{yMt};\ x_{1t}-d_{x1t},\dots,x_{Pt}-d_{xPt};\\
&\qquad \beta_1^*,\dots,\beta_n^*) + \varepsilon_{it} + d_{yit}\\
&= f_i(y_t-d_{yt};\ x_t-d_{xt};\ \beta^*) + \varepsilon_{it} + d_{yit}, \quad i=1,\dots,m,\\
y_{it} &= f_i(y_t-d_{yt};\ x_t-d_{xt}) + d_{yit} \quad , \quad i=m+1,\dots,M.
\end{aligned}
$$

Falls sämtliche f_i, $i=1,\dots,M$, linear sind in den gemeinsam abhängigen und den vorherbestimmten Variablen, läßt sich (1.2.4) in eine ähnliche Form bringen wie (1.2.1):

(1.2.5)

$$
\begin{aligned}
y_{it} &= f_i(y_t;\ x_t;\ \beta^*) - f_i(d_{yt};\ d_{xt};\ \beta^*) + \varepsilon_{it} + d_{yit}\\
&=: f_i(y_t;\ x_t;\ \beta^*) + u_{it} \quad , \quad i=1,\dots,m,\\
y_{it} &= f_i(y_t;\ x_t) - f_i(d_{yt};\ d_{xt}) + d_{yit}\\
&=: f_i(y_t;\ x_t) + (u_I)_{i-m,t} \quad , \quad i=m+1,\dots,M.
\end{aligned}
$$

Man beachte, daß prinzipiell nun auch die Identitäten unbeobachtbare Terme enthalten. Nach (1.2.2) sollen die Identitäten aber auch für die Meßvariablen exakt gelten. Die Meßfehler müssen also entsprechend gewählt werden, etwa muß im linearen Modell gelten:

$$d_{yit} = f_i(d_{yt};\ d_{xt}) \quad \text{für alle } m+1,\dots,M,\ t=1,\dots,T.$$

(1.2.6) Hinsichtlich der <u>Verteilung der Residuen</u> wird angenommen, daß die $\varepsilon_t := (\varepsilon_{1t},\dots,\varepsilon_{mt})'$ unabhängig identisch verteilt (i.i.d.) sind mit Erwartungswert Null, so daß $E(\varepsilon_t) = 0$, $E(\varepsilon_t \varepsilon_t') = \Omega^*$, $E(\varepsilon_t \varepsilon_{t^*}') = 0$, $t \neq t^*$, wobei die Kovarianzmatrix Ω^* unbekannt ist, aber als invertierbar angenommen wird.

(1.2.7) Hinsichtlich der Verteilung der exogenen Variablen wird nur angenommen, daß z_t stochastisch unabhängig ist von den Residuen ε_{t^*} für alle $t, t^* \in T_0 \subset T$. Hinsichtlich der Verteilung speziell der verzögerten endogenen Variablen und allgemein aller vorherbestimmten Variablen x_t wird angenommen, daß x_t stochastisch unabhängig ist von den nichtvergangenen Residuen ε_{t^*}, $t \leq t^* \in T_0 \subset T$. Man beachte, daß die Meßvariablen X_t i.a. nicht stochastisch unabhängig sein werden von den transformierten Residuen u_t in (1.2.5) (vgl. (3.2.1.9)).

Weiter wird angenommen, daß das System (1.2.1) (jedenfalls im zulässigen Bereich von x_t) implizit genau eine stetig differenzierbare Funktion $g(x_t;\varepsilon_t)$ bestimmt, so daß gilt:

(1.2.8) $y_t = g(x_t;\varepsilon_t)$ (Existenz der reduzierten Form).

Außerdem wird angenommen, daß das Identitätensystem

(1.2.9) $y_{It} = f_I(y_t;x_t)$ eindeutig nach y_{It} auflösbar ist, d.h. daß durch (1.2.9) (jedenfalls im zulässigen Bereich von x_t) implizit genau eine stetig differenzierbare Funktion $g_I(y_{Bt};x_t)$ bestimmt wird, für die gilt

(1.2.10) $y_{It} = g_I(y_{Bt};x_t)$.

Man beachte, daß nicht gefordert wird, daß die Funktionen g, g_I explizit bekannt sind. Tatsächlich ließen sich die Identitäten aus (1.2.1) eleminieren, wenn g_I bekannt wäre.

Zur Illustration betrachte das folgende einfache lineare interdependente Modell:

(1.2.11) $$C_t = \beta_1^* Y_t + \varepsilon_t ,$$
$$Y_t = C_t + I_t .$$

Das Modell besteht aus einer Verhaltensgleichung für den Konsum C_t und einer Identität mit dem Volkseinkommen Y_t als Identitätsvariable. Die Investitionen I_t werden als exogene Variable angesehen. Die reduzierte Form dieses Modells ist:

$$C_t = (\beta_1^*/(1-\beta_1^*))I_t + \varepsilon_t/(1-\beta_1^*) ,$$
$$Y_t = I_t/(1-\beta_1^*) + \varepsilon_t/(1-\beta_1^*) .$$

Die Identität hat offenbar schon explizit die Form (1.2.10). Sie kann deshalb durch Einsetzen in die Verhaltensgleichung eliminiert werden:

$$C_t = \beta_1^*(C_t + I_t) + \varepsilon_t .$$

(1.2.12) Schließlich wird noch angenommen, daß das Modell in dem Sinne identifizierbar ist, daß die Wahrscheinlichkeitsverteilung der Meßvariablen y_{it}, $i = 1,\ldots,M$, x_{jt}, $j = 1,\ldots,P$, (fast immer) eineindeutig durch die Parameter β^* und durch die Verteilungen der latenten Variablen und der Störvariablen festgelegt ist (vgl. (1.3.5)).

Damit ist die Vorstellung der Modellannahmen abgeschlossen. Die wichtigsten Ziele ökonometrischer Untersuchungen sind zumeist die Schätzung der unbekannten Parameter β^* und die Prognose der endogenen Modellvariablen außerhalb der Referenzperiode. Damit die Parameter β^* aber überhaupt sinnvoll schätzbar sind, muß ihre Identifizierbarkeit gewährleistet sein. In dem folgenden Kapitel (1.3) werden deshalb zunächst Identifizierbarkeitsprobleme in Fehler-in-den-Variablen-Modellen vom Typ (1.2.1), (1.2.2) diskutiert.

1.3 Identifizierbarkeit in Fehler-in-den-Variablen-Modellen: Kalmans Kritik

Das in 1.1, 1.2 definierte ökonometrische Modell ist grundlegend für den heutigen ökonometrischen Modellbau. Leider werden die Grenzen dieser Modellbildung in der Praxis immer deutlicher, so daß von verschiedenen Seiten Kritik daran geübt wurde (vgl. z.B. Lucas (1976), Sims (1980)). Am radikalsten ist die Kritik von Kalman (z.B. 1982a,b). Kalman bezweifelt unter anderem die Brauchbarkeit so grundlegender Begriffe wie Identifizierbarkeit und Schätzung und empfiehlt dagegen die Vorgehensweise der Systemtheorie. Im folgenden wird Kalmans Kritik am Beispiel der Identifizierbarkeit von Fehler-in-den-Variablen-Modellen diskutiert. Dazu wird zunächst auf den in der Ökonometrie üblichen Begriff der Identifizierbarkeit (vgl. (1.2.12)) näher eingegangen.

Bei ökonometrischen Modellen kann es sich u.U. herausstellen, daß es mit Hilfe von beobachteten Daten allein nicht möglich ist, auf die unbekannten Parameter eindeutig zurückzuschließen. Das ist immer dann der Fall, wenn zwei verschiedene numerische Spezifikationen der Parameter innerhalb desselben gegebenen Modells zu der gleichen Verteilung der beobachteten Variablen führen. Wenn man nun der Ansicht ist, daß genau ein "wahrer" Parametersatz ursächlich verantwortlich ist für die beobachteten Werte, dann läßt sich dieser in dem beschriebenen Fall nicht eindeutig aus den Daten bestimmen. In der klassischen Ökonometrie sagt man dann, das Modell ist nicht identifizierbar. Es hat dann keinen Zweck, nach einer geeigneten Methode zur Schätzung der "wahren" Parameter überhaupt zu suchen (vgl. z.B. Schneeweiß (1971), p. 260-262).

Es folgt eine Ausarbeitung des Begriffs Identifizierbarkeit für ökonometrische Modelle vom Typ 1.1 in unbedingter Betrachtung (vgl. Schönfeld (1971), p. 190-192).

Im Zusammenhang mit der Identifizierbarkeit wird neben dem Begriff des ökonometrischen Modells noch der Begriff "Struktur"[1] verwendet. Dazu wird zunächst bei den modelldefinierenden Hypothesen H zwischen Hypothesen vom Typ H_1 und vom Typ H_2 unterschieden. Dabei beziehen sich die Hypothesen H_1 auf das eindeutig spezifizierbare äußere Gerüst des Modells (Hypothesen (1) - (3) in (1.1.1)), und die Hypothesen H_2 sind so formuliert, daß sie i.a. eine Wahlmöglichkeit offen lassen, etwa zwischen verschiedenen Parameterwerten der Verteilungssysteme (Hypothesen (4) - (7) in (1.1.1)).

(1.3.1) Eine Struktur S eines Modells M besteht bei gegebenen Hypothesen H_1 aus einer eindeutigen Spezifikation sämtlicher (a priori nicht festgelegter) Parameter der Modellgleichungen und der zulässigen Verteilungen.

Der Begriff Struktur bezeichnet also eine vollständige Festlegung der stochastischen Beziehung zwischen exogenen und endogenen Variablen.

(1.3.2) Eine Struktur S eines Modells M heißt zulässig, wenn sie mit sämtlichen Hypothesen H des Modells verträglich ist.

Damit kann man das Modell M auch als Menge aller zulässigen Strukturen auffassen.

(1.3.3) Zwei Strukturen eines Modells M heißen äquivalent, wenn sie dieselbe Verteilung der beobachtbaren Variablen y_{it}, $i = 1,...,M$, x_{jt}, $j = 1,...,P$, hervorrufen.

Damit lassen sich zwei äquivalente Strukturen empirisch nicht auseinanderhalten.

---

1) Nicht zu verwechseln mit der "strukturellen Form" eines ökonometrischen Modells (vgl. (1.1.6)).

(1.3.4) Ein Parameter heißt innerhalb eines Modells bzgl. einer gegebenen Struktur dieses Modells identifizierbar, wenn er in jeder zur gegebenen Struktur äquivalenten Struktur des Modells seinen Wert beibehält.

(1.3.5) Ein Parameter heißt innerhalb eines Modells identifizierbar, wenn er bzgl. (fast) jeder zulässigen Struktur dieses Modells identifizierbar ist.

Ein Modell heißt identifizierbar, wenn alle Modellparameter identifizierbar sind.

Unter Modellparametern sind in (1.3.5) nicht nur die auszuweisenden Parameter der Modellrelationen, sondern auch die Parameter zu verstehen, die die zulässigen Verteilungen festlegen (etwa Erwartungswert und Varianz bei einer Normalverteilung). Damit ergeben sich bei dem Modell (1.2.1), (1.2.2) als Modellparameter die funktionalen Parameter β^* und die Parameter der Verteilungen sämtlicher Modellvariablen, z.B. die Kovarianzmatrix Ω^* von ε_t (vgl. (1.2.6)).

Man beachte, daß die Parameteridentifizierbarkeit nur bzgl. fast jeder zulässigen Struktur verlangt wird. Gewöhnlich enthält ein Modell nämlich exzeptionelle Strukturen, in denen sich einige oder alle Parameter nicht identifizieren lassen (vgl. nachfolgendes Beispiel). Solche Strukturen werden damit als "wahre" Strukturen ausgeschlossen; denn natürlich kommt es eigentlich nur darauf an, die wahren Parameter identifizieren zu können (vgl. Schneeweiß (1971), p. 261).

Im folgenden soll die Problematik der Identifizierbarkeit von Modellparametern in statischen, linearen Fehler-in-den-Variablen-Modellen diskutiert werden. Dabei wird dann auch die Kritik von Kalman an der ökonometrischen Begriffsbildung deutlich.

(1.3.6) Angenommen, beobachtbar sind Meßvariablen y_{1t}, $z_{1t},\dots,z_{Pt}$, die gemeinsam normalverteilt sind, intertemporal unabhängig, identisch verteilt mit Erwartungswert 0. Diese Variablen setzen sich, wie in (1.2.2), zusammen aus latenten Variablen $\mathcal{y}_{1t}, \mathcal{z}_{1t},\dots,\mathcal{z}_{Pt}$ und Meßfehlern $d_{y1t}, d_{z1t},\dots,d_{zPt}$:

$$y_{1t} = \mathcal{y}_{1t} + d_{y1t} ,$$

$$z_{it} = \mathcal{z}_{it} + d_{zit} , \quad i = 1,\dots,P , \quad t = 1,\dots,T ,$$ wobei

$(\mathcal{y}_{1t}\ \mathcal{z}_{1t}\ \dots\ \mathcal{z}_{Pt})'$ und $(d_{y1t}\ d_{z1t}\ \dots\ d_{zPt})'$ unabhängig voneinander sind und jeweils gemeinsam unabhängig, identisch normalverteilt mit Erwartungswert 0 . Die Normalverteilungen der latenten Variablen seien nicht degeneriert, und zwischen den latenten Variablen wird eine lineare Relation unterstellt:

$$\mathcal{y}_{1t} = \beta_1^*\mathcal{z}_{1t} + \dots + \beta_P^*\mathcal{z}_{Pt} + \varepsilon_t , \quad t = 1,\dots,T ,$$

wobei $\beta_1^* \in \mathbb{R}$, $\beta_2^* = \dots = \beta_P^* = 0$ und ε_t unabhängig, identisch normalverteilt mit Erwartungswert 0 und unabhängig von $\mathcal{z}_{1t},\dots,\mathcal{z}_{Pt}$, d_{y1t} , $d_{z1t},\dots,d_{zPt}$.

Damit sei das ökonometrische Modell vollständig spezifiziert (<u>keine</u> weitere Information).

Leider sind die sechs Modellparameter des Modells (1.3.6): β_1^*, $var(\mathcal{z}_1) > 0$, $var(d_{y1})$, $cov(d_{y1},d_{z1})$, $var(d_{z1})$, $var(\varepsilon)$, i.a. nicht identifizierbar. Sei dazu die gemeinsame Verteilung von y_{1t}, z_{1t} fest vorgegeben durch die Festlegung von $var(y_{1t})$, $cov(y_{1t},z_{1t}) \neq 0$, $var(z_{1t})$. Es gilt:

(1.3.7)
$$var(y_1) = (\beta_1^*)^2 var(\mathcal{z}_1) + var(d_{y1}) + var(\varepsilon) ,$$

$$cov(y_1,z_1) = \beta_1^* var(\mathcal{z}_1) + cov(d_{y1},d_{z1}) ,$$

$$var(z_1) = var(\mathcal{z}_1) + var(d_{z1}) .$$

Damit sind also sicherlich nicht alle sechs Modellparameter identifizierbar. Zur Identifizierung werden noch weitere Bedingungen benötigt.

(1.3.8) Gängig ist die Forderung nach Unabhängigkeit der Meßfehler d_{y1}, d_{z1}, wodurch $cov(d_{y1},d_{z1}) = 0$ ist.

Damit ist (1.3.7) äquivalent zu

(1.3.9)
$$\beta_1^* \, var(\mathfrak{z}_1) = cov(y_1,z_1)$$
$$var(z_1) \geq var(\mathfrak{z}_1) > 0$$
$$\frac{var(y_1)}{|cov(y_1,z_1)|} \geq |\beta_1^*| > 0 \qquad \text{, d.h.}$$
$$var(d_{y1}) + var(\varepsilon) = var(y_1) - (\beta_1^*)^2 \, var(\mathfrak{z}_1)$$
$$var(d_{z1}) = var(z_1) - var(\mathfrak{z}_1)$$

(1.3.10)
$$\frac{|cov(y_1,z_1)|}{var(z_1)} \leq |\beta_1^*| \leq \frac{var(y_1)}{|cov(y_1,z_1)|}$$
$$sgn(\beta_1^*) = sgn(cov(y_1,z_1)) \quad [1)]$$
$$var(\mathfrak{z}_1) = cov(y_1,z_1)/\beta_1^* \qquad (>0)$$
$$var(d_{y1}) + var(\varepsilon) = var(y_1) - (\beta_1^*)^2 \, var(\mathfrak{z}_1)$$
$$var(d_{z1}) = var(z_1) - var(\mathfrak{z}_1)$$

Auch wenn das Modell (1.3.6) die Bedingung (1.3.8) erfüllt, ist β_1^* also i.a. nicht identifizierbar. Allerdings gibt es exzeptionelle Strukturen, in denen β_1^* identifizierbar ist, etwa wenn $cov(y_1,z_1) = 0$ ist ($\beta_1^* = 0$) . Aus (1.3.10) lassen sich aber auch zusätzliche

---

1) $$sgn(\beta) := \begin{cases} -1, & \beta < 0 \\ 0, & \beta = 0 \\ +1, & \beta > 0 \end{cases}$$ ist die Vorzeichenfunktion auf $\mathbb{R}$.

a-priori Annahmen ableiten, unter denen das Modell identifizierbar ist. Im folgenden werden 3 Typen solcher Bedingungen angegeben:

(1.3.11) Betrachte ökonometrische Modelle der Art (1.2.6), (1.3.8).

a) (Keine Meßfehler: klassische Regression):
Seien $var(d_{y1}) = 0$, $var(d_{z1}) = 0$, dann gilt

$$\beta_1^* = \frac{cov(y_1, z_1)}{var(z_1)} .$$

b) (Kein Gleichungsfehler, feste Relation zwischen den Störungsvarianzen):
Seien $var(\varepsilon) = 0$, $var(d_{z1}) = \lambda var(d_{y1})$, $0 < \lambda$, dann gilt: (vgl. Judge, Griffiths, Hill, Lee (1980), p. 524):

$$\beta_1^* = - \frac{(var(z_1)-\lambda var(y_1))-\sqrt{(var(z_1)-\lambda var(y_1))^2+4\lambda cov(y_1,z_1)^2}}{2\lambda cov(y_1,z_1)}$$

c) (Störungsvarianzen als Prozentsätze der Varianzen der latenten Variablen):
Seien $var(d_{y1}) = \gamma_{11} var(y_1)$, $var(d_{z1}) = \gamma_{22} var(z_1)$,
$0 < \gamma_{11}, \gamma_{22} < 1$, dann gilt:

$$\beta_1^* = \frac{cov(y_1, z_1)}{var(z_1)} (1 + \gamma_{22}) .$$

Aber auch wenn die Meßfehler nicht als unabhängig angenommen werden können, lassen sich Bedingungen angeben, unter denen das Modell (1.3.6) identifizierbar ist:

(1.3.12) (Störungs(ko)varianzen als Prozentsätze der (Ko)-Varianzen der latenten Variablen):
Zusätzlich zu den Annahmen in (1.3.6) gelte:

$var(d_{y1}) = \gamma_{11} var(y_1)$, $cov(d_{y1}, d_{z1}) = \gamma_{12} cov(y_1, z_1)$,

$var(d_{z1}) = \gamma_{22} var(z_1)$, $0 < \gamma_{11}, \gamma_{12}, \gamma_{22} < 1$, dann gilt:

$$\beta_1^* = \frac{\mathrm{cov}(y_1,z_1)}{\mathrm{var}(z_1)} \quad \frac{1 + \gamma_{22}}{1 + \gamma_{12}} \quad ,$$

$$\mathrm{var}(z_1) = \frac{\mathrm{cov}(y_1,z_1)}{\beta_1^*(1 + \gamma_{12})} \quad ,$$

$$\mathrm{var}(\varepsilon) = \frac{\mathrm{var}(y_1)}{1 + \gamma_{11}} - (\beta_1^*)^2 \mathrm{var}(z_1) \ .$$

Fehlerprozesse dieser Art werden in (3.1.4.1), (3.1.4.11) vorgestellt.

Man beachte noch, daß durch die Annahme in (1.3.6), daß die Verteilungen der latenten Variablen nicht degeneriert sind, gewisse exzeptionelle Strukturen ausgeschlossen werden, in denen β_1^* auch unter den Voraussetzungen (1.3.8) und (1.3.11) bzw. (1.3.12) nicht identifizierbar wäre. Denn wenn z.B. $\mathrm{var}(z_1) = 0$ wäre, dann hätte die Wahl von β_1^* offenbar keinen Einfluß auf die Verteilung der Meßvariablen (vgl. (1.3.7)).

So weit die typische Betrachtungsweise in der klassischen Ökonometrie. Kalman (1982a, 1982b) vertritt nun den Standpunkt, daß sich viele der Annahmen in (1.3.6), (1.3.8), (1.3.11), (1.3.12) nicht rechtfertigen lassen, insbesondere dann nicht, wenn man nur Annahmen akzeptieren möchte, die anhand der beobachteten Daten geprüft werden können. Andere Annahmen nennt Kalman Vorurteile:

(1.3.13) (Kalman (1982b, p. 163)) "Vorurteile" sind Annahmen an ein Modell, die nicht mit den Daten in Beziehung stehen, die nicht anhand der Daten geprüft werden können oder nicht geprüft werden.

Zu den Kalman'schen Vorurteilen lassen sich etwa die folgenden Annahmen aus (1.3.6), (1.3.8), (1.3.11), (1.3.12) zählen:

(1.3.14)

a) Die Meßvariablen sind gemeinsam unabhängig, identisch normalverteilt mit Erwartungswert Null.

b) Die latenten Variablen sind gemeinsam nichtdegeneriert, unabhängig, identisch normalverteilt mit Erwartungswert Null.

c) Die Meßfehler sind gemeinsam unabhängig, identisch normalverteilt mit Erwartungswert Null und sind unabhängig von den latenten Variablen.

d) Zwischen den latenten Variablen besteht genau eine lineare Relation.

e) In der linearen Relation tauchen nur die latenten Variablen y_1, z_1 auf.

f) Der Gleichungsfehler in der linearen Relation ist unabhängig, identisch normalverteilt mit Erwartungswert Null und ist unabhängig von den latenten Variablen und den Meßfehlern.

g) Die Meßfehler sind untereinander unabhängig.

h) Die Meßfehler verschwinden.

i) Der Gleichungsfehler verschwindet, und die Relation zwischen den Meßfehlervarianzen ist bekannt.

j) Die Relationen zwischen den Meßfehler(ko)varianzen und den (Ko)Varianzen der latenten Variablen sind bekannt.

Man beachte, daß sich lediglich Annahme (1.3.14) a) anhand von Daten prüfen läßt. Kalman akzeptiert dann auch eine ähnliche Annahme an die Meßvariablen:

(1.3.15) (Kalmans Annahmen an die Daten (1982b, p. 161)): Die Meßvariablen sind unabhängig identisch verteilt mit Erwartungswert Null, und die Meßvariablen werden repräsentiert durch ihre Kovarianzmatrix.

Weiterhin akzeptiert Kalman, daß sich die Untersuchung auf lineare Relationen zwischen den latenten Variablen beschränkt (Kalman (1982b), p. 161,173). Allerdings läßt er a-priori mehrere lineare Relationen zu (vgl. (1.3.14) d)) und schließt auch keine latente Variable a-priori aus einer Relation aus (vgl. (1.3.14) e)). Die maximale Anzahl der Relationen und ihrer Parameter sollen aus den Daten bestimmt werden (vgl. Kalman (1982b), p. 177-181).

Erstaunlicherweise akzeptiert Kalman auch, daß die Meßfehler nicht nur unabhängig sein sollen von allen latenten Variablen (vgl. (1.3.14) c)), sondern auch untereinander (vgl. (1.3.14) g), Kalman (1982b), p. 173). Er begründet das damit, daß eine nichtdiagonale Meßfehlerkovarianzmatrix zu linearen Relationen zwischen den Meßfehlern führen würde, Störungen wären aber nicht modellierbar (1982b, p. 174; 1982a, p. 186). Diese Begründung erscheint aber aus zwei Gründen angreifbar. Einerseits werden nämlich die veröffentlichten Daten z.B. der Volkswirtschaftlichen Gesamtrechnung der BRD so gewählt, daß sie dasselbe definitorische Gerüst erfüllen wie die latenten Variablen, für die sie stehen (vgl. II.4.4.2). Und andererseits ergibt sich aus den von Kalman akzeptierten a-priori Annahmen die folgende Kovarianzbeziehung:

(1.3.16) $\quad Cov(z) = Cov(\mathfrak{z}) + Cov(d_z)$, wobei $Cov(d_z)$ diagonal ist.[1] Daraus ergibt sich, daß die Kovarianzen der $\mathfrak{z}_1,...,\mathfrak{z}_p$ exakt mit den Kovarianzen der Meßvariablen $z_1,...,z_p$ übereinstimmen. Damit erscheint unklar, warum Kalman diese Annahme nicht zu den Vorurteilen rechnet. Fehlerprozesse mit der Eigenschaft (1.3.16) finden sich in (3.1.2.1), (3.1.3.1).

Kalman akzeptiert also i.w. die Voraussetzungen (1.3.6), (1.3.8) und erhält deshalb Beziehungen der Art (1.3.10)

---

1) Cov(z) sei die Kovarianzmatrix des Vektors $z:=(z_1...z_p)'$.

für seine Modellparameter. Er argumentiert dann, daß das zu lösende Problem eben keine eindeutige Lösung zulasse. Jede zusätzliche Bedingung, die die Eindeutigkeit der Modellparameter erzwingen würde, also etwa die Bedingung (1.3.11), wäre ein Vorurteil, würde die Varianz künstlich aus dem Problem entfernen. Damit wäre der in der Ökonometrie übliche Begriff der Identifizierbarkeit (und der darauf aufbauende Begriff der Schätzung) nicht haltbar (vgl. Kalman (1982a), p. 190).

Kalman kommt sicherlich das Verdienst zu, die vielfältigen a-priori-Annahmen, die ökonometrischen Untersuchungen zugrundeliegen, entlarvt zu haben als unabhängig von den beobachteten Daten. Aber auch Kalman scheint Schwierigkeiten damit zu haben, "natürliche" Bedingungen zu postulieren, die zu überschaubaren Ergebnissen führen (vgl. (1.3.16)). Auch erscheint nicht klar, wie ein Ökonom mit den nicht eindeutigen Ergebnissen Kalman'scher Art umgehen soll. Welches β_1^* soll er etwa in (1.3.10) wählen? Insofern liefern die verschiedenen zusätzlichen Annahmen der Art (1.3.11), (1.3.12) Hinweise zur Auswahl von β_1^* . Es bleibt allerdings die Frage nach der "richtigen" Wahl solcher Annahmen. Oder haben unterschiedliche Spezifizierungen des Meßfehlerprozesses evtl. kaum Einfluß auf Parameterschätzungen und Prognosen? Zur Diskussion solcher Fragen versucht diese Arbeit einen Beitrag zu leisten. Insbesondere werden in II.4.4 Möglichkeiten diskutiert, mit Hilfe von Expertenmeinungen oder durch Auswertung von Datenrevisionen zu einer vertretbaren Wahl des Meßfehlerprozesses zu gelangen. Im Mittelpunkt der Arbeit stehen aber Untersuchungen über Auswirkungen unterschiedlicher Spezifizierungen des Fehlerprozesses auf Schätzungen und Prognosen (vgl. I.3 und II). Daraus ergeben sich dann Hinweise auf Auswirkungen von Fehlspezifizierungen, die bei unzureichendem a-priori Wissen kaum vermeidbar scheinen.

Zum Abschluß der Diskussion der Identifizierbarkeit bei Fehler-in-den-Variablen Modellen sollen noch einige neuere Ergebnisse vorgestellt werden, sowohl für allgemeinere statische Modelle als (1.3.6), als auch für dynamische Modelle.

(1.3.17) Betrachte ein Modell (1.3.6) mit $\varepsilon_t \equiv 0$, in dem die latenten Variablen $z_{1t},\ldots,z_{Pt}$ beliebig unabhängig identisch verteilt sein dürfen mit Erwartungswert Null, in dem $\beta_2^*,\ldots,\beta_P^*$ nicht a-priori vorgegeben sind, und in dem d_{y1t} unabhängig ist von den anderen Störungen $d_{z1t},\ldots,d_{zPt}$.

Für Modelle dieser Art läßt sich zeigen, daß lediglich die Normalverteilung (einer linearen Transformation) der $z_{1t},\ldots,z_{Pt}$ die Identifizierbarkeit der funktionalen Parameter $\beta_1^*,\ldots,\beta_P^*$ verhindern kann.

(1.3.18) <u>Satz</u>: In Modellen (1.3.17) ist $\beta^* := (\beta_1^* \ldots \beta_P^*)'$ genau dann identifizierbar, wenn

a) $P = 1$ und z_1 <u>nicht</u> normalverteilt oder

b) $P > 1$ und es <u>keine</u> nichtsinguläre Matrix $A = (a_1\ A_2)$ gibt, so daß $a_1'z$ normalverteilt ist und unabhängig von $A_2'z$, $z := (z_1,\ldots,z_P)'$.

<u>Bew.:</u> a) vgl. Reiersøl (1950)
b) vgl. Bekker (1984).

Leider ist die Bedingung b) schwierig zu überprüfen.

Erfreulicherweise verbessert sich die Situation hinsichtlich der Identifizierbarkeit des Modells wesentlich, wenn man Modelle betrachtet, in denen (zeit-) verzögerte y_1 auftauchen (dynamisches Modell) und die Forderung nach intertemporal unabhängigen, identisch verteilten zufälligen

Größen durch die allgemeinere Forderung nach stationären ARMA-Prozessen (vgl. Box, Jenkins (1970)) ersetzt wird. Solche Modelle sind unter sehr allgemeinen Voraussetzungen identifizierbar (vgl. Nowak (1983)). Um nicht die gesamte aufwendige Notation einführen zu müssen, wird hier nur ein Beispiel behandelt, das die Vorteile solcher dynamischer Modelle aufzeigt (vgl. Maravall, Aigner (1977), p. 350/51):

(1.3.19) Sei $\mathrm{y}_{1t} = y_{1t} + d_{\mathrm{y}1t}$ beobachtbar, wobei $y_{1t} = \beta_1^* \, y_{1,t-1} + \varepsilon_t$ ist mit $|\beta_1^*| < 1$, $d_{\mathrm{y}1t}$ und ε_t unabhängig, identisch normalverteilt sind, sowie $d_{\mathrm{y}1t}$ unabhängig ist von y_{1t}, ε_t und ε_t zusätzlich unabhängig von $y_{1,t-1}$.

Damit bilden y_{1t} , y_{1t} stationäre Prozesse, und es gilt analog zu (1.3.7):

(1.3.20)
$$\mathrm{var}(\mathrm{y}_{1t}) = (\beta_1^*)^2 \mathrm{var}(y_{1t}) + \mathrm{var}(d_{\mathrm{y}1t}) + \mathrm{var}(\varepsilon_t) \; ,$$
$$\mathrm{cov}(\mathrm{y}_{1t}, \mathrm{y}_{1,t-1}) = \beta_1^* \, \mathrm{var}(y_{1t}) \; ,$$
$$\mathrm{var}(\mathrm{y}_{1t}) = \mathrm{var}(y_{1t}) + \mathrm{var}(d_{\mathrm{y}1t}) \; .$$

Zusätzlich gelten aber noch unendlich viele Beziehungen

(1.3.21)
$$\mathrm{cov}(\mathrm{y}_{1t}, \mathrm{y}_{1,t-i}) = \beta_1^* \, \mathrm{cov}(\mathrm{y}_{1t}, \mathrm{y}_{1,t-i+1}), \quad i=2,3,\dots \; .$$

Damit sind dann aber sämtliche Modellparameter identifizierbar:

(1.3.22)
$$\beta_1^* = \mathrm{cov}(\mathrm{y}_{1t}, \mathrm{y}_{1,t-2}) \; / \; \mathrm{cov}(\mathrm{y}_{1t}, \mathrm{y}_{1,t-1}) \; ,$$
$$\mathrm{var}(y_{1t}) = \mathrm{cov}(\mathrm{y}_{1t}, \mathrm{y}_{1,t-1}) \; / \; \beta_1^* \; ,$$
$$\mathrm{var}(d_{\mathrm{y}1t}) = \mathrm{var}(\mathrm{y}_{1t}) - \mathrm{var}(y_{1t}) \; ,$$
$$\mathrm{var}(\varepsilon_t) = \mathrm{var}(\mathrm{y}_{1t}) - (\beta_1^*)^2 \mathrm{var}(y_{1t}) - \mathrm{var}(d_{\mathrm{y}1t}) \; .$$

Im Prinzip stehen also dadurch, daß y_{1t} einen stationären autoregressiven Prozess 1. Ordnung bildet, unendlich viele Bestimmungsgleichungen für die Modellparameter zur Verfügung, wodurch sich die Chancen für Identifizierbarkeit stark verbessern. Tatsächlich wirken sich autoregressive Prozesse bei latenten Variablen ganz allgemein positiv auf die Identifizierbarkeit aus (vgl. Nowak (1983), p. 213/14).

Damit soll die Diskussion von Identifikation in speziellen Fehler-in-den-Variablen Modellen hier abgeschlossen werden. In den nächsten beiden Abschnitten werden nun wieder Ergebnisse für allgemeine nichtlineare interdependente Modelle dargestellt werden, in denen allerdings sämtliche Modellvariablen exakt beobachtbar sind (keine Meßfehler). Tatsächlich bildet die Nichtlinearität von Modellen, ebenso wie die Zulässigkeit von Meßfehlern, einen entscheidenden Schritt hin zu mehr Realitätsnähe ökonometrischer Modelle. Beide Konzepte führen aber natürlich auch zu komplexeren Problemen bei der Analyse der Eigenschaften solcher Modelle. Dabei erscheint die Theorie nichtlinearer Modelle (ohne Meßfehler) schon weiter entwickelt als die Theorie von Fehler-in-den-Variablen Modellen.

2. Schätzung und Prognose bei fehlerfreien Daten

2.1 Parameterschätzung

2.1.1 FIML-Schätzung

Eines der gebräuchlichsten Schätzprinzipien für die unbekannten ("wahren") Parameter von statistischen Modellen ist das Maximum-Likelihood-Prinzip. Dabei werden die Parameter des Verteilungsgesetzes der untersuchten Zufallsvariable so gewählt, daß die Dichte (bzw. im diskreten Fall die Wahrscheinlichkeit) der für die Zufallsvariable beobachteten Werte maximal wird. Voraussetzung für die Maximum-Likelihood-Schätzung ist, daß das Verteilungsgesetz der Zufallsvariable a-priori bis auf gewisse Parameter als bekannt angenommen werden kann, etwa durch Spezifizierung einer zulässigen Klasse von Dichtefunktionen (vgl. aber (2.1.2.14), (2.1.2.16)).

Im folgenden wird die Maximum-Likelihood-Schätzung in dem in 1.2. beschriebenen Modell diskutiert. Dabei wird zunächst angenommen, daß sämtliche gemeinsam abhängige und vorherbestimmte Variablen exakt beobachtbar sind, daß also gilt:

(2.1.1.1) $d_{yit} = d_{xjt} = 0, \quad i=1,\dots,M, \quad j=1,\dots,P, \quad t \in T.$

Damit verbleiben nur noch die Residuen ε_{it} als unbeobachtbare Variablen. Hierfür wird eine zulässige Klasse von Dichtefunktionen spezifiziert.

(2.1.1.2) Die Residuen ε_t besitzen eine m-dimensionale Normalverteilung $N(0,\Omega^*)$, d.h. für die Dichtefunktion von ε_t gilt:

$$p_{\varepsilon_t}(\varepsilon_t) = (2\pi)^{-m/2} \cdot (\det\Omega^*)^{-1/2} \cdot \exp((-1/2)\varepsilon_t'\Omega^{*-1}\varepsilon_t) .$$

(2.1.1.3) Hinsichtlich der Behandlung der exogenen Variablen z_t wird die bedingte Betrachtung gewählt (vgl.

(1.1.3)), d.h. das Modell wird für gegebene Realisierungen von z_t, $t \in T_0$, untersucht. Außerdem seien die endogenen Startwerte fest vorgegeben $(T := T_1)$.

Um die Existenz einer gemeinsamen Dichtefunktion der Verhaltensvariablen $y_{B1},\dots,y_{BT}$ zu gewährleisten, werden neben der Existenz und Eindeutigkeit der impliziten Funktionen in (1.2.8) und (1.2.10) noch die folgenden Eigenschaften vorausgesetzt:

(2.1.1.4) Sei $e_t(y_t;x_t;\beta) := y_{Bt} - f_B(y_t;x_t;\beta)$ der sogenannte <u>Modellfehler</u> für Realisierungen y_t,x_t[1] und den Parametervektor β , und sei $h_t(y_t;x_t) := y_{IT} - f_I(y_t;x_t)$ (vgl. (1.2.1)). Dann seien

$$\frac{\partial(e_t'\ h_t')'}{\partial y_t}(y_t;x_t;\beta^*),\quad \frac{\partial e_t}{\partial y_{Bt}}(y_t;x_t;\beta^*)\quad \text{und}\quad \frac{\partial h_t}{\partial y_{It}}(y_t;x_t)$$

invertierbar für alle zulässigen Realisierungen der exogenen Variablen z_t und den sich daraus (und aus den festen endogenen Startwerten) gemäß (1.2.8) ergebenden Realisierungen der endogenen Variablen.

(2.1.1.5) Schließlich wird zunächst angenommen, daß in dem System (1.2.1) keine Identitäten vorkommen $(y_t = y_{Bt})$ (vgl. aber (2.1.1.13)).

Damit ergibt sich für die gemeinsame Dichte von $y_{B1},\dots,y_{BT}$ (ähnlich wie bei Schönfeld (1971), p. 182/3, für lineare Modelle) wegen der intertemporalen (stochastischen) Unabhängigkeit der ε_t (vgl. (1.2.6)) und der Vorherbestimmtheit der x_t (vgl. (1.2.7)):

---

1) Der Einfachheit halber wird im folgenden für eine Zufallsvariable und ihre Realisierung dasselbe Symbol verwendet.

$$(2.1.1.6)\qquad p_y(y_{B1},\ldots,y_{BT}) = \prod_{t=1}^{T} p_{y_t}(y_{B_t})$$

$$= \prod_{t=1}^{T}\Big((2\pi)^{-\frac{m}{2}}\cdot(\det\Omega^*)^{-\frac{1}{2}}\,\Big|\det\Big(\frac{\partial e_t^*}{\partial y_{Bt}}\Big)\Big|\cdot\exp(-(1/2)e_t^{*\prime}\Omega^{*-1}e_t^*)\Big)\ ,$$

wobei

$$(2.1.1.7)\qquad e_t^* := e_t(y_t;x_t;\beta^*)\quad (\text{vgl. } (2.1.1.4)).$$

Nach dem Maximum-Likelihood-Prinzip sollen jetzt die unbekannten Parameter β^*, Ω^* so geschätzt werden, daß die Dichte der Beobachtungen $y_{B1},\ldots,y_{BT}$ der abhängigen Variablen maximal wird unter Beachtung aller a-priori Restriktionen an das Modell, gegeben die exogenen Variablen und die endogenen Startwerte. Die auf diese Weise ermittelten Schätzungen $\hat{\beta}$, $\hat{\Omega}$ für β^*, Ω^* heißen <u>F</u>ull-<u>I</u>nformation-<u>M</u>aximum-<u>L</u>ikelihood (<u>FIML</u>-) <u>Schätzungen</u>, da bei ihrer Bestimmung sämtliche verfügbare a-priori-Information über das Modell benutzt wird.

Bei der Bestimmung von FIML-Schätzungen $\hat{\beta}$, $\hat{\Omega}$ für β^*, Ω^* wird also die Dichte p_y für gegebene y_t, z_t, $t \in T_0$, und gegebene endogene Startwerte y_s als Funktion der Parameter β^*, Ω^* maximiert. In der Praxis werden allerdings die Nullstellen der ersten Ableitungen des Logarithmus der Dichte p_y, der sogenannten (logarithmierten) <u>Likelihood-Funktion</u>

$$(2.1.1.8)\qquad L(\beta,\Omega^{-1}) :=$$

$$= \sum_{t=1}^{T}\Big(-\frac{m}{2}\log(2\pi) + \frac{1}{2}\log(\det\Omega^{-1}) + \log\Big|\det\Big(\frac{\partial e_t}{\partial y_{Bt}}\Big)\Big| - \frac{1}{2}e_t'\Omega^{-1}e_t\Big)\ ^{1)}$$

---

1) Die Funktion L ist nur für solche Parametervektoren β definiert, für die $\frac{\partial e_t}{\partial y_{Bt}}(y_t;x_t;\beta)$ invertierbar ist (vgl. (2.1.1.4)).

$=: \sum_{t=1}^{T} L_t(\beta, vec(\Omega))$ [1] bestimmt. Es gilt also:

(2.1.1.9) $\frac{\partial L}{\partial \beta}(\hat{\beta},\hat{\Omega}^{-1}) = 0$ und $\frac{\partial L}{\partial \Omega^{-1}}(\hat{\beta},\hat{\Omega}^{-1}) = 0$ [2] .

Man beachte, daß bei der Maximierung der Likelihood-Funktion L alle Argumente von e_t und $\frac{\partial e_t}{\partial y_B}$ konstant sind mit Ausnahme von β . Deshalb werden im folgenden auch die Schreibweisen $e_t(\beta)$ und $\frac{\partial e_t}{\partial y_B}(\beta)$ verwendet.

Eine Möglichkeit, die Maximierung der (i.a.) hochgradig nichtlinearen Funktionen L etwas erträglicher zu gestalten, ist das Ausnutzen der Beziehung

(2.1.1.10) $\hat{\Omega} = \hat{\Omega}(\hat{\beta}) = \frac{1}{T} \sum_{t=1}^{T} e_t(\hat{\beta}) e_t(\hat{\beta})'$, die aus $\frac{\partial L}{\partial \Omega^{-1}}(\hat{\beta},\hat{\Omega}^{-1}) = 0$ folgt.

Damit läßt sich Ω aus L eliminieren; denn es gilt:

(2.1.1.11) $\sum_{t=1}^{T} e_t(\hat{\beta})'\Omega(\hat{\beta})^{-1} e_t(\hat{\beta}) = T\cdot m$. Daraus folgt:

(2.1.1.12) $K(\hat{\beta}) = \min_{\beta} K(\beta)$, wobei

$$K(\beta) := -\sum_{t=1}^{T} L_t(\beta, vec(\Omega(\beta))) - \frac{T\cdot m}{2}(\log(2\pi)+1)$$

$$=: \sum_{t=1}^{T} K_t(\beta) - \frac{T\cdot m}{2}(\log(2\pi)+1)$$

$$= \frac{T}{2}\log\Big(\det\big(\frac{1}{T}\sum_{t=1}^{T} e_t(\beta)e_t(\beta)'\big)\Big) - \sum_{t=1}^{T}\log\Big|\det\Big(\frac{\partial e_t}{\partial y_{Bt}}(\beta)\Big)\Big| .$$

---

1) $vec(\Omega) := (\omega_{11}\ \omega_{12}\ \omega_{22}\ \omega_{13}\ \omega_{23}\ \omega_{33} \cdots \omega_{1m}\ \omega_{2m} \cdots \omega_{mm})'$ ist die Vektordarstellung der symmetrischen Matrix $\Omega = ((\omega_{ij}))_{ij}$.

2) Mit der Ableitung $\frac{\partial f}{\partial A}$ einer skalaren Funktion f nach einer Matrix A sind die in Matrixform geschriebenen Ableitungen von f nach den Komponenten von A gemeint.

K heißt (negative) (auf β) <u>konzentrierte Likelihood-Funktion</u>.

(2.1.1.13) Befassen wir uns nun mit dem allgemeinen Fall, daß in dem System (1.2.1) auch <u>Identitäten</u> vorkommen. Das Identitätensystem läßt sich nach (1.2.10) eindeutig nach y_{It} auflösen, so daß gilt:

(2.1.1.14) $y_{It} = g_I(y_{Bt};x_t)$.

Damit ist bei der Bestimmung einer zu (2.1.1.6) analogen Dichtefunktion zusätzlich die gemäß (2.1.1.14) indirekte Abhängigkeit der e_t von y_{Bt} zu berücksichtigen. Anstelle von $\frac{\partial e}{\partial y_B}$ ist also

(2.1.1.15) $\frac{de}{dy_B}(y_B;y_I;x;\beta) := \frac{\partial E}{\partial y_B}(y_B;x;\beta)$ zu betrachten,

wobei $E(y_B;x;\beta) := e(y_B;g_I(y_B;x);x;\beta)$ (vgl. Dagenais (1978), p. 1352, 1354/55).

(2.1.1.16) Betrachte nun $h_t =: (h_{1t} \dots h_{M-m,t})'$ aus (2.1.1.4), wobei

$h_{it}(y_t;x_t) := y_{m+i,t} - f_{m+i}(y_t;x_t)$, $i=1,\dots,M-m$.

Dann gilt:

$$\frac{dh_t}{dy_{Bt}} = \left(\frac{\partial h_t}{\partial y_{Bt}}\ \frac{\partial h_t}{\partial y_{It}}\right)\begin{pmatrix}\frac{\partial y_{Bt}}{\partial y_{Bt}}\\ \frac{\partial y_{It}}{\partial y_{Bt}}\end{pmatrix} = 0, \text{ also } \frac{\partial y_{It}}{\partial y_{Bt}} = -\left(\frac{\partial h_t}{\partial y_{It}}\right)^{-1}\cdot\frac{\partial h_t}{\partial y_{Bt}} .$$

Damit gilt dann:

(2.1.1.17)

$$\frac{de_t}{dy_{Bt}} = \left(\frac{\partial e_t}{\partial y_{Bt}}\ \frac{\partial e_t}{\partial y_{It}}\right)\begin{pmatrix}\frac{\partial y_{Bt}}{\partial y_{Bt}}\\ \frac{\partial y_{It}}{\partial y_{Bt}}\end{pmatrix} = \frac{\partial e_t}{\partial y_{Bt}} - \frac{\partial e_t}{\partial y_{It}}\left(\frac{\partial h_t}{\partial y_{It}}\right)^{-1}\cdot\frac{\partial h_t}{\partial y_{Bt}} .$$

Die (negative) (auf β) <u>konzentrierte Likelihood-Funktion</u> hat also im allgemeinen Fall folgendes Aussehen:

(2.1.1.18)

$$K(\beta) = \frac{T}{2}\log\left(\det\left(\frac{1}{T}\sum_{t=1}^{T} e_t(\beta)e_t(\beta)'\right)\right) - \sum_{t=1}^{T}\log|\det(J_t(\beta))| ,$$

$$J_t(\beta) := \frac{de_t}{dy_{Bt}}(\beta) = \frac{\partial e_t}{\partial y_{Bt}}(\beta) - \frac{\partial e_t}{\partial y_{It}}(\beta)\cdot S_t , \quad \text{wobei}$$

$$S_t := \left(\frac{\partial h_t}{\partial y_{It}}\right)^{-1}\frac{\partial h_t}{\partial y_{Bt}} \quad \text{unabhängig ist von } \beta \text{ [1]} .$$

Das Aussehen der Funktionen L, L_t (vgl. (2.1.1.7)) und K_t (vgl. (2.1.1.12)) ändert sich entsprechend.

Wieder gilt:

(2.1.1.19) $K(\hat{\beta}) = \min_{\beta} K(\beta)$ und $\hat{\Omega} = \frac{1}{T}\sum_{t=1}^{T} e_t(\hat{\beta})e_t(\hat{\beta})'$.

In späteren Kapiteln werden auch einige Spezialfälle des Systems (1.2.1) untersucht. Für diese Spezialfälle vereinfacht sich die konzentrierte Likelihood-Funktion erheblich.

(2.1.1.20) Falls die Funktionen f_i, $i \in 1,\ldots,M$, <u>linear</u> sind in den Variablen y_t, x_t dann gilt:

$$K(\beta) = \frac{T}{2}\log\left(\det\left(\frac{1}{T}\sum_{t=1}^{T} e_t(\beta)e_t(\beta)'\right)\right) - T\cdot\log|\det J(\beta)| ,$$

wobei $J(\beta) = \frac{de_t}{dy_{Bt}}(\beta)$ unabhängig ist von t .

(2.1.1.21) Falls die Funktionen f_i, $i=1,\ldots,m$, unabhängig sind von den endogenen Variablen y_t (<u>reduzierte Form</u>), dann gilt:

---

1) Die Funktion K ist nur für solche Parametervektoren definiert, für die $\hat{\Omega}(\beta)$ und $J_t(\beta)$ invertierbar sind (vgl. III.3.1 und (2.1.1.4)).

$$K(\beta) = \frac{T}{2}\log\left(\det(\frac{1}{T}\sum_{t=1}^{T} e_t(\beta)e_t(\beta)')\right) .$$

Man beachte schließlich noch, daß das Modell (1.2.1) nach (2.1.1.4) zu der folgenden <u>allgemeineren</u> <u>Modellklasse</u> gehört:

(2.1.1.22) $$e_t(y_t;x_t;\beta^*) = \varepsilon_t ,$$
$$h_t(y_t;x_t) = 0 .$$

Erfreulicherweise hat die konzentrierte Likelihood-Funktion $K(\beta)$ für beliebige Modelle der Art (2.1.1.22) dieselbe Form wie in (2.1.1.18), wenn die Aufteilung $y_t = (y_{Bt}' \; y_{It}')'$ vorgegeben ist. Nun erscheint die Aufteilung der gemeinsam abhängigen Variablen in Verhaltensvariablen und Identitätsvariablen schon bei Modell (1.2.1) einigermaßen unglücklich. Für andere Modelle der Art (2.1.1.22) wird sich eine solche Aufteilung aber u.U. überhaupt nicht anbieten. Damit erscheint aber auch die Wahl der Likelihood-Funktion willkürlich, da sie von dieser Aufteilung abhängt. Diese Komplikation wird in der Literatur allem Anschein nach übersehen (vgl. z.B. Dagenais (1978), p. 1354/5). Erfreulicherweise erweist sich das Problem aber auch nicht als sehr schwerwiegend. Man kann nämlich zeigen, daß die <u>Schätzer</u> $\hat{\beta}$, $\hat{\Omega}$ <u>invariant</u> sind <u>gegenüber</u> gewissen Änderungen der <u>Aufteilung</u> von y_t <u>in Verhaltensvariablen und Identitätsvariablen</u>.

(2.1.1.23) Sei $\tilde{y}_t = (\tilde{y}_{Bt}' \; \tilde{y}_{It}')'$ eine von $y_t = (y_{Bt}' \; y_{It}')'$ verschiedene Aufteilung der gemeinsam abhängigen Variablen, so daß
$\tilde{y}_{Bt} = h_{Bt}(y_{Bt})$, $\tilde{y}_{It} = h_{It}(y_{It})$, wobei

$\left(\frac{\partial \tilde{y}_{Bt}}{\partial y_{Bt}}\right)^{-1}$, $\left(\frac{\partial \tilde{y}_{It}}{\partial y_{It}}\right)^{-1}$ existieren im relevanten Bereich.

Man beachte, daß nach (1.2.10)

$y_{It} = g_I(y_{Bt};x_t) = g_{It}(y_{Bt})$ bei vorgegebenem x_t .
Das motiviert die Existenz von Funktionen h_{Bt}, h_{It} .

Damit gilt analog zu (2.1.1.22) und (2.1.1.18):

(2.1.1.24) $\tilde{e}_t(\tilde{y}_t;x_t;\beta^*) := e_t(y_t;x_t;\beta^*) = \varepsilon_t$,

$$\tilde{h}_t(\tilde{y}_t;x_t) := h_t(y_t;x_t) \equiv 0 \ ;$$

$$\tilde{K}(\beta) = \frac{T}{2}\log\Big(\det(\frac{1}{T}\sum_{t=1}^{T}\tilde{e}_t(\beta)\tilde{e}_t(\beta)')\Big) - \sum_{t=1}^{T}\log|\det(\tilde{J}_t(\beta))| \ ,$$

wobei gilt:

$$\tilde{J}_t(\beta) = \frac{d\tilde{e}_t}{d\tilde{y}_{Bt}} = \frac{\partial e_t}{\partial \tilde{y}_{Bt}} - \frac{\partial e_t}{\partial \tilde{y}_{It}}\Big(\frac{\partial h_t}{\partial \tilde{y}_{It}}\Big)^{-1}\frac{\partial h_t}{\partial \tilde{y}_{Bt}}$$

$$= \frac{\partial e_t}{\partial y_{Bt}}\Big(\frac{\partial \tilde{y}_{Bt}}{\partial y_{Bt}}\Big)^{-1} - \frac{\partial e_t}{\partial y_{It}}\Big(\frac{\partial \tilde{y}_{It}}{\partial y_{It}}\Big)^{-1}\Big(\frac{\partial \tilde{y}_{It}}{\partial y_{It}}\Big)\Big(\frac{\partial h_t}{\partial y_{It}}\Big)^{-1}\frac{\partial h_t}{\partial y_{Bt}}\Big(\frac{\partial \tilde{y}_{Bt}}{\partial y_{Bt}}\Big)^{-1}$$

$$= \frac{de_t}{dy_{Bt}}\Big(\frac{\partial \tilde{y}_{Bt}}{\partial y_{Bt}}\Big)^{-1} \ .$$

Also gilt:

$$\tilde{K}(\beta) = \frac{T}{2}\log\Big(\det(\frac{1}{T}\sum_{t=1}^{T}e_t(\beta)e_t(\beta)')\Big) - \sum_{t=1}^{T}\log|\det(J_t(\beta))|$$

$$+ \sum_{t=1}^{T}\log|\det(\frac{\partial \tilde{y}_{Bt}}{\partial y_{Bt}})|$$

$$= K(\beta) + \sum_{t=1}^{T}\log|\det(\frac{\partial \tilde{y}_{Bt}}{\partial y_{Bt}})| \ .$$

Und daraus folgt:

$$\min_{\beta}\tilde{K}(\beta) = \min_{\beta}K(\beta) \ .$$

(2.1.1.25) Die FIML-Schätzer $\hat{\beta}$, $\hat{\Omega}$ sind also invariant gegenüber Transformationen der Art (2.1.1.23) der Aufteilung der gemeinsam abhängigen Variablen y_t in Verhaltensvariablen und Identitätsvariablen.

2.1.2 Eigenschaften des FIML-Schätzers

Im folgenden werden Ergebnisse über die Konsistenz, asymptotische Normalität und Effizienz des FIML-Schätzers vorgestellt, die sich auf Spezialfälle des in 1.2 vorgestellten Modells beziehen. Bisher scheint es noch nicht gelungen, asymptotische Aussagen über das allgemeine Modell in 1.2 herzuleiten.

Im folgenden wird das Modell in 1.2 stets wie in 2.1.1 eingeschränkt. Um die gewünschten statistischen Eigenschaften zeigen zu können, müssen aber noch weiterreichende Annahmen getroffen werden. Hier soll im wesentlichen ein Satz von Annahmen wiedergegeben werden, für den sich in dem allgemeinsten in der Literatur behandelten Modell die Konsistenz und asymptotische Normalität beweisen läßt.

(2.1.2.1) Betrachte Modelle der Art 1.2 mit den Eigenschaften (2.1.1.1) (keine Meßfehler), (2.1.1.2) (normalverteilte Residuen) und (2.1.1.5) (keine Identitäten), in denen keine verzögerten endogenen Variablen w_t vorkommen (statische Modelle). Solche Modelle untersuche man für beliebige, aber feste Realisierungen der exogenen Variablen z_t (bedingte Betrachtung, vgl. (1.1.3)).

Für Modelle der Art (2.1.2.1) werden im folgenden zusätzliche Annahmen nach Gallant, Holly (1980, p. 699-707) angegeben, die Konsistenz und asymptotische Normalität von FIML-Schätzungen garantieren (s. (2.1.2.13)). Diese Annahmen lassen sich im wesentlichen in drei Gruppen einteilen:

- Annahmen zur Gewährleistung der Existenz der reduzierten Form und einer Dichtefunktion für die endogenen Variablen (vgl. (2.1.2.3)),

- Annahmen zur Gewährleistung der gleichmäßigen Konvergenz gewisser empirischer Mittel von Funktionen der exogenen Variablen und der Residuen (vgl. (2.1.2.6), (2.1.2.8), (2.1.2.10)),

- Annahmen zur Gewährleistung eines asymptotisch eindeutigen Maximums der Likelihood-Funktion L (vgl.(2.1.2.9), (2.1.2.12)).

Besonders hervorzuheben ist, daß Gallant, Holly Voraussetzungen für die Gültigkeit der gleichmäßigen Konvergenz liefern, die (wenn auch mit etwas Aufwand) für die in der Praxis untersuchten Modelle nachgeprüft werden können.

Die folgende Annahme dient im wesentlichen der Notationsvereinfachung.

(2.1.2.2) Die Realisierungen der exogenen Variablen z_t, $t \in T_0$, seien enthalten in einer offenen Menge Z. Die Realisierungen der endogenen Variablen y_t, $t \in T_0$, seien enthalten in einer offenen Menge Y Die (funktionalen) Parameter β^* seien enthalten in einer kompakten Menge B. Ω^* ist laut Voraussetzung positiv definit (vgl. (1.2.6)). Man beachte, daß die Menge S sämtlicher $vec(\Omega)$, Ω positiv definit, offen ist.

Die folgende Annahme garantiert die Existenz einer stetig differenzierbaren reduzierten Form (1.2.8) und einer Dichtefunktion p_{y_t} der endogenen Variablen y_t für gegebene z_t, β, Ω (vgl. (2.1.1.4)):

(2.1.2.3) Für jedes $(z' \; \beta')' \in Z \times B$ definiere (1.2.1) eine eineindeutige funktionale Beziehung zwischen ε_t und y_t, die global für alle $\varepsilon_t \in \mathbb{R}^m$ gültig ist.

Außerdem sei $\frac{\partial e_t}{\partial y_t}(y_t;z_t;\beta)$ nichtsingulär auf $\mathcal{Y} \times \mathcal{Z} \times \mathcal{B}_0$, wobei $\mathcal{B}_0$ eine offene Menge ist, die $\mathcal{B}$ enthält.

Man beachte, daß der "Satz über implizite Funktionen" auch dann keine global eindeutige Auflösbarkeit eines nichtlinearen impliziten Gleichungssystems garantiert, wenn $\frac{\partial e_t}{\partial y_t}$ überall nichtsingulär ist (vgl. z.B. Erwe (1970), p. 334). Die globale Eindeutigkeit wird deshalb gesondert gefordert.

Nun ist die Bestimmung der FIML-Schätzungen $\hat{\beta}$, $\hat{\Omega}$ wegen (2.1.1.8) offenbar äquivalent zur Maximierung von

(2.1.2.4)

$$\tilde{L}(\beta,\mathrm{vec}(\Omega)) := \frac{1}{T}\sum_{t=1}^{T} L_t(\beta,\mathrm{vec}(\Omega))$$

$$= \frac{-m}{2}\log(2\pi) + \frac{1}{T}\sum_{t=1}^{T}\log\left|\det\frac{\partial e_t}{\partial y_t}(\beta)\right|$$

$$- \frac{1}{2}\log\det\Omega - \frac{1}{2}\mathrm{tr}\left(\Omega^{-1}\left(\frac{1}{T}\sum_{t=1}^{T} e_t(\beta)e_t(\beta)'\right)\right)^{1)}$$

auf der zulässigen Menge $\mathcal{B} \times \mathcal{S}$ (vgl. (2.1.2.2)). Dabei entspricht $e_t(\beta^*) = e_t(y_t;z_t;\beta^*)$ (vgl. (2.1.1.4)) einer Realisierung der Residuen ε_t bei der als fest angesehenen Realisierung der exogenen Variablen z_t und der dazugehörigen Realisierung der endogenen Variablen y_t.

---

1) $\mathrm{tr}(A) := \sum_i a_{ii}$ heißt Spur (trace) von A. Es gilt:
$\mathrm{tr}(A + B) = \mathrm{tr}(A) + \mathrm{tr}(B)$, $\mathrm{tr}(AB) = \mathrm{tr}(BA)$.

$L_t(\beta^*, vec(\Omega^*))$ ist also eine Funktion von Realisierungen von $v_t=(z_t' \varepsilon_t')'$, und die (gleichmäßige) Konvergenz (für $T \to \infty$) des empirischen Mittels $\tilde{L}$ ist natürlich Voraussetzung für die Konsistenz der FIML-Schätzungen.

Um die gleichmäßige Konvergenz der empirischen Mittel von Funktionen von v_t zu gewährleisten, benötigt man eine gewisse Stationarität der Folge $\{v_t\}$, etwa ihre Cesàro-Summierbarkeit:

(2.1.2.5) Eine Folge $\{v_t\}$ von Punkten einer Borel-Menge V generiert <u>Cesàro-summierbare Folgen</u> hinsichtlich eines Wahrscheinlichkeitsmaßes ν auf den Borelteilmengen von V und einer Majorante $b(v)$ mit $\int b(v)d\nu(v) < \infty$, wenn

$\lim_{T\to\infty} \frac{1}{T} \sum_{t=1}^{T} F(v_t) = \int F(v)d\nu(v)$ für jede reellwertige, stetige Funktion F mit $|F(v)| < b(v)$.

Einfache Beispiele für solche Folgen sind nichtstochastische periodische Folgen und unabhängig identisch verteilte Folgen. So generiert $z_t := a_{(n \bmod N)}$ Cesàro-summierbare Folgen hinsichtlich des Maßes

$\mu(A) := \frac{1}{N} \sum_{n=0}^{N-1} I_A(a_n)$, wobei I_A die Indikatorfunktion

für die Menge A ist. Und (fast) jede Realisierung von $\{\varepsilon_t\}$, ε_t unabhängig identisch verteilt mit dem Wahrscheinlichkeitsmaß P_ε , erzeugt Cesàro-summierbare Folgen hinsichtlich P_ε . Damit erzeugt dann auch die gemeinsame Folge $\{v_t = (z_t' \varepsilon_t')'\}$ Cesàro-summierbare Folgen hinsichtlich des Produktmaßes (s. Gallant (1977), p. 77/8).

Nun sind die Residuen ε_t in Modell (2.1.2.1) aber laut Voraussetzung unabhängig identisch verteilt (vgl. (2.1.1.2)). Die $v_t = (z_t' \varepsilon_t')'$ erzeugen also in diesem Modell für nichtstochastische periodische exogene Variablen

Cesàro-summierbare Folgen hinsichtlich des Produktmaßes. Im folgenden werden nur noch solche z_t zugelassen, für die $\{v_t\}$ diese Eigenschaft besitzt:

(2.1.2.6) Fast jede Realisierung von $\{v_t\}_{t \in T}$ mit $v_t := (z_t' \; \varepsilon_t')'$ erzeuge Cesàro-summierbare Folgen hinsichtlich des Produktmaßes von z_t und ε_t und einer Majorante $b(z;\varepsilon)$. Fast jede Realisierung von $\{z_t\}_{t \in T}$ erzeuge Cesàro-summierbare Folgen hinsichtlich eines Maßes μ und der Majorante $B(z) := \int b(z;\varepsilon)p_\varepsilon(\varepsilon)d\varepsilon$ (vgl. (2.1.1.2)). Und für jedes $z \in Z$ existiere eine Umgebung U_z, so daß $\int(\sup_{U_z} b(z;\varepsilon)) \cdot p_\varepsilon(\varepsilon)d\varepsilon < \infty$ ist.

Um die (fast sichere) gleichmäßige Konvergenz der empirischen Mittel (endlich vieler) Funktionen von z_t, ε_t sicherzustellen, wird deshalb für jede dieser Funktionen zunächst eine Majorante gesucht. Dann wird $b(z;\varepsilon)$ als die Summe dieser Majoranten definiert und die Gültigkeit die Annahme (2.1.2.6) überprüft.

Benötigt wird im folgenden die gleichmaßige Konvergenz des empirischen Mittels der Funktionen L_t (vgl.(2.1.2.4)) (zum Beweis der Konsistenz der FIML-Schätzungen) und der empirischen Mittel der ersten und zweiten Ableitungen der L_t (zum Beweis der asymptotischen Normalität). Die folgenden drei Annahmen garantieren die Konsistenz.

(2.1.2.7) Es existiere eine kompakte Teilmenge K von S, so daß das Maximum von $\tilde{L}(\beta, vec(\Omega))$ für $T > T_a$ in $B \times K$ liegt.

(2.1.2.8) Die Funktion $L_t(\beta, vec(\Omega))$ sei majorisiert durch $b(z_t; e_t(\beta^*))$ für alle $(y_t' \; z_t')' \in Y \times Z$ und alle $(\beta' \beta^{*\prime} vec(\Omega)')' \in B \times B \times K$, wobei b die Majorante aus (2.1.2.6) ist.

(2.1.2.9) Damit konvergiert $\tilde{L}$ (fast sicher) gleichmäßig gegen

$\bar{L}(\beta,\text{vec}(\Omega)) :=$

$$:= \int_{Z}\int_{Y}(\log p_{y_t}(y;z,\beta,\text{vec}(\Omega)))p_{y_t}(y;z,\beta^*,\text{vec}(\Omega^*))dy\, d\mu(z).$$

$\bar{L}$ besitze genau ein Maximum, und zwar in $(\beta^{*\prime}\ \text{vec}(\Omega^*)')'$. Man beachte, daß $p_{yt}(y_t;z_t,\beta^*,\text{vec}(\Omega^*))$ die Dichtefunktion in (2.1.1.6) der endogenen Variablen y_t bei den wahren Parametern ist, und daß gilt:

$L_t(\beta,\text{vec}(\Omega)) = \log(p_{y_t}(y_t;z_t,\beta,\text{vec}(\Omega)))$ (vgl. (2.1.1.8)).

Zum Beweis der asymptotischen Normalität benötigt man Majoranten für die ersten und zweiten Ableitungen von L_t :

(2.1.2.10) Seien $\mathcal{B}^*$ und $\mathcal{K}^*$ offene Kugeln mit $\beta^*\in\mathcal{B}^*\subset\mathcal{B}$ und $\text{vec}(\Omega^*)\in\mathcal{K}^*\subset\mathcal{K}$, und sei $\gamma := (\beta'\ \text{vec}(\Omega)')'$. Dann seien die Elemente von $\frac{\partial L_t}{\partial\gamma}(\gamma)$ und von $\frac{\partial^2 L_t}{\partial\gamma\,\partial\gamma'}(\gamma)$ majorisiert durch $b(z_t;e_t(\beta^*))$

für alle $(y_t'\ z_t')'\in\mathcal{Y}\times\mathcal{Z}$ und alle $(\beta'\beta^{*\prime}\ \text{vec}(\Omega)')'\in cl(\mathcal{B}^*)\times cl(\mathcal{B}^*)\times cl(\mathcal{K}^*)$, wobei $cl(\mathcal{B}^*)$ der Abschluß von $\mathcal{B}^*$ ist.

Weitere Voraussetzungen werden nicht benötigt, um Konsistenz und asymptotische Normalität von FIML-Schätzungen für Modelle der Art (2.1.2.1) zu beweisen. Man beachte allerdings, daß die spezielle Form der Likelihoodfunktion $\tilde{L}$ in (2.1.2.4), die insbesondere aus der Normalverteilung der Residuen ε_t resultiert, bisher noch gar nicht ausgenutzt wurde. Tatsächlich kann diese einerseits dazu verwendet werden, diejenigen Funktionen näher zu spezifizieren, für die eine Majorante existieren muß (vgl. Gallant, Holly (1980), p. 704,707; ein Beispiel für die Bestimmung einer solchen Majorante befindet sich auf p. 707/8).

Andererseits kann die spezielle Form von $\tilde{L}$ aber auch dazu genutzt werden, Bedingungen für die Eindeutigkeit des Maximums von $\bar{L}$ anzugeben (vgl. (2.1.2.9)). Diese sollen hier noch kurz wiedergegeben werden.

(2.1.2.11) Wegen (2.1.2.4) und (2.1.2.9) gilt:

$$\bar{L}(\beta,\text{vec}(\Omega)) = -\frac{m}{2}\log(2\pi) + \bar{C}(\beta) - \frac{1}{2}\log\det\Omega$$

$$-\frac{1}{2}\text{tr}(\Omega^{-1}\bar{S}(\beta)) \text{ , wobei}$$

$$\bar{C}(\beta) :=$$

$$:= \int_Z \int_Y (\log|\det\frac{\partial e_t}{\partial y_t}(y;z;\beta)|)p_{y_t}(y;z,\beta^*,\text{vec}(\Omega^*))dy\, d\mu(z) \text{ ,}$$

$$\bar{S}(\beta) :=$$

$$:= \int_Z \int_Y (e_t(y;z;\beta)e_t(y;z;\beta)')p_{y_t}(y;z,\beta^*,\text{vec}(\Omega^*))dy\, d\mu(z) \text{ .}$$

Als ausschlaggebend für die Existenz eines Maximums sowohl von $\tilde{L}$ (vgl. (2.1.2.4)) als auch von $\bar{L}$ erweist sich die Existenz der Inversen von $\bar{S}(\beta)$.

(2.1.2.12) <u>Lemma:</u> Betrachte Modelle der Art (2.1.2.1), die die Annahmen (2.1.2.2), (2.1.2.3), (2.1.2.6) und (2.1.2.8) erfüllen. Dann gilt:

(i) Falls $\bar{S}(\beta)$ positiv definit ist für alle $\beta \in \mathbb{B}$, besitzt $\tilde{L}(\beta,\text{vec}(\Omega))$ ihr Maximum in $\mathbb{B} \times \mathbb{K}$, wobei $\mathbb{K}$ eine kompakte Teilmenge von $\mathbb{S}$ ist.

(ii) $\bar{L}(\beta,\text{vec}(\Omega))$ besitzt ein Maximum genau dann, wenn $\bar{S}(\beta)$ positiv definit ist für alle $\beta \in \mathbb{B}$.

(iii) Dieses Maximum ist genau dann eindeutig, wenn zusätzlich gilt:
Für jedes $\gamma := (\beta'\,\text{vec}(\Omega)')' \neq (\beta^{*\prime}\text{vec}(\Omega^*)')'$

gibt es eine Menge Z_γ mit $\mu(Z_\gamma) > 0$,
so daß für alle $z \in Z_\gamma$ die Menge
$\{y | p_{y_t}(y;x,\beta,vec(\Omega)) \neq p_{y_t}(y;z,\beta\ ,vec(\Omega^*))\}$
positives Maß hat hinsichtlich
$p_{y_t}(y;z,\beta^*,vec(\Omega^*))$.

Bew.: (i): S. Gallant, Holly (1980), p. 707, 714/5.
(ii), (iii): S. Gallant, Holly (1980), p. 705/6.

||

Ein Beispiel für die Verifizierung der Bedingung in (iii) findet sich bei Gallant, Holly (1980), p. 708.

Hier endet die Diskussion der Annahmen von Gallant, Holly. Es folgt der angekündigte Satz:

(2.1.2.13) Satz: Für Modelle der Art (2.1.2.1), die die Annahmen (2.1.2.2), (2.1.2.3), (2.1.2.6) - (2.1.2.10) erfüllen, sind die FIML-Schätzungen $\hat{\beta}$, $\hat{\Omega}$ aus (2.1.1.19) konsistente Schätzungen für β^* , Ω^* , und $\sqrt{T}(\hat{\beta}_T - \beta^*)$ konvergiert nach Verteilung gegen eine $N(0,\Psi^{-1})$-verteilte Zufallsvariable, wobei

$$\hat{\Psi}_{1t} := \frac{1}{T} \frac{\partial^2 K}{\partial\beta\partial\beta'}(\hat{\beta}_T) ,$$

$$\hat{\Psi}_{2T} :=$$

$$:= -\left(\frac{\partial^2 L}{\partial\beta\partial\beta'} - \frac{\partial^2 L}{\partial\beta\partial\omega'}\left(\frac{\partial^2 L}{\partial\omega\partial\omega'}\right)^{-1} \frac{\partial^2 L}{\partial\omega\partial\beta'}\right)(\hat{\beta}_T,\hat{\Omega}_T^{-1}) ,$$

$$\hat{\Psi}_{3T} := \frac{1}{T} \sum_{t=1}^{T}\left(\frac{\partial K_t}{\partial\beta}(\hat{\beta}_T)\right)\left(\frac{\partial K_t}{\partial\beta}(\hat{\beta}_T)\right)' ,$$

$$\hat{\Psi}_{4T} := \frac{1}{T}\left(\left(\sum_{t=1}^{T}\frac{\partial L_t}{\partial\beta} \frac{\partial L_t'}{\partial\beta}\right) - \left(\sum_{t=1}^{T}\frac{\partial L_t}{\partial\beta} \frac{\partial L_t'}{\partial\omega}\right)\right.$$

$$\left.\cdot \left(\sum_{t=1}^{T}\frac{\partial L_t}{\partial\omega} \frac{\partial L_t'}{\partial\omega}\right)^{-1}\left(\sum_{t=1}^{T}\frac{\partial L_t}{\partial\omega} \frac{\partial L_t'}{\partial\beta}\right)\right) (\hat{\beta}_T,vec(\hat{\Omega}_T)),$$

$\omega := vec(\Omega)$, fast sicher gegen Ψ konvergieren.

Bew.: Vgl. Gallant, Holly (1980), p. 710/1, 716-718.

Zum Beweis von Konsistenz und asymptotischer Normalität des FIML-Schätzers werden also vielfältige Voraussetzungen benötigt, deren Überprüfung sich in der Praxis als sehr aufwendig erweist. Unter ähnlichen Voraussetzungen sind auch andere "Full-Information-Schätzer" konsistent und asymptotisch normal. Der FIML-Schätzer zeichnet sich aber dadurch aus, daß er insofern relativ effizient ist, daß die Differenz zwischen seiner asymptotischen Kovarianzmatrix und der asymptotischen Kovarianzmatrix der anderen Schätzer negativ semidefinit ist (vgl. z.B. Amemiya (1977), Hatanaka (1978)). Neben seiner begrifflichen Eleganz ist es diese Eigenschaft, die die Beliebtheit des FIML-Schätzers begründet.

(2.1.2.14) In der Praxis wird der FIML-Schätzer aber auch dann verwendet, wenn die Normalverteilung der Residuen nicht begründet werden kann (vgl. (2.1.1.2)). Deshalb spricht man i.a. von Quasi- oder Pseudo-FIML-Schätzung. Glücklicherweise muß die Nichtnormalität der Residuen nicht unbedingt zur Inkonsistenz des Schätzers führen. Gourieroux, Monfort und Trognon (1984) geben für nichtlineare statische Modelle in reduzierter Form sogar (Exponential-)Familien von Likelihood-Funktionen an, deren Maximierung sämtlich zu einem konsistenten und asymptotisch normalen Schätzer für den Parametervektor β^* führt, auch wenn die wahre Dichtefunktion nicht zu der verwendeten Familie gehört. Die Normalverteilungen, indiziert durch ihre Erwartungswerte, bilden eine solche Familie. Effizienz erhält man allerdings nur, wenn z.B. die funktionale Form der wahren Kovarianzmatrix der endogenen Variablen bekannt ist.

(2.1.2.15) Bisher wurden bei der Diskussion der asymptotischen Eigenschaften der FIML-Schätzungen ausschließlich statische Modelle zugelassen, verzögerte endogene Variablen wurden explizit ausgeschlossen (vgl. (2.1.2.1)). Aber wenn die Korrelation der Vektoren $(x_t' \; \varepsilon_t')'$ und $(x_\tau' \; \varepsilon_\tau')'$, $t,\tau \in T$, der vorherbestimmten Variablen und Residuen, mit einer gewissen Geschwindigkeit gegen Null abnimmt für $|t-\tau| \to \infty$ (vgl. p.85), kann man zumindest auch für solche dynamischen, nichtlinearen Modelle, für die FIML-Schätzungen und OLS-Schätzungen übereinstimmen (vgl. 2.1.3), Konsistenz und asymptotische Normalität zeigen (vgl. White, Domowitz (1984)). Eine Basis für analoge Aussagen für FIML-Schätzungen in interdependenten, dynamischen, nichtlinearen Modellen liefert die allgemeine Theorie von Domowitz, White (1982).

(2.1.2.16) Bekannt sind die asymptotischen Eigenschaften für <u>interdependente Modelle</u>, die <u>linear</u> sind sowohl <u>in</u> den (funktionalen) <u>Parametern als auch in</u> den <u>Variablen</u>. In diesem Fall ist der Quasi-FIML-Schätzer konsistent und asymptotisch normal in dynamischen Modellen, unabhängig davon, ob die Residuen normalverteilt sind oder nicht (vgl. Schönfeld (1971), p. 288/89).

(2.1.2.17) Abschließend soll noch angemerkt werden, daß die <u>Referenzperiode</u> T_0 eine gewisse <u>Länge</u> haben muß, wenn man den FIML-Schätzer anwenden will. Sargan (1975) hat z.B. gezeigt, daß im Fall von statischen Modellen, die linear sind sowohl in den Parametern als auch in den Variablen und in denen keine Identitäten vorkommen, gelten muß: $T \geq m+P$. Es müssen also mindestens so viel Beobachtungen vorliegen wie es (endogene und exogene) Variablen im Modell gibt, ansonsten hat die Likelihood-

Funktion mit Wahrscheinlichkeit 1 kein Maximum (vgl. auch (2.1.2.12)).

2.1.3 OLS-Schätzer

In der Praxis wird anstelle des FIML-Schätzers oft der OLS-Schätzer verwendet. Bei bestimmten Modellen stimmen diese beiden Schätzer überein.

(2.1.3.1) Betrachte Modelle der Art 1.2 mit den Eigenschaften (2.1.1.1) (keine Meßfehler), (2.1.1.2) (normalverteilte Residuen) und (2.1.1.5) (keine Identitäten), die in reduzierter Form vorliegen (also: $\frac{\partial e_t}{\partial y_B} = I$) . Außerdem seien die Modelle so beschaffen, daß jeder Parameter β_j^* nur in einer Gleichung vorkommt, daß also gilt: $\beta^* = (\beta^{1*'},...,\beta^{m*'})$, wobei β^{i*} die Parameter der i-ten Gleichung bezeichnet.

Falls in Modellen vom Typ (2.1.3.1) die Residuen der verschiedenen Gleichungen auch als kontemporär unabhängig angenommen werden, hat die Residual-Kovarianzmatrix Ω^* Diagonalform, also:

(2.1.3.2) $\Omega^* = \mathrm{diag}(\sigma_1^{*2},...,\sigma_m^{*2})$ 1) . Damit gilt (vgl. (2.1.1.21)):

(2.1.3.3) $K(\beta) = \frac{T}{2} \sum_{i=1}^{m} \log(\frac{1}{T} \sum_{t=1}^{T} e_{it}^2(\beta^i))$.

In diesem Spezialfall stimmen die FIML-Schätzungen $\hat{\beta}^i$ also mit $\tilde{\beta}^i$ überein, i=1,...,m , für die gilt:

(2.1.3.4) $S_i(\tilde{\beta}^i) = \min_{\beta^i} S_i(\beta^i)$, wobei

---

1) $\mathrm{diag}(a_1,...,a_m) := \begin{pmatrix} a_1 & & 0 \\ & \ddots & \\ 0 & & a_m \end{pmatrix}$

$$S_i(\beta^i) := \frac{1}{2} \sum_{t=1}^{T} e_{it}^2(\beta^i) \quad , \qquad i=1,\dots,m$$

(Prinzip der kleinsten Quadrate).

(2.1.3.5) $\quad \tilde{\beta} := (\tilde{\beta}^1,\dots,\tilde{\beta}^m)$ heißt OLS-Schätzer für β^* .

Man kann zeigen, daß der OLS-Schätzer $\tilde{\beta}$ in statischen Modellen vom Typ (2.1.3.1) (unter gewissen zusätzlichen Annahmen) konsistent und asymptotisch normal ist, auch wenn (2.1.3.2) nicht gilt; daß $\tilde{\beta}$ dann aber i.a. weniger effizient ist als der FIML-Schätzer (vgl. z.B. Malinvaud (1980), p. 347-359).

Die Varianzen σ_i^{*2} können konsistent geschätzt werden durch:

(2.1.3.6) $$\tilde{\sigma}_i^2 := \frac{1}{T} \sum_{t=1}^{T} e_{it}^2(\tilde{\beta}^{(i)}) \; .$$

Im Fall von interdependenten Modellen ist der OLS-Schätzer (2.1.3.5) i.a. inkonsistent (vgl. z.B. Schönfeld (1971), p. 224/25).

2.2 Prognosen

2.2.1 Ein-Schritt-Prognosen

Nachdem die unbekannten Parameter eines ökonometrischen Modells geschätzt worden sind, wird das Modell häufig dazu verwendet, um Prognosen für die endogenen Variablen außerhalb der Schätzperiode T_0 zu erstellen. Im folgenden werden zunächst Aussagen wiedergegeben über die Verteilung der prognostizierten endogenen Variablen in dem Zeitpunkt, der direkt auf die Referenzperiode T_0 folgt. In 2.2.2 , 2.2.3 wird dann auf Prognosen in anderen Zeitpunkten eingegangen.

(2.2.1.1) Betrachte Modelle der Art 1.2 mit den Eigenschaften (2.1.1.1) (keine Meßfehler), (2.1.1.2) (normalverteilte Residuen) und (2.1.1.3) (bedingte Betrachtung). Analog zu (2.1.2.3) wird außerdem die Existenz einer stetig differenzierbaren reduzierten Form für alle Parametervektoren $\beta \in \mathrm{B}^*$, B^* offen, vorausgesetzt: Sei

(2.2.1.2) $F(y_t;x_t;\beta) := y_t - f(y_t;x_t;\beta)$. Damit gilt insbesondere:

(2.2.1.3) $F(y_t;x_t;\beta^*) = \begin{pmatrix}\varepsilon_t\\0\end{pmatrix}$. Diese Gleichung definiere (in Verschärfung von (1.2.8)) implizit genau eine stetig differenzierbare Funktion

(2.2.1.4) $y_t = G(x_t;\varepsilon_t;\beta)$ für alle $\beta \in \mathrm{B}^*$, B^* offen. Außerdem sei $\frac{\partial F}{\partial y}(y_t;x_t;\beta)$ überall invertierbar.

Man beachte, daß für die reduzierte Form in (1.2.8) gilt: $g(x_t;\varepsilon_t) = G(x_t;\varepsilon_t;\beta^*)$. Man beachte weiterhin, daß die Funktion G i.a. nicht explizit bekannt sein wird. Trotzdem läßt sich y_t i.a. berechnen bei gegebenen x_t, ε_t, $\beta \in \mathrm{B}^*$, z.B. indem y_t (iterativ) so bestimmt wird, daß (2.2.1.3) gilt. Außerdem lassen sich die Ableitungen von G mit Hilfe der Ableitungen von F berechnen. Es gilt:

(2.2.1.5) $\frac{\partial G}{\partial \beta}(x_t;\varepsilon_t;\beta) = -\left(\frac{\partial F}{\partial y}(y_t;x_t;\beta)\right)^{-1}\left(\frac{\partial F}{\partial \beta}(y_t;x_t;\beta)\right)$.

(2.2.1.6) Sei weiter $h := T + 1$ der Zeitpunkt, der direkt auf die Referenzperiode T_0 folgt, und seien die Realisierungen x_h^o der vorherbestimmten Variablen fest vorgegeben. Insbesondere werden also feste endogene Startwerte für die Prognose angenommen. Diese werden i.a. auf die historischen Beobachtungen für die entsprechenden gemeinsam abhängigen Variablen in dem entsprechenden Zeitpunkt der Referenzperiode gesetzt. Schließlich sei $\hat{\beta} \in \mathrm{B}^*$ ein konsistenter und asymptotisch normaler Schätzer für $\beta^* \in \mathrm{B}^*$.

Für die <u>wahren</u> <u>Werte der endogenen Variablen</u> im Zeitpunkt h gilt:

(2.2.1.7) $y_h = G(x_h^o; \varepsilon_h; \beta^*)$.

Natürlich wird man i.a. von dem wahren Residuum ε_h nur die Verteilungsklasse kennen, und anstelle der wahren Parameter β^* werden i.a. nur Schätzungen $\hat{\beta}$ vorliegen, die wiederum einer bestimmten Verteilung gehorchen werden. In der Praxis wird deshalb anstelle von y_h zumeist die <u>deterministische</u> <u>Prognose</u> $\hat{y}_h$ <u>bei geschätzten Parametern</u> berechnet:

(2.2.1.8) $\hat{y}_h := G(x_h^o; 0; \hat{\beta})$, wobei das (unbeobachtbare) Residuum durch seinen Erwartungswert 0 ersetzt wird. Untersucht wird dann die Verteilung des <u>Prognosefehlers</u> $(\hat{y}_h - y_h)$.

Man beachte, daß $\hat{y}_h$ im Fall von nichtlinearen Modellen in struktureller Form i.a. auch asymptotisch nicht übereinstimmt mit dem bedingten Erwartungswert von y_h bei gegebenen vorherbestimmten Variablen:

(2.2.1.9) $\hat{y}_h \neq E(y_h \mid y_1^o, \ldots, y_T^o; z_1^o, \ldots, z_{T+1}^o)$.

Diese Ungleichheit ist eine spezielle Eigenschaft von nichtlinearen Modellen. Bei linearen Modellen gilt in (2.2.1.9) asymptotisch Gleichheit (vgl.z.B. Schönfeld (1971),p.172/3).

(2.2.1.10) <u>Beispiel</u> (vgl.Howrey, Kelejian (1971), p. 307):

Sei $y_{1t} = \beta_1^* z_{1t} + \varepsilon_{1t}$,

$y_{2t} = \beta_2^* y_{1,t-1} + \beta_3^* \exp(y_{1t}) + \varepsilon_{2t}$, wobei

$\begin{pmatrix} \varepsilon_{1t} \\ \varepsilon_{2t} \end{pmatrix}$ unabhängig identisch $N(0,\Omega^*)$-verteilt ist

mit $\Omega^* = \begin{pmatrix} \omega_{11}^* & \omega_{12}^* \\ \omega_{12}^* & \omega_{22}^* \end{pmatrix}$, $\omega_{ij}^* \neq 0$, und wobei ε_{it} unabhängig ist von z_{1t} .

Dann gilt für die reduzierte Form:

$y_{1t} = \beta_1^* z_{1t} + \varepsilon_{1t}$,

$y_{2t} = \beta_2^* y_{1,t-1} + \beta_3^* \exp(\beta_1^* z_{1t}) \cdot \exp(\varepsilon_{1t}) + \varepsilon_{2t}$,

und also:

$\hat{y}_{1h} = \hat{\beta}_1 z_{1h}^o$,

$\hat{y}_{2h} = \hat{\beta}_2 y_{1,T}^o + \hat{\beta}_3 \exp(\hat{\beta}_1 z_{1t}^o)$.

Andererseits gilt aber:

$E(\exp(\varepsilon_{1h}) \mid y_{1T}^o, z_{1h}^o) = \exp(\omega_{11}^*/2)$, und also:

$E(y_{1h} \mid y_{1T}^o, z_{1h}^o) = \beta_1^* z_{1h}^o$,

$E(y_{2h} \mid y_{1T}^o, z_{1h}^o) = \beta_2^* y_{1T}^o + \beta_3^* \exp(\omega_{11}^*/2)\exp(\beta_1^* z_{1h}^o)$.

Damit gilt $\hat{y}_{2h} \neq E(y_{2h} \mid y_{1T}^o, z_{1h}^o)$, auch wenn β^* anstelle von $\hat{\beta}$ verwendet wird in $\hat{y}_{2h}$.

Bei der Untersuchung der Verteilung des Prognosefehlers $\hat{y}_h - y_n$ erweist es sich als praktisch, einen Hilfsvektor $\bar{y}_h$ einzuführen, der die <u>deterministische Prognose</u> der endogenen Variablen repräsentiert <u>bei bekannten Parametern</u> β^*:

(2.2.1.11) $\bar{y}_h := G(x_h^o; 0; \beta^*)$.

Damit gilt für den <u>Prognosefehler</u>:

(2.2.1.12) $$\begin{aligned} \hat{y}_h - y_h &= (\hat{y}_h - \bar{y}_h) + (\bar{y}_h - y_h) \\ &= \Big(G(x_h^o;0;\hat{\beta}) - G(x_h^o;0;\beta^*)\Big) + \\ &\quad + \Big(G(x_h^o;0;\beta^*) - G(x_h^o;\varepsilon_h;\beta^*)\Big) \\ &=: \delta_{\beta h} + \delta_{\varepsilon h} . \end{aligned}$$

Offenbar sind die Komponenten $\delta_{\beta h}$ und $\delta_{\varepsilon h}$ des Prognosefehlers voneinander unabhängig, da der Schätzer $\hat{\beta}$ nur von den Residuen ε_t , $t \in T_0$, in der Referenzperiode abhängt, und ε_h unabhängig ist von ε_t , $t \in T_0$. (vgl. (1.2.6)). Die beiden Komponenten $\delta_{\beta h}$ und $\delta_{\varepsilon h}$ können also getrennt analysiert werden. Insbesondere ergibt sich die Varianz des Prognosefehlers durch Addition der Varianzen von $\delta_{\beta h}$ und $\delta_{\varepsilon h}$.

Bianchi, Calzolari (1980 , p. 203) geben eine Methode an zur Schätzung der asymptotischen Varianz von $\delta_{\beta h}$. Dabei wird ausgenutzt, daß die asymptotische Normalität von Stichprobenfunktionen erhalten bleibt bei stetig differenzierbaren Transformationen (vgl. Rao (1973), p. 322), also auch bei der Transformation G in (2.2.1.4). Nun ist $\hat{\beta}_T$ ein konsistenter und asymptotisch normaler Schätzer für β^* ,

$\sqrt{T}(\hat{\beta}_T - \beta^*)$ ist also asymptotisch $N(0,\Psi^{-1})$-verteilt, und

(2.2.1.13) $\sqrt{T}(\hat{y}_h - \bar{y}_h)$ ist asymptotisch $N(0,J_h\Psi^{-1}J_h')$-verteilt, wobei

$J_h := \frac{\partial G}{\partial \beta}(x_h^o;0;\beta^*)$ ist.

J_h läßt sich konsistent schätzen durch

$\hat{J}_h := \frac{\partial G}{\partial \beta}(x_h^o;0;\hat{\beta})$. Bianchi, Calzolari (1980) schlagen deshalb vor,

(2.2.1.14) $\hat{V}_\beta := \frac{1}{T}\hat{J}_h\hat{\Psi}^{-1}\hat{J}_h'$ als (<u>small sample</u>) <u>Schätzer für die Kovarianzmatrix von</u> $\delta_{\beta h} := (\hat{y}_h - \bar{y}_h)$ zu verwenden, wobei $\hat{\Psi}$ ein konsistenter Schätzer für Ψ ist (vgl. (2.1.2.13)).

Falls die reduzierte Form G nicht explizit bekannt ist, kann $\hat{J}_h$ mit Hilfe der Modellfunktion F berechnet werden (vgl. (2.2.1.5)):

(2.2.1.15) $\hat{\delta}_h = -\left(\frac{\partial F}{\partial y}(\hat{y}_h;x_h^o;\hat{\beta})\right)^{-1} \frac{\partial F}{\partial \beta}(\hat{y}_h;x_h;\hat{\beta})$, wobei $\hat{y}_h$ z.B. iterativ aus (2.2.1.3) bestimmt wurde.

Zur Bestimmung eines <u>Schätzers</u> <u>für</u> die (asymptotische) <u>Varianz</u> <u>von</u> $\underline{\delta}_{\varepsilon h}$ in nichtlinearen Modellen wird in der Literatur i.a. die stochastische Simulation vorgeschlagen (vgl. Bianchi, Calzolari (1980), p. 204). Dabei wird ausgegangen von konsistenten Schätzern $\hat{\beta},\hat{\Omega}$ für β^*,Ω^* bei $N(0,\Omega^*)$-verteilten Residuen ε_h . Bei der <u>stochastischen Simulation</u> werden dann wiederholt Realisierungen für ε_h erzeugt und mit Hilfe von x_h^o , $\hat{\beta}$ konsistente Schätzungen für $\delta_{\varepsilon h} = (\bar{y}_h - y_h)$. Damit lassen sich dann Erwartungswert und Varianz von $\delta_{\varepsilon h}$ approximieren, je mehr Wiederholungen, desto besser. Leider sind i.a. sehr viele Wiederholungen notwendig, will man V_ε einigermaßen verläßlich schätzen (vgl. auch II.(1.2.2), II.(1.2.3), II.(1.1.3)). Man beachte, daß i.a. $E(\delta_{\varepsilon t} \mid x_h^o;\beta^*) \neq 0$ sein wird (vgl. Beispiel (2.2.1.10)).

Alternativ wird $\hat{V}_\varepsilon$ auch mit Hilfe einer Linearisierung von F hinsichtlich y_t bestimmt (vgl. Bianchi, Calzolari (1980), p. 204). Man setzt

(2.2.1.16) $\hat{V}_\varepsilon := \left(\frac{\partial F}{\partial y}(\hat{y}_h;x_h^o;\hat{\beta})\right)^{-1}\begin{pmatrix}\hat{\Omega} & 0\\ 0 & 0\end{pmatrix}\left(\left(\frac{\partial F}{\partial y}(\hat{y}_h;x_h^o;\hat{\beta})\right)^{-1}\right)'$, da

$F(y_t;x_t;\beta^*) = \begin{pmatrix}\varepsilon_t\\ 0\end{pmatrix}$ und deswegen $\delta_{\varepsilon h} \cong -\left(\frac{\partial F}{\partial y}(\hat{y}_h;x_h^o;\beta^*)\right)^{-1}\begin{pmatrix}\varepsilon_h\\ 0\end{pmatrix}$

bei einer Linearisierung der Modellgleichungen in $\hat{y}_h$

Zur Illustration sollen noch Ausdrücke für $\hat{V}_\beta$, $\hat{V}_\varepsilon$ für Modelle hergeleitet werden, die linear in den Variablen sind. Für solche Modelle läßt sich die reduzierte Form explizit angeben. Deshalb lassen sich die asymptotischen Varianzen von $\delta_{\beta h}$ und $\delta_{\varepsilon h}$ relativ einfach ausrechnen.

Es sei

(2.2.1.17) $F(y_t;x_t;\beta) := B(\beta)y_t + C(\beta)x_t = \varepsilon_t$ das Gleichungssystem eines Modells ohne Identitäten, wobei B, C neben Funktionen der (funktionalen) Parameter β auch a-priori bekannte Parameter enthalten können. Für die reduzierte Form gilt dann:

(2.2.1.18) $$G(x_t;\varepsilon_t;\beta) = -B(\beta)^{-1}(C(\beta)x_t - \varepsilon_t)$$
$$=: R(\beta)x_t + B(\beta)^{-1}\varepsilon_t .$$

Daraus folgt nach (2.2.1.14) (vgl. auch Goldberger, Nagar, Odeh (1961), p. 560):

(2.2.1.19) $$\hat{V}_\beta = \frac{1}{T}\hat{B}^{-1}\left(\frac{\partial A}{\partial \beta}(\hat{\beta})\right)\hat{D}_h\hat{\Psi}^{-1}\hat{D}_h'\left(\frac{\partial A}{\partial \beta}(\hat{\beta})\right)'(\hat{B}^{-1})' ,$$ wobei

$$A := (B\ C)\ ,\ \frac{\partial A}{\partial \beta} = \left(\frac{\partial A}{\partial \beta_1} \cdots \frac{\partial A}{\partial \beta_n}\right)\ ,\ \hat{D}_h := I \otimes \begin{pmatrix}\hat{y}_h\\ x_h\end{pmatrix} .$$

<u>Bew.:</u> $$\frac{\partial F}{\partial y}(\hat{y}_h;x_h^o;\hat{\beta}) = \frac{\partial(By)}{\partial y}(\hat{y}_h;x_h^o;\hat{\beta}) = \hat{B} ,$$

$$\frac{\partial F}{\partial \beta_i}(\hat{y}_h;x_h^o;\hat{\beta}) = \frac{\partial(By + Cx)}{\partial \beta_i}(\hat{y}_h;x_h^o;\hat{\beta})$$
$$= \left(\frac{\partial B}{\partial \beta_i}\cdot y + \frac{\partial C}{\partial \beta_i}\cdot x\right)(\hat{y}_h;x_h^o;\hat{\beta})$$
$$= \left(\frac{\partial A}{\partial \beta_i}(\hat{\beta})\right)\begin{pmatrix}\hat{y}_h\\ x_h\end{pmatrix} .$$

Im linearen Modell (2.2.1.17) ergibt sich als Schätzer (2.2.1.16) für die asymptotische Kovarianzmatrix von $\delta_{\varepsilon h}$:

(2.2.1.20) $\hat{V}_\varepsilon := \hat{B}^{-1}\hat{\Omega}(\hat{B}^{-1})'$; denn $Cov(\delta_{\varepsilon h}) = Cov(B^{*-1}\varepsilon_h)$ wegen (2.2.1.18).

2.2.2 <u>Mehr-Schritt-Prognosen</u>

Falls die endogenen Variablen eines Modells für Zeitperioden $(T+1)$, $(T+2)$,...,$(T+k)$ prognostiziert werden sollen, müssen Schätzungen für zeitverzögerte endogene Modellvariablen verwendet werden. Falls hierfür die in den Vorperioden prognostizierten $\hat{y}_{T+i}$ verwendet werden, spricht man von dynamischer Prognose.

(2.2.2.1) Betrachte Modelle der Art (2.2.1.1). Damit gilt:

(2.2.2.2) $F(y_t;x_t;\beta^*) = F(y_t;w_t;z_t;\beta^*) = \binom{\varepsilon_t}{0}$, wobei w_t die verzögerten endogenen Variablen repräsentiert:

(2.2.2.3) $w_{tj} = y_{i,t-l}$, $j \in \{1,...,p\}$, $i \in \{1,...,M\}$ $l \in \{1,2,....\}$. Für die exogenen Variablen seien feste Realisierungen $z^o_{T+1},...,z^o_{T+k}$ vorgegeben. Außerdem seien die endogenen Startwerte für die Prognose fest vorgegeben, etwa durch die historischen Beobachtungen y^o_t :

(2.2.2.4) $\hat{w}_{T+r,j} := y^o_{i(j),T+r-l(j)}$, falls $(T + r - l(j)) \in \mathrm{T}_0$. Schließlich sei $\hat{\beta} \in \mathrm{B}^*$ wiederum ein konsistenter und asymptotisch normaler Schätzer für $\beta^* \in \mathrm{B}^*$.

(2.2.2.5) Die deterministischen <u>dynamischen</u> <u>Prognosen</u> für $y_{T+1},...,y_{T+k}$ seien folgendermaßen definiert:

$\hat{y}_{T+1} := G(\hat{w}_{T+1};z^o_{T+1};0;\hat{\beta})$,

$\hat{y}_{T+r} := G(\hat{w}_{T+r};z^o_{T+r};0;\hat{\beta})$, $r = 2,...,k$, wobei

(2.2.2.6) $\hat{w}_{T+r,j} := \hat{y}_{i(j),T+r-l(j)}$, falls $T + r - l(j) \notin \mathrm{T}_0$.

Für den <u>Prognosefehler</u> gilt dann:

(2.2.2.7)

$$\begin{aligned}\hat{y}_{T+r}-y_{T+r} &= G(\hat{w}_{T+r};x_{T+r};0;\hat{\beta})-G(w_{T+r};x_{T+r};\varepsilon_{T+r};\beta^*)\\ &= (G(\hat{w}_{T+r};x_{T+r};0;\hat{\beta})-G(\bar{w}_{T+r};x_{T+r};0;\beta^*))\\ &\quad + (G(\bar{w}_{T+r};x_{T+r};0;\beta^*)-G(w_{T+r};x_{T+r};\varepsilon_{T+r};\beta^*))\\ &=: (\hat{y}_{T+r}-\bar{y}_{T+r}) + (\bar{y}_{T+r}-y_{T+r}) =: \delta_{\beta;T+r} + \delta_{\varepsilon;T+r} ,\end{aligned}$$

wobei $\bar{w}_{T+r}$ wie $\hat{w}_{T+r}$, aber mit $\bar{y}_t$ anstelle von $\hat{y}_t$, gebildet wird. Sei nun L die maximal im Modell vorkommende Verzögerung einer endogenen Variablen. Dann gilt:

(2.2.2.8)

$$\begin{aligned}
\hat{y}_{T+1} &= G(y_T^o,\ldots,y_{T+1-L}^o;\ z_{T+1}^o;\ 0;\ \hat{\beta}) \\
\hat{y}_{T+2} &= G(\hat{y}_{T+1},y_T^o,\ldots,y_{T+2-L}^o;\ z_{T+2}^o;\ 0;\ \hat{\beta}) \\
&= G(G(y_T^o,\ldots\ ),y_T^o,\ldots,y_{T+2-L}^o;\ z_{T+2}^o;\ 0;\ \hat{\beta}) \\
&=: G_2(y_T^o,\ldots,y_{T+1-L}^o;\ z_{T+2}^o,z_{T+1}^o;\ 0;\ \hat{\beta}) \\
&\vdots \\
\hat{y}_{T+L+1} &= G(\hat{y}_{T+L},\ldots,\hat{y}_{T+1};\ z_{T+L+1}^o;\ 0;\ \hat{\beta}) \\
&=: G_{L+1}(y_T^o,\ldots,y_{T+1-L}^o;\ z_{T+L+1}^o,\ldots,z_{T+1}^o;\ 0;\ \hat{\beta})
\end{aligned}$$

Wiederum sind die Komponenten $\delta_{\beta,T+r}$ und $\delta_{\varepsilon,T+r}$ voneinander unabhängig (vgl. (2.2.1.12)) und wie in (2.2.1.13) gilt:

(2.2.2.9) $\sqrt{T}(\hat{y}_{T+r}-\bar{y}_{T+r})$ ist asymptotisch $N(0,J_{T+r}\Psi^{-1}J_{T+r}')$-verteilt, wobei

$$J_{T+r} := \frac{\partial G_r}{\partial \beta}(y_T^o,\ldots,y_{T+1-L}^o;z_{T+r}^o,\ldots,z_{T+1}^o;0;\beta^*),\ r=1,2,\ldots\ .$$

J_{T+r} läßt sich konsistent schätzen durch

$$\hat{J}_{T+r} := \frac{\partial G_r}{\partial \beta}(y_T^o,\ldots,y_{T+1-L}^o;z_{T+r}^o,\ldots,z_{T+1}^o;0;\hat{\beta})\ .$$

Bianchi, Calzolari (1983, p. 183) schlagen deshalb vor,

(2.2.2.10) $\hat{V}_{\beta,T+r} := \frac{1}{T}\hat{J}_{T+r}\hat{\Psi}^{-1}\hat{J}_{T+r}'$ als <u>(small sample)</u> <u>Schätzer für die Kovarianzmatrix von $\delta_{\beta,T+r}$</u> $= (\hat{y}_{T+r}-\bar{y}_{T+r})$ zu verwenden und die Ableitungen $\hat{J}_{T+r}$ mit Hilfe von numerischer Differentation anzunähern. Zur Vereinfachung der analytischen Differentation wird die Berechnung von

$\hat{J}_{T+r}$ im folgenden auf die Berechnung von Ableitungen der Modellfunktion F (vgl. (2.2.2.2)) zurückgeführt. Für die $\hat{J}_{T+r}$ gilt die folgende Rekursionsformel:

(2.2.2.11) $\hat{J}_{T+1} = \hat{J}_h = \frac{\partial G}{\partial \beta}(y_T^o, \ldots, y_{T+1-L}^o; z_{T+1}^o; 0; \hat{\beta})$,

$$\hat{J}_{T+r} = \left(\left(\frac{\partial G}{\partial y_{-1}} \; \frac{\partial G}{\partial y_{-2}} \; \cdots \; \frac{\partial G}{\partial y_{-L}} \; \frac{\partial G}{\partial \beta}\right) (\hat{y}_{T+r-1}, \ldots, \hat{\beta})\right) \cdot$$

$$\cdot \, (\hat{J}'_{T+r-1} \; \hat{J}'_{T+r-2} \; \cdots \; \hat{J}'_{T+r-L} \; I)' \text{ , wobei}$$

$$\hat{J}_{T+r-1} = 0 \quad \text{für} \quad r-1 < 1 \text{ .}$$

Die Berechnung der Ableitung von $\dot{G}$ läßt sich wiederum auf die Berechnung von Ableitungen von F zurückführen (vgl. (2.2.1.5)):

(2.2.2.12)

$$\frac{\partial G}{\partial y_{-1}}(\hat{y}_{T+r-1}, \ldots, \hat{\beta}) = -\left(\frac{\partial F}{\partial y}(\hat{y}_{T+r}, \ldots, \hat{\beta})\right)^{-1}\left(\frac{\partial F}{\partial y_{-1}}(\hat{y}_{T+r}, \ldots, \hat{\beta})\right)$$

$$\frac{\partial G}{\partial \beta}(\hat{y}_{T+r-1}, \ldots, \hat{\beta}) = -\left(\frac{\partial F}{\partial y}(\hat{y}_{T+r}, \ldots, \hat{\beta})\right)^{-1}\left(\frac{\partial F}{\partial \beta}(\hat{y}_{T+r}, \ldots, \hat{\beta})\right)$$

Bleibt die Approximation von $V_{\varepsilon,T+r}$. Analog zu (2.2.1.16) soll diese Näherung so gewählt werden, daß sie exakt ist für Modelle, die linear in den Variablen sind. Eine Darstellung dieser Approximation findet sich schon in Calzolari, Sterbenz (1983, p. 14). Die folgende unterschiedliche Darstellung erleichtert aber wiederum die analytische Berechnung wesentlich. Es gilt:

(2.2.2.13) $\begin{pmatrix} \varepsilon_{T+r} \\ 0 \end{pmatrix} = F(y_{T+r}, y_{T+r-1}, \ldots, y_{T+r-L}, z_{T+r}^o, \beta^*)$

$$\cong F(\bar{y}_{T+r}, \bar{y}_{T+r-1}, \ldots, \bar{y}_{T+r-L}, z_{T+r}^o, \beta^*) \; +$$

$$+ \; \frac{\partial F}{\partial y}(\bar{y}_{T+r}, \ldots, \beta^*)(y_{T+r} - \bar{y}_{T+r}) + \cdots +$$

$$+ \frac{\partial F}{\partial y_{-L}}(\bar{y}_{T+r},\ldots,\beta^*)(y_{T+r-L} - \bar{y}_{T+r-L}) ,$$

also

(2.2.2.14)
$$\begin{aligned}\delta_{\varepsilon,T+r} &= \bar{y}_{T+r} - y_{T+r} \\ &\cong - \left(\frac{\partial F}{\partial y}(\bar{y}_{T+r},\ldots,\beta^*)\right)^{-1} \varepsilon_{T+r} - \\ &\quad - \left(\frac{\partial F}{\partial y}\right)^{-1}\left(\frac{\partial F}{\partial y_{-1}}\right)(y_{T+r-1} - \bar{y}_{T+r-1}) - \ldots - \\ &\quad - \left(\frac{\partial F}{\partial y}\right)^{-1}\left(\frac{\partial F}{\partial y_{-L}}\right)(y_{T+r-L} - \bar{y}_{T+r-L}) \\ &= \left(\left(\frac{\partial G}{\partial \varepsilon}\ \frac{\partial G}{\partial y_{-1}}\ \cdots\ \frac{\partial G}{\partial y_{-L}}\right)(\bar{y}_{T+r-1},\ldots,\beta^*)\right) \cdot \\ &\quad (\varepsilon'_{T+r}\ \delta'_{\varepsilon,T+r-1}\ \cdots\ \delta'_{\varepsilon,T+r-L})' \ .\end{aligned}$$

Verwendet man nun $\frac{\partial F}{\partial y_{-s}}(\hat{y}_t;\hat{w}_t;\hat{z}_t;\hat{\beta})$ als (konsistenten) Schätzer für $\frac{\partial F}{\partial y_{-s}}(\bar{y}_t;\bar{\bar{w}}_t;z_t^o,\beta^*)$, $s = 0,1,\ldots,L$, so ergibt sich

(2.2.2.15)
$$\begin{aligned}\hat{V}_{\varepsilon,T+r} &:= \left(\frac{\partial F}{\partial y}\right)^{-1}\begin{pmatrix}\hat{\Omega} & 0\\ 0 & 0\end{pmatrix}\left(\frac{\partial F}{\partial y}\right)^{-1'} + \left(\frac{\partial G}{\partial y_{-1}}\right)\hat{V}_{\varepsilon,T+r-1}\left(\frac{\partial G}{\partial y_{-1}}\right)' + \\ &\quad + \ldots + \left(\frac{\partial G}{\partial y_{-L}}\right)\hat{V}_{\varepsilon,T+r-L}\left(\frac{\partial G}{\partial y_{-L}}\right)' ,\end{aligned}$$

wobei $\hat{V}_{\varepsilon,T+r-1} := 0$, falls $r - 1 < 1$. Dabei werden alle Ableitungen an der Stelle $(\hat{y}_{T+r};\ \hat{y}_{T+r-1},\ldots,\ y_{T+1};\ z^o_{T+r},\ldots,z^o_{T+1};0;\hat{\beta})$ berechnet.

Bei Modellen, die linear sind in ihren Variablen (vgl. (2.2.1.17)), sind sämtliche vorkommende Ableitungen zeitunabhängig. Man beachte, daß die Schätzer (2.2.2.10) und (2.2.2.15) Schätzer verallgemeinern, die von Schmidt (1974) für Modelle der Art

(2.2.2.16) $y_t = R_o y_{t-1} + R_1 z_t + \varepsilon_t$
entwickelt wurden.

2.2.3 Ex-post-Prognosen

Bisher wurde stillschweigend davon ausgegangen, daß Prognosen für Zeitperioden erstellt werden, in denen noch keine Beobachtungen vorliegen. Solche Prognosen heißen auch ex-ante-Prognosen. Dabei werden die exogenen Variablen (mehr oder minder willkürlich) vorgegeben (vgl. (2.2.2.1)). Man kann aber auch testen, wie gut eine geschätzte Struktur die endogenen Variablen in einer Zeitperiode "vorhersagt", für die schon Beobachtungswerte vorliegen. Solche Prognosen heißen dann ex-post-Prognosen.

Bei ex-post-Prognosen werden für die exogenen Variablen in jedem Fall die historischen Beobachtungswerte eingesetzt. Hinsichtlich der Behandlung der verzögerten endogenen Variablen unterscheidet man i.a. zwei Fälle:

(2.2.3.1) Eine ex-post-Prognose heißt statisch, wenn für die verzögerten endogenen Variablen die historischen Beobachtungswerte eingesetzt werden.

(2.2.3.2) Eine ex-post-Prognose heißt dynamisch, wenn als verzögerte endogene Variablen die Prognosen der Vorperioden verwendet werden (vgl. (2.2.2.5)).

Falls eine geschätzte Struktur nicht akzeptable dynamische ex-post-Prognosen in der Referenzperiode T_0 liefert, wird das Modell i.a. verworfen. Geeignete Fehlermaße finden sich in II.4.3.1 .

Damit endet die Darstellung von Eigenschaften von Schätzungen und Prognosen bei fehlerfreien Daten. Hier liefert die Literatur recht weitgehende Ergebnisse für recht allgemeine nichtlineare interdependente Modelle. Der FIML-Schätzer für die unbekannten (funktionalen) Parameter ist konsistent, asymptotisch normal und effizient, jedenfalls bei statischen Modellen (vgl. 2.1.2). Und für die asymptotische Kovarianzmatrix von Prognosefehlern werden konsistente Schätzer sogar für dynamische Modelle angegeben (vgl. 2.2.1, 2.2.2). Zusätzlich zu der Darstellung der Literatur enthalten die Abschnitte 2.1, 2.2 nur noch drei kleinere Beiträge zur Theorie nichtlinearer interdependenter Modelle. Einerseits werden Auswirkungen der Wahl der Verhaltensvariablen auf die Parameterschätzung diskutiert (vgl. (2.1.1.22) - (2.1.1.25)). Und andererseits werden Rekursionsformeln für die beiden Summanden der asymptotischen Kovarianzmatrix der Prognosefehler hergeleitet, die die Berechnung wesentlich erleichtern (vgl. (2.2.2.11), (2.2.2.15)).

Für Fehler-in-den-Variablen Modelle liefert die Literatur nicht so weitreichende Ergebnisse. Das gilt insbesondere für die Diskussion der Auswirkungen unterschiedlicher Spezifizierungen des Meßfehlerprozesses auf Schätzungen und Prognosen. Berücksichtigt man den recht dürftigen Informationsstand über Meßfehler in ökonomischen Variablen (vgl. II.4.4), so erscheint aber gerade diese Diskussion besonders interessant wegen der zu erwartenden Fehlspezifizierungen. In den folgenden Abschnitten wird versucht, einige nützliche Resultate zu dieser Diskussion beizutragen.

3. Schätzung und Prognose bei Fehlern in den Variablen

3.1 Fehlerprozesse

3.1.1 Allgemeine Form

Sämtliche in Abschnitt 2 dargestellten Ergebnisse beziehen sich auf Modelle vom Typ 1.2, in denen keine Meßfehler auftreten (vgl. (2.1.1.1)). In der Praxis wird man Meßfehler in den Modellvariablen aber nicht ausschließen können (vgl. II.4.4). In den folgenden Abschnitten sollen deshalb für gewisse Fehlerprozesse der Art (1.2.2) Aussagen über die Verteilung von Parameterschätzungen und Prognosen hergeleitet werden.

Die Literatur über Fehler-in-den-Variablen Modelle erweist sich als sehr umfangreich und einigermaßen unübersichtlich, da solche Modelle nicht nur in der Ökonometrie, sondern z.B. auch in der Biologie, Psychologie und Soziologie verwendet werden. Im Gegensatz zu den Modellen ohne Meßfehler werden aber fast ausschließlich lineare Modelle behandelt. Gute Literaturübersichten finden sich z.B. in Judge, Griffiths, Hill, Lee (1980) und in Aigner, Hsiao, Kapteyn, Wansbeek (1984).

Grundlegend für die Behandlung von Fehler-in-den-Variablen Modellen ist die Unterscheidung zwischen strukturellen und funktionalen Modellen. Bei strukturellen Modellen[1] wird für die latenten exogenen Variablen eine Verteilungsannahme getroffen (unbedingte Betrachtung, vgl. (1.1.3)). Bei funktionalen Modellen werden feste Realisierungen von beliebig verteilten latenten exogenen Variablen unterstellt (beding-

---

1) Nicht zu verwechseln mit der strukturellen Form eines (interdependenten) Modells (vgl. (1.1.6)) oder mit der Struktur eines Modells (vgl. (1.3.1)).

te Betrachtung), die mitgeschätzt werden müssen (inzidentelle Parameter). Funktionale Modelle sind damit zwar in gewisser Weise allgemeiner als strukturelle, haben aber den Nachteil, daß die Anzahl ihrer Parameter asymptotisch unendlich wird. Damit verlieren grundlegende asymptotische Eigenschaften ihre Gültigkeit. Etwa muß der Maximum-Likelihood-Schätzer der nichtinzidentellen Parameter nicht mehr konsistent sein (vgl. Malinvaud (1980), p. 397). Konsistente Schätzungen der nichtinzidentellen Parameter erhält man in funktionalen Modellen z.B. dann, wenn die Fehlerkovarianzmatrix bis auf einen multiplikativen Faktor bekannt ist (weighted regression, vgl. z.B. Schönfeld (1971), p. 119).

Im Fall von strukturellen linearen Modellen mit unabhängig identisch normalverteilten Modellvariablen ist bekannt, daß die Modellparameter i.a. nicht identifizierbar sind (vgl. 1.3).Es gibt aber zumindest zwei Methoden, ein solches Modell so abzuändern, daß es identifizierbar wird. Entweder man reduziert die Anzahl der unbekannten Modellparameter mit Hilfe von a-priori-Annahmen, oder man erhöht die Anzahl der Verteilungsparameter der beobachtbaren Modellvariablen relativ zu derjenigen der unbekannten Modellparameter. Ein wichtiges Beispiel für letztere Methode ist die Einbeziehung beobachtbarer <u>Instrumentvariablen</u>, die korreliert sind mit den latenten exogenen Modellvariablen, aber unkorreliert mit sämtlichen Meßfehlern. Bei geeigneter Wahl der Instrumentvariablen erhält man konsistente Parameterschätzungen (vgl. z.B. Judge, Griffiths, Hill, Lee (1980), p. 531).

Beispiele, wie man im strukturellen Modell durch <u>a-priori Information</u> über die Modellparameter zur Identifizierbarkeit gelangt, finden sich in 1.3 und im weiteren Verlauf dieses Kapitels. Am günstigsten ist es natürlich, wenn man die Fehlerkovarianzmatrix (bis auf einen multiplikativen Faktor) kennt (wie bei der weighted regression im funktionalen Modell (s.o.)). Aber auch mit Hilfe von a-priori Schätzungen der Fehlerkovarianzmatrix erhält man konsistente Parameterschätzungen, etwa wenn eine solche Schätzung unabhängig ist von den Modellvariablen (vgl. Fuller (1980)), oder wenn sie geeignet aus Instrumentvariablen abgeleitet wird (vgl. Schneeweiß (1985)).

Neben den Arbeiten zur Konstruktion identifizierbarer Modelle gibt es aber auch Untersuchungen über die Form der Parametermenge bei nichtidentifizierbaren Modellen. Dabei handelt es sich im wesentlichen um Verallgemeinerungen der Abschätzung (1.3.10), bei der nur eine exogene Variable zugelassen war (vgl. z.B. Kalman (1982b), Klepper, Leamer (1984)). Aber auch hier wird mit a-priori-Information über die Fehlerkovarianzmatrix gearbeitet, etwa um garantieren zu können, daß die Parametermenge beschränkt ist. Bekker, Kapteyn, Wansbeek (1984) zeigen nämlich, daß die Menge der möglichen ML-Schätzungen bei vollbesetzten Kovarianzmatrizen aus einem Ellipsoid bzw. bei Diagonalmatrizen aus einem Polyeder besteht, wenn die Kovarianzmatrizen a-priori geeignet beschränkt wurden. Ohne eine solche Beschränkung können auch die Schätzungen nicht beschränkt werden (vgl. Klepper, Leamer (1984)).

Nichtlineare Modelle wurden nur selten in der Fehler-in-den-Variablen Literatur behandelt. Interessante Beiträge liefern z.B. Wolter, Fuller (1982a,b) und Stefanski (1985). Dabei wird in jedem Fall vorausgesetzt, daß die Fehlerkovarianzmatrix bekannt ist. Wolter, Fuller (1982a) entwickeln für nichtlineare funktionale Modelle mit wiederholten Messungen Schätzer, deren Verzerrung für unendlich viele Messungen pro inzidentellem Parameter verschwindet. Wolter, Fuller

(1982b) behandeln konsistente Schätzer in quadratischen funktionalen Modellen (mit je einer Messung pro inzidentellem Parameter). Stefanski (1985) gibt für nichtlineare (funktionale oder strukturelle) Modelle eine Methode an zur Bestimmung einer Näherung der asymptotischen Verzerrung des ML-Schätzers für ungestörte Daten und zur Reduzierung dieser Näherung. Dabei läßt Stefanski sogar Meßfehler zu, die von den latenten Variablen abhängen und nicht normalverteilt sind.

Im folgenden werden ausschließlich lineare strukturelle Modelle untersucht zusammen mit drei unterschiedlichen Arten von a-priori-Information über die Fehlerkovarianzmatrix, die sämtlich zur Identifizierbarkeit führen. Im Mittelpunkt steht dabei der Vergleich der Reaktion von Parameterschätzern und Prognosen, die für meßfehlerfreie Daten entwickelt wurden, auf die Anwesenheit von Störungen dieser drei Arten. Dieses erscheint besonders aus zwei Gründen interessant. Einerseits wird ein Modellbauer ein großes Interesse daran haben, so aktuelle Daten wie möglich zu verwenden. Leider führt das u.U. zur Verwendung sehr vorläufiger Daten am aktuellen Rand der Referenzperiode. Auch wenn man unterstellt, daß die Daten nach der letzten Revision meßfehlerfrei sind, erscheint damit die Verwendung von Schätzern und Prognosen, die für meßfehlerfreie Daten entwickelt wurden, nur dann akzeptabel, wenn die Ergebnisse nicht zu stark auf Datenänderungen reagieren. Andererseits liefert ein Vergleich der Ergebnisse bei unterschiedlichen Fehlerprozessen Hinweise auf Auswirkungen von Fehlspezifizierungen des Fehlerprozesses.

Im folgenden werden zunächst die diskutierten Fehlerprozesse vorgestellt. Dabei werden direkt im Anschluß an diesen Überblick Eigenschaften dargestellt, die alle Fehlerprozesse gemeinsam besitzen. In den Abschnitten

3.1.2 - 3.1.4 folgt dann jeweils eine solche Spezifizierung des Fehlerprozesses, die die Identifizierbarkeit der (funktionalen) Modellparameter garantiert (vgl. (1.3.11) c), (1.3.12) und 3.3). In 3.2 werden dann die asymptotischen Eigenschaften des für meßfehlerfreie Daten entwickelten OLS-Schätzers bei Anwesenheit von Meßfehlern der verschiedenen Fehlerprozesse diskutiert. In 3.3 werden für sämtliche Fehlerprozesse konsistente (Maximum-Likelihood-) Schätzungen für gewisse Modelle in reduzierter Form hergeleitet. In 3.4 schließlich wird die Verteilung von Prognosefehlern untersucht. Dabei werden in 3.4.1, 3.4.2 die Auswirkungen der Verwendung der für meßfehlerfreie Daten entwickelten OLS-Schätzer für die (funktionalen) Parameter und deren (Ko-) Varianzen bei statischen und dynamischen Eingleichungsmodellen diskutiert, und in 3.4.3 wird eine allgemeine Beziehung zwischen den (Ko-) Varianzen der Prognosefehler bei meßfehlerfreien und bei meßfehlerbehafteten Daten in linearen dynamischen interdependenten Modellen hergeleitet.

(3.1.1.1) Betrachte Modelle vom Typ 1.2, in denen die endogenen Variablen $\mathcal{y}_t$ und die exogenen Variablen $\mathcal{z}_t$ gemeinsam einen zweiseitig unendlichen ($T := T_2$, vgl. (1.1.5)) stationären stochastischen Prozeß hinsichtlich der ersten und zweiten Momente bilden.

Für die allgemeine Form der Meßfehlerprozesse gelte (vgl. (1.2.2)):

(3.1.1.2) Die gemeinsam abhängigen Variablen $\mathcal{y}_{it}$, i=1, ...,M, und die vorherbestimmten Variablen $\mathcal{x}_{jt}$, j=1,..., P, seien in der Referenzperiode T_0 indirekt beobachtbar mit Hilfe von <u>Meßvariablen</u> der Form:

$y_{it} = \mathcal{y}_{it} + d_{yit}$, i=1,...,M

$x_{it} = \mathcal{x}_{jt} + d_{xjt}$, j=1,...,P, wobei

- die Fehler in den Variablen d_{yit}, d_{xjt} (sogenannte Meßfehler) im Mittel verschwinden:
  $E(d_{yit}) = E(d_{xjt}) = 0$, $i=1,...,M$, $j=1,...,P$, $t \in T_0$, und
- die Fehler in den verzögerten Variablen mit den Fehlern in den entsprechenden unverzögerten Variablen in der entsprechenden Vorperiode übereinstimmen.

Für Meßvariablen der Art (3.1.1.2) wird i.a. nicht gelten, daß sie dieselben Identitäten erfüllen wie die entsprechenden latenten Variablen. Einige statistische Ämter erzwingen aber gerade diese Eigenschaft für die von Ihnen ausgewiesenen (Meß-) Variablen. Das gilt insbesondere für das Statistische Bundesamt, das Meßvariablen ausweist, die das Kontensystem der Volkswirtschaftlichen Gesamtrechnung exakt erfüllen (vgl. II.4.4.2). Das motiviert die folgenden Annahme an die Meßfehler:

(3.1.1.3) Die Meßfehler seien so beschaffen, daß die Modellidentitäten auch für die Meßvariablen exakt gelten.

Im folgenden wird eine noch etwas weitergehende Annahme an die Meßfehler vorausgesetzt:

(3.1.1.4) Die Meßfehler d_{It} in den Identitätsvariablen seien in Abhängigkeit von den Meßfehlern d_{Bt}, d_{xt} in den Verhaltensvariablen und in den vorherbestimmten Variablen so gewählt, daß die Modellidentitäten gelten.

Damit ist nur noch die Struktur der Meßfehler d_{Bt}, d_{Ct} der Verhaltensvariablen y_{Bt} und der unverzögerten ("current") exogenen Variablen z_{Ct} zu spezifizieren. Die Meßfehler der verzögerten Variablen und der Identitätsvariablen ergeben sich aus (3.1.1.2) bzw. (3.1.1.4).

Hier wird erstmals die Unterscheidung zwischen unverzögerten und verzögerten ("lagged") exogenen Variablen z_{Ct} bzw. z_{Lt} benötigt:

(3.1.1.5) $z_t =: (z_{Ct}' \; z_{Lt}')' =: (z_{1t} \dots z_{qt} \; z_{q+1,t} \dots z_{P-p,t})'$.

Zur Diskussion von Meßfehlern in Modellen mit verzögerten Variablen vgl. besonders (3.1.4.7) - $(3.1.4.1)_W$.

Die Existenz der d_{It} aus (3.1.1.4) wird garantiert durch die eindeutige Auflösbarkeit der Modellidentitäten nach den Identitätsvariablen. Damit ist d_{It} durch d_{Bt}, d_{xt} und die latenten Variablen eindeutig bestimmt; denn es gilt (vgl. (1.2.10)):

(3.1.1.6) $d_{It} = g_I(y_{Bt} + d_{Bt};\, x_t + d_{xt}) - g_I(y_{Bt};\, x_t)$.

Im Fall von linearen Identitätensystemen ergeben sich die d_{It} sogar durch eine Transformation lediglich der d_{Bt}, d_{xt} (vgl. (3.1.4.4), (3.1.4.8)).

Die Struktur der Meßfehler d_{Bt}, d_{Ct} wird im folgenden interpretiert als Ergebnis gewisser a-priori Information. Einerseits wird vorausgesetzt, daß keine der Komponenten von d_{Bt}, d_{Ct} mit irgendeiner latenten Variable korreliert ist. Andererseits wird angenommen, daß a-priori Information über die Relation von maximaler Meßfehlergröße und Größe der dazugehörigen latenten Variablen verfügbar ist. Der Einfachheit halber werden die Fehlerprozesse im folgenden zunächst mit gleichen maximalen (relativen) Meßfehlergrößen eingeführt für alle Verhaltensvariablen und unverzögerten exogenen Variablen. Die Verallgemeinerung für unterschiedliche maximale (relative) Meßfehlergrößen ist aber trivial (vgl. (3.1.4.11)).

3.1.2 Prozentsätze der exakten Variablen

Dem folgenden Fehlerprozeß liegt die a-priori Annahme zugrunde, daß die Realisierungen der Meßfehler (mit einer Wahrscheinlichkeit größer als 99%) maximal α % der jeweiligen Realisierung der dazugehörigen latenten Variablen ausmachen. Damit sind die Meßfehler insbesondere abhängig von den latenten Variablen.

(3.1.2.1) Sei $\alpha \in [0,100]$ und $\gamma := \frac{\alpha}{300}$. Seien $\binom{\tilde{d}_{Bt}}{\tilde{d}_{Ct}}$ unabhängig identisch $N(0,\gamma^2 I)$-verteilte Zufallsvariable, $t \in T$, die unabhängig sind von $y_{t*}, z_{t*}, \varepsilon_{t*}, t* \in T$. Damit gelte:

$$y_{it} = y_{it}(1+\tilde{d}_{Bit}) =: y_{it} + d_{Bit}, \; i=1,\dots, m,$$

$$z_{jt} = z_{jt}(1+\tilde{d}_{Cjt}) =: z_{jt} + d_{Cjt}, \; j=1,\dots,q, \quad t \in T .$$[1]

Offenbar sind (nach der 3σ-Regel) mehr als 99% der Absolutbeträge der Störungen von y_{Bt}, z_{Ct} kleiner als α% der entsprechenden latenten Variablen.

Leider läßt sich über die Größe der gemäß (3.1.1.4) ermittelten Störungen d_{It} der y_{It} keine Aussage machen.

Man beachte außerdem, daß die Meßfehler stochastisch abhängig sind von den latenten Variablen. Andererseits sind die Meßfehler und die latenten Variablen aber unkorreliert. Es gilt z.B.:

(3.1.2.2)

$$E(z_{jt}d_{Ct}) = E(z_{jt}^2\tilde{d}_{Cjt}) = E(z_{jt}^2)E(\tilde{d}_{Cjt}) = 0 \;, \; j=1,\dots,q.$$

Die Momente der Meßfehler sind durch die Momente der latenten Variablen bestimmt; es gilt z.B.:

(3.1.2.3)

$$E(d_{Cjt}) = 0, \; \mathrm{var}(d_{Cjt}) = \gamma^2 E(z_{jt}^2) = \gamma^2(\mathrm{var}(z_{jt}) + E(z_{jt})^2).$$

Die Meßfehler sind i.a. weder normalverteilt noch identisch verteilt.

3.1.3 Prozentsätze der Erwartungswerte

Bei dem folgenden Fehlerprozeß handelt es sich um eine Abwandlung von (3.1.2.1) derart, daß die Meßfehler identisch

1) Multiplikative Fehlermodelle sind in der Literatur sehr selten (vgl. aber Stefanski (1985), p. 586). Sie lassen sich durch Logarithmierung umgehen, wenn (z.B.) $\log(1+\tilde{d}_{Ct}) = \tilde{d}_{Ct} - \tilde{d}_{Ct}^2/2 + \tilde{d}_{Ct}^3/3 - \dots$ (für $|\tilde{d}_{Ct}|<1$) normalverteilt ist anstelle von $\tilde{d}_{Ct}$.

normalverteilt sind und unabhängig von den latenten Variablen.

(3.1.3.1) Sei $\alpha \in [0,100]$ und $\gamma := \frac{\alpha}{300}$. Seien $\begin{pmatrix}\tilde{d}_{Bt}\\ \tilde{d}_{Ct}\end{pmatrix}$ unabhängig identisch $N(0,\gamma^2 I)$- verteilte Zufallsvariable, $t \in T$, die unabhängig sind von $y_{t*}, z_{t*}, \varepsilon_{t*}, t* \in T$. Damit gelte:

$$y_{it} := y_{it} + E(y_{it}) \cdot \tilde{d}_{Bit} =: y_{it} + d_{Bit}, \; i=1,\dots,m,$$

$$z_{jt} := z_{jt} + E(z_{jt}) \cdot \tilde{d}_{Cjt} =: z_{jt} + d_{Cjt}, \; j=1,\dots,q, \; t \in T.$$

Offenbar sind (nach der 3σ-Regel) mehr als 99% der Absolutbeträge der Störungen von y_{Bt}, z_{Ct} kleiner als α% des Erwartungswertes der entsprechenden latenten Variablen. Leider läßt sich auch hier keine Aussage über die Größe der gemäß (3.1.1.4) ermittelten Störungen d_{It} der y_{It} machen. Allerdings sind die Störungen d_{Bt}, d_{Ct} unabhängig von den latenten Variablen y_{Bt}, z_{Ct}. Und außerdem sind die Störungen unabhängig identisch (vgl. (3.1.1.1)) normalverteilt mit

(3.1.3.2)

$$E(d_{Bit}) = 0, \; var(d_{Bit}) = \gamma^2 E(y_{it})^2, \; i=1,\dots,m,$$

$$E(d_{Cjt}) = 0, \; var(d_{Cjt}) = \gamma^2 E(z_{jt})^2, \; j=1,\dots,q, \quad t \in T_0.$$

3.1.4 Prozentsätze der Standardabweichungen

Offenbar sind die Meßfehler d_{Bit}, d_{Cjt} sowohl bei dem Fehlerprozeß (3.1.2.1), als auch bei (3.1.3.1) untereinander nicht korreliert. Im folgenden wird auf diese, in der Literatur üblicherweise geforderte, Eigenschaft verzichtet, da sie in der Praxis einigermaßen unrealistisch erscheint, etwa wegen der vielfältigen Abhängigkeiten der Meßvariablen der Volkswirtschaftlichen Gesamtrechnung untereinander (vgl. Anhang 1) und von denselben Erhebungen von Basisdaten (vgl. II.4.4.2). Zunächst wird bei dem folgenden Fehlerprozeß, gewissermaßen als anderes Extrem, für die Meßfehler dieselbe Korrelationsstruktur angenommen wie für die latenten Variablen. Später werden auch andere Korrelationsstrukturen diskutiert (vgl. (3.1.4.11)). Die Fehlerprozesse in diesem Abschnitt zeichnen sich dadurch aus, daß sie Aussagen über die maximale Größe der Fehler d_{It} in den Identitätsvariablen zulassen.

(3.1.4.1) Sei $\alpha \in [0,100]$ und $\gamma := \frac{\alpha}{300}$. Seien $\begin{pmatrix} d_{Bt} \\ d_{Ct} \end{pmatrix}$, $t \in T$, unabhängig identisch $N(0,\gamma^2 C)$-verteilte Zufallsvariable mit $C := \mathrm{Cov}\begin{pmatrix} y_{Bt} \\ z_{Ct} \end{pmatrix}$ (vgl. (3.1.1.1)), die unabhängig sind von y_{t*}, z_{t*}, ε_{t*}, $t* \in T$.
Damit gelte:

$$y_{Bt} := y_{Bt} + d_{Bt} \quad \text{und} \quad z_{Ct} := z_{Ct} + d_{Ct} , \quad t \in T .$$

Offenbar sind (nach der 3σ-Regel) mehr als 99% der Absolutbeträge der Störungen kleiner als α% der Standardabweichung der entsprechenden latenten Variablen.
Die Störungen d_{Bt}, d_{Ct} sind unabhängig von den latenten Variablen y_{Bt}, z_{Ct}. Aber die Störungen werden i.a. untereinander abhängig sein. Die Korrelationsstruktur der latenten Variablen findet sich bei den Meßfehlern vollständig wieder.

Zumindest für lineare Identitätensysteme ergeben sich bei dem Fehlerprozeß (3.1.4.1) Aussagen über die maximale Größe der d_{It}. Betrachte dazu zunächst lineare Identitätensysteme ohne verzögerte Variablen:

(3.1.4.2) $$y_{It} = A\begin{pmatrix} y_t \\ z_{Ct} \end{pmatrix} + b = A_B y_{Bt} + A_I y_{It} + A_z z_{Ct} + b ,$$
wobei $A := (A_B \; A_I \; A_z)$ eine bekannte konstante Matrix und b einen bekannten konstanten Vektor bezeichnen.

Damit ist implizit die folgende Funktion für y_{It} definiert:

$$(3.1.4.3) \qquad y_{It} = (I-A_I)^{-1}(A_B y_{Bt} + A_z z_{Ct}) + (I-A_I)^{-1}b =: R\begin{pmatrix} y_{Bt} \\ z_{Ct} \end{pmatrix} + (I-A_I)^{-1}b \,.$$

Da (3.1.4.3) nach (3.1.1.3) auch für die Meßvariablen gilt, folgt:

$$(3.1.4.4) \qquad d_{It} = R\begin{pmatrix} d_{Bt} \\ d_{Ct} \end{pmatrix} \quad \text{und also}$$

$$(3.1.4.5) \qquad \mathrm{Cov}(d_{It}) = R\cdot \mathrm{Cov}\begin{pmatrix} d_{Bt} \\ d_{Ct} \end{pmatrix} R' = \gamma^2 RCR' = \gamma^2 R\cdot \mathrm{Cov}\begin{pmatrix} y_{Bt} \\ z_{Ct} \end{pmatrix} R' = \gamma^2 \mathrm{Cov}(y_{It}) \,.$$

Wegen (3.1.4.4) ist d_{It} normalverteilt und wegen (3.1.4.5) gilt für lineare Identitätensysteme ohne verzögerte Variablen:

(3.1.4.6) Mehr als 99% der Absolutbeträge der Störungen d_{It} sind kleiner als α% der Standardabweichung der entsprechenden latenten Identitätsvariablen.

Leider ergeben sich schon bei linearen Identitätensystemen mit verzögerten Variablen Probleme. Betrachte dazu in Analogie zu (3.1.4.3):

$$(3.1.4.7) \qquad y_{It} = (I-A_I)^{-1}(A_B y_{Bt} + A_w w_t + A_z z_t) + (I-A_I)^{-1}b =: R_w\begin{pmatrix} y_{Bt} \\ w_t \\ z_t \end{pmatrix} + (I-A_I)^{-1}b \,, \text{ wobei } w_t$$

verzögerte endogene Variablen repräsentiert [1] und z_t auch verzögerte exogene Variablen enthält.
Analog zu (3.1.4.4) gilt dann:

---

1) Damit bilden die Komponenten von y_{It} u.U. autoregressive Prozesse. Diese sind genau dann stationär im Sinne von (3.1.1.1), wenn die Verhaltensvariablen y_{Bt} und die exogenen Variablen z_{Ct} diese Eigenschaft haben und wenn A_w eine Stabilitätsbedingung erfüllt (vgl. z.B. Schönfeld (1971), p. 34/5).

$$(3.1.4.8) \qquad d_{It} = R_w \begin{pmatrix} d_{Bt} \\ d_{wt} \\ d_{zt} \end{pmatrix} .$$

Wenn also garantiert werden kann, daß alle $(d'_{Bt}\ d'_{wt}\ d'_{zt})'$, $t \in T$, (i.a. <u>nicht</u> unabhängig) identisch normalverteilt sind mit

$$(3.1.4.9) \qquad E\begin{pmatrix} d_{Bt} \\ d_{wt} \\ d_{zt} \end{pmatrix} = 0 \quad \text{und} \quad Cov\begin{pmatrix} d_{Bt} \\ d_{wt} \\ d_{zt} \end{pmatrix} = \gamma^2 Cov\begin{pmatrix} y_{Bt} \\ w_t \\ z_t \end{pmatrix} =: \gamma^2 C_w ,$$

dann gilt auch wieder $Cov(d_{It}) = \gamma^2 Cov(y_{It})$ (vgl. (3.1.4.5)) und deshalb (3.1.4.6).

Leider gilt (3.1.4.9) für den Fehlerprozeß (3.1.4.1) i.a. nicht. Insbesondere die dort angenommene intertemporale Unabhängigkeit der Meßfehler ist hier zu ersetzen durch andere Annahmen über intertemporale Kovarianzen.

$(3.1.4.1)_w$ Sei $\alpha \in [0,100]$ und $\gamma := \frac{\alpha}{300}$. Seien $\begin{pmatrix} d_{Bt} \\ d_{Ct} \end{pmatrix}$, $t \in T$, identisch $N(0,\gamma^2 C)$-verteilte Zufallsvariablen mit $C := Cov\begin{pmatrix} y_{Bt} \\ z_{Ct} \end{pmatrix}$ (vgl. (3.1.1.1)), die unabhängig sind von $y_{t*}, z_{t*}, \varepsilon_{t*},\ t* \in T$.

Damit gelte:

$y_{Bt} := y_{Bt} + d_{Bt}$ und $z_{Ct} := z_{Ct} + d_{Ct}$, $t \in T$.

Zusätzlich gelte eine der beiden folgenden Annahmen:

a) $Cov(d_{Ct}, d_{wt}) = \gamma^2 Cov(z_{Ct}, w_t)$,

$Cov(d_{Bt}, d_{wt}) = \gamma^2 Cov(y_{Bt}, w_t)$,

$Cov(d_{Ct}, d_{Lt}) = \gamma^2 Cov(z_{Ct}, z_{Lt})$,

$Cov(d_{Bt}, d_{Lt}) = \gamma^2 Cov(y_{Bt}, z_{Lt})$,

und alle anderen intertemporalen Meßfehlerkorrelationen sind Null.

b) Sämtliche intertemporale Meßfehlerkovarianzen sind gleich den entsprechenden Kovarianzen der latenten Variablen multipliziert mit dem Faktor γ^2 .

Man beachte, daß d_{wt}, d_{Lt} und d_{It} wegen (3.1.1.1), (3.1.1.2) und (3.1.4.8) identisch normalverteilt sind.

Leider erweist sich der Fehlerprozeß $(3.1.4.1)_W$ als nicht unproblematisch. Zunächst einmal scheint Annahme b) eine unnötig große Nähe zwischen den Verteilungen der Störungen und der latenten Variablen zu fordern; denn offenbar reicht Annahme a) aus, um (3.1.4.9) zu garantieren. Immerhin existieren Prozesse der Art $(3.1.4.1)_W$ b) unter sehr allgemeinen Voraussetzungen. Etwa gibt es zu jedem stationären autoregressiven Prozeß endlicher Ordnung mit moving-average (MA-) Residuen (ARMA-Prozeß) der latenten Variablen einen MA-Prozeß unendlicher Ordnung, der damit übereinstimmt (vgl. z.B. Box, Jenkins (1970), p. 53), also insbesondere mit derselben Korrelationsstruktur. Multipliziert man diesen MA-Prozeß mit dem Faktor γ , so erhält man einen Prozeß mit der Struktur in $(3.1.4.1)_W$ b).

Wenig erfreulich ist dagegen die Tatsache, daß der Fehlerprozeß $(3.1.4.1)_W$ a) auch bei einfacher realistischer Struktur der latenten Variablen u.U. gar nicht existiert. Tatsächlich bilden (etwa) gewisse Komponenten von $\{d_{Bt}\}$ nach $(3.1.4.1)_W$ a) stationäre Prozesse von normalverteilten Zufallsvariablen, deren Autokovarianzen von der (L+1) -ten Ordnung an verschwinden (L-abhängige Prozesse; vgl. z.B. Schönfeld (1971), p. 297/8), und deren Autokorrelationen bis zur Ordnung L mit den entsprechenden Autokorrelationen der dazugehörigen latenten Variablen übereinstimmen. Dabei ist L die maximal im Modell vorkommende Verzögerung der latenten Variablen. Die Existenz normaler L-abhängiger Prozesse ist gesichert. MA-Prozesse L-ter (also endlicher!) Ordnung haben diese Korrelationsstruktur (vgl. z.B. Box, Jenkins (1970), p. 68). Schwierigkeiten bereitet allerdings die Vorgabe der Autokorrelationen bis zur Ordnung L. Anhand des folgenden Beispiels wird klar, daß Prozesse der Art $(3.1.4.1)_w$ a) nur in Spezialfällen existieren:

(3.1.4.10) Die Zufallsvariable y_t bilde einen stationären autoregressiven Prozeß 1. Ordnung:

$$y_t = \beta_1^* y_{t-1} + \varepsilon_t \,, \qquad -1 < \beta_1^* < 1 \,.$$

Für den Autokorrelationskoeffizienten 1. Ordnung eines 1-abhängigen (normalen) Prozesses gilt aber:

$$-0.5 < r_1 < +0.5 \,.$$

Damit existiert $\{d_{Bt}\}$ aus $(3.1.4.1)_w$ a) nicht, wenn $0.5 \leq |\beta_1^*| < 1$ ist.

<u>Bew.</u>: i) Sei $\{d_t\}$ ein 1-abhängiger Prozeß. Dann gilt (vgl. König, Wolters (1972), p. 43, 41):

$$r_1 = \frac{2}{\sigma_d^2} \int_0^\pi (\cos \lambda) f_d(\lambda) d\lambda \,, \quad \text{wobei}$$

$\sigma_d^2 := \text{var}(d_t) \neq 0$ und

$f_d(\lambda) > 0$ die sogenannte Spektraldichte ist, für die gilt:

$$f_d(\lambda) = \frac{\sigma_d^2}{2\pi}(1 + 2r_1 \cos \lambda), \; 0 \leq \lambda \leq \pi.$$ Also gilt:

$$\begin{aligned} f_d(\lambda) > 0 &\Leftrightarrow 1 + 2r_1 \cos \lambda > 0 \,, \; 0 \leq \lambda \leq \pi \\ &\Leftrightarrow 1 - 2r_1 > 0 \text{ und } 1 + 2r_1 > 0 \,, \\ &\quad \text{da } 1 \geq \cos \lambda \geq -1 \\ &\Leftrightarrow 0.5 > r_1 \text{ und } r_1 > -0.5 \,. \end{aligned}$$

ii) Nach $(3.1.4.1)_w$ a) stimmt der Autokorrelationskoeffizient 1. Ordnung von d_{Bt} überein mit dem Autokorrelationskoeffizienten 1. Ordnung β_1^* von y_t .

Natürlich ergeben sich dieselben Probleme hinsichtlich der Existenz des Fehlerprozesses $(3.1.4.1)_w$ a), falls im Modell lediglich Verzögerungen von exogenen Variablen vorkommen. Wegen der Unsicherheit seiner Existenz erweist sich $(3.1.4.1)_w$ a) also als kaum geeignet für praktische Anwendungen. Der Vergleich der asymptotischen Eigenschaften von Schätzern und Prognosen bei Meßfehlern der Art $(3.1.4.1)_w$ a) und b) liefert jedoch interessante Hinweise auf die Auswirkungen von Unterschieden zwischen den Korrelationsstrukturen von Meßfehlern und latenten Variablen (vgl. 3.2.2).

Man beachte schließlich noch, daß (3.1.4.6) im Fall von nichtlinearen Identitätensystemen i.a. allein schon deshalb nicht gelten wird, weil d_{It} als (i.a.) nichtlineare Transformation von d_{Bt}, d_{zt} nicht mehr normalverteilt sein wird und die 3σ-Regel nicht anwendbar ist.

Bisher wurden die Fehlerprozesse so formuliert, daß die Störungen sämtlicher Modellvariablen dieselbe maximale (relative) Größe aufweisen. In der Praxis wird man aber für die einzelnen Variablen verschiedene Störungsgrößen verwenden wollen. Natürlich kann man alle bisher vorgestellten Fehlerprozesse für unterschiedliche Störungsgrößen verallgemeinern. Hier soll aber nur demonstriert werden, daß man dann auch bei dem Fehlerprozeß (3.1.4.1) keine so "glatte" Aussage wie (3.1.4.6) bzgl. der d_{It} erwarten kann; denn natürlich läßt sich die Größe der d_{It} nicht beliebig festlegen, wenn d_{It} so gewählt werden muß, daß das Identitätensystem auch exakt für die Meßvariablen gilt (vgl. (3.1.1.3)). Es ist also mit einer Verträglichkeitsbedingung zwischen den maximalen Störungsgrößen zu rechnen.

Betrachte dazu den folgenden Fehlerprozeß:

(3.1.4.11) Seien $\binom{d_{Bt}}{d_{Ct}}$, $t \in T$, unabhängig identisch $N(0,DCD')$-verteilte Zufallsvariable mit $C := Cov\binom{y_{Bt}}{z_{Ct}}$, $D := diag\left(\frac{\alpha_1}{300},\ldots,\frac{\alpha_m}{300},\frac{\alpha_{M+1}}{300},\ldots,\frac{\alpha_{M+q}}{300}\right)$, die unabhängig sind von $y_{t*}, z_{t*}, \varepsilon_{t*}$, $t* \in T$.
Damit gelte:

$$y_{Bt} := y_{Bt} + d_{Bt} \quad \text{und} \quad z_{Ct} := z_{Ct} + d_{Ct} , \quad t \in T .$$

Offenbar sind (nach der 3σ-Regel) mehr als 99% der Absolutbeträge der Störungen der $y_{1t},\ldots,y_{mt},z_{1t},\ldots,z_{qt}$ kleiner als $\alpha_1\%,\ldots,\alpha_m\%,\alpha_{M+1}\%,\ldots,\alpha_{M+q}\%$ der Standardabweichung der $y_{1t},\ldots,y_{mt},z_{1t},\ldots,z_{qt}$.

Angestrebt wird, daß $y_{it} = y_{It} + d_{It}$, wobei gilt:

(3.1.4.12) d_{It} ist $N(0,D_I C_I D_I')$-verteilt mit $C_I := Cov(y_{It})$, $D_I := diag\left(\frac{\alpha_{m+1}}{300},\ldots,\frac{\alpha_M}{300}\right)$.

Betrachte nun wieder das statische lineare Identitätensystem (3.1.4.2): Nach (3.1.4.4), (3.1.4.11), (3.1.4.12) muß gelten:

(3.1.4.13) (<u>Verträglichkeitsbedingung</u>)

$$D_I RCR' D_I' = D_I C_I D_I' = Cov(d_{It}) = R\,Cov\binom{d_{Bt}}{d_{Ct}}R' = RDCD'R' .$$

Die a-priori Informationen D, D_I müssen also in gewisser Weise verträglich sein, wenn die Modellidentitäten auch für die Meßvariablen exakt gelten sollen. Hinreichend ist z.B.

(3.1.4.14) $RD = D_I R$. Diese Bedingung ist allerdings nicht notwendig.

(3.1.4.15) Bsp.: Sei $y_t = z_{1t} + z_{2t}$, wobei z_{1t}, z_{2t} stochastisch unabhängig sind. Dann gilt:

$$D_I RCR'D_I' = \alpha_1^2 \cdot (var(z_{1t}) + var(z_{2t}))/90000,$$

$$RDCD'R' = (\alpha_2^2 \cdot var(z_{1t}) + \alpha_3^2 \cdot var(z_{2t}))/90000.$$

Und es gilt:

$RD = (\alpha_2\ \alpha_3)$, $D_I R = (\alpha_1\ \alpha_1)$.

Offenbar ist $\alpha_1 = \alpha_2 = \alpha_3$ hinreichend für (3.1.4.13), aber nicht notwendig.

3.2 Verteilung des OLS-Schätzers

3.2.1 Inkonsistenz auf Grund von Meßfehlern

Bekanntlich ist der OLS-Schätzer in Ein-Gleichungsmodellen (M=m=1) in reduzierter Form bei Abwesenheit von Meßfehlern i.a. konsistent und asymptotisch normal (vgl. z.B. Malinvaud (1980), p. 526-537). Bei Anwesenheit von Meßfehlern wird der OLS-Schätzer allerdings u.U. inkonsistent sein.

(3.2.1.1) Betrachte Ein-Gleichungsmodelle vom Typ 1.2 (M=m=1) mit vorherbestimmten Regressoren, in denen die Regressoren x_t gemeinsam mit den Residuen ε_t einen streng stationären Prozeß bilden.

Im Gegensatz zu (2.1.1.3) wird hier für die exogenen Variablen also eine unbedingte Betrachtung gewählt (vgl. (1.1.3)) und stochastische Anfangsbedingungen (vgl. (1.1.5)).

In Modellen vom Typ (3.2.1.1) ist der OLS-Schätzer u.U. inkonsistent. Dieses soll an Hand von linearen Modellen verdeutlicht werden (vgl. z.B. Schneeweiß (1971), p. 222/3).

(3.2.1.2) Betrachte ein Modell vom Typ (3.2.1.1), das linear ist sowohl in den (funktionalen) Parametern als auch in den Variablen:

(3.2.1.3)

$$y_t = \beta_1^* x_{1t} + \dots + \beta_{n-1}^* x_{n-1,t} + \beta_n^* + \varepsilon_t \,, \quad t \in T_0, \quad \text{bzw.}$$

$$y = X\beta^* + \varepsilon \,, \quad \text{wobei} \quad X := \begin{pmatrix} x_{11} & \dots & x_{n-1,1} & 1 \\ \vdots & & & \vdots \\ x_{1T} & \dots & x_{n-1,T} & 1 \end{pmatrix},$$

$$y := (y_1 \ \dots \ y_T)', \quad \varepsilon := (\varepsilon_1 \ \dots \ \varepsilon_T)' \,.$$

Die Konstante β_n^* läßt sich aus solchen Systemen mit Hilfe einer Erwartungswertbereinigung eliminieren. Es gilt:

(3.2.1.4)

$$\tilde{y} = \tilde{X}\bar{\beta}^* + \varepsilon \,, \quad \text{wobei} \quad \tilde{X} := \begin{pmatrix} \tilde{x}_{11} & \dots & \tilde{x}_{n-1,1} \\ \vdots & & \vdots \\ \tilde{x}_{1T} & \dots & \tilde{x}_{n-1,T} \end{pmatrix},$$

$$\tilde{y}_t := y_t - E(y_t), \ \tilde{x}_{jt} := x_{jt} - E(x_{jt}), \ j=1,\dots,n-1, \ t=1,\dots,T \,,$$

$$\bar{\beta}^* := (\beta_1^* \ \dots \ \beta_{n-1}^*)' \,, \quad \text{und es gilt:}$$

(3.2.1.5)

$$\beta_n^* = E(y_t) - E(x_t)'\bar{\beta}^* \,, \quad \text{wobei} \quad x_t := (x_{1t} \ \dots \ x_{n-1,t})' \,.$$

Außerdem gilt nach (3.1.1.2) für die Meßvariablen:

(3.2.1.6)

$$\mathrm{y}_t = y_t + d_{yt} \,, \ \mathrm{x}_{jt} = x_{jt} + d_{xjt} \,, \ j=1,\dots,n-1 \,, \quad \text{wobei}$$

$$E(\mathrm{y}_t) = E(y_t) \,, \ E(\mathrm{x}_{jt}) = E(x_{jt}) \,.$$

Für die Meßvariablen erhält man also das Modell:

(3.2.1.7)

$$\tilde{\mathrm{y}} = \tilde{\mathrm{X}}\bar{\beta}^* + u \,, \quad \text{wobei} \quad \tilde{\mathrm{X}} := \begin{pmatrix} \tilde{\mathrm{x}}_{11} & \dots & \tilde{\mathrm{x}}_{n-1,1} \\ \vdots & & \vdots \\ \tilde{\mathrm{x}}_{1T} & \dots & \tilde{\mathrm{x}}_{n-1,T} \end{pmatrix}, \ \tilde{\mathrm{y}} := \begin{pmatrix} \tilde{\mathrm{y}}_1 \\ \vdots \\ \tilde{\mathrm{y}}_T \end{pmatrix},$$

(3.2.1.8)
$$\tilde{y}_t := y_t - E(y_t),\quad \tilde{x}_{jt} := x_{jt} - E(x_{jt}),\quad j=1,\dots,n-1,$$
$$u_t := \varepsilon_t + d_{yt} - d'_{xt}\bar{\beta}^*,\quad d_{xt} := (d_{x1t} \dots d_{x,n-1,t})',$$
$$u := (u_1 \dots u_T)'.$$

Damit hat das System (3.2.1.7) formal die gleiche Gestalt wie das "latente System" (3.2.1.4). Allerdings hat der stochastische Prozeß $(x_t; u_t)$ u.U. nicht die gleichen Eigenschaften wie der Prozeß $(\mathscr{x}_t; \varepsilon_t)$. Während nämlich $\mathscr{x}_t$ und ε_t in (1.2.7) als voneinander unabhängig angenommen wurden, gilt das für x_t und u_t u.U. nicht.

Betrachte dazu die Fehlerprozesse (3.1.2.1), (3.1.3.1), (3.1.4.1). Es gilt:

(3.2.1.9)
$$E(x_{jt}u_t) = E((\mathscr{x}_{jt} + d_{xjt})(\varepsilon_t + d_{yt} - d'_{xt}\bar{\beta}^*))$$
$$= \begin{cases} -\beta_j^* E(d^2_{xjt}) \neq 0 & \text{bei (3.1.2.1), (3.1.3.1),} \\ \gamma^2 (E(\tilde{\mathscr{x}}_{jt}\tilde{\mathscr{y}}_t) - \sum_{k=1}^{n-1} \beta_k^* E(\tilde{\mathscr{x}}_{jt}\tilde{\mathscr{x}}_{kt})) = 0 & \text{bei (3.1.4.1)}_w \text{ (vgl. (3.2.2.9)).} \end{cases}$$

Man sieht, daß x_t und u_t bei den Fehlerprozessen (3.1.2.1), (3.1.3.1) i.a. korreliert sein werden, beim Fehlerprozeß $(3.1.4.1)_w$ jedoch nicht.

Bei dem System (3.2.1.7) hat der <u>OLS-Schätzer</u> $\tilde{\bar{\beta}}$ für $\bar{\beta}^*$ die Form:

(3.2.1.10) $$\tilde{\bar{\beta}} = (\tilde{X}'\tilde{X})^{-1}\tilde{X}'\tilde{y}.$$

$\tilde{\bar{\beta}}$ wird bei den Fehlerprozessen (3.1.2.1), (3.1.3.1) i.a. <u>kein konsistenter Schätzer</u> für $\bar{\beta}^*$ sein. Betrachte dazu den folgenden (einfachsten) Spezialfall von (3.2.1.7):

(3.2.1.11) $\tilde{y} = \beta_1^*\tilde{z}_1 + u$, wobei $\tilde{z}_1 := (\tilde{z}_{11} \dots \tilde{z}_{1T})'$ exogen ist.

Damit gilt bei (3.1.2.1), (3.1.3.1):

$$\operatorname*{plim}_{T\to\infty} \tilde{\beta}_1 =$$

$$= \operatorname*{plim}_{T\to\infty} ((\tilde{z}_1'\tilde{y})/(\tilde{z}_1'\tilde{z}_1))$$

$$= \operatorname*{plim}_{T\to\infty} \frac{(\tilde{z}_1 + d_{z1})'(\beta_1^*\tilde{z}_1 + d_y + \varepsilon)}{(\tilde{z}_1 + d_{z1})'(\tilde{z}_1 + d_{z1})} \quad \text{mit } d_{z1} := \begin{pmatrix} d_{z11} \\ \vdots \\ d_{z1T} \end{pmatrix}, \; d_y := \begin{pmatrix} d_{y1} \\ \vdots \\ d_{yT} \end{pmatrix}$$

$$= \operatorname*{plim}_{T\to\infty} \frac{\frac{1}{T}\beta_1^*\tilde{z}_1'\tilde{z}_1 + \frac{1}{T}\tilde{z}_1'd_y + \frac{1}{T}\tilde{z}_1'\varepsilon + \frac{1}{T}\beta_1^*d_{z1}'\tilde{z}_1 + \frac{1}{T}d_{z1}'d_y + \frac{1}{T}d_{z1}'\varepsilon}{\frac{1}{T}\tilde{z}_1'\tilde{z}_1 + \frac{1}{T}\tilde{z}_1'd_{z1} + \frac{1}{T}d_{z1}'\tilde{z}_1 + \frac{1}{T}d_{z1}'d_{z1}}$$

$$= \operatorname*{plim}_{T\to\infty} \frac{\frac{1}{T}\beta_1^*\tilde{z}_1'\tilde{z}_1}{\frac{1}{T}\tilde{z}_1'\tilde{z}_1 + \frac{1}{T}d_{z1}'d_{z1}}$$

$$= \beta_1^*\text{var}(z_{1t})/(\text{var}(z_{1t}) + \text{var}(d_{z1t})) \; ,$$

falls der stochastische Prozeß $(z_t; \varepsilon_t)$ so beschaffen ist, daß alle beteiligten empirischen Mittel asymptotisch gleich den theoretischen Momenten sind (vgl. z.B. Schönfeld (1969), p. 193). Bei den Fehlerprozessen (3.1.2.1), (3.1.3.1) gilt also:

(3.2.1.12) $\operatorname*{plim}_{T\to\infty} \tilde{\beta}_1 = \beta_1^*/(1 + \text{var}(d_{z1t})/\text{var}(z_{1t})) \neq \beta_1^*$. (||)

3.2.2 Konsistenz trotz Meßfehlern

Im Gegensatz zu den Fehlerprozessen (3.1.2.1), (3.1.3.1) führt der Fehlerprozeß $(3.1.4.1)_W$ zu konsistenten OLS-Schätzungen bei dem System (3.2.1.7).

Zunächst sollen die stochastischen Eigenschaften des Modells (3.2.1.1) (stationäre Modellvariablen), (3.2.1.4) (lineare Modelle), (3.2.1.6) (additive Meßfehler) bei dem Fehlerprozeß $(3.1.4.1)_W$ noch einmal zusammengestellt werden. Es gilt:

(3.2.2.1)

i) Alle Fehler haben Erwartungswert Null:
$E(\varepsilon_t) = E(d_{yt}) = E(d_{x1t}) = \ldots = E(d_{x,n-1,t}) = 0$;

ii) x_t ist vorherbestimmt, also ist x_t unabhängig von ε_{t*} für $t \leq t*$ (vgl. (1.2.7)), also
$E(x_t \varepsilon_{t*}) = 0$ für $t \leq t*$;

iii) die Meßfehler d_{yt}, d_{xt} sind unabhängig von den Modellvariablen y_{t*}, x_{t*} für alle $t,t* \in T$, also:
$E(y_{t*} d_{yt}) = 0$, $E(x_{t*} d_{yt}) = 0$,
$E(y_{t*} d_{xt}) = 0$, $E(x_{t*} d'_{xt}) = 0$, $t,t* \in T$;

iv) die Meßfehler d_{yt}, d_{xt} sind unabhängig von dem Gleichungsfehler ε_{t*} für alle $t,t* \in T$, also:
$E(d_{yt} \varepsilon_{t*}) = 0$, $E(d_{xt} \varepsilon_{t*}) = 0$, $t,t* \in T$;

v) die Meßfehler (d_{yt}, d_{xt}) sind identisch normalverteilt und haben dieselbe Korrelationsstruktur wie die dazugehörigen latenten Variablen:
$E(d_{yt}^2) = \gamma^2 var(y_t)$, $E(d_{xt} d'_{xt}) = \gamma^2 Cov(x_t)$,
$E(d_{xt} d_{yt}) = \gamma^2 Cov(x_t, y_t)$, $t \in T$;

vi) im Fall von Fehlerprozeß $(3.1.4.1)_w$ a) gilt:
die Meßfehler d_{yt} und d_{xt} sind unabhängig von d_{yt*} bzw. d_{xt*} , wenn $|t - t*| > L$ ist, wobei L die maximale Verzögerung einer latenten Variablen im Modell ist, außerdem ist d_{yt} unabhängig von d_{xt*} , wenn $|t - t* + 1| > L$ ist, also:
$E(d_{yt} d_{yt*}) = 0$, $E(d_{xt} d'_{xt*}) = 0$, $|t - t*| > L$,
$E(d_{yt} d_{xt*}) = 0$, $|t - t* + 1| > L$;

vii) im Fall von Fehlerprozeß $(3.1.4.1)_w$ b) stimmt (in Erweiterung von v)) die gesamte Autokorrelationsstruktur der Meßfehler d_{yt}, d_{Ct} mit derjenigen der dazugehörigen latenten Variablen überein, also:
$E(d_{yt} d_{yt*}) = \gamma^2 Cov(y_t, y_{t*})$,
$E(d_{yt} d'_{Ct*}) = \gamma^2 Cov(y_t, z_{Ct*})$,
$E(d_{Ct} d'_{Ct*}) = \gamma^2 Cov(z_{Ct}, z_{Ct*})$, $t,t* \in T$;

viii) die Gleichungsfehler ε_t sind unabhängig identisch normalverteilt, also:
$E(\varepsilon_t \varepsilon_{t*}) = 0 \;, \quad t \neq t \in T$.

Der Beweis der Konsistenz des OLS-Schätzers (3.2.1.10) bei diesem Fehlermodell stützt sich im wesentlichen auf die Annahme (3.2.2.1) v). Insbesondere werden die Annahmen (3.2.2.1) vi), vii) über die Autokorrelationsstruktur der Meßfehler erst zur Spezifizierung der asymptotischen Verteilung des OLS-Schätzers benötigt (vgl. (3.2.2.13), (3.2.2.16)). Aus (3.2.2.1) v) ergibt sich zunächst das folgende ein wenig überraschende Ergebnis:

(3.2.2.2) <u>Lemma</u>: $\bar{\beta}^* = E(\tilde{\mathcal{X}}'\tilde{\mathcal{X}})^{-1}E(\tilde{\mathcal{X}}'\tilde{y}) = E(\tilde{X}'\tilde{X})^{-1}E(\tilde{X}'\tilde{y})$,
wenn alle beteiligten Erwartungswerte und Inversen existieren.

<u>Bew.</u>: i) $E(\tilde{\mathcal{X}}'\tilde{\mathcal{X}})^{-1}E(\tilde{\mathcal{X}}'y) = E(\tilde{\mathcal{X}}'\tilde{\mathcal{X}})^{-1}E(\tilde{\mathcal{X}}'\tilde{\mathcal{X}}\bar{\beta}^* + \tilde{\mathcal{X}}'\varepsilon)$
$= \bar{\beta}^* + E(\tilde{\mathcal{X}}'\tilde{\mathcal{X}})^{-1}E(\tilde{\mathcal{X}}'\varepsilon) = \bar{\beta}^*$, da $E(\tilde{\mathcal{X}}'\varepsilon) = 0$.

ii) $$E(\tilde{X}'\tilde{X}) = E(\sum_{t=1}^{T} \tilde{x}_t\tilde{x}_t') = E(\sum_{t=1}^{T} (\tilde{x}_t + d_{xt})(\tilde{x}_t + d_{xt})')$$

$$= \sum_{t=1}^{T} (E(\tilde{x}_t\tilde{x}_t') + E(d_{xt}d_{xt}')) =$$

$$= (1+\gamma^2) \sum_{t=1}^{T} E(\tilde{x}_t\tilde{x}_t') = (1+\gamma^2)E(\tilde{\mathcal{X}}'\tilde{\mathcal{X}}) \;,$$

$$E(\tilde{X}'\tilde{y}) = \sum_{t=1}^{T} (E(\tilde{x}_t\tilde{y}_t) + E(d_{xt}d_{yt})) =$$
$$= (1+\gamma^2)E(\tilde{\mathcal{X}}'\tilde{y}) \;. \qquad ||$$

Zum Beweis der Konsistenz wird nun nur noch benötigt, daß die beteiligten empirischen Mittel gegen die entsprechenden theoretischen Momente konvergieren. Das wird durch folgende Annahme garantiert:

(3.2.2.3) Die Folge $\{\tilde{x}_t; u_t\}$ bildet einen streng stationären stochastischen Prozeß mit der folgenden <u>Ergodizi-</u>

<u>tätseigenschaft:</u>

$$\lim_{T\to\infty} \frac{1}{T} \sum_{\tau=0}^{T-1} \lambda_{\tau,ij} = 0 \quad \text{für alle} \quad i,j \;, \quad \text{wobei}$$

$$\lambda_{0,ij} := \text{var}(\eta_{t,ij}),\; \lambda_{\theta,ij} := \text{Cov}(\eta_{t,ij}\eta_{t-\theta,ij}) \quad \text{mit}$$

$$\eta_{t,k0} := \tilde{x}_{kt} \cdot u_t, \qquad \eta_{t,ik} := \tilde{x}_{it} \cdot \tilde{x}_{kt}, \quad i,k=1,\ldots,n-1.$$

Damit gilt:

(3.2.2.4)

<u>Satz:</u> Der stochastische Prozeß $\{\tilde{x}_t;\, u_t\}$ besitze Momente bis zur 4. Ordnung und erfülle (3.2.2.3). Die Matrix der 2. Momente von $\tilde{x}_t$ sei nichtsingulär. Dann ist der OLS-Schätzer (3.2.1.10) ein konsistenter Schätzer für $\bar{\beta}^*$. [1)]

<u>Bew.</u>: i) Nach Schönfeld (1971), Satz 8.3/1, p. 17, konvergiert der OLS-Schätzer unter den angegebenen Voraussetzungen gegen $E(\tilde{X}'\tilde{X})^{-1}E(\tilde{X}'\tilde{y})$.

ii) Wegen Lemma (3.2.2.2) ist damit alles bewiesen. ||

Es läßt sich sogar zeigen, daß der OLS-Schätzer (3.2.1.10) unter geeigneten Voraussetzungen asymptotisch dieselbe Verteilung besitzt wie der OLS-Schätzer im "latenten" Modell: $\tilde{\tilde{\beta}}_x := (\tilde{X}'\tilde{X})^{-1}\tilde{X}'\tilde{y}$.

Zunächst einmal ist $\tilde{\tilde{\beta}}$ u.U. asymptotisch normal:

(3.2.2.5)

<u>Satz</u>: $\{\tilde{x}_t;\, u_t\}_{t\in T}$ bilde einen (streng) stationären stochastischen Prozeß und $\text{Cov}(x_t)$ sei nichtsingulär. Außerdem konvergiere $\{\frac{1}{\sqrt{T}}\, \tilde{X}'u\}$ nach Verteilung gegen eine Normalverteilung, dann gilt für die OLS-Schätzungen $\tilde{\tilde{\beta}}_T$: $\sqrt{T}(\tilde{\tilde{\beta}}_T - \bar{\beta}^*)$ ist asymptotisch $N(0,V)$ -verteilt, wobei

$$V := \text{Cov}(x_t)^{-1}\Delta\text{Cov}(x_t)^{-1}, \quad \Delta := \Delta_0 + \sum_{\theta=1}^{\infty}(\Delta_\theta + \Delta_\theta') \;,$$

---

1) Da die Meßfehler identisch verteilt sind, ist $\tilde{\tilde{\beta}}$ allgemeiner immer dann konsistent, wenn $\text{Cov}(d_{xt})^{-1}\text{Cov}(d_{xt},d_{yt}) = \bar{\beta}^*$ ist (vgl. Fuller (1980), p. 413). Dann gilt nämlich $E(\tilde{X}'u)=T(\text{Cov}(d_{xt},d_{yt})-\text{Cov}(d_{xt})\bar{\beta}^*)=0$ und also (3.2.2.2).

$\Delta_\theta := E(u_t u_{t-\theta} \tilde{x}_t \tilde{x}'_{t-\theta})$, $\theta = 0,1,2,\ldots$.

<u>Bew.</u>: Vgl. Schönfeld (1971), p. 28. ||

Man beachte, daß (3.2.2.5) nur für eine stark eingeschränkte Klasse von stochastischen Prozessen $\{\tilde{x}_t;\ u_t\}$ abgeleitet wurde. Die Prozesse müssen nicht nur streng stationär sein, $(1/\sqrt{T})\cdot\tilde{X}'u$ muß außerdem nach Verteilung gegen eine Normalverteilung konvergieren. Letzteres gilt z.B. dann, wenn die stochastische Abhängigkeit von $(\tilde{x}_t;\ u_t)$ und $(\tilde{x}_\tau;\ u_\tau)$ hinreichend rasch gleichmäßig abnimmt bei wachsendem $|t-\tau|$ (vgl. z.B. Schönfeld (1971), p.18/9). Insbesondere erfüllt $(y_{t-1};\ u_t)$ die Voraussetzungen von (3.2.2.3), (3.2.2.5), wenn u_t unabhängig identisch verteilt ist (vgl. Schönfeld (1971), p.41,47). Die Existenz von Prozessen, die den Annahmen in (3.2.2.5) genügen, erscheint also gesichert. (3.2.1.12) und Satz (3.2.2.5) zusammen mit der sich daraus ergebenden Folgerung (3.2.2.15) demonstrieren damit, wie unterschiedlich die Eigenschaften von Meßfehlerprozessen mit unterschiedlicher Korrelationsstruktur in (un-)günstigen Fällen sein können.

Bleibt die Berechnung der asymptotischen Kovarianzmatrix V aus (3.2.2.5) für die Fehlerprozesse $(3.1.4.1)_w$ a) und b). Zunächst einmal wird Δ_0 berechnet. Wegen (3.2.2.1) i) - v) gilt:

(3.2.2.6)

$$\begin{aligned}
\Delta_0 &= E(u_t^2 \tilde{x}_t \tilde{x}'_t) \\
&= E((\varepsilon_t + d_{yt} - \bar{\beta}^{*\prime} d_{xt})^2 (\tilde{\mathfrak{x}}_t + d_{xt})(\tilde{\mathfrak{x}}_t + d_{xt})') \\
&= E((\varepsilon_t^2 + d_{yt}^2 + (\bar{\beta}^{*\prime} d_{xt})^2 + 2\varepsilon_t d_{yt} - 2\varepsilon_t(\bar{\beta}^{*\prime} d_{xt}) - 2d_{yt}(\bar{\beta}^{*\prime} d_{xt})) \\
&\quad \cdot (\tilde{\mathfrak{x}}_t \tilde{\mathfrak{x}}'_t + d_{xt}\tilde{\mathfrak{x}}'_t + \tilde{\mathfrak{x}}_t d'_{xt} + d_{xt} d'_{xt})) \\
&= E(\tilde{\mathfrak{x}}_t \tilde{\mathfrak{x}}'_t)\Big(E(\varepsilon_t^2) + E(d_{yt}^2) + E((\bar{\beta}^{*\prime} d_{xt})^2) - 2E(d_{yt}(\bar{\beta}^{*\prime} d_{xt}))\Big) \\
&\quad + E(d_{xt} d'_{xt}) E(\varepsilon_t^2) + E(d_{yt}^2 d_{xt} d'_{xt}) \\
&\quad + E((\bar{\beta}^{*\prime} d_{xt})^2 d_{xt} d'_{xt}) - 2E(d_{yt}(\bar{\beta}^{*\prime} d_{xt}) d_{xt} d'_{xt})
\end{aligned}$$

$$= \mathrm{Cov}(x_t)\Big(\mathrm{var}(\varepsilon_t) + \gamma^2\mathrm{var}(y_t) + \gamma^2\bar{\beta}^{*\prime}\mathrm{Cov}(x_t)\bar{\beta}^* - 2\gamma^2\bar{\beta}^{*\prime}\mathrm{Cov}(x_t,y_t) + \gamma^2\mathrm{var}(\varepsilon_t)\Big)$$
$$+ E(d_{yt}^2 d_{xt}d_{xt}') + E((\bar{\beta}^{*\prime}d_{xt})^2 d_{xt}d_{xt}') - 2E(d_{yt}(\bar{\beta}^{*\prime}d_{xt})d_{xt}d_{xt}') .$$

Zur Auswertung dieses Ausdrucks benötigt man die folgende Darstellung der <u>gemischten Momente von Komponenten eines normalverteilten Zufallsvektors</u> (vgl. Ross (1981), p. 86):

(3.2.2.7)
$$E(\xi_i\xi_j\xi_k\xi_l) = E(\xi_i\xi_j)E(\xi_k\xi_l) + E(\xi_i\xi_k)E(\xi_j\xi_l) + E(\xi_i\xi_l)E(\xi_j\xi_k) . \;\|$$

Wegen der Normalität von d_{yt}, d_{xt} gilt damit:

(3.2.2.8)
$$E(d_{yt}^2 d_{xt}d_{xt}') = E(d_{yt}^2)E(d_{xt}d_{xt}') + 2E(d_{yt}d_{xt})E(d_{yt}d_{xt}')$$
$$= \gamma^4(\mathrm{var}(y_t)\mathrm{Cov}(x_t) + 2\mathrm{Cov}(x_t,y_t)\mathrm{Cov}(y_t,x_t)) ,$$

$$E((\bar{\beta}^{*\prime}d_{xt})^2 d_{xt}d_{xt}') = E((\sum_{i,j=1}^{n-1} \bar{\beta}_i^*\bar{\beta}_j^* d_{xit}d_{xjt})d_{xt}d_{xt}')$$
$$= (\bar{\beta}^{*\prime}E(d_{xt}d_{xt}')\bar{\beta}^*)E(d_{xt}d_{xt}') + 2(E(d_{xt}d_{xt}')\bar{\beta}^*)(\bar{\beta}^{*\prime}E(d_{xt}d_{xt}'))$$
$$= \gamma^4((\bar{\beta}^{*\prime}\mathrm{Cov}(x_t)\bar{\beta}^*)\mathrm{Cov}(x_t) + 2(\mathrm{Cov}(x_t)\bar{\beta}^*)(\bar{\beta}^{*\prime}\mathrm{Cov}(x_t)) ,$$

$$E(d_{yt}(\bar{\beta}^{*\prime}d_{xt})d_{xt}d_{xt}') = E((\sum_{i=1}^{n-1} \bar{\beta}_i^* d_{xit})d_{yt}d_{xt}d_{xt}')$$
$$= (\bar{\beta}^{*\prime}E(d_{yt}d_{xt}))E(d_{xt}d_{xt}') + E(d_{yt}d_{xt})(\bar{\beta}^{*\prime}E(d_{xt}d_{xt}')) + (E(d_{xt}d_{xt}')\bar{\beta}^*)E(d_{yt}d_{xt}')$$
$$= \gamma^4((\bar{\beta}^{*\prime}\mathrm{Cov}(x_t,y_t)\mathrm{Cov}(x_t) + \mathrm{Cov}(x_t,y_t)(\bar{\beta}^{*\prime}\mathrm{Cov}(x_t)) + (\mathrm{Cov}(x_t)\bar{\beta}^*)\mathrm{Cov}(y_t,x_t)) .$$

Außerdem gilt nach Lemma (3.2.2.2):

(3.2.2.9)
$$\bar{\beta}^* = E(\tilde{X}'\tilde{X})^{-1}E(\tilde{X}'\tilde{y}) = E(\frac{1}{T}\sum_{t=1}^{T}\tilde{x}_t\tilde{x}_t')^{-1}E(\frac{1}{T}\sum_{t=1}^{T}\tilde{x}_t\tilde{y}_t)$$

$= \mathrm{Cov}(x_t)^{-1}\mathrm{Cov}(x_t, y_t)$, da (x_t, y_t) stationär ist nach (3.2.1.1).

Damit gilt wegen (3.2.1.4) und (3.2.2.1):

(3.2.2.10) $\quad \mathrm{var}(\varepsilon_t) = \mathrm{var}(y_t) - \bar{\beta}^{*\prime}\mathrm{Cov}(x_t, y_t)$.

Insgesamt gilt dann:

(3.2.2.11)

$$\Delta_0 = \mathrm{Cov}(x_t)((1+2\gamma^2)\mathrm{var}(\varepsilon_t)) + \gamma^4((\mathrm{var}(y_t) - \bar{\beta}^{*\prime}\mathrm{Cov}(x_t,y_t))\mathrm{Cov}(x_t))$$
$$= \mathrm{Cov}(x_t)(1+\gamma^2)^2\mathrm{var}(\varepsilon_t) .$$

Die Gestalt von Δ_0 hängt also nicht davon ab, ob es sich um einen Fehlerprozeß der Art $(3.1.4.1)_W$ a) oder b) handelt. Das gilt allerdings nicht für Δ_θ , $\theta \neq 0$. Hier erweist sich die Autokorrelationsstruktur von u_t , und damit diejenige der Meßfehler, als entscheidend. Wären $\tilde{x}_t$ und u_{t*} , $t \leq t^*$, stochastisch unabhängig und die u_t intertemporal unabhängig, so würde gelten:

$$\Delta_\theta := E(u_t u_{t-\theta}\tilde{x}_t\tilde{x}_{t-\theta}) = E(u_t)E(u_{t-\theta}\tilde{x}_t\tilde{x}_{t-\theta}) = 0 , \quad \theta \neq 0 .$$

Aber leider sind (z.B.) $\tilde{x}_t$ und u_t zwar unkorreliert (vgl. (3.2.1.9)) aber deshalb nicht unbedingt stochastisch unabhängig, da $\tilde{x}_t$ nicht normalverteilt zu sein braucht. Außerdem muß man bei Fehlerprozessen der Art $(3.1.4.1)_W$ a) mit autokorrelierten Residuen u_t rechnen. Im folgenden wird die Berechnung von Δ_θ , $\theta \neq 0$, vorgeführt anhand von drei Modellen der Art (3.2.1.1) (stationäre Modellvariablen), (3.2.1.4) (lineare Modelle), (3.2.1.6) (additive Meßfehler) mit stochastischen Eigenschaften der Art (3.2.2.1). Diese Modelle lassen sich wie folgt charakterisieren:

(3.2.2.12) a) $x_t = z_{Ct}$ (Abwesenheit von verzögerten Modellvariablen); Fehlerprozeß $(3.1.4.1)_W$ a) (entspricht hier (3.1.4.1));

b) x_t nicht eingeschränkt und Fehlerprozeß $(3.1.4.1)_W$ b);

c) $x_t = y_{t-1}$ und Fehlerprozeß $(3.1.4.1)_w$ a) (die Gültigkeit der Voraussetzungen von (3.2.2.5) für $(\tilde{x}_t; u_t)$ zeigt man ähnlich wie für intertemporal unkorrelierte u_t (vgl. p.85)).

Betrachten wir zunächst die Autokorrelationsstruktur der Residuen u_t bei den Modellen (3.2.2.12) a), b), c). Es gilt (für $\theta > 0$) :

(3.2.2.13)

a) $E(u_t u_{t-\theta}) = E((\varepsilon_t + d_{yt} - \bar{\beta}^{*\prime} d_{xt})(\varepsilon_{t-\theta} + d_{y,t-\theta} - d'_{x,t-\theta}\bar{\beta}^*)) = 0$

wegen der intertemporalen Unabhängigkeit von Meßfehlern der Art (3.1.4.1).

b)
$$\begin{aligned} E(u_t u_{t-\theta}) &= E(d_{yt} d_{y,t-\theta}) - E(d_{yt} d'_{x,t-\theta})\bar{\beta}^* \\ &\quad - \bar{\beta}^{*\prime} E(d_{xt} d_{y,t-\theta}) + \bar{\beta}^{*\prime} E(d'_{xt} d'_{x,t-\theta})\bar{\beta}^* \\ &= \gamma^2\Big(E(\tilde{y}_t \tilde{y}_{t-i}) - \bar{\beta}^{*\prime} E(\tilde{x}_t \tilde{y}_{t-i}) \\ &\quad - (E(\tilde{y}_t \tilde{x}'_{t-i}) - \bar{\beta}^{*\prime} E(\tilde{x}_t \tilde{x}'_{t-i}))\bar{\beta}^*\Big) \\ &= \gamma^2 (E(\varepsilon_t \tilde{y}_{t-i}) - E(\varepsilon_t \tilde{x}'_{t-i})\bar{\beta}^*) = 0 , \quad \text{wegen} \end{aligned}$$

(3.2.2.1) viii), iv), vii), ii).

c)
$$\begin{aligned} E(u_t u_{t-1}) &= E((\varepsilon_t + d_{yt} - \beta_1^* d_{y,t-1})(\varepsilon_{t-1} + d_{y,t-1} - \beta_1^* d_{y.t-2})) \\ &= E(d_{yt} d_{y,t-1}) - \beta_1^* E(d^2_{y,t-1}) + \beta_1^{*2} E(d_{yt} d_{y,t-1}) \\ &= \gamma^2 \beta_1^{*2} \operatorname{cov}(y_t, y_{t-1}) \neq 0 , \quad \text{wegen (3.2.2.1)} \end{aligned}$$

viii), iv), v), vi), und

$$E(u_t u_{t-\theta}) = E((\varepsilon_t + d_{yt} - \beta_1^* d_{y,t-1})(\varepsilon_{t-\theta} + d_{y,t-\theta} - \beta_1^* d_{y,t-\theta-1}))$$
$$= \begin{cases} -\gamma^2 \beta_1^* \operatorname{cov}(y_t, y_{t-1}) \neq 0 , & \text{falls } \theta = 2 , \\ 0 , & \text{falls } \theta > 2 , \end{cases}$$

insbesondere wegen (3.2.2.1) vi) und (3.2.1.1) (y_t stationär).

(3.2.2.14) Damit kommen wir endlich zur Berechnung von Δ_θ, $\theta \neq 0$. Wegen (3.2.2.1) i) - iv), viii) (also unabhängig von dem gewählten Modell (3.2.2.12) a), b), c)) gilt:

$$\Delta_\theta := E(u_t u_{t-\theta} \tilde{x}_t \tilde{x}_{t-\theta})$$

$$= E((\varepsilon_t + d_{yt} - \bar{\beta}^{*\prime} d_{xt})(\varepsilon_{t-\theta} + d_{y,t-\theta} - \bar{\beta}^{*\prime} d_{x,t-\theta})$$

$$(\tilde{x}_t + d_{xt})(\tilde{x}_{t-\theta} + d_{x,t-\theta})')$$

$$= E(\varepsilon_{t-\theta}\tilde{x}_t)E((d_{yt} - \bar{\beta}^{*\prime} d_{xt})d'_{x,t-\theta}) +$$

$$+ E((d_{yt} - \bar{\beta}^{*\prime} d_{xt})d_{y,t-\theta})E(\tilde{x}_t\tilde{x}'_{t-\theta}) -$$

$$- E((d_{yt} - \bar{\beta}^{*\prime} d_{xt})\bar{\beta}^{*\prime} d_{x,t-\theta})E(\tilde{x}_t\tilde{x}'_{t-\theta}) +$$

$$+ E((d_{yt} - \bar{\beta}^{*\prime} d_{xt})(d_{y,t-\theta} - \bar{\beta}^{*\prime} d_{x,t-\theta})d_{xt}d'_{x,t-\theta}) .$$

Betrachten wir nun die zu untersuchenden Modelle (3.2.2.12) a), b), c). Es gilt:

a) $\Delta_\theta = E((d_{yt} - \bar{\beta}^{*\prime} d_{Ct})d_{Ct})E((d_{y,t-\theta} - \bar{\beta}^{*\prime} d_{C,t-\theta})d'_{C,t-\theta})$

$= \gamma^4 Cov(\varepsilon_t, z_{Ct})Cov(\varepsilon_{t-\theta}, z'_{C,t-\theta})$

$= 0$ wegen der intertemporalen Unabhängigkeit von Meßfehlern der Art (3.1.4.1), wegen (3.2.2.10) und wegen (3.2.2.1) v), ii).

b) $\Delta_\theta = E((d_{yt} - \bar{\beta}^{*\prime} d_{xt})(d_{y,t-\theta} - \bar{\beta}^{*\prime} d_{x,t-\theta})d_{xt}d'_{x,t-\theta})$ (vgl. (3.2.2.13) b))

$= E((d_{yt} - \bar{\beta}^{*\prime} d_{xt})(d_{y,t-\theta} - \bar{\beta}^{*\prime} d_{x,t-\theta}))E(d_{xt}d'_{x,t-\theta}) +$

$+ E((d_{yt} - \bar{\beta}^{*\prime} d_{xt})d_{xt})E((d_{y,t-\theta} - \bar{\beta}^{*\prime} d_{x,t-\theta})d'_{x,t-\theta}) +$

$+ E((d_{y,t-\theta} - \bar{\beta}^{*\prime} d_{x,t-\theta})d_{xt})E((d_{yt} - \bar{\beta}^{*\prime} d_{x,t})d'_{x,t-\theta})$

wegen (3.2.2.7)

$= \gamma^4 (E(\varepsilon_t\varepsilon_{t-\theta})E(\tilde{x}_t\tilde{x}'_{t-\theta}) + E(\varepsilon_t\tilde{x}_t)E(\varepsilon_{t-\theta}\tilde{x}'_{t-\theta}) +$

$+ E(\varepsilon_{t-\theta}\tilde{x}_t)E(\varepsilon_t\tilde{x}'_{t-\theta}))$

$= 0$ wegen (3.2.2.10) und (3.2.2.1) vii), ii).

c) $\Delta_1 = - \beta_1^* E(d_{y,t-1}d_{y,t-2})E(\varepsilon_{t-1}\tilde{y}_{t-1}) +$

$+ E((d_{yt} - \beta_1^* d_{y,t-1})d_{y,t-1})E(\tilde{y}_{t-1}\tilde{y}_{t-2}) +$

$$+ \beta_1^{*2} E(d_{y,t-1} d_{y,t-2} E(\tilde{y}_{t-1} \tilde{y}_{t-2}) +$$

$$+ E((d_{yt} - \beta_1^* d_{y,t-1}) d_{y,t-1} + \beta_1^{*2} d_{y,t-1} d_{y,t-2}) E(d_{y,t-1} d_{y,t-2}) +$$

$$+ E((d_{yt} - \beta_1^* d_{y,t-1}) d_{y,t-1}) E((d_{y,t-1} - \beta_1^* d_{y,t-2}) d_{y,t-2}) -$$

$$- E((d_{y,t-1} - \beta_1^* d_{y,t-2}) d_{y,t-1}) \beta_1^* E(d_{y,t-1} d_{y,t-2})$$

$$= (\gamma^2 + \gamma^4)\ \beta_1^* E(\tilde{y}_t \tilde{y}_{t-1}) E((-\varepsilon_{t-1} + \beta_1^* \tilde{y}_t) \tilde{y}_{t-1})$$

$$= (1 + \gamma^2)\gamma^2 \beta_1^* \mathrm{cov}(y_t, y_{t-1})(2\beta_1^* \mathrm{cov}(y_t, y_{t-1}) - \mathrm{var}(y_t))$$

$$= (1 + \gamma^2)\gamma^2 \mathrm{cov}(y_t, y_{t-1})^2 (2\beta_1^{*2} - 1)$$

wegen (3.2.2.1) vi) und der Zeitinvarianz der Verteilung der Meßfehler, sowie wegen

$E(\varepsilon_{t-1} \tilde{y}_{t-1}) = \mathrm{var}(y_t) - \beta_1^* \mathrm{cov}(y_t, y_{t-1}) = \mathrm{var}(\varepsilon_t)$ und

$\beta_1^* = \mathrm{cov}(y_t, y_{t-1}) / \mathrm{var}(y_t)$ (vgl. (3.2.2.9)).

Weiterhin gilt bei Modell (3.2.2.12) c):

$$\Delta_2 = -\beta_1^* E(d_{y,t-1} d_{y,t-2}) E(\tilde{y}_{t-1} \tilde{y}_{t-3}) +$$

$$+ E((d_{yt} - \beta_1^* d_{y,t-1}) d_{y,t-1}) E((d_{y,t-2} - \beta_1^* d_{y,t-3}) d_{y,t-3})$$

$$= -\gamma^2 \beta_1^* \mathrm{cov}(y_t, y_{t-1}) \mathrm{cov}(y_t, y_{t-2}) ,$$

$\Delta_\theta = 0$ für $\theta > 2$.

Damit läßt sich die asymptotische Verteilung der OLS-Schätzungen für die Modelle (3.2.2.12) a), b), c) angeben:

(3.2.2.15)

<u>Kor.</u>: Unter den Voraussetzungen von Satz (3.2.2.5) gilt:

$\sqrt{T}(\tilde{\bar{\beta}}_T - \bar{\beta}^*)$ ist asymptotisch $N(0,V)$ -verteilt mit

$$V = \begin{cases} \mathrm{var}(\varepsilon_t) \mathrm{Cov}(x_t)^{-1} & \text{bei (3.2.2.12) a), b);} \\ \mathrm{var}(\varepsilon_t) / \mathrm{var}(y_t) + 2\frac{\gamma^2}{1+\gamma^2}(2\beta_1^{*2} - 1)\beta_1^{*2} - & \\ - 2\frac{\gamma^2}{(1+\gamma^2)^2}\beta_1^{*4} & \text{bei (3.2.2.12) c)} \end{cases}$$

Bew.: Bei (3.2.2.12) c) gilt:

$$cov(y_t, y_{t-2}) = \beta_1^* cov(y_t, y_{t-1}) = \beta_1^{*2} var(y_t) \; . \qquad ||$$

In der Praxis wird aber i.a. sowohl bei der Berechnung der Parameterschätzung als auch bei der Berechnung der Varianz der Schätzung unterstellt, daß die Meßvariablen mit den latenten Variablen übereinstimmen. Während gezeigt werden konnte, daß der OLS-Schätzer bei dem Fehlerprozeß $(3.1.4.1)_W$ trotzdem konsistent ist, führt das u.U. zu inkonsistenten Schätzungen für die Parametervarianz.

Betrachte dazu ein Meßmodell mit denselben stochastischen Eigenschaften wie das latente Modell:

(3.2.2.16) Sei u_t unabhängig identisch normalverteilt mit Erwartungswert 0, und sei u_t unabhängig von x_{t*}, $t^* \leq t \in T$. Sonst sei keine Information über u_t bekannt.

In dem linearen Modell (3.2.1.7), (3.2.2.16) erhält man als asymptotische Parameter-Kovarianzmatrix (vgl. Schönfeld (1971), p. 28):

(3.2.2.17) $$V_p = var(u_t) Cov(x_t)^{-1} \; .$$

Berücksichtigt man die Struktur von u_t, $(3.1.4.1)_W$, (3.2.2.9) und (3.2.2.10), dann erhält man:

(3.2.2.18) $$\begin{aligned} V_p &= E((\varepsilon_t + d_{yt} - \bar{\beta}^{*\prime} d_{xt})^2) Cov(x_t)^{-1} \\ &= (1+\gamma^2) var(\varepsilon_t)((1+\gamma^2) Cov(x_t))^{-1} \\ &= var(\varepsilon_t) Cov(x_t)^{-1} \; . \end{aligned}$$

(3.2.2.19) Im Fall von $x_t = z_{Ct}$ und dem Fehlerprozeß (3.1.4.1) (Modell (3.2.2.12) a)) sowie generell bei dem Fehlerprozeß $(3.1.4.1)_W$ b) (Modell (3.2.2.12) b)) stimmt V_p also mit der wahren asymptotischen Parameter-Kovarianzmatrix V überein. Im Fall von Modellen mit verzögerten Variablen und dem Fehlerprozeß $(3.1.4.1)_W$ a) wird aber i.a. $V_p \neq V$ sein. Bei Modell (3.2.2.12) c) $(x_t = y_{t-1})$

gilt z.B. immer:

$V_p > V$, da $|\beta_1^*| < 0.5 < 1/\sqrt{2}$ nach (3.1.4.10), damit ein solches Modell überhaupt existiert. Diese Überschätzung resultiert offenbar aus der falschen a-priori Annahme in (3.2.2.16), daß die u_t intertemporal unabhängig sind (vgl. (3.2.2.13)).

Damit kann man bei dem in der Praxis gebräuchlichen OLS-Schätzverfahren bei dem Fehlerprozeß $(3.1.4.1)_w$ neben konsistenten Schätzungen für die Parameter in Spezialfällen auch konsistente Schätzungen für ihre Varianzen erwarten.

Man beachte aber, daß der OLS-Schätzer

(3.2.2.20) $$\tilde{\beta}_n := \bar{y} - \bar{x}'\tilde{\bar{\beta}} \quad \text{mit } \bar{y} := \sum_{t=1}^{T} y_t \quad , \bar{x}' := (\bar{x}_1 \ldots \bar{x}_{n-1}),$$
$$\bar{x}_j := \frac{1}{T} \sum_{t=1}^{T} x_{jt} \quad , \tilde{\bar{\beta}} \text{ aus } (3.2.1.10),$$

zwar ein konsistenter Schätzer für die Modellkonstante β_n^* aus (3.2.1.5) ist bei dem Fehlerprozeß $(3.1.4.1)_w$, aber schon bei ausschließlich unverzögerten exogenen Regressoren wird die aus (3.2.2.16) resultierende Maximum-Likelihood-Schätzung für die Varianz von $\tilde{\beta}_n$ die wahre Maximum-Likelihood-Schätzung dieser Varianz asymptotisch i.a. überschätzen (vgl. (3.3.1.24)).

(3.2.2.21) Mit dem Fehlerprozeß $(3.1.4.1)_w$ konnte also demonstriert werden, daß sowohl die OLS-Schätzungen für die (funktionalen) Parameter in Einzelgleichungsmodellen als auch sogar die OLS-Schätzungen der dazugehörigen Parametervarianzen bei Anwesenheit von Meßfehlern konsistent sein können. Damit erscheint die Verwendung von OLS-Schätzungen bei Anwesenheit von Meßfehlern nicht mehr ganz so unangemessen wie aus der Literatur hervorzugehen scheint. Die günstigen asymptotischen Eigenschaften insbesondere von Fehlerprozeß $(3.1.4.1)_w$ b) sind allerdings in der vollständigen Übereinstimmung der Korrelationsstrukturen von Meßfehlern und latenten Variablen begründet. Dagegen werden in der Literatur i.a. unabhängige Meßfehler angenommen. Allerdings erscheinen beide Annahmen nicht sehr realistisch (vgl. z.B. (1.3.16)). Weicht die Korrelationsstruktur der Meßfehler aber nur wenig von der Korrelationsstruktur der latenten Variablen ab, etwa wie in $(3.1.4.1)_w$ a), wie in (3.1.4.1) bei Anwesenheit der verzögerten Variablen, oder auch wie in (3.1.4.11), so wird man schon keine konsistenten Schätzungen mehr erwarten können. Außerdem werden im praktischen Modellbau zumeist interdependente Mehrgleichungsmodelle auftreten. Es erscheint deshalb interessant, wie stark sich die FIML-Schätzungen bei interdependenten Modellen mit den Fehlerprozessen (3.1.4.1), (3.1.4.11) von denjenigen bei den Fehlerprozessen (3.1.2.1), (3.1.3.1), die bekanntlich unkorrelierte Meßfehler erzeugen, im small-sample Fall unterscheiden. Wegen der Komplexität einer theoretischen Analyse werden diese Fragen in II mit Hilfe von Monte-Carlo-Simulationen behandelt. Zuvor wird in 3.3 aber noch auf die Konstruktion von konsistenten Schätzern bei den Fehlerprozessen (3.1.2.1), (3.1.3.1), (3.1.4.11) eingegangen, und in 3.4 werden analytische Ergebnisse über das Verhalten von Prognosen bei Anwesenheit von Meßfehlern vorgestellt.

3.2.3 Small-sample-Analyse: Kleine Meßfehler

Zum Abschluß der Diskussion des OLS-Schätzers bei Anwesenheit von Meßfehlern soll noch die Differenz zwischen dem OLS-Schätzer (3.2.1.10) und dem entsprechenden Schätzer im "wahren" Modell dargestellt werden für so kleine Meßfehler, daß eine lineare Näherung bzgl. der Meßfehler angemessen erscheint. Es gilt:

(3.2.3.1)

$$\tilde{\tilde{\beta}} = (\tilde{X}'\tilde{X})^{-1}\tilde{X}'\tilde{y} = (\tilde{X}'\tilde{X})^{-1}\tilde{X}'(\tilde{X}\bar{\beta}^* + u) = \bar{\beta}^* + (\tilde{X}'\tilde{X})^{-1}\tilde{X}'u$$

$$= \bar{\beta}^* + ((\tilde{\mathcal{X}} + D_x)'(\tilde{\mathcal{X}} + D_x))^{-1}(\tilde{\mathcal{X}} + D_x)'(\varepsilon + d_y - D_x\bar{\beta}^*) \text{ , wobei}$$

$$D_x := \begin{pmatrix} d_{x11} & \cdots & d_{x,n-1,1} \\ \vdots & & \vdots \\ d_{x1T} & \cdots & d_{x,n-1,T} \end{pmatrix}, \quad d_y := \begin{pmatrix} d_{y1} \\ \vdots \\ d_{yT} \end{pmatrix}$$

$$\doteq^{1)} \bar{\beta}^* + (I - (\tilde{X}'\tilde{X})^{-1}(\tilde{X}'D_x + D_x'\tilde{X}))(\tilde{X}'\tilde{X})^{-1}(\tilde{X} + D_x)'(\varepsilon + d_y - D_x\bar{\beta}^*)$$

wegen $(I+F)^{-1} \doteq I-F$ (vgl. z.B. Stoer (1972), p.175)

$$\doteq \bar{\beta}^* + (\tilde{X}'\tilde{X})^{-1}(\tilde{X}'(\varepsilon + d_y - D_x\bar{\beta}^* - D_x(\tilde{X}'\tilde{X})^{-1}\tilde{X}'\varepsilon) + D_x'(\varepsilon - \tilde{X}(\tilde{X}'\tilde{X})^{-1}\tilde{X}'\varepsilon)).$$

Daraus ergibt sich für die Differenz zwischen dem OLS-Schätzer (3.2.1.10) und dem OLS-Schätzer $\tilde{\bar{\beta}}_x := (\tilde{X}'\tilde{X})^{-1}\tilde{X}'\tilde{y}$ im latenten Modell:

(3.2.3.2) $$\tilde{\bar{\beta}} - \tilde{\bar{\beta}}_x \doteq (\tilde{X}'\tilde{X})^{-1}(\tilde{X}'(d_y - D_x\bar{\beta}^*) - (\tilde{X}'D_x(\tilde{X}'\tilde{X})^{-1}\tilde{X}' - D_x(I - \tilde{X}(\tilde{X}'\tilde{X})^{-1}\tilde{X}'))\varepsilon)$$

Hieraus sieht man:

(3.2.3.3) $$E(\tilde{\bar{\beta}} - \tilde{\bar{\beta}}_x) \doteq E((\tilde{X}'\tilde{X})^{-1}\tilde{X}')E(d_y - D_x\bar{\beta}^*) - E((\tilde{X}'\tilde{X})^{-1}(\tilde{X}'D_x(\tilde{X}'\tilde{X})^{-1}\tilde{X}' - D_x'(I - \tilde{X}(\tilde{X}'\tilde{X})^{-1}\tilde{X}')))E(\varepsilon)$$

$= 0$; falls X nur aus <u>exogenen Variablen</u> besteht; da dann sämtliche Komponenten von X und ε unkorreliert sind, und da bei allen Fehlerprozessen (3.1.2.1), (3.1.3.1), (3.1.4.1) und (3.1.4.11) die Meßfehler als nicht korreliert mit den latenten Variablen und den Residuen ε_t vorausgesetzt wurden.

(3.2.3.4) Verdoppelung <u>aller</u> Meßfehler führt (in erster Näherung) zur Verdoppelung von $(\tilde{\bar{\beta}} - \tilde{\bar{\beta}}_x)$;

(3.2.3.5) je kleiner das Residuum ε , desto kleiner $(\tilde{\bar{\beta}} - \bar{\beta}_x)$ (in erster Näherung).

Man beachte, daß diese Aussagen für alle untersuchten Feh-

---

1) "$\doteq$" steht für " = in linearer Näherung bzgl. der Meßfehler D_x, d_y ".

lerprozesse gelten. Es ist allerdings zu erwarten, daß die ersten Näherungen für die verschiedenen Fehlerprozesse unterschiedlich gut "passen".

3.3 Verteilung des Maximum-Likelihood-Schätzers

3.3.1 Konsistente ML-Schätzungen im Eingleichungsmodell

In 3.2 wurde lediglich für den Fehlerprozeß (3.1.4.1) ein konsistenter Schätzer angegeben. Mit Hilfe des ML-Prinzips erhält man solche Schätzer relativ einfach auch für die anderen Fehlerprozesse. Dazu werden allerdings die Annahmen über das zugrundeliegende Modell gegenüber (3.1.1.1) etwas verschärft:

(3.3.1.1) Betrachte ein Modell vom Typ 1.2 , in dem die Modellvariablen $(\mathcal{y}_{Bt}; \mathcal{x}_t)$ gemeinsam unabhängig identisch normalverteilt sind, wobei die Kovarianzmatrix der nichtkonstanten exogenen Variablen invertierbar ist.

Solche Prozesse werden unter anderem von Jöreskog (1973) behandelt. Beachte, daß wegen der intertemporalen Unabhängigkeit der $(\mathcal{y}_{Bt}; \mathcal{x}_t)$ verzögerte Variablen nicht unter den $\mathcal{x}_t$ vorkommen dürfen.

Im folgenden werden zunächst Ein-Gleichungsmodelle vom Typ (3.3.1.1) mit unverzögerten exogenen Regressoren untersucht, die linear sind sowohl in den (funktionalen) Parametern als auch in den Variablen $\mathcal{z}_{jt}$ (vgl. 3.2.1):

(3.3.1.2) $$\mathcal{y}_t = \beta_1^* \mathcal{z}_{1t} + \dots + \beta_{n-1}^* \mathcal{z}_{n-1,t} + \beta_n^* + \varepsilon_t \quad , t \in T_0,$$

und wie in (1.1.2) gelte für die Meßvariablen:

$$y_t = \mathcal{y}_t + d_{yt} \quad , z_{jt} = \mathcal{z}_{jt} + d_{zjt} \quad , j=1,\dots,n-1,$$

wobei $E(y_t) = E(\mathcal{y}_t) \quad , \quad E(z_{jt}) = E(\mathcal{z}_{jt}) \quad .$

Damit erhält man als Modell für die Meßvariablen:

(3.3.1.3) $y_t = z_t'\beta^* + u_t$, wobei

$z_t' := (z_{1t} \; \dots \; z_{n-1,t} \; 1)$, $\beta^* := (\beta_1^* \; \dots \; \beta_{n-1}^* \; \beta_n^*)$,

$u_t := \varepsilon_t + d_{yt} - d_{zt}'\beta^*$, $d_{zt}' := (d_{z1t} \; \dots \; d_{z,n-1,t} \; 0)$.

Man beachte, daß die Konstante 1 natürlich exakt beobachtbar ist.

Zur Konstruktion von ML-Schätzern für die strukturellen Parameter von Modell (3.3.1.2) mit Hilfe der Meßvariablen y_t , z_{jt} , j=1,...,n-1 , werden die Strukturparameter im folgenden charakterisiert als umkehrbar eindeutige Transformation der Parameter der gemeinsamen Verteilung der y_t, z_{jt} , j=1, ...,n-1 . Zur Bestimmung der ML-Schätzer kann dann nämlich der folgende Satz herangezogen werden (vgl. Schönfeld (1971), p. 109):

(3.3.1.4)

<u>Satz</u>: Die Parameter φ mögen sich aus den Parametern Θ mittels einer umkehrbar eindeutigen Abbildung $\varphi=h(\Theta)$ ergeben. Die ML-Schätzungen $\hat{\varphi}$ resultieren dann aus den ML-Schätzungen $\hat{\Theta}$ mittels der Transformation $\hat{\varphi}=h(\hat{\Theta})$. ||

Man beachte, daß zu Fehlerprozessen wie in (3.3.1.2) einschränkende Annahmen der Art (3.1.2.1) usw. hinzutreten müssen, damit sich die strukturellen Parameter eindeutig aus den Parametern der Verteilung der Meßvariablen ergeben. Ansonsten sind die strukturellen Parameter durch die Beobachtungen nicht identifizierbar (vgl. 1.3). Andere identifizierende Annahmen werden von Judge, Griffith, Hill, Lee (1980, p. 521-527) diskutiert.

(3.3.1.5) Im folgenden wird zunächst die gemeinsame Normalverteilung von $(y_t, z_{1t}, \dots, z_{n-1,t})'$ charakterisiert in Abhängigkeit von dem gewählten Fehlerprozeß. Dabei wird <u>bei dem Fehlerprozeß (3.1.2.1)</u> in Abänderung von 3.1.2 angenommen, daß die <u>Meßfehler normalverteilt</u> sind mit den Momenten

(3.1.2.3). Ein solcher Fehlerprozeß wird im folgenden mit $(3.1.2.1)_N$ bezeichnet.

Grundsätzlich gilt für alle Fehlerprozesse:

(3.3.1.6) $$E(\mathcal{z}_{jt}) = E(z_{jt}) \quad , \; j=1,\dots,n-1 \; ,$$
$$E(\mathcal{y}_t) = \sum_{j=1}^{n-1} \beta_j^* E(z_{jt}) + \beta_n^* \quad .$$

Dagegen hängt die Kovarianzstruktur von dem gewählten Fehlerprozeß ab:

(3.3.1.7) Seien $\tilde{z}_t := (z_{1t}-E(z_{1t}) \; \dots \; z_{n-1,t}-E(z_{n-1,t}))'$,
$\tilde{\mathcal{z}}_t := (\mathcal{z}_{1t}-E(\mathcal{z}_{1t}) \; \dots \; \mathcal{z}_{n-1,t}-E(\mathcal{z}_{n-1,t}))'$,
$\tilde{d}_{zt} := (d_{z1t} \; \dots \; d_{z,n-1,t})'$,
$\bar{\beta}^* := (\beta_1^* \; \dots \; \beta_{n-1}^*)'$ und $\Lambda := \mathrm{Cov}\begin{pmatrix} y_t \\ \tilde{z}_t \end{pmatrix}$.

(3.3.1.8)

Es gilt für die Fehlerprozesse $(3.1.2.1)_N$, (3.1.3.1):

$$\Lambda = \begin{pmatrix} \mathrm{var}(\mathcal{y}_t)+\mathrm{var}(d_{yt}) & \bar{\beta}^{*\prime}\mathrm{Cov}(\tilde{\mathcal{z}}_t) \\ \mathrm{Cov}(\tilde{\mathcal{z}}_t)\bar{\beta}^* & \mathrm{Cov}(\tilde{\mathcal{z}}_t)+\mathrm{Cov}(\tilde{d}_{zt}) \end{pmatrix} \quad \text{, wobei}$$

$$\mathrm{Cov}(\tilde{d}_{zt}) = \begin{cases} \gamma^2 \mathrm{diag}(\mathrm{var}(\mathcal{z}_{1t})+E(\mathcal{z}_{1t})^2, \; \dots \; , \mathrm{var}(\mathcal{z}_{n-1,t})+E(\mathcal{z}_{n-1,t})^2) \\ \qquad \text{bei } (3.1.2.1)_N \\ \gamma^2 \mathrm{diag}(E(\mathcal{z}_{1t})^2, \dots , E(\mathcal{z}_{n-1,t})^2) \quad \text{bei } (3.1.3.1) \end{cases} \; ,$$

$$\mathrm{var}(d_{yt}) = \begin{cases} \gamma^2(\mathrm{var}(\mathcal{y}_t)+E(\mathcal{y}_t)^2) & \text{bei } (3.1.2.1)_N \\ \gamma^2 E(\mathcal{y}_t)^2 & \text{bei } (3.1.3.1) \end{cases} \; .$$

(3.3.1.9) Für den Fehlerprozeß (3.1.4.11) gilt:

$$\Lambda = \begin{pmatrix} (1+\gamma_1^2)\mathrm{var}(\mathcal{y}_t) & \bar{\beta}^{*\prime}\mathrm{Cov}(\tilde{\mathcal{z}}_t)(I+\gamma_1\tilde{D}) \\ (I+\gamma_1\tilde{D})\mathrm{Cov}(\tilde{\mathcal{z}}_t)\bar{\beta}^* & \mathrm{Cov}(\tilde{\mathcal{z}}_t)+\tilde{D}\mathrm{Cov}(\tilde{\mathcal{z}}_t)\tilde{D} \end{pmatrix} \quad \text{, wobei}$$

$\tilde{D} := \mathrm{diag}(\gamma_2, \; \dots \; , \gamma_n)$ die maximalen Fehlergrößen von $\tilde{\mathcal{z}}_t$ aus (3.1.4.11) repräsentiert.

Man beachte noch, daß allgemein gilt:

(3.3.1.10) $\quad \mathrm{var}(y_t) = \bar{\beta}^{*\prime}\mathrm{Cov}(\tilde{z}_t)\bar{\beta}^{*} + \mathrm{var}(\varepsilon_t)$.

Damit stehen $\frac{n(n+3)}{2}$ Gleichungen zur Verfügung zur Schätzung von genausovielen strukturellen Parametern des Modells (3.3.1.2), nämlich

- n Gleichungen (3.3.1.6) für die Erwartungswerte $E(z_{jt})$, $E(y_t)$,
- $\frac{n(n+1)}{2}$ Gleichungen (3.3.1.8) bzw. (3.3.1.9) für die Kovarianzen von $z_{1t},\dots,z_{n-1,t},y_t$.

Zu bestimmen sind

- (n-1) Erwartungswerte $E(z_{jt})$,
- n funktionale Parameter β_j^* ,
- $\frac{n(n-1)}{2}$ Kovarianzen $E((z_{jt}-E(z_{jt}))(z_{it}-E(z_{it})))$ und
- 1 Varianz $\mathrm{var}(\varepsilon_t)$.

Tatsächlich sind diese Gleichungen i.a. auch exakt auflösbar nach den Parametern. Für die funktionalen Parameter ergibt sich daraus:

(3.3.1.11) $\quad \hat{\beta}_n = \bar{y} - \sum_{j=1}^{n-1} \hat{\beta}_j \bar{z}_j$ (vgl. (3.2.2.20)), wobei

$$\bar{y} := \sum_{t=1}^{T} y_t \ , \quad \bar{z}_j := \frac{1}{T}\sum_{t=1}^{T} z_{jt} \ , \quad j=1,\dots,n-1 \ ;$$

(3.3.1.12) $\quad \hat{\bar{\beta}} = \hat{\mathrm{Cov}}(\tilde{z}_t)^{-1}\hat{\mathrm{Cov}}(\check{z}_t,y_t)$ bei den Fehlerprozessen $(3.1.2.1)_N$, (3.1.3.1), wobei $\hat{\mathrm{Cov}}(\tilde{z}_t)$ bestimmt wird aus $\hat{\mathrm{Cov}}(\check{z}_t)=\hat{\mathrm{Cov}}(\tilde{z}_t)+\hat{\mathrm{Cov}}(\tilde{d}_{zt})$ und $\hat{\mathrm{Cov}}(\tilde{d}_{zt})$ mit Hilfe von (3.3.1.8);

(3.3.1.13) $\quad \hat{\bar{\beta}} = \hat{\mathrm{Cov}}(\tilde{z}_t)^{-1}(I+\gamma_1\tilde{D})^{-1}\hat{\mathrm{Cov}}(\check{z}_t,y_t)$ bei dem Fehlerprozeß (3.1.4.11) , wobei $\hat{\mathrm{Cov}}(\tilde{z}_t)$ bestimmt wird aus $\hat{\mathrm{Cov}}(\tilde{z}_t)=\hat{\mathrm{Cov}}(\tilde{z}_t)+\tilde{D}\hat{\mathrm{Cov}}(\tilde{z}_t)\tilde{D}$.

Diese Maximum-Likelihood-Schätzungen sind konsistent und asymptotisch effizient (vgl. z.B. Schönfeld (1971), p. 110).

Ein Problem ist die explizite Matrixdarstellung von $\hat{Cov}(\tilde{z}_t)^{-1}$. Am einfachsten wäre es natürlich, wenn $Cov(\tilde{d}_{zt})$ von vornherein bekannt wäre in (3.3.1.12). Der dann resultierende Schätzer $\hat{\hat{\beta}}$ wurde unter anderem von Schneeweiß (1971, p. 224ff) diskutiert. Bei den in 3.1 vorgestellten Fehlerprozessen können wir allerdings nur auf Schätzungen für die Kovarianzmatrix der Meßfehler zurückgreifen. Es gilt:

(3.3.1.14)

$$\hat{Cov}(\tilde{z}_t) = \begin{cases} \hat{C} - (\gamma^2/(1+\gamma^2))\,\mathrm{diag}(\bar{z}_1^2, \dots, \bar{z}_{n-1}^2) & \text{bei } (3.1.2.1)_N, \\ \quad \text{wobei } \hat{C} \text{ mit } \hat{Cov}(\tilde{z}_t) \text{ übereinstimmt bis auf die Diagonale, die durch } (1+\gamma^2) \text{ geteilt wurde;} & \\ \hat{Cov}(\tilde{z}_t) - \gamma^2 \mathrm{diag}(\bar{z}_1^2, \dots, \bar{z}_{n-1}^2) & \text{bei } (3.1.3.1); \\ \frac{1}{1+\gamma^2} \hat{Cov}(\tilde{z}_t) & \text{bei } (3.1.4.1); \\ \begin{pmatrix} \frac{1}{1+\gamma_2^2} \hat{var}(z_{1t}) & \cdots & \frac{1}{1+\gamma_2\gamma_n} \hat{cov}(z_{1t} z_{n-1,t}) \\ \vdots & \ddots & \vdots \\ \frac{1}{1+\gamma_2\gamma_n} \hat{cov}(z_{1t} z_{n-1,t}) & \cdots & \frac{1}{(1+\gamma_n^2)} \hat{var}(z_{n-1,t}) \end{pmatrix}, & \\ & \text{bei } (3.1.4.11)\,. \end{cases}$$

Als konsistente Schätzung für $var(\varepsilon_t)$ ergibt sich:

(3.3.1.15)

$$\hat{var}(\varepsilon_t) = \begin{cases} (\hat{var}(y_t) - \gamma^2 \bar{y}^2)/(1+\gamma^2) - \hat{\hat{\beta}}' \hat{Cov}(\tilde{z}_t) \hat{\hat{\beta}} & \text{bei } (3.1.2.1)_N, \\ (\hat{var}(y_t) - \gamma^2 \bar{y}^2) - \hat{\hat{\beta}}' \hat{Cov}(\tilde{z}_t) \hat{\hat{\beta}} & \text{bei } (3.1.3.1), \\ (\hat{var}(y_t) - \hat{\hat{\beta}}' \hat{Cov}(\tilde{z}_t) \hat{\hat{\beta}})/(1+\gamma^2) & \text{bei } (3.1.4.1), \\ \hat{var}(y_t)/(1+\gamma_1^2) - \hat{\hat{\beta}}' \hat{Cov}(\tilde{z}_t) \hat{\hat{\beta}} & \text{bei } (3.1.4.11), \\ \quad \text{wobei } \hat{Cov}(\tilde{z}_t) \text{ (3.3.1.14) zu entnehmen ist.} & \end{cases}$$

Man beachte, daß die Schätzer (3.3.1.12), (3.3.1.13) unter der Annahme in (3.3.1.1) abgeleitet wurden, daß $Cov(\tilde{z}_t)$ invertierbar ist (diese Annahme liegt auch der Identifizierbarkeitsdiskussion in 1.3 zugrunde, vgl. (1.3.6) und die Bemerkung nach (1.3.12)). Ersetzt man diese mit Hilfe von beobachteten Daten i.a. nicht überprüfbare Annahme (vgl. (1.3.14)) durch die entsprechende Annahme an die Meßvariablen ($Cov(\tilde{z}_t)^{-1}$ existiert), so wäre nicht mehr gesichert, daß $Cov(\tilde{z}_t)^{-1}$ und damit die Schätzer existieren (vgl. (3.3.1.14)). Fuller, Hidiroglou (1978) geben ein Beispiel für eine Abänderung des Schätzers (3.3.1.12) für nichtinvertierbare $\hat{Cov}(\tilde{z}_t)$, bei der die Konsistenz erhalten bleibt. Sie betrachten ein Fehlermodell, in dem die Diagonalgestalt der Fehlerkovarianzmatrix und das Verhältnis von Fehlervarianz und Meßvariablenvarianz a-priori bekannt sind. Dieses Modell stimmt mit dem Fehlerprozeß $(3.1.2.1)_N$ (nicht mit (3.1.2.1)!) in dem Spezialfall $E(z_t) = 0$ überein. Offenbar können die Fehlerprozesse (3.1.4.1), (3.1.4.11), bei denen das Verhältnis sämtlicher Fehlerkovarianzen zu den Meßvariablenkovarianzen als bekannt vorausgesetzt wird, als Verallgemeinerungen dieses Fehlerprozesses in Fuller, Hidiroglou auf vollbesetzte Fehlerkovarianzmatrizen aufgefaßt werden. Fuller, Hidiroglou diskutieren eine andere Verallgemeinerung, bei der das Verhältnis der Fehlerkovarianzen zu dem entsprechenden Produkt der Meßvariablenstandardabweichungen bekannt ist.

Auch Fuller (1980) behandelt vollbesetzte Fehlerkovarianzmatrizen. Er setzt allerdings anstelle von a-priori Informationen obigen Typs voraus, daß ein Schätzer dieser Matrizen verfügbar ist, der unabhängig ist von den Meßvariablen. Solch ein Schätzer läßt sich z.B. dann angeben, wenn für die interessierenden Phänomene jeweils multiple Indikatoren vorliegen. Warren, Keller White, Fuller (1974) geben ein Beispiel aus der Soziologie In ökonometrischen Modellen wird diese Situation allerdings eher selten anzutreffen sein (evtl. bei Modellen mit Variablen, die Einschätzungen repräsentieren). Fullers Schätzer ist aber insofern interessant, daß er bei dem Fehlermodell (3.1.4.11) mit dem Schätzer (3.3.1.13) übereinstimmen würde, wenn unabhängige Schätzer $\hat{Cov}(\tilde{z}_t)$ und $\hat{Cov}(\tilde{z}_t, y_t)$ zur Verfügung ständen. Dann gilt nämlich:

$$\begin{aligned}\hat{\bar{\beta}} &= \hat{Cov}(\tilde{z}_t)^{-1}(I + \gamma_1\tilde{D})^{-1}\hat{Cov}(\tilde{z}_t, y_t)\\ &= (\hat{Cov}(\tilde{z}_t) - \tilde{D}\hat{Cov}(\tilde{z}_t)\tilde{D})^{-1}(\hat{Cov}(\tilde{z}_t, y_t) - \gamma_1\tilde{D}\hat{Cov}(\tilde{z}_t, y_t))\\ &= (\hat{Cov}(\tilde{z}_t) - \hat{Cov}(\tilde{d}_{zt}))^{-1}(\hat{Cov}(\tilde{z}_t, y_t) - \hat{Cov}(\tilde{d}_{zt}, d_{yt}))\ .\end{aligned}$$

Falls die Inverse existiert, ist dieses Fullers Schätzer für $\bar{\beta}*$.

Nach diesem Überblick über verwandte Ergebnisse in der Literatur stehen im folgenden die Beziehungen der Schätzer (3.3.1.12), (3.3.1.13) zu dem Standard-ML-Schätzer im Mittelpunkt, bei dem Abwesenheit von Meßfehlern vorausgesetzt wird. Betrachte dazu den ML-Schätzer, der sich im Modell (3.3.1.3) für die Meßvariablen ergeben würde, wenn die Struktur in u_t ignoriert wird, d.h. wenn für u_t analoge Eigenschaften gefordert werden wie für ε_t in (3.3.1.2) (vgl. (3.2.2.16)):

(3.3.1.16) Sei u_t unabhängig identisch normalverteilt mit Erwartungswert 0 , und sei u_t unabhängig von z_{t*}, $t, t* \in T$. Sonst sei keine Information über u_t bekannt.

Mit den Bezeichnungen von (3.3.1.7) gilt dann für die Kovarianzmatrix Λ von $(y_t; \tilde{z}_t)'$:

(3.3.1.17)

$$\Lambda = \begin{pmatrix} var(y_t) & \bar{\beta}*'Cov(\tilde{z}_t) \\ Cov(\tilde{z}_t)\bar{\beta}* & Cov(\tilde{z}_t) \end{pmatrix}, \text{ wobei}$$

$var(y_t) = \bar{\beta}*'Cov(\tilde{z}_t)\bar{\beta}* + var(u_t)$, da $\tilde{z}_t$ und u_t unkorreliert sind wegen (3.2.1.9).

Daraus ergeben sich wie nach (3.3.1.10) die ML-Schätzungen

(3.3.1.18)

$$(\hat{\beta}_n)_p = \bar{y} - \sum_{j=1}^{n-1} (\hat{\beta}_j)_p \bar{z}_j ,$$

$$\hat{\bar{\beta}}_p = \hat{Cov}(\tilde{z}_t)^{-1} \hat{Cov}(\tilde{z}_t, y_t) ,$$

$$\hat{var}_p(u_t) = \hat{var}(y_t) - \hat{\bar{\beta}}_p{}' \hat{Cov}(\tilde{z}_t) \hat{\bar{\beta}}_p .$$

Leider ist $\hat{\beta}_p$ bei den Fehlerprozessen $(3.1.2.1)_N$, (3.1.3.1) und (3.1.4.11) i.a. inkonsistent. Dieses soll an Hand von n=2 (, d.h. für einen nichtkonstanten Regressor,) demonstriert werden. In diesem Fall gilt (vgl. (3.3.1.12) - (3.3.1.14)):

(3.3.1.19)

$$\hat{\beta}_1 = \left\{ \begin{array}{ll} (\hat{cov}(z_{1t}, y_t)/(\hat{var}(z_{1t}) - \gamma^2 \bar{z}_1^2))(1+\gamma^2) & \text{bei } (3.1.2.1)_N \\ \hat{cov}(z_{1t}, y_t)/(\hat{var}(z_{1t}) - \gamma^2 \bar{z}_1^2) & \text{bei } (3.1.3.1) \\ \dfrac{1+\gamma_2^2}{1+\gamma_1\gamma_2} \cdot \hat{cov}(z_{1t}, y_t)/\hat{var}(z_{1t}) & \text{bei } (3.1.4.11) \end{array} \right\} .$$

Offenbar wird $\hat{\bar{\beta}}$ bei den Fehlerprozessen $(3.1.2.1)_N$, (3.1.3.1) durch $\hat{\bar{\beta}}_p$ unterschätzt. Bei (3.1.4.11) spielt das Verhältnis von γ_1 zu γ_2 eine entscheidende Rolle. Insbesondere ist $\hat{\bar{\beta}} = \hat{\bar{\beta}}_p$, wenn $\gamma_1 = \gamma_2$ ist, d.h. bei dem Fehlerprozeß (3.1.4.1). Bei diesem Fehlerprozeß sollen deshalb noch die Schätzungen für die Kovarianzmatrizen von $\hat{\beta}_p$ und $\hat{\beta}$ verglichen werden.

Betrachte dazu die logarithmierte Likelihood-Funktion von $(y_t; \bar{\bar{z}}_t)$, $\bar{\bar{z}}_t := (z_{1t} \ldots z_{n-1,t})'$. Es gilt:

(3.3.1.20)

$$L(\beta, E(\bar{\bar{z}}_t), Cov(\bar{\bar{z}}_t), var(\varepsilon_t)) =$$

$$= -\frac{T}{2}\log(2\pi) - \frac{T}{2}\log(\det\Xi) - \frac{1}{2}\sum_{t=1}^{T} e_t' \Xi^{-1} e_t ,$$

$$\text{wobei} \quad \Xi = \begin{pmatrix} \bar{\beta}'\operatorname{Cov}(\bar{\tilde{z}}_t)\bar{\beta} + \operatorname{var}(\varepsilon_t) & \bar{\beta}'\operatorname{Cov}(\bar{\tilde{z}}_t) \\ \operatorname{Cov}(\bar{\tilde{z}}_t)\bar{\beta} & \operatorname{Cov}(\bar{\tilde{z}}_t) \end{pmatrix},$$

$$e_t := \begin{pmatrix} y_t - \beta'E(z_t) \\ \bar{\tilde{z}}_t - E(\bar{\tilde{z}}_t) \end{pmatrix}$$

Also ist

$$L(\beta, E(\bar{\tilde{z}}_t), \operatorname{Cov}(\bar{\tilde{z}}_t), \operatorname{var}(\varepsilon_t)) =$$

$$= -\frac{T}{2}\log(2\pi) - \frac{T}{2}\log(\operatorname{var}(\varepsilon_t)) - \frac{T}{2}\log(\det(\operatorname{Cov}(\bar{\tilde{z}}_t))) -$$

$$- \frac{1}{2\operatorname{var}(\varepsilon_t)} \sum_{t=1}^{T} (y_t - \beta' z_t)^2 \quad -$$

$$- \frac{1}{2} \sum_{t=1}^{T} (\bar{\tilde{z}}_t - E(\bar{\tilde{z}}_t))'\operatorname{Cov}(\bar{\tilde{z}}_t)^{-1}(\bar{\tilde{z}}_t - E(\bar{\tilde{z}}_t)) .$$

Damit gilt für die dazugehörige (negative) logarithmierte (auf β konzentrierte) Likelihood-Funktion (vgl. (2.1.1.12)):

$$(3.3.1.21) \qquad K(\beta) = \text{const.} + \frac{T}{2}\log\left(\sum_{t=1}^{T} (y_t - \beta' z_t)^2\right) .$$

Ein konsistenter Schätzer für die Inverse der asymptotischen Kovarianzmatrix von $\sqrt{T}\,(\hat{\beta}_T - \beta^*)$ ist deshalb nach (2.1.2.13):

(3.3.1.22)

$$\hat{\Psi}_T := \frac{1}{T}\frac{\partial^2 K}{\partial\beta\partial\beta'}(\hat{\beta}) = \frac{1}{\hat{\operatorname{var}}(\varepsilon_t)} \begin{pmatrix} \hat{\operatorname{Cov}}(\bar{\tilde{z}}_t) + \hat{E}(\bar{\tilde{z}}_t)\hat{E}(\bar{\tilde{z}}_t)' & \hat{E}(\bar{\tilde{z}}_t) \\ \hat{E}(\bar{\tilde{z}}_t)' & 1 \end{pmatrix} .$$

Bei dem Fehlerprozeß (3.1.4.1) gilt damit wegen (3.3.1.14), (3.3.1.15), (3.3.1.18):

(3.3.1.23)

$$\hat{\Psi}_T^{-1} = \hat{\mathrm{var}}(\varepsilon_t)\begin{pmatrix} \hat{\mathrm{Cov}}(\bar{\tilde{z}}_t)^{-1} & -\hat{\mathrm{Cov}}(\bar{\tilde{z}}_t)^{-1}\hat{E}(\bar{\tilde{z}}_t) \\ -\hat{E}(\bar{\tilde{z}}_t)'\hat{\mathrm{Cov}}(\bar{\tilde{z}}_t)^{-1} & 1+\hat{E}(\bar{\tilde{z}}_t)'\hat{\mathrm{Cov}}(\bar{\tilde{z}}_t)^{-1}\hat{E}(\bar{\tilde{z}}_t) \end{pmatrix}$$

$$= \hat{\mathrm{var}}_p(u_t)\begin{pmatrix} \hat{\mathrm{Cov}}(\bar{\tilde{z}}_t)^{-1} & -\hat{\mathrm{Cov}}(\bar{\tilde{z}}_t)^{-1}\hat{E}(\bar{\tilde{z}}_t) \\ -\hat{E}(\bar{\tilde{z}}_t)'\hat{\mathrm{Cov}}(\bar{\tilde{z}}_t)^{-1} & \frac{1}{1+\gamma^2}+\hat{E}(\bar{\tilde{z}}_t)'\hat{\mathrm{Cov}}(\bar{\tilde{z}}_t)^{-1}\hat{E}(\bar{\tilde{z}}_t) \end{pmatrix},$$

wobei $\bar{\tilde{z}}_t := (z_{1t} \ldots z_{n-1,t})'$.

Analog zeigt man, daß $\hat{\Psi}_{pT}^{-1}$ ein konsistenter Schätzer ist für die asymptotische Kovarianzmatrix von $\sqrt{T}(\hat{\beta}_{pT}-\beta^*)$ im Modell (3.3.1.3) mit (3.3.1.16) :

(3.3.1.24)

$$\hat{\Psi}_{pT}^{-1} = \hat{\mathrm{var}}_p(u_t)\begin{pmatrix} \hat{\mathrm{Cov}}(\tilde{z}_t)^{-1} & -\hat{\mathrm{Cov}}(\tilde{z}_t)^{-1}\hat{E}(\bar{\tilde{z}}_t) \\ -\hat{E}(\bar{\tilde{z}}_t)'\hat{\mathrm{Cov}}(\tilde{z}_t)^{-1} & 1+\hat{E}(\bar{\tilde{z}}_t'\hat{\mathrm{Cov}}(\tilde{z}_t)^{-1}\hat{E}(\bar{\tilde{z}}_t) \end{pmatrix}.$$

Damit gilt bei dem Fehlerprozeß (3.1.4.1) zwar $\hat{\beta}_p = \hat{\beta}$ (beachte die Analogie zu (3.2.2.2)), die dazugehörigen asymptotischen Varianzen stimmen jedoch nur bei dem Teilvektor $\hat{\bar{\beta}}_p = \hat{\bar{\beta}}$ überein. Durch einen Vergleich von (3.3.1.23) und (3.3.1.24) sieht man, daß die asymptotische Varianz von $(\hat{\beta}_n)_p$ größer ist als diejenige von $\hat{\beta}_n$. Die Vernachlässigung der Struktur von u_t in (3.3.1.16) bewirkt also einen Effizienzverlust.

3.3.2 Konsistente ML-Schätzungen in Mehrgleichungsmodellen

Betrachte nun statische Zellner-Typ-Mehrgleichungsmodelle der Art (3.3.1.1), die linear sind sowohl in den (funktionalen) Parametern als auch in den Variablen z_{jt} , und in denen nur exogene Regressoren vorkommen:

(3.3.2.1)

$$\left.\begin{aligned} y_{1t} &= \beta_1^* z_{1t} + \ldots + \beta_{n-1}^* z_{n-1,t} + \beta_n^* + \varepsilon_{1t} \\ y_{2t} &= \beta_{n+1}^* z_{1t} + \ldots + \beta_{2n-1}^* z_{n-1,t} + \beta_{2n}^* + \varepsilon_{2t} \\ &\vdots \\ y_{mt} &= \beta_{(m-1)n+1}^* z_{1t} + \ldots + \beta_{mn-1}^* z_{n-1,t} + \beta_{mn}^* + \varepsilon_{mt} \end{aligned}\right\} , \quad t \in T_0 ,$$

wobei die ε_{it} zwar kontemporär, aber nicht intertemporär korreliert sind, wobei $Cov(\varepsilon_t)$ nichtsingulär ist und $Cov(\varepsilon_t, \varepsilon_{t*}) = 0$, $t \neq t^*$, mit $\varepsilon_t := (\varepsilon_{1t} \cdots \varepsilon_{mt})'$.

Wiederum gelte wie in (1.1.2) für die Meßvariablen:

$y_{it} = y_{it} + d_{yit}$, $i=1,\ldots,m$, $z_{jt} = z_{jt} + d_{zjt}$, $j=1,\ldots,n-1$,
wobei $E(y_{it}) = E(y_{it})$, $E(z_{jt}) = E(z_{jt})$.

Damit erhält man als Modell für die Meßvariablen:

(3.3.2.2)

$$y_t = B^* z_t + u_t, \quad \text{wobei} \quad B^* := \begin{pmatrix} \beta_1^* & \cdots & \beta_n^* \\ \beta_{n+1}^* & \cdots & \beta_{2n}^* \\ \vdots & & \vdots \\ \beta_{(m-1)n+1}^* & \cdots & \beta_{mn}^* \end{pmatrix} ,$$

$y_t := (y_{1t} \cdots y_{mt})'$, $z_t := (z_{1t} \cdots z_{n-1,t}\ 1)'$,

$u_t := \varepsilon_t + d_{Bt} - B^* d_{zt}$.

Wie in 3.3.1 lassen sich die strukturellen Parameter des Modells (3.3.2.1) bei den untersuchten Fehlerprozessen als umkehrbar eindeutige Transformation der Parameter der gemeinsamen Normalverteilung von $(y_{1t}, \ldots, y_{mt}, z_{1t}, \ldots, z_{n-1,t})'$ darstellen.

Die ML-Schätzungen der strukturellen Parameter ergeben sich dann mit Hilfe derselben Transformation aus den ML-Schätzungen der Parameter der Normalverteilung (vgl. (3.3. 1.4)). Es gilt:

(3.3.2.3)

$E(z_{jt}) = E(z_{jt})$, $j=1,\ldots,n-1$,

$$E(y_{it}) = \sum_{j=(i-1)\cdot n+1}^{i\cdot n-1} \beta_j^* E(z_{jt}) - \beta_{in}^*, \quad i=1,\ldots,m;$$

$$\Lambda := \mathrm{Cov}\begin{pmatrix} y_t \\ z_t \end{pmatrix} = \begin{pmatrix} \mathrm{Cov}(y_t) + \mathrm{Cov}(d_{yt}) & \bar{B}^*\mathrm{Cov}(\tilde{z}_t) \\ \mathrm{Cov}(\tilde{z}_t)\bar{B}^{*\prime} & \mathrm{Cov}(\tilde{z}_t) + \mathrm{Cov}(\tilde{d}_{zt}) \end{pmatrix},$$

bei den Fehlerprozessen $(3.1.2.1)_N$, (3.1.3.1), wobei $\tilde{z}_t$, $\tilde{z}_t$, $\tilde{d}_{zt}$ wie in (3.3.1.7) gewählt sind,

$$\bar{B}^* := \begin{pmatrix} \beta_1^* & & \beta_{n-1}^* \\ \vdots & & \vdots \\ \beta_{(m-1)n+1}^* & \cdots & \beta_{mn-1}^* \end{pmatrix},$$

$$y_t := \begin{pmatrix} y_{1t} \\ \vdots \\ y_{n1t} \end{pmatrix}, \quad d_{yt} := \begin{pmatrix} d_{y1t} \\ \vdots \\ d_{ymt} \end{pmatrix}$$

und $\mathrm{Cov}(\check{d}_{zt})$, $\mathrm{Cov}(d_{yt})$ wie in (3.3.1.8) zu wählen sind;

$$\Lambda := \begin{pmatrix} \mathrm{Cov}(y_t) + D_y\mathrm{Cov}(y_t)D_y & \bar{B}^*\mathrm{Cov}(\tilde{z}_t) + D_y\bar{B}^*\mathrm{Cov}(\tilde{z}_t)\tilde{D} \\ \mathrm{Cov}(\tilde{z}_t)\bar{B}^{*\prime} + \tilde{D}\mathrm{Cov}(\tilde{z}_t)\bar{B}^{*\prime}D_y & \mathrm{Cov}(\tilde{z}_t) + \tilde{D}\mathrm{Cov}(\tilde{z}_t)\tilde{D} \end{pmatrix}$$

bei dem Fehlerprozeß (3.1.4.11), wobei $\tilde{D} := \mathrm{diag}(\gamma_{m+1},\ldots,\gamma_{m+n-1})$, $D_y := (\gamma_1,\ldots,\gamma_m)$ die maximalen Fehlergrößen aus (3.1.4.11) repräsentieren;

$$\mathrm{Cov}(y_t) = \bar{B}^*\mathrm{Cov}(\tilde{z}_t)\bar{B}^{*\prime} + \mathrm{Cov}(\varepsilon_t) .$$

Falls nun <u>keine Restriktionen an die</u> (funktionalen) <u>Parameter</u> $\beta_1^*,\ldots,\beta_{mn}^*$ zu beachten sind, erhält man daraus bei allen untersuchten Fehlerprozessen $\frac{(n+m)^2 + (n+m)-2}{2}$ Gleichungen für genausoviele strukturelle Parameter, nämlich

- (n+m-1) Gleichungen für die Erwartungswerte $E(z_{jt})$, $E(y_{it})$,
- $\frac{(n+m-1)(n+m)}{2}$ Gleichungen für die Kovarianzen von z_{jt}, y_{it}.

Zu bestimmen sind

- (n-1) Erwartungswerte $E(z_{jt})$,
- mn funktionale Parameter β_j^*,
- $\frac{n(n-1)}{2}$ Kovarianzen $E((z_{jt} - E(z_{jt}))(z_{it} - E(z_{it})))$ und
- $\frac{m(m+1)}{2}$ Kovarianzen $E(\varepsilon_{jt}\varepsilon_{it})$.

Genau wie in 3.3.1 sind diese Gleichungen i.a. eindeutig auflösbar nach den strukturellen Parametern. Die ML-Schätzungen ergeben sich damit völlig analog zu 3.3.1. Insbesondere gelten alle dort hergeleiteten Konsistenz- und Effizienzaussagen entsprechend.

Falls aber Restriktionen an die (funktionalen) Parameter zu beachten sind, läßt sich der FIML-Schätzer i.a. gar nicht mehr explizit als geschlossene Formel darstellen, sondern nur noch implizit als der Vektor $\hat{\beta}$, für den die Ableitung einer auf die a-priori nicht verschwindenden (funktionalen) Parameter β konzentrierten Likelihood Funktion verschwindet. Tatsächlich handelt es sich dann i.a. um ein hochgradig nichtlineares Maximierungsproblem unter Nebenbedingungen. Analoges gilt für interdependente Modelle (vgl. z.B. Schönfeld (1971), p.285). Auf eine Diskussion der Auswirkungen der verschiedenen Fehlerprozesse auf den FIML-Schätzer bei diesen Arten von Modellen soll deshalb verzichtet werden.

Insgesamt ist es also gelungen, zumindest bei einfachen statischen Modellen für sämtliche in 3.1 vorgeschlagenen Fehlerprozesse (man beachte allerdings die Modifizierung von Prozeß (3.1.2.1) in (3.3.1.5)) konsistente Parameterschätzungen anzugeben. Damit wurde insbesondere auch demonstriert, daß die Prozesse in 3.1 gerade so spezifiziert worden sind, daß sämtliche unbekannten Modellparameter identifizierbar sind (vgl. 1.3, insbesondere (1.3.11), (1.3.12)).

3.4 Prognosen bei Fehlern in den Variablen

Bisher wurden die Auswirkungen von Meßfehlern der in 3.1 diskutierten Art auf die Parameterschätzungen untersucht. Hier sollen nun noch die Auswirkungen auf Prognosen diskutiert werden, zunächst anhand von einfachen Eingleichungsmodellen (vgl. (3.4.1), (3.4.2)) und dann für dynamische interdependente Modelle (vgl. (3.4.3)). Dabei werden zwei verschiedene Konzepte für den Prognosefehler untersucht. Einmal wird die Differenz zwischen deterministischer Prognose und wahren Meßvariablen betrachtet (vgl. 3.4.1, 3.4.2), zum anderen die Differenz zu den wahren latenten Variablen (vgl. 3.4.1, 3.4.3).

3.4.1 Prognosen in statischen Einzelgleichungsmodellen

Betrachte das folgende statische Ein-Gleichungsmodell vom Typ (3.3.1.1):

(3.4.1.1)

$$\mathcal{y}_t = \beta_1^* \mathcal{z}_t + \beta_2^* + \varepsilon_t , \quad \beta_1^*, \beta_2^* \in \mathbb{R} ,$$

$$y_t = \mathcal{y}_t + d_{yt} , \quad z_t = \mathcal{z}_t + d_{zt} , \quad t \in T , \quad \text{also}$$

$$y_t = \beta_1^* z_t + \beta_2^* + u_t \quad \text{mit} \quad u_t := \varepsilon_t + d_{yt} - \beta_1^* d_{zt} .$$

Konsistente Schätzungen für die funktionalen Parameter β_1^*, β_2^* erhält man aus (3.3.1.19) und (3.3.1.11) bei den verschiedenen diskutierten Fehlerprozessen. Diese ML-Schätzungen sind identisch mit OLS-Schätzungen (vgl. (3.2.1.10)). Anstelle dieser Schätzer wird beim ökonometrischen Modellbau aber i.a. der Pseudo-ML-Schätzer $\hat{\beta}_p$ aus (3.3.1.18) verwendet. Die Auswirkungen dieser Vereinfachung auf die Prognosen wird im folgenden diskutiert werden. Da $\hat{\beta}_p$ bei den Fehlerprozessen $(3.1.2.1)_N$, (3.1.3.1) und (3.1.4.11) i.a. inkonsistent ist (vgl. (3.3.1.18) mit (3.3.1.19)), beschränken wir uns auf den Fehlerprozeß (3.1.4.1).[1)]

Nach (2.2.1.12), (2.2.1.14) und (2.2.1.20) ergibt sich als Schätzer für die Varianz des Prognosefehlers der Ein-Schritt-Prognose für $y_{T+1} =: y_h$ bei gegebenen Realisierungen der exogenen Variablen $z_1,\dots,z_T,z_h$ und dem Fehlerprozeß (3.1.4.1):

$$\text{(3.4.1.2)} \qquad \hat{\text{var}}(\hat{y}_h - y_h) = \frac{1}{T}(z_h \;\; 1)\hat{\Psi}^{-1}\begin{pmatrix} z_h \\ 1 \end{pmatrix} + \hat{\text{var}}(u_h) \ ,$$

wobei $\hat{\Psi}^{-1}$ mit $\hat{\Psi}_T^{-1}$ in (3.3.1.23) bzw. mit $\hat{\Psi}_{pT}^{-1}$ in (3.3.1.24) übereinstimmt und $\hat{\text{var}}(u_h) = \hat{\text{var}}_p(u_t)$ in (3.3.1.18).

Man beachte, daß der ML-Schätzer für $\text{var}(u_h)$ i.a. nur bei dem Fehlerprozeß (3.1.4.1) mit $\hat{\text{var}}_p(u_h)$ übereinstimmt. Bei den anderen Fehlerprozessen wird das nicht der Fall sein, da z_t und u_t dann nicht unkorreliert sind (vgl. (3.2.1.9)). Man beachte weiter, daß die Ergebnisse aus 2.2.1 hier deshalb unverändert übernommen werden können, weil die u_t in Modellen ohne verzögerte Variablen (wie Modell (3.4.1.1)) unabhängig verteilt sind (vgl. (3.1.4.1)).

Beschäftigen wir uns nun mit dem Teil der Prognosefehlervarianz, der von den geschätzten Kovarianzen der funktionalen Parameter abhängt. Es gilt:

---

1) Auch bei den Fehlerprozessen $(3.1.2.1)_N$, (3.1.3.1), (3.1.4.11) kann natürlich untersucht werden, welchen Einfluß die maximalen relativen Fehlergrößen auf die Prognose haben bei Verwendung der ML-Schätzungen. Darauf wird hier verzichtet.

(3.4.1.3)

$$(z_h\ 1)\ \hat{var}_p(u_t) \begin{pmatrix} \hat{var}(z_t)^{-1} & -\hat{var}(z_t)^{-1}\bar{z}_T \\ -\bar{z}_T\cdot\hat{var}(z_t)^{-1} & \frac{1}{1+\gamma^2} + \bar{z}_T^2\cdot\hat{var}(z_t)^{-1} \end{pmatrix} \begin{pmatrix} z_h \\ 1 \end{pmatrix}$$

$$= \frac{\hat{var}(u_t)}{\hat{var}(z_t)}(z_h - \bar{z}_T)^2 + \hat{var}(u_t)\frac{1}{1+\gamma^2}\ ,\quad \bar{z}_T := \frac{1}{T}\sum_{t=1}^{T} z_t\ ,\quad \text{also:}$$

(3.4.1.4)

$$\hat{var}(\hat{y}_h - y_h) = \frac{1}{T}\frac{\hat{var}(u_t)}{\hat{var}(z_t)}(z_h - \bar{z}_T)^2 + \hat{var}(u_t)\left(1 + \frac{1}{T(1+\gamma^2)}\right)$$

$$\hat{var}_p(\hat{y}_h - y_h) = \frac{1}{T}\frac{\hat{var}(u_t)}{\hat{var}(z_t)}(z_h - \bar{z}_T)^2 + \hat{var}(u_t)(1+\tfrac{1}{T})\ .$$

Damit wird die Prognosefehlervarianz bei Vernachlässigung der Struktur von u_t wie in (3.3.1.16) leicht überschätzt, jedenfalls wenn man unter Prognosefehler die Differenz zwischen deterministischer Prognose und wahrer Meßvariablen versteht.

Für die sich anschließenden Prognosen $\hat{y}_{T+2},\ldots$ ergibt sich im Prinzip dieselbe Formel. Es ist lediglich z_h durch $z_{T+2},\ldots$ zu ersetzen. Natürlich wird die Prognosefehlervarianz wachsen mit wachsenden z_{T+i}, welcher der beiden Schätzer auch zugrundegelegt wird. Die beiden Prognosefehlervarianzen werden außerdem um so ähnlicher sein, je größer der Schätzzeitraum und damit T ist.

Versteht man unter Prognosefehler die Differenz zwischen deterministischer Prognose und latenter Variable, so erhält man analoge Ergebnisse. Da die Meßfehler d_{yh}, d_{zh} unabhängig sind von den latenten Variablen $\mathcal{y}_t$, $\mathcal{z}_t$ für alle t und von den Meßfehlern d_{yt*}, d_{zt*}, $t* \neq h$, also auch von $\hat{\beta}_1$, $\hat{\beta}_2$, und da $\hat{\beta}_1$ konsistent ist nach (3.3.1.13) und deshalb
$E(\hat{\beta}_1) \rightarrow \hat{\beta}_1^* = (cov(\mathcal{z}_t,\mathcal{y}_t)/var(\mathcal{z}_t))$ für $T \rightarrow \infty$, gilt nämlich:

(3.4.1.5)

$$\begin{aligned}
\mathrm{var}(\hat{\mathrm{y}}_h - \mathrm{y}_h) &= \mathrm{var}(\hat{\mathrm{y}}_h - y_h - d_{yh}) = \\
&= \mathrm{var}(\hat{\mathrm{y}}_h - y_h) - 2\mathrm{cov}(\hat{\beta}_1 z_h + \hat{\beta}_1 d_{zh} + \hat{\beta}_2, d_{yh}) + \mathrm{var}(d_{yh}) \\
&= \mathrm{var}(\hat{\mathrm{y}}_h - y_h) - 2E(\hat{\beta}_1 d_{zh} d_{yh}) + E(d_{yh}^2) \\
&= \mathrm{var}(\hat{\mathrm{y}}_h - y_h) + \gamma^2(\mathrm{var}(y_t) - 2E(\hat{\beta}_1)\mathrm{cov}(z_t, y_t)) \\
&\xrightarrow[T\to\infty]{} \mathrm{var}(\hat{\mathrm{y}}_h - y_h) + \gamma^2(\mathrm{var}(\varepsilon_t) - \beta_1^{*2}\ \mathrm{var}(z_t)) \\
&= \mathrm{var}(\hat{\mathrm{y}}_h - y_h) + \frac{\gamma^2}{1+\gamma^2}(\mathrm{var}(u_t) - \beta_1^{*2}\ \mathrm{var}(z_t));
\end{aligned}$$

denn es gilt:

(3.4.1.6)

$$\begin{aligned}
\mathrm{var}(u_t) &= \mathrm{var}(\varepsilon_t + d_{yt} - \beta_1^* d_{zt}) \\
&= \mathrm{var}(\varepsilon_t) + \gamma^2(\mathrm{var}(y_t) - \beta_1^{*2}\ \mathrm{var}(z_t)) \\
&= (1+\gamma^2)\mathrm{var}(\varepsilon_t)\ .
\end{aligned}$$

Das führt zu folgendem Schätzer für die Varianz des Prognosefehlers:

(3.4.1.7)

$$\begin{aligned}
\hat{\mathrm{var}}(\hat{\mathrm{y}}_h - y_h) &:= \hat{\mathrm{var}}(\hat{\mathrm{y}}_h - \mathrm{y}_h) + \frac{\gamma^2}{1+\gamma^2}(\hat{\beta}_1^2 \hat{\mathrm{var}}(z_t) - \hat{\mathrm{var}}(u_t)) \\
&= \hat{\mathrm{var}}_p(\hat{\mathrm{y}}_h - \mathrm{y}_h) + \hat{\mathrm{var}}(u_t)\left(\frac{1}{T(1+\gamma^2)} - \frac{1}{T}\right) + \\
&\quad + \frac{\gamma^2}{1+\gamma^2}(\hat{\beta}_1^2 \hat{\mathrm{var}}(z_t) - \hat{\mathrm{var}}(u_t)) \quad \text{wegen (3.4.1.4)} \\
&= \hat{\mathrm{var}}_p(\hat{\mathrm{y}}_h - \mathrm{y}_h) + \frac{\gamma^2}{1+\gamma^2}(\hat{\beta}_1^2 \hat{\mathrm{var}}(z_t) - \frac{T+1}{T}\hat{\mathrm{var}}(u_t))
\end{aligned}$$

Damit führt die Verwendung von

(3.4.1.8)

$$\hat{\mathrm{var}}_p(\hat{\mathrm{y}}_h - y_h) := \hat{\mathrm{var}}_p(\hat{\mathrm{y}}_h - \mathrm{y}_h) + \frac{\gamma^2}{1+\gamma^2}(\hat{\beta}_1^2 \hat{\mathrm{var}}(z_t) - \hat{\mathrm{var}}(u_t))$$

wiederum zu einer leichten Überschätzung der Varianz des Prognosefehlers. Man beachte schließlich noch, daß $\hat{\mathrm{var}}_p(\hat{\mathrm{y}}_h - \mathrm{y}_h)$ (oder auch $\hat{\mathrm{var}}(\hat{\mathrm{y}}_h - \mathrm{y}_h)$) kaum als Schätzer für $\mathrm{var}(\hat{\mathrm{y}}_h - y_h)$ geeignet erscheint, da das Verhältnis von Schätzer zu wahrer Varianz in dem Fall von dem speziell untersuchten Modell abhängen würde.

3.4.2 Prognosen in dynamischen Einzelgleichungsmodellen

Betrachte das folgende einfachste dynamische Eingleichungsmodell vom Typ (3.2.1.1):

(3.4.2.1)

$$\mathscr{y}_t = \beta_1^* \mathscr{y}_{t-1} + \varepsilon_t \ , \ t \in \{1,\ldots T\} \ , \ \beta_1^* \in \mathbb{R} \ , \ |\beta_1^*| < 1 \ ,$$

$$y_t = \mathscr{y}_t + d_{yt} \ , \ E(\mathscr{y}_t) = E(d_{yt}) = 0 \ , \ t \in \{0,1,\ldots,T\}, \text{ also}$$

$$y_t = \beta_1^* y_{t-1} + u_t \quad \text{mit} \quad u_t := \varepsilon_t + d_{yt} - \beta_1^* d_{y,t-1} \ .$$

Bei diesem Modell und dem Fehlerprozeß $(3.1.4.1)_W$ ist der OLS-Schätzer $\tilde{\beta}_1$ (vgl. (3.2.1.10)) nach (3.2.2.4) konsistent, und aus (3.2.2.15) erhält man einen konsistenten Schätzer für die Varianz von $\tilde{\beta}_1$. Damit ergibt sich die Varianz des Fehlers in der Einschrittprognose für y_{T+1} im Prinzip wieder aus (2.2.1.12), (2.2.1.14) und (2.2.1.20). Allerdings muß hier berücksichtigt werden, daß die Prognosefehlerteile $\delta_{\beta,T+1}$ und $\delta_{\varepsilon,T+1}$ u.U. nicht unkorreliert sind wegen (3.2.2.13); denn für die Varianz des Einschrittprognosefehlers gilt hier:

(3.4.2.2)

$$\begin{aligned} \hat{\text{var}}(\hat{y}_{T+1} - y_{T+1}) &= \hat{\text{var}}(\delta_{\beta,T+1} + \delta_{\varepsilon,T+1}) \\ &= \hat{V}_{\beta,T+1} + \hat{V}_{\varepsilon,T+1} + 2\hat{\text{cov}}(\delta_{\beta,T+1}, \delta_{\varepsilon,T+1}) \\ &= \hat{V}_{\beta,T+1} + \hat{V}_{\varepsilon,T+1} + 2\text{cov}((\tilde{\beta}_1 - \beta_1^*) y_T, - u_{T+1}). \end{aligned}$$

Im Fall von Fehlerprozeß $(3.1.4.1)_W$ a) fällt der Kovarianzterm nach (3.2.2.13) c) also nicht weg. Im Fall von Fehlerprozeß $(3.1.4.1)_W$ b) verschwinden dagegen sämtliche Autokovarianzen von u_t (vgl. (3.2.2.13) b)). Damit sind die u_t stochastisch unabhängig und obiger Kovarianzterm verschwindet ebenfalls. Alles Weitere folgt wie in 3.4.1 unter Vernachlässigung der Konstanten β_2, da für die asymptotische Verteilung der Parameterschätzungen $\tilde{\beta}_1$ analoge Ergebnisse gelten (vgl. (3.2.2.15)). Für den Fehlerprozeß $(3.1.4.1)_w$ b) ergeben sich deshalb keine Unterschiede zwischen den Prognosefehlervarianzen mit und ohne Berücksichtigung der Struktur von u_t .

Im folgenden wird deshalb nur noch Fehlerprozeß $(3.1.4.1)_w$ a) betrachtet. Hier fällt der Kovarianzterm in (3.4.2.2) nur dann weg, wenn man den Beginn der Prognoseperiode lange genug hinauszögert. Tatsächlich ist nämlich u_{T+3} nicht mehr korreliert mit u_t , $t \leq T$ (vgl. (3.2.2.13) c)), und deshalb sind auch $\delta_{\beta,T+3}$ und $\delta_{\varepsilon,T+3}$ unkorreliert. Da sich dadurch die Ergebnisse wesentlich vereinfachen, wird die Prognoseperiode im folgenden entsprechend gewählt.

(3.4.2.3) Betrachte Modelle der Art (3.4.2.1) mit $|\beta_1^*| < 0.5$ und dem Fehlerprozeß $(3.1.4.1)_w$ a). Gesucht ist ein Schätzer für die Prognosefehlervarianz $\mathrm{var}(\hat{y}_t - y_t)$ in der Prognoseperiode $t = h := T+3$, T+4,... . Der endogene Startwert $y_{h-1}^o = y_{T+2}^o$ sei fest.

Man beachte, daß die Größe des Autokorrelationskoeffizienten β_1^* deshalb gegenüber (3.4.2.1) eingeschränkt wurde, um die Existenz des Fehlerprozesses $(3.1.4.1)_w$ a) zu gewährleisten (vgl. (3.1.4.10)). Im Fall von (3.4.2.3) gilt für die nichtverschwindenden Anteile an dem Schätzer (3.4.2.2):

(3.4.2.4)

$$\hat{V}_{\beta,h} = \frac{1}{T}(y_{h-1}^o)^2 \left(\frac{\hat{\mathrm{var}}(u_t)}{\hat{\mathrm{var}}(y_t)} + 2\frac{\gamma^2}{1+\gamma^2}\,\tilde{\beta}_1^2\left(\left(\frac{1+2\gamma^2}{1+\gamma^2}\right)\tilde{\beta}_1^2 - 1\right)\right),$$

$$\hat{V}_{\varepsilon,h} = \hat{\mathrm{var}}(u_t) .$$

Daraus ergibt sich dann:

(3.4.2.5)

$$\hat{\mathrm{var}}(\hat{y}_h - y_h) = \frac{2}{T}\,\frac{\gamma^2}{1+\gamma^2}\,\tilde{\beta}_1^2\left(\left(\left(\frac{1+2\gamma^2}{1+\gamma^2}\right)\tilde{\beta}_1^2 - 1\right)(y_{h-1}^o)^2\right) + \hat{\mathrm{var}}_p(\hat{y}_h - y_h),$$

$$\hat{var}_p(\hat{y}_h - y_h) = \hat{var}(u_t)\left(1 + \frac{1}{T}\,\frac{(y^o_{h-1})^2}{\hat{var}(y_t)}\right) \quad .$$

Da $|\beta^*_1| < 0.5$ ist und $0 \leq \gamma \leq 1/3$ wird $\hat{var}(\hat{y}_h - y_h)$ also durch $\hat{var}_p(\hat{y}_h - y_h)$ asymptotisch überschätzt:

(3.4.2.6) $\quad \hat{var}(\hat{y}_h - y_h) < \hat{var}_p(\hat{y}_h - y_h)$.

Für die sich anschließenden Perioden $h + k$, $k \geq 1$, ergibt sich:

(3.4.2.7)

$$\hat{V}_{\beta,h+k} = \frac{1}{T}(k\tilde{\beta}^k_1 y^o_{h-1} + \hat{y}_{h+k-1})^2 \left(\frac{\hat{var}(u_t)}{\hat{var}(y_t)} + 2\,\frac{\gamma^2}{1+\gamma^2}\tilde{\beta}^2_1\left(\left(\frac{1+2\gamma^2}{1+\gamma^2}\right)\tilde{\beta}^2_1 - 1\right)\right)$$

nach (2.2.2.10), (2.2.2.11)

$$= (k+1)^2\tilde{\beta}^{2k}_1 \cdot \frac{1}{T}(y^o_{h-1})^2 \left(\frac{\hat{var}(u_t)}{\hat{var}(y_t)} + 2\,\frac{\gamma^2}{1+\gamma^2}\tilde{\beta}^2_1\left(\left(\frac{1+2\gamma^2}{1+\gamma^2}\right)\tilde{\beta}^2_1 - 1\right)\right) ,$$

$$\hat{V}_{\varepsilon,h+k} = \hat{var}(u_{h+k} + \tilde{\beta}_1 u_{h+k-1} + \ldots + \tilde{\beta}^k_1 u_h)$$

(vgl. (2.2.2.14))

$$= (1 + \tilde{\beta}^2_1 + \ldots + \tilde{\beta}^{2k}_1)\hat{var}(u_t) +$$
$$+ 2(\tilde{\beta}_1 + \tilde{\beta}^3_1 + \ldots + \tilde{\beta}^{2k-1}_1)\hat{cov}(u_t, u_{t-1}) +$$
$$+ 2(\tilde{\beta}^2_1 + \tilde{\beta}^4_1 + \ldots + \tilde{\beta}^{2k-2}_1)\hat{cov}(u_t, u_{t-2})$$
$$= (1 + \tilde{\beta}^2_1 + \ldots + \tilde{\beta}^{2k}_1)\hat{var}(u_t) +$$
$$+ 2\frac{\gamma^2}{1+\gamma^2}\tilde{\beta}^{2k+1}_1\hat{cov}(y_t, y_{t-1})$$ nach (3.2.2.13) c),

$$cov(\delta_{\beta,h+k}, \delta_{\varepsilon,h+k}) =$$
$$= - cov((\tilde{\beta}^{k+1}_1 - (\beta^*_1)^{k+1})y^o_{h-1}, u_{h+k} + \beta^*_1 u_{h+k-1} + \ldots + \beta^{*k}_1 u_h)$$
$$= 0 \; .$$

Daraus ergibt sich für den zweiten Prognosezeitpunkt ($k=1$):

(3.4.2.8)

$$\hat{var}(\hat{y}_{h+1} - y_{h+1}) = \frac{4}{T}\frac{\gamma^2}{1+\gamma^2}\tilde{\beta}_1^4\left(2\left(\left(\frac{1+2\gamma^2}{1+\gamma^2}\right)\tilde{\beta}_1^2 - 1\right) + \frac{T}{2}\hat{var}(y_t)\right) +$$

$$+ \hat{var}_p(\hat{y}_{h+1} - y_{h+1}) ,$$

$$\hat{var}_p(\hat{y}_{h+1} - y_{h+1}) = \hat{var}(u_t)\left(1 + \tilde{\beta}_1^2\left(1 + \frac{4}{T}\frac{(y_{h-1}^o)^2}{\hat{var}(y_t)}\right)\right)$$

Damit kann $var(\hat{y}_{h+1} - y_{h+1})$ durch $\hat{var}_p(y_{h+1} - y_{h+1})$ sowohl über- als auch unterschätzt werden; denn $(T/2)\hat{var}(y_t)$ ist ja in jedem Fall positiv. Es gilt:

(3.4.2.9)

$$\hat{var}(\hat{y}_{h+1} - y_{h+1}) > \hat{var}_p(\hat{y}_{h+1} - y_{h+1}) \Leftrightarrow$$

$$\hat{var}(y_t) > \frac{4}{T}\left(1 - \left(\frac{1+2\gamma^2}{1+\gamma^2}\right)\tilde{\beta}_1^2\right) .$$

Auf eine Diskussion der Varianzen der Prognosefehler in den Perioden h+2, h+3,... wird hier verzichtet. Insgesamt kann aber schon bei diesem einfachsten dynamischen Modelltyp lediglich festgestellt werden, daß es von dem speziell untersuchten Modell und von den Beobachtungen der Meßvariablen abhängt, ob $\hat{var}$ durch $\hat{var}_p$ unter- oder überschätzt wird.

3.4.3 Prognosen in dynamischen interdependenten Modellen

Abschließend werden im folgenden für lineare dynamische interdependente Modelle und feste endogene Prognosestartwerte einige generelle Aussagen über das Verhalten des Prognosefehlers bei fehlerbehafteten Daten hergeleitet. Insbesondere wird gezeigt werden, daß sich die Varianzen der entsprechenden deterministischen Prognosefehler durch die Meßfehler genauso verändern wie die Varianzen der entsprechenden deterministischen Prognosen. Dabei wird, im Gegensatz zu 3.4.1 und 3.4.2, ausschließlich die Differenz von latenten Variablen und deterministischen Prognosen als Prognosefehler betrachtet.

(3.4.3.1) Betrachte ein <u>lineares dynamisches interdependentes Modell</u> der Art

$$y_t = Ay_t + By_{t-1} + Cz_t + \varepsilon_t , \quad t \in T ,$$

wobei $y_t(, y_{t-1})$, z_t, ε_t Zufallsvektoren sind, A, B, C Matrizen (teilweise unbekannter) (funktionaler) Modellparameter, und ε_t unabhängig, identisch verteilt ist mit Erwartungswert 0 und unabhängig von z_t , $t^* \leq t$.

Sei außerdem A invertierbar. Damit existiert die reduzierte Form:

$$y_t = (I-A)^{-1}(By_{t-1} + Cz_t + \varepsilon_t) =: B_r y_{t-1} + C_r z_t + A_r \varepsilon_t .$$

Seien nun $\hat{A}_{ru}$, $\hat{B}_{ru}$, $\hat{C}_{ru}$ Schätzungen für die Parameter A_r, B_r, C_r, ermittelt mit Daten der Referenzperiode t=1,...,T. In der Prognoseperiode gilt dann:

$$y_{T+i} = B_r y_{T+i-1} + C_r z_{T+i} + A_r \varepsilon_{T+i} , \quad i=1,2,...,$$

für die wahren Werte der endogenen Variablen und

$$\hat{y}_{u,T+i} = \hat{B}_{ru}\hat{y}_{u,T+i-1} + \hat{C}_{ru} z_{T+i} , \quad \hat{y}_{uT} := y_T , \quad i=1,2,...,$$

für die "deterministische Prognose".

<u>Betrachtet man feste endogene Startwerte</u> $\overset{o}{y}_T$ <u>und nichtstochastische exogene Variablen</u> $\overset{o}{z}_{T+i}$, so erhält man

$$y_{T+1} = B_r \overset{o}{y}_T + C_r \overset{o}{z}_{T+1} + A_r \varepsilon_{T+1} ,$$

$$y_{T+2} = B_r^2 \overset{o}{y}_T + B_r C_r \overset{o}{z}_{T+1} + C_r \overset{o}{z}_{T+2} + B_r A_r \varepsilon_{T+1} + A_r \varepsilon_{T+2} ,...,$$

für die wahren endogenen Variablen und

$$\hat{y}_{u,T+1} = \hat{B}_{ru} \overset{o}{y}_T + \hat{C}_{ru} \overset{o}{z}_{T+1} ,$$

$$\hat{y}_{u,T+2} = \hat{B}_{ru}^2 \overset{o}{y}_T + \hat{B}_{ru}\hat{C}_{ru} \overset{o}{z}_{T+1} + \hat{C}_{ru} \overset{o}{z}_{T+2} ,...,$$

für die deterministischen Prognosen.

Betrachte nun Schätzungen $\hat{A}_{rd}$, $\hat{B}_{rd}$, $\hat{C}_{rd}$, die aus meßfehlerbehafteten Daten

$$y_{t*} := y_{t*} + d_{yt*} , \quad E(d_{yt*}) = 0 , \quad t* = 0,\ldots,T ,$$

$$z_t := z_t + d_{zt} , \quad E(d_{zt}) = 0 , \quad t=1,\ldots,T ,$$

ermittelt wurden, und betrachte in der Prognoseperiode meßfehlerbehaftete exogene Variablen der Art:

$z_{T+i} := z^o_{T+i} + d_{z,T+i}$, $E(d_{z,T+i}) = 0$, wobei die Meßfehler $d_{z,T+i}$ unabhängig sind für verschiedene i und unabhängig von sämtlichen Meßfehlern und latenten Variablen in der Schätzperiode.

Man beachte, daß die Meßfehler damit weder normalverteilt noch identisch verteilt sein müssen. Allerdings sind Meßfehler vom Typ $(3.1.4.1)_w$ immer dann nicht zugelassen, wenn in dem untersuchten Modell verzögerte exogene Variablen vorkommen, da die d_{zt} dann autokorreliert wären. Die Verwendung der Fehlerprozesse (3.1.2.1), (3.1.3.1), (3.1.4.1), (3.1.4.11) ist allerdings in jedem Fall möglich.

Damit ist $d_{z,T+i}$ unabhängig von $\hat{A}_{rd}$, $\hat{B}_{rd}$, $\hat{C}_{rd}$ und es gilt:

$$\hat{y}_{d,T+1} = \hat{B}_{rd} y^o_T + \hat{C}_{rd}(z^o_{T+1} + d_{z,T+1}) ,$$

$$\hat{y}_{d,T+2} = \hat{B}^2_{rd} y^o_T + \hat{B}_{rd}\hat{C}_{rd}(z^o_{T+1} + d_{z,T+1}) + $$

$$+ \hat{C}_{rd}(z^o_{T+2} + d_{z,T+2}) , \ldots,$$

für die deterministischen Prognosen bei Meßfehlern.

(3.4.3.2) Verwendet man die Differenz zwischen deterministischer Prognose und latenter Variable als Prognosefehler, so verschwindet der Erwartungswert des Prognosefehlers asymptotisch bei konsistenten Schätzungen, sowohl bei festen als auch bei stochastischen Startwerten; denn es gilt:

$$\hat{y}_{u,T+i} - y_{T+i} = (\hat{B}_{ru}\hat{y}_{u,T+i-1} - B_r y_{T+i-1}) + \\ + (\hat{C}_{ru} - C_r)z_{T+i} - A_r \varepsilon_{T+i}$$

$$= (\hat{B}^i_{ru} - B^i_r)y_T + \sum_{j=0}^{i-1}(\hat{B}^j_{ru}\hat{C}_{ru} - B^j_r C_r)z_{T+i-j} - \\ - \sum_{j=0}^{i-1} B^j_r A_r \varepsilon_{T+i-j} \text{ .}$$

Bei meßfehlerbehafteten Daten muß man allerdings auch asymptotisch mit nichtverschwindenden Erwartungswerten der Prognosefehler rechnen, da die Schätzungen $\hat{A}_d$, $\hat{B}_d$, $\hat{C}_d$ u.U. inkonsistent sind (vgl. 3.2.1).

(3.4.3.3) Bei der Diskussion der 2. Momente des Prognosefehlers beschränken wir uns auf den Fall fester Startwerte. Betrachte zunächst die Einschrittprognose. Es gilt:

$$\text{Cov}(\hat{y}_{d,T+1} - y_{T+1}) = \text{Cov}((\hat{y}_{d,T+1} - \hat{y}_{u,T+1}) + (\hat{y}_{u,T+1} - y_{T+1}))$$

$$= \text{Cov}(\hat{y}_{u,T+1} - y_{T+1}) + \text{Cov}(\hat{y}_{d,T+1}) - \text{Cov}(\hat{y}_{u,T+1}) \text{ ,}$$

da y_{T+1} nicht korreliert ist mit $\hat{y}_{u,T+1}$, $\hat{y}_{d,T+1}$ wegen der nichtstochastischen y^o_T, z^o_{T+1} ,

$$= \text{Cov}(\hat{y}_{u,T+1} - y_{T+1}) + \text{Cov}(\hat{C}_{rd} d_{z,T+1}) + \text{Cov}(\hat{B}_{rd} y^o_T + \hat{C}_{rd} z^o_{T+1}) - \\ - \text{Cov}(\hat{B}_{ru} y^o_T + \hat{C}_{ru} z^o_{T+1}) \text{ ,}$$

da $\hat{C}_{rd} d_{z,T+1}$ nicht korreliert ist mit $\hat{B}_{rd} y^o_T + \hat{C}_{rd} z^o_{T+1}$.

(3.4.3.4) Für die Prognose zum Zeitpunkt $T+2$ ergibt sich analog:

$$\text{Cov}(\hat{y}_{d,T+2} - y_{T+2}) = \text{Cov}(\hat{y}_{u,T+2} - y_{T+2}) + \text{Cov}(\hat{B}_{rd}\hat{C}_{rd} d_{z,T+1}) + \\ + \text{Cov}(\hat{C}_{rd} d_{z,T+2}) + \text{Cov}(\hat{B}^2_{rd} y^o_T + \hat{B}_{rd}\hat{C}_{rd} z^o_{T+1} + \hat{C}_{rd} z^o_{T+2}) - \\ - \text{Cov}(\hat{B}^2_{ru} y^o_T + \hat{B}_{ru}\hat{C}_{ru} z^o_{T+1} + \hat{C}_{ru} z^o_{T+2}) \text{ .}$$

(3.4.3.5) Auch für die folgenden Zeitpunkte ergeben sich analoge Formeln. Insbesondere gilt allgemein:

$$\mathrm{Cov}(\hat{y}_{d,T+i} - y_{T+i}) - \mathrm{Cov}(\hat{y}_{u,T+i} - y_{T+i}) =$$

$$= \mathrm{Cov}(\hat{y}_{d,T+i}) - \mathrm{Cov}(\hat{y}_{u,T+i}) .$$

Damit erhöht sich also die Varianz der Prognosefehler genauso wie die Varianz der deterministischen Prognose bei Anwesenheit von Meßfehlern.

(3.4.3.6) Leider erhält man aus (3.4.3.3) - (3.4.3.5) wenig Anhaltspunkte über das Ausmaß der Varianzerhöhung bei den verschiedenen Fehlerprozessen. Wegen der Komplexität der Transformation der beteiligten Zufallsvariablen bei der Berechnung des ökonometrischen Schätzers (vgl. 2.1.1), lohnt es sich lediglich, die Terme weiter zu untersuchen, die von den Meßfehlern der exogenen Variablen in der Prognoseperiode abhängen.

Seien dazu $A, B, C \in \mathbb{R}$, sei also nur eine endogene und eine exogene Variable zugelassen. Dann erhält man als Varianzveränderung der Einschrittprognose bei festen Startwerten (vgl. (3.4.3.3)):

$$\mathrm{var}(\hat{y}_{d,T+1} - y_{T+1}) = \mathrm{var}(\hat{y}_{u,T+1} - y_{T+1}) + E(\hat{C}_{rd}^2)\mathrm{var}(d_{z,T+1}) +$$

$$+ (y_T^o)^2(\mathrm{var}(\hat{B}_{rd}) - \mathrm{var}(\hat{B}_{ru})) + (z_{T+1}^o)^2(\mathrm{var}(\hat{C}_{rd}) - \mathrm{var}(\hat{C}_{ru}))+$$

$$+ 2y_T^o z_{T+1}^o(\mathrm{cov}(\hat{B}_{rd},\hat{C}_{rd}) - \mathrm{cov}(\hat{B}_{ru},\hat{C}_{ru})) .$$

Hierbei ist insbesondere $\mathrm{var}(d_{z,T+1})$ abhängig von dem speziellen Fehlerprozeß. Es gilt:

$$\mathrm{var}(d_{z,T+1}) = \left\{\begin{array}{ll} \gamma^2 \cdot (z_{T+1}^o)^2 & \text{bei (3.1.2.1)} \\ \gamma^2 \cdot (E(z_t))^2 & \text{bei (3.1.3.1)} \\ \gamma^2 \cdot \mathrm{var}(z_t) & \text{bei (3.1.4.1)} \end{array}\right\} ,$$

wobei $E(z_t)$, $var(z_t)$ die Momente der z_t (etwa) in der Schätzperiode sind. Bei der durchaus gängigen Beziehung $z^o_{T+1} > E(z_t) > \sqrt{var(z_t)}$ wird $var(d_{z,T+1})$ also bei dem Fehlerprozeß (3.1.2.1) am größten, bei (3.1.4.1) am kleinsten. Da für die anderen Terme ähnliche Resultate nicht abgeleitet werden konnten, erscheint auch für lineare Modelle der Weg der Simulation zur Abschätzung der gesamten Varianzveränderung unvermeidbar.

(3.4.3.7) Man beachte noch, daß es für lineare Modelle vom Typ (3.4.3.1) durchaus möglich ist, daß die Varianzen der Prognosefehler nicht monoton steigen. Es gilt nämlich:

$$Cov(\hat{y}_{d,T+2} - y_{T+2}) = Cov((\hat{B}_{rd}\hat{y}_{d,T+1} - B_r y_{T+1}) + (\hat{C}_{rd} - C_r)z^o_{T+2}) + $$
$$+ Cov(\hat{C}_{rd}d_{z,T+2}) + Cov(A_r\varepsilon_{T+2}) .$$

Damit können die Diagonalelemente von $Cov(\hat{y}_{d,T+2} - y_{T+2})$ durchaus kleiner sein als die von $Cov(\hat{y}_{d,T+1} - y_{T+1})$.

(3.4.3.8) Insgesamt geben die Analysen in 3.4.1, 3.4.2 wenig Anlaß, allzu pessimistisch zu sein hinischtlich des Ausmaßes der Auswirkungen von Meßfehlern auf Prognosen. Das gilt insbesondere für statische und dynamische Einzelgleichungsmodelle mit Meßfehlern vom Typ (3.1.4.1) bzw. $(3.1.4.1)_w$ b) (vgl. (3.4.1.4) bzw. (3.4.2.2)). Außerdem erweist sich, daß Prognosefehlervarianzen bei Ignorierung der Meßfehler bei der Wahl des Schätzers sowohl unter- als auch überschätzt werden können (vgl. (3.4.2.9)).

In 3.4.3 ist es gelungen, für allgemeine lineare Modelle zu beweisen, daß sich die Prognosefehlervarianzen durch Meßfehler genauso verändern wie die Varianzen der Prognosen selber. Dieses Ergebnis wird sich bei der Ableitung eines small-sample Schätzers für die Prognosefehlervarianz in allgemeinen linearen Modellen als sehr nützlich erweisen (vgl. II.(1.2.10)).

Beachte außerdem, daß die wesentlichen Ergebnisse dieses Abschnittes 3.4, wie etwa (3.4.1.4), (3.4.2.6), (3.4.2.8), (3.4.3.5), für beliebige Stichprobengrößen gelten. Auch für die Parameterschätzungen konnten für einfache Einzelgleichungsmodelle small-sample-Ergebnisse hergeleitet werden (vgl. 3.2.3, (3.3.1.19)). Alle diese Aussagen beziehen sich jedoch entweder auf einfache Modelle, oder sie sind recht allgemeiner Natur (wie (3.4.3.5)). Weitergehende small-sample-Aussagen konnten nur mit Hilfe von Monte-Carlo-Simulationen gewonnen werden. Kapitel II liefert eine Darstellung der Vorgehensweise bei der Simulation, der untersuchten Modelle und der Simulationsergebnisse.

II. SIMULATION VON FEHLERN IN DEN VARIABLEN

1. Das Monte - Carlo - Experiment

Im folgenden sollen die Verteilungen von Schätzern und Prognosen im Fall von Fehlern in den Variablen anhand gewisser "Simulationsmodelle" und "Real-world-Modelle" charakterisiert werden. Die Vorgehensweise ähnelt derjenigen in I.3.2 - I.3.4. Untersucht werden die Auswirkungen der Anwendung des für exakt beobachtbare Daten entwickelten FIML-Schätzers (vgl. I.(2.1.1.19)) auf Daten, die mit Meßfehlern der in I.3.1 vorgestellten Art behaftet sind. Dabei werden Modelltypen verwendet, für die in I.3 keine Ergebnisse angegeben wurden:
- Modelle in reduzierter Form mit Paramterrestriktionen,
- Modelle mit nichtstationären Variablen,
- interdependente Modelle,
- nichtlineare Modelle.

Insbesondere wird das Verhalten von Schätzern und Prognosen bei kleinen Referenzperioden diskutiert (small-sample Analyse).

Die wichtigsten Parameter der Verteilungen werden durch Monte - Carlo - (MC) - Schätzungen [1] angenähert. Die Form des MC - Experiments hängt davon ab, ob es sich bei dem untersuchten Modell um ein "Simulationsmodell" (vgl. 1.1) handelt oder um ein "Real-world-Modell" (vgl. 1.2). Nur bei Simulationsmodellen sind alle beteiligten Parameter und Verteilungen a-priori bekannt.

---

1) Zur allgemeinen Form von Monte-Carlo-Experimenten für ökonometrische Untersuchungen vgl. z.B. Hendry (1984).

1.1 Das Monte - Carlo - Experiment bei Simulationsmodellen

(1.1.1) Unter einem Simulationsmodell soll ein ökonometrisches Modell der Form I.(1.1.1) verstanden werden, dessen funktionale Form und wahre funktionale Parameter ebenso bekannt sind wie die Verteilungen sämtlicher Modellvariablen.

Bei einem Simulationsmodell können also problemlos verschiedene Beobachtungssätze der beteiligten Variablen untersucht werden. In solchen Modellen kann deshalb die Verteilung von Schätzern und Prognosen durch wiederholte Erzeugung der Modelldaten und der dazugehörigen ökonometrischen Schätzungen und Prognosen angenähert werden.

Grundsätzlich hat das MC - Experiment zur Charakterisierung der Verteilung von Schätzern und Prognosen bei Fehlern in den Variablen im Fall von Simulationsmodellen das folgende Aussehen:

(1.1.2) Gegeben sei die Verteilung der exogenen Modellvariablen, der endogenen Startwerte und der Residuen sowie die funktionale Form des Modells für die endogenen Modellvariablen und die "wahren" Werte β^* der funktionalen Modellparameter (vgl. I.1.1). Gegeben sei ferner ein Prozentsatz δ (vgl. ix)), und es sei $j := 1$.

i) Bestimme Realisierungen der endogenen Startwerte sowie Realisierungen der exogenen Variablen und der Residuen in einer Referenzperiode $t = 1,\ldots,T$ und einer Prognoseperiode $t = T_2 := T + 1,\ldots,T_3$.

ii) Bestimme mit Hilfe der funktionalen Form und der Parameter β^* des Modells Realisierungen der endogenen Modellvariablen in der Referenzperiode aus den Realisierungen i).

iii) Bestimme aus den Realisierungen i), ii) in der Referenzperiode eine Schätzung $\hat{\beta}_u^{(j)}$ der funktionalen Modellparameter bei ungestörten Daten.

iv) Bestimme aus den Realisierungen i) der exogenen Variablen und der Residuen in der Prognoseperiode, mit endogenen Startwerten aus den Realisierungen ii) in der Referenzperiode sowie den wahren Parametern β^* Realisierungen y_t der endogenen Modellvariablen in der Prognoseperiode (vgl. I.(2.2.1.7)).

v) Bestimme aus den Realisierungen i) der exogenen Variablen in der Prognoseperiode, mit endogenen Startwerten aus den Realisierungen ii) in der Referenzperiode sowie den Parameterschätzungen $\hat{\beta}_u^{(j)}$ eine deterministische Prognose $\hat{y}_{ut}$ (vgl. I.(2.2.1.8)) bei ungestörten Daten. Dabei setze die Residuen in der Prognoseperiode auf ihren Erwartungswert 0 .

vi) Störe die Realisierungen aus i) und ii) gemäß einem der Fehlerprozesse in I.3.1.

vii) Bestimme aus den Realisierungen vi) in der Referenzperiode eine Schätzung $\hat{\beta}_d^{(j)}$ der funktionalen Modellparameter bei gestörten Daten.

viii) Bestimme aus den Realisierungen vi) der exogenen Variablen in der Prognoseperiode, mit endogenen Startwerten aus den Realisierungen vi) in der Referenzperiode und den Parameterschätzungen $\hat{\beta}_d^{(j)}$ eine deterministische Prognose $\hat{y}_{dt}$ bei gestörten Daten. Dabei setze die Residuen in der Prognoseperiode auf ihren Erwartungswert 0 (vgl. v)).

ix) Wiederhole die Schritte i) - viii) mit $j := 2,3,\ldots,N$, solange bis die empirische Standardabweichung des arithmetischen Mittels der Schätzungen $\hat{\beta}_u^{(j)}$ $\delta\%$ des Mittels unterschreitet.

(1.1.3) Das arithmetische Mittel der Schätzungen $\hat{\beta}_i^{(j)}$, $j=1,\ldots,N$, $i=1,\ldots,n$, ist bei N unabhängigen Wahlen der Modelldatensätze für große N nahezu normalverteilt, und es gilt (vgl. z.B. Schönfeld (1969), p. 190, 188):

Sei $\bar{\hat{\beta}}_i := 1/N \sum_{j=1}^{N} \hat{\beta}_i^{(j)}$ und

$\hat{s}_i^2 := \hat{s}_N^2(\hat{\beta}_i) := 1/(N-1) \sum_{j=1}^{N} (\hat{\beta}_i^{(j)} - \bar{\hat{\beta}}_i)^2$. Dann gilt:

$E(\bar{\hat{\beta}}_i) = E(\hat{\beta}_i^{(j)})$, $var(\bar{\hat{\beta}}_i) = var(\hat{\beta}_i^{(j)}) / N = E(\hat{s}_i^2) / N$ und

$\hat{s}_i^2 \rightarrow var(\hat{\beta}_i^{(j)})$ für $N \rightarrow \infty$, $j=1,\ldots,N$.

Als MC-Schätzer für Erwartungswert und Standardabweichung der Parameterschätzungen $\hat{\beta}_i$ werden deshalb die Stichprobenmomente $\bar{\hat{\beta}}_i$ und $\hat{s}_i$ verwendet. Als Schätzer für die Standardabweichungen des MC-Schätzers $\bar{\hat{\beta}}_i$ wird $\hat{s}_i/\sqrt{N}$ benutzt. Bei Prognosen werden analoge Schätzer verwendet.

Die Genauigkeit, mit der $\bar{\hat{\beta}}_i$ den Erwartungswert annähert, steigt also mit $\sqrt{N}$. Um eine relativ große Genauigkeit zu erreichen, werden deshalb i.a. relativ viele Wiederholungen benötigt. Will man nun, etwa aus Zeit- oder Kostengründen, die Anzahl N der Teilexperimente beschränken, so sind MC-Experimente vorzuziehen, die bei festem N eine höhere Genauigkeit aufweisen als das eben beschriebene Experiment mit unabhängigen Wahlen der Modelldatensätze. Hendry (1984) spricht in diesem Zusammenhang von zuverlässigeren MC-Experimenten. Zur Erhöhung der Zuverlässigkeit durch Varianzreduktion wurde nur die Methode der antithetischen Zufallszahlen versucht, wobei mit jedem Satz Zufallszahlen, der in i) zur Datengenerierung verwendet wird, und zu jedem Satz Meßfehler in vi) in einem weiteren Teilexperiment auch das jeweils (-1)-fache verwendet wird. Diese Art von strategischer Stichprobenwahl führte aber i.a. nicht zu einer wesentlichen Varianzreduktion (vgl. aber Hendry (1984), p. 952).

Als Maß für die Güte des MC-Schätzers für $E(\hat{\beta}_i)$ bei N Wiederholungen wird die sogenannte Präzision verwendet:

$$p_N(\bar{\hat{\beta}}_i) := (1 - s(\hat{\beta}_i) / (\sqrt{N} \, |\bar{\hat{\beta}}_i|)) \cdot 100 .$$

Das Stopkriterium (1.1.2) ix) der MC-Simulation nimmt damit die folgende Form an:

$$p_N((\bar{\hat{\beta}}_u)_i) > 100 - \delta \qquad \text{für alle} \quad i = 1,\ldots,n .$$

(1.1.4) Man beachte, daß bei der Anwendung des MC - Experiments (1.1.2) auf dynamische Modelle sowohl bei der Datengenerierung als auch bei der Schätzung die Verzögerungen der dynamisch erzeugten endogenen Variablen als verzögerte endogene Variablen verwendet werden. Auch im Fall von ungestörten Daten werden die verzögerten endogenen Variablen also als stochastisch angesehen. Nun erscheinen die asymptotischen Eigenschaften von FIML-Schätzungen aber nur dann gesichert, wenn das Modell für einen festen Satz vorherbestimmter Variablen betrachtet wird (vgl. I.(2.1.2.15)). Schink (1971, p. 41-44) schlägt deshalb vor, bei der Untersuchung von Schätzern in dynamischen Modellen sowohl bei der Datengenerierung als auch bei der Schätzung nur einen Satz verzögerter endogener Variablen in der Referenzperiode zu verwenden für alle Teilexperimente (static-static-case im Gegensatz zu obigem dynamic-dynamic-case). Daraus ergibt sich allerdings ein Widerspruch zwischen Datengenerierung und unterstelltem Modell. Daher wurde auf die Untersuchung der static-static-Variante verzichtet.

Ein ganz ähnliches Problem ergibt sich bei der Prognose. In (1.1.2) werden nämlich sowohl die Berechnung der "wahren" endogenen Variablen in der Prognoseperiode als auch die Prognoseschätzungen auf der Grundlage von stochastischen exogenen Modellvariablen und stochastischen endogenen Startwerten durchgeführt. Das widerspricht der Annahme I.(2.2.1.6) (bedingte Betrachtung). Tatsächlich werden deshalb die Anteile des Prognosefehlers, die von den Parameterschätzungen bzw. von den Residuen in der Prognoseperiode hervorgerufen werden (vgl. I.(2.2.1.12)), nicht mehr unabhängig sein, sondern beide jedenfalls von den endogenen Startwerten der Prognoseperiode abhängen. Zum Vergleich wird (1.1.2) deshalb auch so abgewandelt, daß für die Fortschreibung der endogenen Variablen in der Prognoseperiode immer dieselben Realisierungen der exogenen Variablen und der endogenen Startwerte verwendet werden, nämlich (o.B.d.A.) die Werte aus der ersten Stichprobe.

(1.1.5) Da $\bar{\hat{\beta}}_i$ nahezu normalverteilt ist (vgl. (1.1.3)), ist

$$t_N(\bar{\hat{\beta}}_i) := (\bar{\hat{\beta}}_i - E(\bar{\hat{\beta}}_i)) \,/\, (\hat{s}_N(\hat{\beta}_i)/\sqrt{N})$$

nahezu t - verteilt mit (N-1) Freiheitsgraden (vgl. z.B. Christ (1966), p. 501).

Als Maß für die Signifikanz der Abweichung des Erwartungswerts einer MC- Schätzung von einem gegebenen Wert werden deshalb t-Werte verwendet, für die Abweichung von

$E(\bar{\hat{\beta}}_i)$ von β_i^* z.B.:

$$t_N(\bar{\hat{\beta}}_i;\beta_i^*) := |\bar{\hat{\beta}}_i - \beta_i^*| \,/\, (\hat{s}(\hat{\beta}_i)/\sqrt{N}) \;.$$

Eine solche Abweichung heißt im folgenden signifikant, wenn der dazugehörige t-Wert großer als 2 ist. Das entspricht im wesentlichen einer Irrtumswahrscheilichkeit von 5% (bei genügend vielen Wiederholungen, etwa $N \geq 60$) .

Bei der Auswertung eines MC-Experiments (1.1.2) wird für unterschiedlich lange Referenzperioden untersucht, ob die $E(\bar{\hat{\beta}})$ bei ungestörten Daten und bei den verschiedenen Fehlerprozessen signifikant verschieden sind sowohl untereinander als auch von den wahren Parametern.

Falls die Signifikanz der Abweichung von den wahren Parametern mit wachsender Stichprobengröße kleiner wird, wird das als Anzeichen für konsistente Schätzungen interpretiert. Man beachte, daß die Konsistenz des FIML-Schätzers bei gewissen statischen linearen Modellen in reduzierter Form im Falle des Fehlerprozesses I.(3.1.4.1) in I.3.3 bewiesen wurde (vgl. I.(3.3.1.19) und I.3.3.2).

Weiterhin wird untersucht, ob der Erwartungswert des Prognosefehlers signifikant von Null verschieden ist bei ungestörten Daten und bei den verschiedenen Fehlerprozessen. Außerdem werden die Auswirkungen der Fehlerprozesse auf die MC-Schätzungen von Erwartungswert und Standardabweichung des Prognosefehlers $(\hat{y}_t - y_t)$ diskutiert.

(1.1.6) Um eine möglichst gute Vergleichbarkeit der Ergebnisse zu erhalten,

- werden als Realisierungen der Zufallsvariablen für verschieden lange Referenzperioden jeweils Teile der längsten Referenzperiode verwendet, wobei das Ende der Referenzperiode immer gleich bleibt,
- wird immer dieselbe Prognoseperiode gewählt und
- werden für die Simulation der verschiedenen Fehlerprozesse jeweils dieselben $N(0,1)$-verteilten Zufallszahlen so transformiert, daß sie die gewünschte Form, Größe und Korrelationsstruktur haben.

(1.1.7) In einem Teil der Experimente werden zusätzlich die Meßfehler der verschiedenen Fehlerprozesse so gewählt, daß sie ungefähr gleich groß sind. Dabei werden die maximalen Fehlerprozentsätze bzgl. der Standardabweichungen für die verschiedenen Variablen individuell angepaßt. Es werden also Prozesse vom Typ I.(3.1.4.11) anstelle von I.(3.1.4.1) verwendet. Die Größenanpassung erfolgt grundsätzlich so, daß für die maximalen relativen Störungsgrößen $\alpha_j(k)$, $k=1,2,3$, der Variablen ξ_j bei den 3 Fehlerprozessen I.(3.1.2.1), I.(3.1.3.1) und I.(3.1.4.11) gilt:

$$\alpha_j(1) = \alpha_j(2) \;, \quad \alpha_j(2) \cdot E(\xi_j) = \alpha_j(3) \cdot \sqrt{var(\xi_j)} \;.$$

In anderen Experimenten werden die maximalen relativen Fehlergrößen für die verschiedenen Variablen und Fehlerprozesse aber auch unabhängig (und unterschiedlich) festgelegt.

(1.1.8) Als N(0,1)-verteilte Zufallszahlen werden Pseudozufallszahlen verwendet, die mit Hilfe von pseudogleichverteilten Linear-Congruential-Zahlenfolgen erzeugt werden (vgl. Weihs (1984b)). Diese werden dann nach der Methode von Nagar (1969) in pseudonormalverteilte Zufallsvektoren transformiert mit den Kovarianzmatrizen, die jeweils bei der Datengenerierung benötigt werden.

1.2 Das Monte - Carlo - Experiment bei Real-world-Modellen

(1.2.1) Unter einem Real-world-Modell soll ein ökonometrisches Modell im Sinne von I.(1.1.1) verstanden werden, in dem die a-priori getroffenen Hypothesen über das studierte ökonomische Phänomen an Hand eines beobachteten Datensatzes zu testen sind.

Das vollständige MC-Experiment (1.1.2) kann damit nur bei Simulationsmodellen durchgeführt werden. In Real-world-

Modellen werden die Verteilung der exogenen Modellvariablen, der endogenen Startwerte und der Residuen sowie die wahren Parameterwerte i.a. unbekannt sein. Bei den exogenen Modellvariablen wird im folgenden nur auf die in der Wirklichkeit beobachteten Werte zurückgegriffen, jedenfalls in Zeitperioden, in denen Daten vorliegen. In zukünftigen Zeitperioden werden die exogenen Modellvariablen sinnvoll festgesetzt (bedingte Prognose; vgl. I.(2.2.1.6)). Die Parameter der Verteilung der Residuen und der Meßfehlerverteilungen werden mit Hilfe der Real-world-Beobachtungen geschätzt.

Damit bietet sich als <u>MC-Experiment</u> zur Charakterisierung der Verteilung von Schätzern und Prognosen bei Fehlern in den Variablen <u>im Fall von Real-world-Modellen</u> die folgende Verallgemeinerung von Schink's (1971) 'simulation and reestimation' an:

(1.2.2) Gegeben seien Real-world-Beobachtungen der exogenen und endogenen Modellvariablen in der Referenzperiode $t=1,...,T$ sowie der endogenen Startwerte. Gegeben seien die exogenen Modellvariablen in der Prognoseperiode $t=T_2 := T+1,...,T_3$. Gegeben sei außerdem die funktionale Form des Modells und ein Prozentsatz δ (vgl. ix')). Es sei $j := 1$.

o)' Bestimme aus den Real-world-Beobachtungen der exogenen und endogenen Modellvariablen in der Referenzperiode und aus den Real-world-Beobachtungen der endogenen Startwerte eine Schätzung $\hat{\beta}^*$ der wahren Parameter β^* sowie eine Schätzung $\hat{\Omega}$ der Kovarianzmatrix Ω^* der Residuen. Außerdem verwende die empirischen Mittel und (Ko-)Varianzen der exogenen und endogenen Modellvariablen als Schätzer für die entsprechenden Verteilungsparameter.

i)' Bestimme intertemporal unabhängige Realisierungen der Residuen in Referenz- und Prognoseperiode mit Hilfe der Kovarianzmatrix $\hat{\Omega}$ aus o)'.

ii)' Bestimme mit Hilfe der funktionalen Form des Modells und der Parameter $\hat{\beta}*$ Realisierungen der endogenen Modellvariablen in der Referenzperiode aus den vorgegebenen exogenen Modellvariablen und endogenen Startwerten sowie den Realisierungen i)' der Residuen in der Referenzperiode.

iii)' Bestimme aus den vorgegebenen exogenen Modellvariablen und endogenen Startwerten sowie den Realisierungen ii)' der endogenen Modellvariablen in der Referenzperiode eine Schätzung $\hat{\beta}_u^{(j)}$ der funktionalen Modellparameter bei ungestörten Daten.

v)' Bestimme aus den vorgegebenen exogenen Modellvariablen in der Prognoseperiode und endogenen Startwerten aus den Realisierungen ii)' in der Referenzperiode mit Hilfe der Parameterschätzungen $\hat{\beta}_u^{(j)}$ sowohl eine "stochastische" als auch eine "deterministische" Prognose $\tilde{y}_{ut}^{(j)}$ bzw. $\hat{y}_{ut}^{(j)}$ bei ungestörten Daten. Bei der "stochastischen" Prognose verwende die Residuen i)' in der Prognoseperiode, bei der "deterministischen" Prognose ihren Erwartungswert 0. (Zur Motivation der stochastischen Prognose vgl. (1.2.6) - (1.2.10)).

vi)' Störe die vorgegebenen exogenen Modellvariablen in Referenz- und Prognoseperiode und die Realisierungen ii)' der endogenen Modellvariablen in der Referenzperiode gemäß einem der Fehlerprozesse in I.3.1, wobei die Verteilungsparameter der Meßfehler gemäß o)' geschätzt sind.

vii)' Bestimme aus den Realisierungen vi)' in der Referenzperiode eine Schätzung $\hat{\beta}_d^{(j)}$ der funktionalen Modellparameter bei gestörten Daten.

viii)' Bestimme aus den Realisierungen vi)' der exogenen Variablen in der Prognoseperiode und endogenen Startwerten aus den Realisierungen vi)' in der Referenzperiode mit Hilfe der Parameterschätzungen $\hat{\beta}_d^{(j)}$ eine "deterministische" Prognose $\hat{y}_{dt}^{(j)}$ bei gestörten Daten. Für die Residuen verwende dabei ihren Erwartungswert 0 .

ix)' Wiederhole die Schritte i)' - viii)' mit $j=2,3,\ldots,N$, solange bis die empirische Standardabweichung des arithmetischen Mittels der Schätzungen $\hat{\beta}_u^{(j)}$ δ % des Mittels unterschreitet.

(1.2.3) Als MC-Schätzer für die Verteilungsparameter von Parameterschätzungen und Prognosen werden die in (1.1.3) begründeten Stichprobenmomente verwendet. Schwierigkeiten bereitet lediglich die Standardabweichung des Prognosefehlers (vgl. (1.1.5), (1.2.4)), da die wahren Werte der endogenen Variablen in der Prognoseperiode natürlich nicht bekannt sind. Die hierfür verwendeten MC-Schätzer werden in (1.2.8), (1.2.10) hergeleitet. Insbesondere wird die Stichprobenvarianz der stochastischen Prognose bei ungestörten Daten benötigt (vgl. (1.2.2) v)').

Man beachte, daß in (1.2.2) genau wie in (1.1.2) stochastische Startwerte für die Prognose verwendet werden. Zum Vergleich wurde (1.2.2) auch so abgewandelt, daß bei jeder Wiederholung dieselben Startwerte für die Prognose verwendet werden, nämlich die historischen Realisierungen der endogenen Variablen.

(1.2.4) Bei der Auswertung des MC-Experiments (1.2.2) wird zunächst untersucht, ob die Erwartungswerte der Parameter $(\bar{\hat{\beta}}_u)_i$ und $(\bar{\hat{\beta}}_d)_i$ signifikant voneinander verschieden sind (vgl. (1.1.5)).

Natürlich sind bei diesen Experimenten die wahren Werte der Parameter unbekannt. Dagegen spielen die Schätzungen $\hat{\beta}^*$, die auf den historischen Daten beruhen, zusammen mit den entsprechenden Schätzungen der Standardabweichungen dieser Schätzungen eine wichtige Rolle, da i.a. nur sie dem Modellbauer vorliegen. Allerdings würde $\hat{\beta}^*$ selbst durch das MC-Experiment erzeugt werden bei speziellen (nämlich den historischen) Residuen. Damit ist zu erwarten, daß $\bar{\hat{\beta}} \neq \hat{\beta}^*$ ist - auch asymptotisch. Deshalb wird sowohl für fehlerfreie als auch für fehlerbehaftete Daten untersucht, ob $\bar{\hat{\beta}}_i$ in dem 95%-Konfidenzintervall von $\hat{\beta}_i^*$ liegt, das auf den historischen Daten beruht, und welcher Anteil des 95%-Konfidenzintervalls des MC-Schätzers ausserhalb jenes Konfidenzintervalls liegt. Dabei wird davon ausgegangen, daß sowohl $\hat{\beta}^*$ als auch $\bar{\hat{\beta}}$ nahezu normalverteilt sind (vgl. I.(2.1.2.13) und (1.1.3)). Auf diese Weise bekommt man einerseits Aussagen über die Brauchbarkeit der "historischen Schätzungen" bei den verschiedenen Datenverteilungen, und andererseits Aussagen über die Veränderung der Verteilung der Parameterschätzungen durch die Anwesenheit von Meßfehlern.

Außerdem wird untersucht, ob die Erwartungswerte der "deterministischen" Prognosen $\hat{y}_{ut}$, $\hat{y}_{dt}$ signifikant voneinander verschieden sind. Weiterhin wird die Veränderung der MC-Schätzungen für die small-sample-Standardabweichungen des Prognosefehlers $(\hat{y}_t - y_t)$ betrachtet, die aus den Meßfehlern resultiert.

Bei ungestörten Daten wird schließlich noch untersucht, inwieweit die MC-Schätzungen der Standardabweichungen des Prognosefehlers übereinstimmen mit den "analytischen" small-sample-Schätzungen nach Bianchi, Calzolari (1980, 1983) (vgl. I.2.2.1, I.2.2.2). Damit soll insbesondere die Brauchbarkeit der wesentlich weniger zeitaufwendigen analytischen Schätzungen demonstriert werden.

(1.2.5) Um eine möglichst gute Vergleichbarkeit der Ergebnisse für die verschiedenen Fehlerprozesse zu erhalten, werden jeweils dieselben N(0,1)-verteilten Zufallszahlen so transformiert, daß sie die gewünschte Form, Größe und Korrelationsstruktur haben. Auch werden in einem Teil der Experimente die Meßfehler der verschiedenen Fehlerprozesse ungefähr gleich groß gewählt gemäß (1.1.7).

(1.2.6) Zur Motivation der Schätzer für die small-sample Standardabweichung der Prognosefehler betrachte wieder das lineare, dynamische interdependente Modell

$$y_t = Ay_t + By_{t-1} + Cz_t + \varepsilon_t ,$$

wobei y_t $(,y_{t-1})$, z_t, ε_t Zufallsvariablen sind, A,B,C Matrizen (teilweise unbekannter) (funktionaler) Modellparameter, und ε_t unabhängig, identisch verteilt ist mit Erwartungswert 0 und unabhängig von z_{t*} , $t* \leq t$ (vgl. I.(3.4.3.1)).

Dieses Modell wurde schon von Schink (1971) zur Motivation der von ihm vorgeschlagenen Schätzer verwendet. Er zeigt die Nähe seiner "small-sample-Kovarianzmatrix" (vgl. (1. 2.8)) zu einem konsistenten Schätzer der Kovarianzmatrix der Prognosefehler (vgl. p. 88-95). Während Schink also mit Schätzern argumentiert, werden im folgenden (theoretische) Momente verwendet. Das führt zu wesentlich "glatteren" Ergebnissen.

Die Existenz der reduzierten Form vorausgesetzt, gilt in der Prognoseperiode (vgl. I.(3.4.3.1)):

$$y_{T+i} = B_r y_{T+i-1} + C_r z_{T+i} + A_r \varepsilon_{T+i} \quad , \quad i=1,2,\ldots,$$

für die wahren Werte der endogenen Variablen,

$$\hat{y}_{u,T+i} = \hat{B}_{ru}\hat{y}_{u,T+i-1} + \hat{C}_{ru} z_{T+i} \quad , \quad \hat{y}_{uT} := y_T \ , \quad i=1,2,\ldots,$$

ist die "deterministische Prognose",

$$\tilde{y}_{u,T+i} = \hat{B}_{ru}\tilde{y}_{u,T+i-1} + \hat{C}_{ru} z_{T+i} + \hat{A}_{ru}\varepsilon_{T+i} \ , \quad \tilde{y}_{uT} := y_T \ , \quad i=1,2,\ldots,$$

ist die "stochastische Prognose" (vgl. (1.2.2)v)'), wobei

$\hat{A}_{ru}$, $\hat{B}_{ru}$, $\hat{C}_{ru}$ Schätzungen für die Parameter A_r, B_r, C_r sind, und

$$\bar{y}_{u,T+i} = B_r\bar{y}_{u,T+i-1} + C_r z_{T+i} \quad , \quad \bar{y}_{uT} := y_T \quad , \quad i=1,2,\ldots,$$

ist die "deterministische Prognose bei bekannten wahren Parametern" B_r, C_r (vgl. I.(2.2.2.7)).

Bei festen endogenen Startwerten y_T^o und nichtstochastischen exogenen Variablen z_{T+i}^o in der Prognoseperiode gilt analog:

$$y_{T+i} = B_r y_{T+i-1} + C_r z_{T+i}^o + A_r \varepsilon_{T+i} \quad , \quad y_T := y_T^o \ ,$$

für die wahren endogenen Variablen,

$$\hat{y}_{u,T+i} = \hat{B}_{ru}\hat{y}_{u,T+i-1} + \hat{C}_{ru} z_{T+i}^o \ , \quad \hat{y}_{uT} := y_T^o \ ,$$

$$\tilde{y}_{u,T+i} = \hat{B}_{ru}\tilde{y}_{u,T+i-1} + \hat{C}_{ru} z_{T+i}^o + \hat{A}_{ru}\varepsilon_{T+i} \ , \quad \tilde{y}_{uT} := y_T^o \ ,$$

$$\bar{y}_{u,T+i} = B_r\bar{y}_{u,T+i-1} + C_r z_{T+i}^o \ , \quad \bar{y}_{uT} := y_T^o \ .$$

Seien nun $\hat{A}_{rd}$, $\hat{B}_{rd}$, $\hat{C}_{rd}$ Schätzungen aus meßfehlerbehafteten Variablen

$$y_{t*} := y_{t*} + d_{yt*} \quad , \quad E(d_{yt*}) = 0 \quad , \quad t* = 0,\ldots,T \ ,$$

$$z_t := z_t + d_{zt} \quad , \quad E(d_{zt}) = 0 \quad , \quad t=1,\dots,T \ ,$$

und es gelte für die exogenen Variablen in der Prognoseperiode:

$$z_{T+i} := z^o_{T+i} + d_{z,T+i} \ , \quad E(d_{z,T+i}) = 0 \quad , \quad i=1,2,\dots,$$

wobei die Meßfehler $d_{z,T+i}$ unabhängig sind für verschiedene i und unabhängig von d_{zt}, $t \leq T$. Dann gilt bei festen endogenen Startwerten (vgl. I.(3.4.3.1)):

$$\hat{y}_{d,T+i} = \hat{B}_{rd}\hat{y}_{d,T+i-1} + \hat{C}_{rd}(z^o_{T+i} + d_{z,T+i}) \ , \quad \hat{y}_{dT} = y^o_T \ ,$$

$$y_{d,T+i} = \hat{B}_{rd}\tilde{y}_{d,T+i-1} + \hat{C}_{rd}(z^o_{T+i} + d_{z,T+i}) + \hat{A}_{rd}\varepsilon_{T+i} \ ,$$
$$\tilde{y}_{dT} := y^o_T \ ,$$

$$\bar{y}_{d,T+i} = B_r\bar{y}_{d,T+i-1} + C_r(z^o_{T+i} + d_{z,T+i}) \ , \quad \bar{y}_{dT} := y^o_T \ .$$

(1.2.7) Zusätzlich zu den Ergebnissen in I.3.4.3 lassen sich für das Modell (1.2.6) (bzw. I.(3.4.3.1)) noch Aussagen beweisen, die die stochastische Prognose betreffen. Diese motivieren bei Meßfehlern einen small-sample Schätzer für die Kovarianzmatrix der Prognosefehler, der nicht mit Schinks Vorschlag übereinstimmt.

Zunächst einmal stimmen die Erwartungswerte der stochastischen und der deterministischen Prognose überein, unabhängig davon, ob mit stochastischen oder festen Startwerten gearbeitet wird. Es gilt:

$$E(y_{u,T+i}) = E(\hat{B}_{ru}\tilde{y}_{u,T+i-1} + \hat{C}_{ru}z^o_{T+i} + \hat{A}_{ru}\varepsilon_{T+i})$$

$$= E(\hat{B}^i_{ru}y^o_T + \sum_{j=o}^{i-1} \hat{B}^j_{ru}\hat{C}_{ru}z^o_{T+i-j}) = E(\hat{y}_{u,T+i})$$
$$i=1,2,\dots,$$

da ε_{T+i} unabhängig ist von $\hat{A}_{ru}$, $\hat{B}_{ru}$. Dasselbe gilt für gestörte Daten. Man beachte, daß diese Aussagen nicht nur asymptotisch gelten wie I.(3.4.3.2), sondern für jede sample-Größe T .

(1.2.8) Basierend auf den (etwa durch das MC-Experiment (1.2.2) generierten) stochastischen und deterministischen Prognosen schlägt Schink (1971, p. 30) die folgenden Schätzer vor:

$\hat{Cov}(\tilde{y}_{u,T+i})$ für die Gesamtkovarianz $Cov(y_{u,T+i} - y_{T+i})$ und

$\hat{Cov}(\hat{y}_{u,T+i})$ für den Anteil $Cov(\hat{y}_{u,T+i} - \bar{y}_{u,T+i})$ an der Kovarianz, der durch die Verteilung der Parameterschätzungen bedingt ist. Dabei steht $\hat{Cov}$ für die empirische Kovarianzmatrix.

Zur Diskussion der von Schink vorgeschlagenen Schätzer werden im folgenden die dazugehörigen theoretischen Momente untersucht (vgl. (1.2.6)). Weiterhin beschränken wir uns auf den Fall fester Startwerte und nicht stochastischer ungestörter exogener Variablen in der Prognoseperiode. Dann gilt für die Einschrittprognose bei ungestörten Daten:

$Cov(\hat{y}_{u,T+1} - y_{T+1}) =$

$= Cov((\hat{B}_{ru} - B_r)y_T^o + (\hat{C}_{ru} - C_r)z_{T+1}^o - A_r\varepsilon_{T+1})$

$= Cov(\hat{y}_{u,T+1} - A_r\varepsilon_{T+1})$, da $B_r y_T^o$, $C_r z_{T+1}^o$ konstant sind,

$= Cov(\hat{y}_{u,T+1} + A_r\varepsilon_{T+1})$, da ε_{T+1} unabhängig von $\hat{y}_{u,T+1}$ ist.

Außerdem gilt:

$Cov(y_{u,T+1}) = Cov(\hat{y}_{u,T+1} + \hat{A}_{ru}\varepsilon_{T+1})$.

Falls $\hat{A}_{ru}$ also ein konsistenter Schätzer für A_r ist, gilt:

$$\mathrm{Cov}(\tilde{y}_{u,T+1}) \longrightarrow \mathrm{Cov}(\hat{y}_{u,T+1} - y_{T+1}) \quad \text{für} \quad T \to \infty ,$$

In dem Fall, daß A_r a-priori bekannt ist, etwa bei <u>Modellen</u> <u>in reduzierter Form</u> ($A_r = I$) , gilt sogar:

$$\mathrm{Cov}(\tilde{y}_{u,T+1}) = \mathrm{Cov}(\hat{y}_{u,T+1} - y_{T+1}) \quad \text{für beliebiges } T .$$

Betrachte nun die sich anschließenden Prognoseperioden $T+i$, $i=2,3,\ldots$. Es gilt z.B.:

$$\mathrm{Cov}(\hat{y}_{u,T+2} - y_{T+2}) = \mathrm{Cov}(\hat{y}_{u,T+2} + B_r A_r \varepsilon_{T+1} + A_r \varepsilon_{T+2}) ,$$

$$\mathrm{Cov}(\tilde{y}_{u,T+2}) = \mathrm{Cov}(\hat{y}_{u,T+2} + \hat{B}_{ru} \hat{A}_{ru} \varepsilon_{T+1} + \hat{A}_{ru} \varepsilon_{T+2}) .$$

Hier benötigt man also konsistente Schätzungen $\hat{B}_{ru}, \hat{A}_{ru}$, und (z.B.) im Fall von <u>statischen</u> <u>Modellen</u> <u>in reduzierter Form</u> erhält man:

$$\mathrm{Cov}(\tilde{y}_{u,T+i}) = \mathrm{Cov}(\hat{y}_{u,T+i} - y_{T+i}) , \quad i=1,2,3,\ldots .$$

Diese Ergebnisse motivieren offenbar die Eignung von $\widehat{\mathrm{Cov}}(\tilde{y}_{u,T+i})$ als small-sample-Schätzer für $\mathrm{Cov}(\hat{y}_{u,T+i} - y_{T+i})$.

Zusätzlich gilt immer:

$$\mathrm{Cov}(\hat{y}_{u,T+i}) = \mathrm{Cov}(\hat{y}_{u,T+i} - \bar{y}_{u,T+i}) , \quad i=1,2,3,\ldots .$$

Das motiviert $\widehat{\mathrm{Cov}}(\hat{y}_{u,T+1})$ als Schätzer für den Anteil an der Kovarianzmatrix der Prognosefehler, der durch die Variation der Schätzungen begründet ist.

(1.2.9) Im Fall meßfehlerbehafteter Daten erhält man analog:

$$\mathrm{Cov}(\hat{y}_{d,T+1} - y_{T+1}) = \mathrm{Cov}(\hat{y}_{d,T+1} + A_r \varepsilon_{T+1}) ,$$

$$\mathrm{Cov}(\tilde{y}_{d,T+1}) = \mathrm{Cov}(\hat{y}_{d,T+1} + \hat{A}_{rd} \varepsilon_{T+1}) ,$$

$$\mathrm{Cov}(\hat{y}_{d,T+2} - y_{T+2}) = \mathrm{Cov}(\hat{y}_{d,T+2} + B_r A_r \varepsilon_{T+1} + A_r \varepsilon_{T+2}) ,$$

$$\mathrm{Cov}(\tilde{y}_{d,T+2}) = \mathrm{Cov}(\hat{y}_{d,T+2} + \hat{B}_{rd}\hat{A}_{rd}\varepsilon_{T+1} + \hat{A}_{rd}\varepsilon_{T+2}) \quad \text{und}$$

$$\mathrm{Cov}(y_{d,T+1} - \bar{y}_{d,T+1}) = \mathrm{Cov}(\hat{y}_{d,T+1} - C_r d_{z,T+1})$$

$$\mathrm{Cov}(\hat{y}_{d,T+2} - \bar{y}_{d,T+2}) = \mathrm{Cov}(\hat{y}_{d,T+2} - B_r C_r d_{z,T+1} - C_r d_{z,T+2})$$

Daraus folgt:

$$\mathrm{Cov}(\hat{y}_{d,T+1} - y_{T+1}) = \mathrm{Cov}(\tilde{y}_{d,T+1}) + \mathrm{Cov}(A_r\varepsilon_{T+1}) - \mathrm{Cov}(\hat{A}_{rd}\varepsilon_{T+1}) \; ,$$

$$\mathrm{Cov}(\hat{y}_{d,T+2} - y_{T+2}) = \mathrm{Cov}(\tilde{y}_{d,T+2}) + \mathrm{Cov}(B_r A_r\varepsilon_{T+1}) - \mathrm{Cov}(\hat{B}_{rd}\hat{A}_{rd}\varepsilon_{T+1}) + \mathrm{Cov}(A_r\varepsilon_{T+2}) - \mathrm{Cov}(\hat{A}_{rd}\varepsilon_{T+2}) \; .$$

Da $\hat{A}_{rd}$ und $\hat{B}_{rd}$ aber u.U. inkonsistent sind (vgl. I.3.2.1), ist damit die Verwendbarkeit der von Schink vorgeschlagenen Schätzer bei gestörten Daten in Frage gestellt.

(1.2.10) Allerdings liefern (1.2.9) und (1.2.8) einen anderen small-sample-Schätzer wenigstens für die gesamte Kovarianzmatrix der Prognosefehler bei Fehlern-in-den-Variablen. Es folgt nämlich (vgl. auch I.(3.4.3.5)):

$$\mathrm{Cov}(\hat{y}_{d,T+i} - y_{T+i}) = \mathrm{Cov}(\hat{y}_{u,T+i} - y_{T+i}) + \mathrm{Cov}(\hat{y}_{d,T+i}) - \mathrm{Cov}(\hat{y}_{u,T+i}) \; .$$

Da nach (1.2.8) $\hat{\mathrm{Cov}}(\tilde{y}_{u,T+i})$ aber ein konsistenter Schätzer für $\mathrm{Cov}(\hat{y}_{u,T+i} - y_{T+i})$ ist, motiviert das die Verwendung des folgenden small-sample-Schätzers für die Kovarianzmatrix des Prognosefehlers bei gestörten Daten:

$$\hat{V}_{fd} := \hat{\mathrm{Cov}}(\tilde{y}_{u,T+i}) + \hat{\mathrm{Cov}}(\hat{y}_{d,T+i}) - \hat{\mathrm{Cov}}(\hat{y}_{u,T+i})$$

Der Einfachheit halber wird dieser Schätzer auch bei stochastischen Startwerten verwendet und natürlich bei nichtlinearen Modellen.

(1.2.11) Leider liefert (1.2.10) wenig Anhaltspunkte zur Abschätzung des Ausmaßes der Varianzveränderung bei den verschiedenen Fehlerprozessen. Insbesondere ist nicht klar, ob die Varianz des Prognosefehlers und/oder die Varianzveränderung durch die Meßfehler mit der Zeit steigen. Auch kann man eine Varianzverringerung durch Meßfehler nicht ausschließen. Ein erstes Ergebnis hierzu liefert I.(3.4.3.6). Ansonsten sei auf die Simulationsergebnisse verwiesen.

Im folgenden werden nun die getesteten Modelle und die dazugehorigen Simulationsergebnisse vorgestellt. In 2 werden Simulationsmodelle diskutiert und in 3, 4 Real-world-Modelle. Bei letzteren handelt es sich in 3 um Varianten des in der Literatur häufig verwendeten Modells Klein 1 für den privaten Sektor der US-Wirtschaft zwischen den beiden Weltkriegen und in 4 um ein eigens für diese Arbeit entwickeltes Modell für den privaten Sektor der BRD, das wesentliche Charakteristika der an der Universität Bonn seit langem gepflegten Makromodelle widerspiegelt.

2. Simulationsmodelle

Mit Hilfe von Simulationsmodellen (1.1.1) und MC-Experimenten (1.1.2) lassen sich offenbar die small-sample Eigenschaften von Schätzern und dazugehörigen Prognosen recht einfach untersuchen. Natürlich gelten die Untersuchungsergebnisse dann im Prinzip nur für die zugrundeliegenden Modelle. Die Ergebnisse können also nur als Indiz für das allgemeine Verhalten von Schätzern und Prognosen genommen werden.

In dieser Arbeit werden zwei Simulationsmodelle verwendet. Bei dem ersten Modell (vgl. 2.1) handelt es sich um ein statisches Modell in reduzierter Form mit stationären Variablen. Bei dem zweiten Modell (vgl. 2.2) handelt es sich um ein interdependentes dynamisches Modell mit nichtstationären Variablen. Beide Simulationsmodelle sind linear und wurden in ihrem Aufbau dem Modell KLEIN1 nachempfunden, das in 3 beschrieben wird. Ausgangspunkt war dabei die aufgrund der historischen Daten geschätzte Verteilung der Variablen von Modell KLEIN1 und die sich daraus ergebenden Parameterschätzungen. Die Modellgleichungen der Simulationsmodelle wurden genauso aufgebaut wie in Modell KLEIN1, die wahren (funktionalen) Modellparameter und die wahren Kovarianzen der Modellresiduen wurden in derselben Größenordnung gewählt wie die historischen OLS- bzw. FIML-Schätzungen bei Modell KLEIN1, und die Verteilungen der anderen Modellvariablen wurden so gewählt, daß sie hinsichtlich Erwartungswert und Standardabweichung größenordnungsmäßig mit den empirischen Verteilungen der historischen Realisierungen der entsprechenden Variablen in Modell KLEIN1 übereinstimmen. Die Simulationsergebnisse der Simulationsmodelle und von Modell KLEIN1 sind damit in gewisser Weise vergleichbar.

2.1 Ein statisches Simulationsmodell in reduzierter Form

Das folgende Simulationsmodell (2.1.1) ist ein statisches Modell in reduzierter Form mit stationären Variablen. Bei der Konstruktion wurde in der oben angedeuteten Art von dem Modell KLEIN1 ausgegangen. Dabei wurden allerdings sämtliche Modellinterdependenzen und damit sämtliche Modellidentitäten ignoriert, um eine reduzierte Form zu erhalten. Weiterhin wurde die Abhängigkeit von der Zeit t ausgeschlossen, da sie zur Nichtstationarität der endogenen Modellvariablen führen würde (vgl. (2.2.2)). Man beachte, daß die exogenen Variablen überwiegend durch "fast nichtstationäre" Prozesse erzeugt werden (vgl. insbesondere Variable Z2) [1]. Diese Variablen entsprechen Variablen im Modell KLEIN1, die möglicherweise nichtstationären Prozessen entstammen.

Man beachte außerdem, daß die in I.3.3.2 hergeleiteten Aussagen über FIML-Schätzungen in statischen Mehrgleichungsmodellen in reduzierter Form sich nicht auf das Modell (2.1.1) beziehen, da die Modellvariablen in diesem Modell nicht intertemporal unabhängig sind und nicht alle exogenen Variablen in allen Gleichungen zugelassen sind (Nullrestriktionen an die Parameter, vgl. I.3.3.2). Für Modelle dieser Art sind in I.3 keine Ergebnisse angegeben.

(2.1.1) Statisches Simulationsmodell in reduzierter Form mit stationären Variablen [2]

$$
\begin{aligned}
Y1_t &= 0.2 \cdot Z1_t + 0.1 \cdot Z1_{t-1} + 0.8 \cdot Z2_t + 16. + \varepsilon_{1t},\\
Y2_t &= 0.5 \cdot Z1_t + 0.3 \cdot Z1_{t-1} - 0.1 \cdot Z3_{t-1} + 13. + \varepsilon_{2t},\\
Y3_t &= 0.5 \cdot Z4_t - 0.1 \cdot Z4_{t-1} + 11. + \varepsilon_{3t},\\
Z1_t &= 1.1 \cdot Z1_{t-1} - 0.5 \cdot Z1_{t-2} + 6. + \eta_{1t},\\
Z2_t &= 1.4 \cdot Z2_{t-1} - 0.45 \cdot Z2_{t-2} + 2.1 + \eta_{2t},\\
Z3_t &= 1.6 \cdot Z3_{t-1} - 0.75 \cdot Z3_{t-2} + 35. + \eta_{3t},\\
Z4_t &= 1.5 \cdot Z4_{t-1} - 0.6 \cdot Z4_{t-2} + 6. + \eta_{4t},
\end{aligned}
$$

$\eta_{1t}, \eta_{4t} \sim N(0,2.5^2)$ [3], $\eta_{2t}, \eta_{3t} \sim N(0,2.^2)$,

1) Hierbei handelt es sich um autoregressive Prozesse, die die Bedingungen für Stationarität gerade noch erfüllen.

2) Die Variablen Y1,Y2,Y3,Z1,Z2,Z3,Z4 entsprechen den Variablen C,I,WP,P,(WP + WG),K,(Y+T - WG) in Modell KLEIN1 (vgl. (3.1)).

3) $\eta \sim N(\mu,\sigma^2)$ bedeutet, daß η normalverteilt ist mit Erwartungswert μ und Varianz σ^2 .

$$\begin{pmatrix}\varepsilon_{1t}\\ \varepsilon_{2t}\\ \varepsilon_{3t}\end{pmatrix} \sim N\left(\begin{pmatrix}0\\0\\0\end{pmatrix}, \begin{pmatrix}2. & 4. & 0.5\\ 4. & 16. & 4.\\ 0.5 & 4. & 2.\end{pmatrix}\right).$$

(2.1.2) Damit ergeben sich die folgenden Erwartungswerte und Standardabweichungen für die exogenen und endogenen Variablen von Modell (2.1.1) :

Tab.1: Erwartungswerte E und Standardabweichungen S

	Z1	Z2	Z3	Z4	Y1	Y2	Y3
E	15.	42.	233.3	60.	54.1	1.7	35.
S	4.2	8.6	7.5	9.0	7.1	5.2	3.9

(2.1.3) Als Startwerte für die autoregressiven Prozesse $Z1_t,\ldots,Z4_t$ werden in den Perioden $t = 0,1$ die folgenden Werte verwendet.

Tab.2: Startwerte der exogenen Variablen

Z1	Z2	Z3	Z4
17.	37.	230.	57.

Die ersten 10 generierten Daten werden ignoriert, um Verzerrungen auf Grund von Einschwingvorgängen zu vermeiden. Man beachte, daß man bei kurzen Referenzperioden wegen der festen Startwerte mit schwach nichtstationären Prozessen bei den exogenen Variablen Z1,...,Z4 rechnen muß (vgl. z.B. Schönfeld (1971), p. 47,35). Man beachte weiterhin, daß Z2 als einzige exogene Variable ausschließlich positive Autokovarianzen aufweist, also einer relativ trägen Schwingung entspricht, bei der auch längere Ausschnitte u.U. als Realisierungen nichtstationärer Prozesse interpretiert werden können (vgl. z.B. Box, Jenkins (1970), p. 59,57).

(2.1.4) Mit dem Modell (2.1.1) wurden zwei Monte-Carlo (MC)-Experimente der Art 1.1 durchgeführt mit jeweils 100 Wiederholungen (vgl. (1.1.3)) für Referenzperioden mit 19, 39, 79 Zeitpunkten (vgl. (1.1.6)). Bei beiden Experimenten wurden deterministische Prognosen für die 10 an die Referenzperioden anschließenden Zeitpunkte berechnet. Dabei wurden stochastische exogene Variablen verwendet. Die exogenen Prognosestartwerte wurden jeweils den Daten der exogenen Variablen entnommen, die der FIML-Schätzung der funktionalen Modellparameter zugrundelagen. Da das Modell statisch ist, existieren keine endogenen Startwerte (vgl. (1.1.4)). Die Experimente unterscheiden sich hinsichtlich der Wahl der Fehlerprozesse (vgl. (1.1.2)vi)):

(i) Mit dem ersten Experiment soll die Empfindlichkeit von FIML-Schätzungen und Prognosen hinsichtlich Meßfehlern unterschiedlicher Art untersucht werden. Dazu werden die maximalen Fehlergrößen für die Prozesse I.(3.1.2.1) (Prozentsätze von latenten Variablen) und I.(3.1.3.1) (Prozentsätze von Erwartungswerten von latenten Variablen) einheitlich für alle Variablen auf 5% festgelegt. Außerdem werden die maximalen Fehlergrößen für den Prozeß I.(3.1.4.11) (Prozentsätze von Standardabweichungen von latenten Variablen) gemäß (1.1.7) so festgelegt, daß die Meßfehler die gleiche Größenordnung haben wie bei den anderen Prozessen.

(ii) Mit dem zweiten Experiment soll die Empfindlichkeit von FIML-Schätzungen und Prognosen hinsichtlich proportional wachsenden Meßfehlern untersucht werden für den Fehlerprozeß I.(3.1.4.1) (gleiche Prozentsätze der Standardabweichungen der latenten Variablen). Da der FIML-Schätzer für spezielle Modelle bei diesem Prozeß sogar konsistent ist (vgl. I.3.3.2), soll die "Gutartigkeit" dieses Prozesses möglicherweise für größere Meßfehler in beliebigen

Modellen demonstriert werden. Dazu wird der Prozeß I.(3.1.4.1) mit den maximalen Fehlergrößen 5%, 10% und 20% (der Standardabweichung) verwendet.

Man beachte, daß sich die Korrelationsstrukturen von Meßfehlern und latenten Variablen im ersten Experiment bei allen Meßfehlerprozessen unterscheiden, daß sie dagegen beim zweiten Experiment übereinstimmen.

Die Parameterschätzungen und Prognosen bei ungestörten Daten werden in beiden MC-Experimenten in der gleichen Weise berechnet (vgl. (1.1.1) iii), v)). Diejenigen der im folgenden diskutierten Ergebnisse, die sich ausschließlich auf ungestörte Daten beziehen, stützen sich daher auf 200 Wiederholungen durch Zusammenfassung der Ergebnisse aus beiden MC-Experimenten (Kombination 1) (vgl. (2.1.7)). Ergebnisse, die sich nicht ausschließlich auf ungestörte Daten beziehen, stützen sich dagegen immer nur auf die 100 Wiederholungen eines der beiden MC-Experimente.

(2.1.5) Bevor im folgenden die Resultate der MC-Experimente für Simulationsmodell (2.1.1) dargestellt werden, folgt eine Zusammenstellung der in den nachfolgenden Tabellen verwendeten Bezeichnungen:

- Schätzungen und Prognosen bei ungestörten Daten werden mit dem Index "u" gekennzeichnet.
- Schätzungen und Prognosen bei meßfehlerbehafteten Daten werden mit den Indizes "1", "2", "3" gekennzeichnet. Diese Indizes stehen bei Experimenten der Art (2.1.4) (i) für die Meßfehlerprozesse I.(3.1.2.1), I.(3.1.3.1), I.(3.1.4.11), bei Experimenten der Art (2.1.4) (ii) für den Meßfehlerprozeß I.(3.1.4.1) mit den Prozentsätzen 5%, 10%, 20%.
- MC-Schätzungen für die Erwartungswerte von Parameterschätzungen bei ungestörten Daten sind als prozentuale Abweichungen von den wahren Parametern angegeben:

$(\bar{\hat{\beta}}_u(\%))_i := ((\bar{\hat{\beta}}_u)_i - \hat{\beta}_i^*)(100/\hat{\beta}_i^*)$.

Bei gestörten Daten werden i.a. die prozentualen Abweichungen von den Schätzungen bei ungestörten Daten verwendet: (z.B.)

$(\hat{\beta}_{u1}(\%))_i := ((\bar{\hat{\beta}}_1)_i - (\bar{\hat{\beta}}_u)_i)(100/(\bar{\hat{\beta}}_u)_i)$.

- Die MC-Schätzung des Erwartungswerts der wahren Variablen wird (z.B.) mit $\overline{YI}_t$ bezeichnet (nicht zu verwechseln mit der deterministischen Prognose bei bekannten wahren Parametern (vgl. I.(2.2.1.11))).

- Bei Prognosen mit ungestörten Daten sind die MC-Schätzungen des Erwartungswerts des Prognosefehlers in Prozent der MC-Schätzung des Erwartungswerts der wahren Variablen angegeben: (z.B.)

  $(\bar{\hat{Y1}}_u(\%))_t := ((\bar{\hat{Y1}}_u)_t - \overline{YI}_t)(100 / \overline{YI}_t)$.

  Bei gestörten Daten werden die prozentualen Abweichungen von den MC-Schätzungen bei ungestörten Daten verwendet: (z.B.)

  $(\bar{\hat{Y1}}_{u1}(\%))_t := ((\bar{\hat{Y1}}_1)_t - (\bar{\hat{Y1}}_u)_t)(100 / (\bar{\hat{Y1}}_u)_t)$,

  oder auch die prozentuale Änderung der Absolutbeträge der MC-Schätzungen des Erwartungswerts des Prognosefehlers:

  $(\bar{\hat{Y1}}_{fu1}(\%))_t := (|(\bar{\hat{Y1}}_1(\%))_t| \ / \ |(\bar{\hat{Y1}}_u(\%))_t| - 1) \cdot 100$.

- MC-Schätzungen für Standardabweichungen sind analog notiert: (z.B.)

  $(\hat{s}_u)_i := \hat{s}_N((\hat{\beta}_u)_i)$ bei dem Parameter $(\hat{\beta}_u)_i$ (vgl. (1.1.3)),

  $(\hat{s}_{u1}(\%))_i := ((\hat{s}_1)_i \ / \ (\hat{s}_u)_i - 1) \cdot 100$,

  $(\hat{s}_u)_t := \hat{s}_N((\hat{Y1}_u)_t)$ bei Variable $\hat{Y1}_u$ in Periode t ,

$(\hat{s}_{fu})_t := \hat{s}_N((\hat{Y1}_{ut} - Y1_t)$ beim Prognosefehler von $\hat{Y1}_{ut}$,

$(\hat{s}_{fu1}(\%))_t := ((\hat{s}_{f1})_t / (\hat{s}_{fu})_t - 1) \cdot 100$.

Daneben wird auch noch die geschätzte Standardabweichung der wahren Werte verwendet:

$\hat{s}_t := \hat{s}_N(Y1_t)$ bei Y1 in Periode t .

- Werte der t-Statistik werden verwendet für den Test auf Nichtübereinstimmung der Erwartungswerte der Parameterschätzungen mit den wahren Parametern und der Erwartungswerte der Prognosefehler mit Null: (z.B.)

  $(t_u)_i := t_N((\bar{\hat{\beta}}_u)_i;\beta_i^*)$ bei dem Parameter $\bar{\hat{\beta}}_{ui}$ (vgl. (1.1.5)) ,

  $(t_{fu})_t := t_N((\overline{\hat{Y1}}_u)_t - \overline{Y1}_t;0)$ bei Variable Y1 zum Zeitpunkt t .

  Die t-Werte für die Abweichungen von Erwartungswerten von FIML-Schätzungen bzw. deterministischen Prognosen untereinander werden durch Doppelindizes gekennzeichnet: (z.B.)

  $(t_{u3})_i := t_N((\bar{\hat{\beta}}_u)_i - (\bar{\hat{\beta}}_3)_i;0)$ bei Parameterschätzungen,

  $(t_{f23})_t := t_N(\overline{\hat{Y1}}_{d2t} - \overline{\hat{Y1}}_{d3t};0)$ bei Abweichungen von deterministischen Prognosen der Fehlerprozesse 2,3 .

- Präzisionen sind nur bei Parameterschätzungen bei ungestörten Daten angegeben (vgl. (1.1.2) ix)):

  $(p_u)_i := p_N((\bar{\hat{\beta}}_u)_i)$ bei N Wiederholungen und dem Parameter $\bar{\hat{\beta}}_{ui}$.

- In den nachfolgenden Tabellen sind zumeist nur die Ergebnisse für 79 Beobachtungen (#79) und 19 Beobachtungen (#19) wiedergegeben. Die Ergebnisse für 39 Beobachtungen liegen "dazwischen" (vgl. z.B. (2.2.7)). Man beachte, daß bei der heutigen Datenlage in der BRD makroökonomische Quartals- bzw. Jahresmodelle auf etwa 80 bzw. 20 Beobachtungen zurückgreifen können (vgl. z.B. 4.2.3).

(2.1.6) Aufgrund der MC-Experimente kommt man für <u>statische Modelle in reduzierter Form</u> (, die sich ähnlich verhalten wie Simulationsmodell (2.1.1),) unter anderem zu folgenden <u>Resultaten</u>:

- Bei ungestörten Daten kann man mit konsistenten FIML-Schätzungen rechnen und mit asymptotisch kleinen mittleren Prognosefehlern (vgl. (2.1.7)).
- Bei Anwesenheit von Meßfehlern muß man mit inkonsistenten FIML-Schätzungen rechnen (vgl. (2.1.8), (2.1.10)).
- Bei ungefähr gleich großen Meßfehlern unterschiedlicher Fehlerprozesse muß man signifikant unterschiedliche Erwartungswerte der FIML-Schätzungen erwarten (vgl. (2.1.8)).
- Bei proportional wachsender Meßfehlergröße muß man mit wesentlich stärker als linear wachsenden Abweichungen in den Parameterschätzungen rechnen und mit wachsenden Signifikanzniveaus hinsichtlich der Abweichungen von den wahren Parametern (vgl. (2.1.10)).
- Die Auswirkungen der Meßfehler auf die deterministischen Prognosen sind deutlich schwächer:
  - Die Abweichungen des Erwartungswerts der Prognosefehler von Null sind bei keinem Meßfehlerprozeß signifikant (vgl. (2.1.9), (2.1.11)).
  - Das Signifikanzniveau dieser Abweichungen steigt auch nicht bei proportional wachsenden Meßfehlern (vgl. (2.1.11)).
  - Proportional wachsende Meßfehlergrößen führen nur

selten zu wesentlich stärker als linear wachsenden Abweichungen in den deterministischen Prognosen (vgl. 2.1.11)).

- Der Einfluß der Meßfehler auf die Varianzen der Prognosefehler ist wesentlich geringer als der Einfluß auf die Varianzen der Parameterschätzungen (vgl. (2. 1.8) - (2.1.11)).

- Meßfehler mit derselben Korrelationsstruktur wie die latenten Variablen bewirken wesentlich kleinere Änderungen, insbesondere in den Parameterschätzungen (vgl. (2.1.10)).

- Kürzere Referenzperioden führen zu größeren Standardabweichungen der Parameterschätzungen (vgl. (2.1.7), (2.1.8)), oft zu größeren mittleren Prognosefehlern (vgl. (2.1.7)) bzw. zu größeren mittleren Abweichungen der "gestörten" Prognosen von den "ungestörten" (vgl. (2.1.9), (2.1.11)), i.a. zu größeren Standardabweichungen der Prognosefehler (vgl. (2.1.7)) und bei ungestörten Daten i.a. zu größeren mittleren Abweichungen der FIML-Schätzungen von den wahren Parametern (vgl. (2.1.7)).

(2.1.7) Dem kombinierten MC-Experiment für <u>ungestörte Daten</u> (vgl. (2.1.4)) kann zunächst einmal entnommen werden, daß sich einige Modellvariablen eher wie <u>nichtstationäre Variablen</u> verhalten (vgl. (2.1.3)). Das gilt insbesondere für die exogene Variable Z2 und deshalb auch für die endogene Variable Y1 , für die die Standardabweichung (S = 7.1, vgl. (2.1.2)) in der Prognoseperiode durchweg, und mit der Zeit stärker werdend, überschätzt wird (vgl. $\hat{s}$ für Y1 in Tab.3 b)).

Trotz dieser "Nichtstationarität" wird die geschätzte Abweichung zwischen Erwartungswert der FIML-Schätzungen und wahren Parametern erfreulicherweise kleiner für größer werdende Referenzperioden (vgl. $\bar{\hat{\beta}}_u(\%)$ in Tab.3 a)). Analog fällt die geschätzte Standardabweichung ($\hat{s}_u$) und der entsprechende t-Wert (t_u), und die Präzision (p_u) des MC-Schätzers nimmt zu. Alle diese Resultate deuten auf konsistente Schätzungen hin. Dieses Ergebnis ist nach I.2.1.2 wohl auch zu erwarten, obwohl die exogenen Variablen hier stochastische Größen sind und also keine bedingte, sondern eine unbedingte Betrachtungsweise gewählt wurde (vgl. I.(2.1.1.3)).

Für die deterministischen Prognosen erhält man ein andersgeartetes Ergebnis. Daß der Prognosefehler asymptotisch verschwindet, ist schon a-priori auszuschließen. Wegen der Linearität des Modells in Residuen mit Erwartungswert 0 und in der Zeit konstanter Varianz wird man nämlich bei konsistenten Parameterschätzungen asymptotisch Prognosefehler erhalten mit Erwartungswert 0, aber nichtverschwindender Varianz (vgl. I.(3.4.3.1), I.(3.4.3.2)).

Tatsächlich scheinen die MC-Schätzungen der Varianzen der Prognosefehler bei größer werdenden Referenzperioden gegen die Varianz der Gleichungsresiduen zu konvergieren (vgl. $\hat{s}_{fu}$ in Tab. 3 b), nach (2.1.1) ist $var(\varepsilon_1)=2$, $var(\varepsilon_2)=16$). Auch werden die mittleren Prognosefehler zumeist kleiner bei längeren Referenzperioden (vgl. $\overline{\hat{Y1}}_u(\%)$, $\overline{\hat{Y2}}_u(\%)$), und der t-Test liefert ebenfalls wenig Grund, das Verschwinden des Erwartungswerts abzulehnen (vgl. t_{fu}). Man beachte, daß die unterschiedliche Größe der t-Werte für die verschiedenen Prognosezeitpunkte

Tab.3: Ausgewählte Ergebnisse für ungestörte Daten

a) Parameterschätzungen (Kombination 1)

	79 Beobachtungen				19 Beobachtungen			
β^*	$\bar{\hat{\beta}}_u$(%)	$\hat{s}_u$	t_u	p_u	$\bar{\hat{\beta}}_u$(%)	$\hat{s}_u$	t_u	p_u
.200	0.8	.054	.40	98.1	2.4	.134	.50	95.4
.100	0.6	.054	.17	96.2	-4.4	.128	.48	90.5
.800	0.0	.016	.27	99.9	1.1	.072	1.7	99.4
16.0	-0.2	1.00	.55	99.6	-2.3	3.44	1.5	98.4
.500	0.7	.115	.40	98.4	5.5	.294	1.3	96.1
.300	-1.4	.107	.57	97.4	-6.6	.294	.96	92.6
-.100	0.4	.033	.15	97.7	-2.3	.121	.27	91.2
13.0	0.6	7.79	.14	95.8	-5.0	28.7	.32	83.6
.500	-0.3	.034	.63	99.5	-1.9	.089	1.5	98.7
-.100	-2.2	.035	.89	97.5	-7.0	.093	1.1	92.9
11.0	-0.5	.080	.96	99.5	1.2	3.57	.51	97.7

b) Prognosen (Kombination 1)

		79 Beobachtungen				19 Beobachtungen			
$\overline{Y1}$	$\hat{s}$	$\overline{\hat{Y1}}_u$(%)	$\hat{s}_u$	t_{fu}	$\hat{s}_{fu}$	$\overline{\hat{Y1}}_u$(%)	$\hat{s}_u$	t_{fu}	$\hat{s}_{fu}$
53.9	7.4	0.0	7.5	0.3	1.5	0.1	7.7	0.5	1.8
53.8	7.7	0.2	7.6	0.9	1.4	0.2	7.7	0.8	1.6
53.8	7.7	0.2	7.6	1.2	1.4	0.3	7.8	1.2	1.6
53.9	7.7	-0.1	7.6	0.4	1.4	-0.1	7.7	0.3	1.7
53.6	8.0	0.2	7.7	0.9	1.4	0.1	7.8	0.6	1.6
53.8	8.4	-0.2	8.1	1.1	1.5	-0.3	8.2	1.5	1.7
53.7	8.3	0.1	8.3	0.7	1.5	0.0	8.4	0.0	1.8
53.9	8.5	-0.2	8.3	1.1	1.5	-0.4	8.4	1.8	1.8
54.1	8.3	-0.1	8.2	0.7	1.4	-0.4	8.4	1.7	1.8
54.4	8.4	-0.2	8.4	1.3	1.5	-0.4	8.5	1.7	1.7
$\overline{Y2}$	$\hat{s}$	$\overline{\hat{Y2}}_u$(%)	$\hat{s}_u$	t_{fu}	$\hat{s}_{fu}$	$\overline{\hat{Y2}}_u$(%)	$\hat{s}_u$	t_{fu}	$\hat{s}_{fu}$
1.38	4.8	35.6	3.2	1.9	3.7	41.6	3.5	2.0	4.1
1.61	5.3	18.6	3.4	1.0	4.4	23.9	3.8	1.2	4.7
1.44	5.4	28.8	3.6	1.5	4.0	34.2	3.9	1.6	4.4
1.69	5.1	2.8	3.7	0.2	4.0	7.9	4.0	0.4	4.5
1.35	5.5	10.2	3.5	0.5	4.1	14.2	3.8	0.6	4.6
1.70	5.4	-15.2	3.4	0.9	4.3	-11.7	3.9	0.6	4.5
1.53	5.5	9.4	3.3	0.5	4.2	13.2	3.7	0.6	4.6
2.22	5.3	-13.3	3.3	1.0	4.3	-13.8	3.5	1.0	4.5
2.15	5.2	-2.8	3.2	0.2	4.1	-7.6	3.6	0.5	4.7
2.52	5.2	-9.0	3.4	0.8	4.1	-9.8	4.0	0.8	4.2

nahezu ausschließlich aus Schwankungen der Prognosefehlermittel resultiert, da die Schätzungen der Standardabweichungen der Prognosefehler nahezu konstant sind. Um gleichmäßige Ergebnisse zu erhalten, scheinen wesentlich mehr Wiederholungen notwendig zu sein, bei der Variable Y2 allein schon wegen der relativen Größe der Standardabweichung des Prognosefehlermittels $(E(\overline{Y2})=1.7,\ s(\overline{\hat{Y}2}-\overline{Y2})=4/\sqrt{N}$, vgl. (2.1.1), (2.1.2), (1.1.3)). Analog resultieren die prozentual relativ großen Prognosefehler bei Y2 aus den relativ großen Standardabweichungen $\hat{s}$, $\hat{s}_u$ im Verhältnis zu den Mittelwerten $\overline{Y2}$, $\overline{\hat{Y}2}_u$ (vgl. $\overline{\hat{Y}2}_u(\%)$).

(2.1.8) Bei Anwesenheit von <u>Meßfehlern</u> der Art (2.1.4) (i), <u>deren Korrelationsstruktur sich von derjenigen der latenten Variablen unterscheidet</u>, verhalten sich die FIML-Schätzungen deutlich anders als bei meßfehlerfreien Daten. Tatsächlich wächst die Signifikanz der Abweichungen von den wahren Parametern bei allen Fehlerprozessen für längere Referenzperioden (vgl. t_1, t_3 in Tab. 4). Sogar einige der Abweichungen selber wachsen (vgl. $\bar{\hat{\beta}}_1(\%)$, $\bar{\hat{\beta}}_2(\%)$, $\bar{\hat{\beta}}_3(\%)$), während die geschätzten Standardabweichungen gleichmäßig fallen (vgl. $\hat{s}_1$). Bei Anwesenheit von Meßfehlern der untersuchten Art muß man also wohl mit inkonsistenten FIML-Schätzungen rechnen.

Die Präzision der MC-Schätzungen des Erwartungswerts der FIML-Schätzungen fällt sowohl wegen der Anwesenheit von Meßfehlern als auch bei weniger Beobachtungen. Teilweise bleiben die Präzisionen unter 90%. Trotzdem muß man wohl davon ausgehen, daß die Erwartungswerte der Parameterschätzungen durch Meßfehler stark und teilweise auch signifikant verändert werden (vgl. $\bar{\hat{\beta}}_{u1}(\%)$, $\bar{\hat{\beta}}_{u3}(\%)$, t_{u3}). Dabei unterscheiden sich die Erwartungswerte der Parameterschätzungen der ersten beiden Prozesse deutlich weniger signifikant untereinander als von denjenigen des dritten Prozesses. Allerdings kann man auch bei den Prozessen 1,2 nicht bei allen Parametern mit asymptotisch identischen Erwartungswerten rechnen (vgl. t_{21} , t_{23}). Außerdem verhält sich der Prozeß 3 auch hinsichtlich der Veränderung der Standardabweichungen deutlich anders als die Prozesse 1,2. Denn Prozeß 3 liefert wesentlich kleinere Veränderungen und teilweise sogar kleinere MC-Schätzungen als der ungestörte Prozeß (vgl. $\hat{s}_{u1}(\%)$, $\hat{s}_{u3}(\%)$) .

Tab.4: Ausgewählte Ergebnisse: Vergleich unterschiedlicher Fehlerprozesse: Parameterschätzungen (Experiment 1)

#	$\beta*$	$\bar{\hat{\beta}}(\%)_1$	$\hat{s}_1$	t_1	$\bar{\hat{\beta}}(\%)_{u1}$	$\hat{s}(\%)_{u1}$	$\bar{\hat{\beta}}(\%)_2$	t_{21}	$\bar{\hat{\beta}}(\%)_3$	t_3	t_{u3}	t_{23}	$\bar{\hat{\beta}}(\%)_{u3}$	$\hat{s}(\%)_{u3}$
	.20	4.5	.07	1.2	2.6	41.	4.5	0.0	4.8	1.7	3.2	0.1	2.8	9.4
	.10	-3.0	.06	0.5	-3.1	26.	-3.2	0.4	-4.5	0.9	2.5	0.4	-4.6	1.8
	.80	-1.2	.03	3.4	-1.2	85.	-1.1	0.9	0.6	2.8	4.7	8.2	0.6	18.
	16.	1.9	1.4	2.2	2.3	56.	1.8	0.8	-1.7	2.9	4.7	6.9	-1.4	8.1
	.50	-1.3	.14	0.5	-0.6	15.	-1.3	0.1	-1.5	0.6	1.6	0.2	-0.8	5.8
79	.30	5.2	.13	1.2	1.7	20.	5.3	0.5	4.8	1.2	1.4	0.4	1.3	6.4
	-.10	-32.	.04	7.9	-31.	41.	-32.	0.2	-29.	8.8	12.	1.5	-27.	-3.8
	13.	-59.	9.5	8.0	-57.	19.	-59.	0.1	-53.	9.1	12.	1.5	-50.	-5.1
	.50	-11.	.05	11.	-11.	42.	-11.	0.9	-0.7	1.0	2.3	16.	-1.0	-0.3
	-.10	-51.	.05	11.	-52.	45.	-51.	1.9	-5.0	1.4	3.2	15.	-6.5	2.8
	11.	1.6	1.1	1.6	1.7	25.	1.8	2.4	-1.0	1.2	2.6	4.6	-0.9	2.2
	.20	12.	.20	1.2	5.3	48.	13.	1.3	10.	1.3	1.8	0.6	3.7	15.
	.10	-0.6	.18	0.0	-1.6	56.	-1.6	0.9	-2.0	0.2	0.7	0.0	-3.0	12.
	.80	-2.5	.11	1.8	-2.7	64.	-2.3	2.0	0.6	0.6	0.7	2.6	0.4	15.
	16.	3.0	5.1	0.9	4.7	50.	2.4	2.4	-3.2	1.4	1.3	2.1	-1.6	8.4
	.50	9.1	.35	1.3	-0.2	14.	8.6	1.0	11.	1.7	0.5	0.7	1.0	2.8
19	.30	-4.6	.33	0.4	-5.5	12.	-3.8	0.9	-4.9	0.5	1.7	0.2	-5.8	5.3
	-.10	-31.	.12	2.5	-33.	6.3	-33.	1.4	-24.	2.3	2.5	0.8	-26.	-8.6
	13.	-61.	29.	2.8	-60.	3.1	-63.	1.4	-48.	2.4	2.3	0.8	-47.	-8.0
	.50	-10.	.11	4.6	-11.	40.	-10.	0.2	1.6	1.0	0.4	5.9	0.5	-0.4
	-.10	-36.	.12	2.9	-42.	38.	-36.	0.1	6.9	0.9	0.6	4.5	-3.4	-10.
	11.	8.1	5.6	1.6	5.5	35.	7.8	0.7	-1.1	0.3	1.9	3.0	-3.5	9.4

(2.1.9) Erfreulicherweise reagieren die deterministischen Prognosen nicht so stark auf Meßfehler der Art (2.1.4) (i) wie die Parameterschätzungen (vgl. (2.1.8)). Die MC-Schätzungen der Erwartungswerte der deterministischen Prognosen unterscheiden sich z.B. nur bei Variable Y2 (vgl. (2.1.7)) um mehr als 0.4% (vgl. $\overline{\hat{Y}2}_{u1}(\%)$ in Tab.5). Erfreulich ist auch die relativ geringe Veränderung der MC-Schätzungen der Standardabweichung der Prognosefehler (vgl. $\hat{s}_{fuj}(\%)$, j=1,3). Die (Absolutbeträge der) MC-Schätzungen der Erwartungswerte der Prognosefehler verändern sich zwar i.a. relativ stark wegen der Differenzenbildung. Sie werden aber teilweise durch die Meßfehler sogar kleiner ($\overline{\hat{Y}2}_{fuj}(\%) < 0$, j=1,2,3), und die Veränderungen sind fast

Tab.5: Ausgewählte Ergebnisse: Vergleich unterschiedlicher Fehlerprozesse: Prognosen (Experiment 1)

#	$\overline{\hat{Y}2}(\%)_{u1}$	$\overline{\hat{Y}2}(\%)_{fu1}$	$\hat{s}(\%)_{fu1}$	t_{f1}	t_{f21}	$\overline{\hat{Y}2}(\%)_{fu2}$	t_{f23}	$\overline{\hat{Y}2}(\%)_{fu3}$	$\hat{s}(\%)_{fu3}$	t_{f3}
	1.1	3.7	1.4	1.7	0.5	4.3	1.2	-0.8	0.8	1.6
	-2.1	-14.	0.7	0.6	0.0	-15.	0.4	-9.4	-0.2	0.7
	-5.4	-52.	4.0	0.2	0.5	-54.	0.3	-59.	2.7	0.2
	-5.3	36.	-0.7	0.8	0.0	35.	0.5	29.	-0.5	0.8
79	-0.2	-0.6	-0.7	0.8	0.5	-2.0	1.4	-15.	4.9	0.7
	1.7	-47.	1.6	0.1	0.5	-42.	0.5	-22.	1.6	0.1
	-3.6	-26.	0.2	0.5	0.2	-27.	0.3	-24.	-1.0	0.5
	-1.6	5.6	0.9	1.5	0.5	5.9	0.7	9.5	4.7	1.6
	-0.4	-26.	2.1	0.1	1.4	-50.	0.3	-25.	1.8	0.1
	-1.2	6.0	-0.7	1.2	0.5	7.0	0.0	6.4	-0.7	1.2
	3.9	12.	0.2	1.9	0.1	12.	0.9	-1.3	1.4	1.7
	-9.6	-50.	-1.0	0.5	0.2	-50.	0.4	-38.	-0.7	0.6
	-16.	-93.	3.7	0.1	0.2	-92.	0.6	-81.	1.2	0.1
	-9.4	193.	-3.7	0.6	0.9	178.	0.6	74.	-4.7	0.3
19	1.5	6.8	-9.1	1.0	0.1	6.5	0.1	11.	-5.5	0.4
	-5.0	817.	0.0	0.2	0.3	783.	1.1	217.	-1.5	0.1
	-11.	-86.	-0.9	0.1	0.5	-82.	1.5	-19.	0.7	0.5
	-6.5	20.	7.8	1.8	0.5	19.	0.9	4.0	1.2	1.7
	-6.0	97.	5.5	0.6	0.2	98.	1.7	-57	2.4	0.1
	-8.3	33.	5.2	1.7	0.3	32.	1.0	8.9	1.4	1.4

durchweg kleiner bei größeren Referenzperioden (vgl. #19 mit #79). Außerdem sind die Abweichungen der MC-Schätzungen des Erwartungswerts von Null nicht signifikant (vgl. t_{f1}, t_{f3}). Beachte schließlich, daß alle drei Fehlerprozesse ähnliche Resultate liefern (vgl. insbesondere t_{f21}, t_{f23}).

(2.1.10) In I.3.2.3 wurde gezeigt, daß der Fehler in den OLS-Schätzungen bei statischen linearen Modellen und beliebigen Meßfehlerprozessen proportional wächst mit der Meßfehlergröße, wenn die Meßfehler klein genug sind. Demgegenüber liefert das MC-Experiment (2.1.4) (ii) (Prozeß I.(3.1.4.1) mit maximalen Fehlern von 5%, 10%, 20% der Standardabweichungen) FIML-Schätzungen, deren mittlere Abstände zu den FIML-Schätzungen bei ungestörten Daten überwiegend deutlich stärker als linear wachsen ($\bar{\hat{\beta}}_{u(j+1)}(\%) / \bar{\hat{\beta}}_{uj}(\%)) > 2$, $j=1,2$ in Tab.6). Außerdem steigt i.a. auch die dazugehörige t-Statistik, so daß sich bei Meßfehlern von maximal 20% der Standardabweichung (also überwiegend von weniger als 7% [1]) bei allen untersuchten Referenzperioden signifikante Abweichungen ergeben (vgl. t_{u1}, t_{u3}) .

Außerdem bewirkt die Vergrößerung der Meßfehler teilweise eine deutliche Vergrößerung der t-Statistik der mittleren Abweichungen der FIML-Schätzungen von den wahren Parameterwerten und schließlich auch hier signifikante Abweichungen (vgl. t_1, t_3 bei #79). Schließlich steigt die t-Statistik bei einigen Parametern auch mit zunehmender Länge der Referenzperiode (vgl. insbesondere t_3 bei #19 und #79). Damit kann man auch bei diesem Fehlerprozeß inkonsistente Parameterschätzungen nicht ausschließen.

---

1) $N(\mu,\sigma^2)$-verteilte Zufallsvariablen liegen zu nahezu 100% in einem Intervall der Länge $L := 6\sigma$ um μ und zu mehr als 50% in einem Intervall der Länge $2\sigma = L / 3$.

Die Präzision fällt kaum bei Anwesenheit dieser Meßfehler. Der Vergleich der Ergebnisse von Prozeß 3 mit den Ergebnissen in (2.1.8) demonstriert die relative "Gutartigkeit" von Meßfehlern mit derselben Korrelationsstruktur wie die latenten Variablen. Tatsächlich lassen sich bei Prozeß 3 nicht einmal Ansätze der teilweise dramatischen Abweichungen aus (2.1.8) erkennen, obwohl die Meßfehler teilweise sogar größer sind (nämlich bei Y2, vgl. (2.1.2)). Andererseits demonstriert der Vergleich die Stärke der Auswirkungen unkorrelierter Meßfehler (Prozesse 1,2 in (2.1.8)).

(2.1.11) Wiederum wirken sich die Meßfehler nicht so stark auf die <u>deterministischen</u> <u>Prognosen</u> aus wie auf die Para-

Tab.6: Ausgewählte Ergebnisse für proportional wachsende Meßfehler: Parameterschätzungen (Experiment 2)

#	β*	$\bar{\hat{\beta}}(\%)_{u1}$	t_1	t_{u1}	$\bar{\hat{\beta}}(\%)_{u2}$	$\bar{\hat{\beta}}(\%)_{u3}$	$\hat{s}(\%)_{u3}$	t_3	t_{u3}
	.20	.13	0.1	1.5	.34	1.01	-2.1	0.2	2.9
	.10	-.26	0.2	1.4	-.71	-2.10	-1.1	0.2	2.9
	.80	.01	0.2	1.7	.02	.03	1.0	0.3	1.7
	16.	-.02	0.2	1.2	-.03	-.06	.45	0.3	1.1
	.50	.12	1.0	1.5	.33	1.01	.46	1.4	3.3
79	.30	-.26	1.8	1.8	-.69	-2.03	.09	2.3	3.6
	-.10	.02	0.9	0.2	-.02	-.29	-.06	0.8	0.8
	13.	.04	1.0	0.3	-.02	-.46	.37	0.9	0.8
	.50	-.05	1.4	1.0	-.24	-1.02	.03	2.8	5.9
	-.10	-.25	1.7	1.1	-1.28	-5.44	-.54	3.2	5.9
	11.	-.00	1.4	0.3	-.01	-.03	1.4	1.4	0.6
	.20	-.02	0.2	0.1	.06	.53	-2.2	0.1	0.5
	.10	-.09	0.7	0.2	-.36	-1.38	.79	0.8	0.7
	.80	.06	2.2	1.4	.10	.16	3.3	2.3	1.1
	16.	-.08	1.4	1.0	-.15	-.22	-2.8	1.5	0.7
	50.	.09	0.3	0.3	.38	1.48	2.0	0.6	1.4
19	.30	.11	1.4	0.2	-.03	-1.08	3.0	1.5	0.6
	-.10	.47	0.5	0.8	.88	1.32	-2.5	0.5	0.6
	13.	.78	0.4	0.7	1.39	1.82	-2.1	0.3	0.5
	.50	-.21	2.6	1.0	-.50	-1.25	2.3	3.1	2.0
	-.10	-1.37	2.7	1.1	-3.32	-8.41	2.5	3.2	2.1
	11.	-.03	0.1	0.3	-.06	-.19	3.6	0.1	0.5

meterschätzungen (vgl. (2.1.9)). Tatsächlich wachsen die Fehler in den deterministischen Prognosen nur selten wesentlich stärker als linear bei proportional wachsenden Meßfehlern der Art (2.1.4) (ii) (vgl. $\overline{\hat{Y}2}_{uj}(\%)$, j=1,2,3, in Tab.7). Außerdem bewirkt die Vergrößerung der Meßfehler nahezu keine Veränderung des Signifikanzniveaus der Abweichungen des Erwartungswerts des Prognosefehlers von Null (vgl. t_{f1}, t_{f3}).

Insgesamt wirken sich Meßfehler mit unterschiedlicher Korrelationsstruktur nicht so unterschiedlich auf die Verteilung des Prognosefehlers aus wie auf die Verteilung der Parameterschätzungen (vgl. insbesondere $\overline{\hat{Y}2}_{fu3}$, $\hat{s}_{fu3}(\%)$, t_{f3} in Tab.5, 7 sowie $\bar{\hat{\beta}}_{u3}(\%)$, $\hat{s}_{u3}(\%)$, t_3 in Tab.4, 6).

Tab.7: Ausgewählte Ergebnisse für proportional wachsende Meßfehler: Prognosen (Experiment 2)

#	$\overline{\hat{Y}2}_{u1}(\%)$	t_{f1}	$\overline{\hat{Y}2}_{u2}(\%)$	$\overline{\hat{Y}2}_{u3}(\%)$	$\overline{\hat{Y}2}_{fu3}(\%)$	$\hat{s}_{fu3}(\%)$	t_{f3}
	.72	1.0	1.46	3.02	13.	-0.3	1.1
	.19	0.6	.38	.71	4.3	-0.2	0.6
	-.05	1.5	-.09	-.15	-.59	-0.2	1.5
	-.02	0.9	-.07	-.22	-1.3	0.5	0.9
	.01	0.1	-.01	-.09	2.6	0.7	0.1
79	.00	1.1	-.00	-.01	.34	-1.2	1.1
	-.17	0.0	-.32	-.57	600.	0.0	0.0
	-.06	0.1	-.10	-.12	-5.9	0.0	0.1
	.12	0.4	.26	.53	-5.3	-0.2	0.3
	-.19	0.1	-.36	-.67	-50.	0.0	0.0
	.55	1.1	1.10	2.23	8.7	1.5	1.2
	.62	0.7	1.15	2.04	10.	-0.2	0.7
	.44	1.6	.84	1.43	4.0	0.0	1.6
	.18	0.8	.31	.36	1.7	0.0	0.8
19	.50	0.1	.92	1.53	115.	-1.1	0.1
	-.90	0.9	-1.86	-3.88	11.	-1.9	1.0
	-.54	0.3	-1.18	-2.83	-26.	0.8	0.2
	-.46	0.2	-1.00	-2.33	-46.	0.2	0.1
	.12	0.4	.26	.56	-5.3	-0.8	0.4
	.07	0.2	.19	.66	20.	0.7	0.2

2.2 Ein dynamisches interdependentes Simulationsmodell

Das folgende Simulationsmodell (2.2.1) ist interdependent und dynamisch mit endogenen Modellvariablen, die sämtlich nichtstationär sind. Interdependente Modelle wurden in I.3 nicht behandelt. Im Gegensatz zum Simulationsmodell (2.1.1) wurden hier sämtliche Modellinterdependenzen und insbesondere sämtliche Identitäten von Modell KLEIN1 nachgebildet, ebenso wie die Abhängigkeit der endogenen Modellvariablen von der Zeit t (vgl. (3.1)). Deshalb ist das Modell sowohl interdependent als auch dynamisch, und die endogenen Variablen sind nichtstationär.

(2.2.1) Interdependentes dynamisches Simulationsmodell [1)]

$$Y1_t = 0.2 \cdot Y4_t + 0.1 \cdot Y4_{t-1} + 0.8 \cdot (Y3_t + Z1_t) + 16. + \varepsilon_{1t} ,$$

$$Y2_t = 0.1 \cdot Y4_t + 0.06 \cdot Y4_{t-1} - 0.1 \cdot Y5_{t-1} + 20. + \varepsilon_{2t} ,$$

$$Y3_t = 0.45 \cdot (Y6_t + Z2_t - Z1_t) - 0.15 \cdot (Y6_{t-1} + Z2_{t-1} - Z1_{t-1}) + 0.15 \cdot (t - 50.) + 15. + \varepsilon_{3t} ,$$

$$Y4_t = Y6_t - Y3_t - Z1_t ,$$

$$Y5_t = Y5_{t-1} + Y2_t ,$$

$$Y6_t = Y1_t + Y2_t + Z3_t - Z2_t ,$$

$$Z1_t = -0.65 \cdot Z1_{t-1} + 8. + \eta_{1t} , \quad \eta_{1t} \sim N(0, 1.75^2) ,$$

$$Z2_t = 7. + \eta_{2t} , \quad \eta_{2t} \sim N(0, 2.^2) ,$$

$$Z3_t = 10. + \eta_{3t} , \quad \eta_{3t} \sim N(0, 4.^2) ,$$

$$\begin{pmatrix} \varepsilon_{1t} \\ \varepsilon_{2t} \\ \varepsilon_{3t} \end{pmatrix} \sim N \left(\begin{pmatrix} 0 \\ 0 \\ 0 \end{pmatrix}, \begin{pmatrix} 2. & 4. & 0.5 \\ 4. & 16. & 4. \\ 0.5 & 4. & 2. \end{pmatrix} \right) .$$

1) Die Variablen Y1, Y2, Y3, Y4, Y5, Y6, Z1, Z2, Z3 entsprechen den Variablen C, I, WP, P, K, Y, WG, T, G in Modell KLEIN1 (vgl. (3.1)).

Man beachte, daß Y5 nur "nahezu" einen "random-walk" [1] darstellt, da $Y5_{t-1}$ und $Y2_t$ korreliert sind wegen des Ansatzes für $Y2_t$. Dieses wird auch an der reduzierten Form deutlich.

(2.2.2) Die <u>reduzierte Form</u> des Modells (2.2.1) hat folgendes Aussehen:

$$
\begin{pmatrix} Y1_t \\ Y2_t \\ Y3_t \\ Y4_t \\ Y5_t \\ Y6_t \end{pmatrix} =
\begin{pmatrix}
0 & 0 & 0 & .258 & -.099 & -.164 \\
0 & 0 & 0 & .079 & -.112 & .063 \\
0 & 0 & 0 & .152 & -.095 & -.221 \\
0 & 0 & 0 & .185 & -.116 & .063 \\
0 & 0 & 0 & .079 & .888 & .006 \\
0 & 0 & 0 & .337 & -.211 & -.158
\end{pmatrix}
\begin{pmatrix} Y1_{t-1} \\ Y2_{t-1} \\ Y3_{t-1} \\ Y4_{t-1} \\ Y5_{t-1} \\ Y6_{t-1} \end{pmatrix}
$$

$$
+ \begin{pmatrix}
.602 & -.497 & .989 & .164 & -.164 & .164 & 68.0 \\
-.023 & -.135 & .116 & -.006 & .006 & -.006 & 23.5 \\
-.189 & -.284 & .947 & .221 & -.221 & .221 & 56.2 \\
-.232 & -1.35 & 1.16 & -.063 & .063 & -.063 & 35.4 \\
-.023 & -.135 & .116 & -.006 & .006 & -.006 & 23.5 \\
.579 & -1.63 & 2.11 & .158 & -.158 & .158 & 91.6
\end{pmatrix}
\begin{pmatrix} Z1_t \\ Z2_t \\ Z3_t \\ Z1_{t-1} \\ Z2_{t-1} \\ (t-50.) \\ 1 \end{pmatrix}
$$

$$
+ \begin{pmatrix}
1 & 0 & -0.8 & -0.2 & 0 & 0 \\
0 & 1 & 0 & -0.1 & 0 & 0 \\
0 & 0 & 1 & 0 & 0 & -0.45 \\
0 & 0 & 1 & 1 & 0 & -1 \\
0 & -1 & 0 & 0 & 1 & 0 \\
-1 & -1 & 0 & 0 & 0 & 1
\end{pmatrix}^{-1}
\begin{pmatrix} \varepsilon_{1t} \\ \varepsilon_{2t} \\ \varepsilon_{3t} \\ 0 \\ 0 \\ 0 \end{pmatrix} .
$$

---

1) Ein stochastischer Prozeß $y_t = y_{t-1} + x_t$ heißt random-walk, wenn die Zuwächse x_t unabhängig identisch verteilt sind. Ein random-walk ist ein nichtstationärer Prozeß (vgl. z.B. Box, Jenkins (1970), p. 123).

Damit sind sämtliche endogene Variablen des Modells (2.2.1) nichtstationär wegen ihrer Abhängigkeit von (t-50.).

(2.2.3) Für die exogenen Modellvariablen ergeben sich die folgenden Erwartungswerte und Standardabweichungen:

Tab.8: Erwartungswerte E und Standardabweichungen S

	Z1	Z2	Z3
E	4.85	7.	10.
S	2.30	2.	4.

(2.2.4) Als Startwert $Z1_0$ für den autoregressiven Prozeß $Z1_t$ wird der Wert 6. verwendet. Als endogene Startwerte werden bei der Datengenerierung Werte für $Y4_1$, $Y5_1$, $Y6_1$ benötigt:

Tab.9: Endogene Startwerte bei Datengenerierung

$Y4_1$	$Y5_1$	$Y6_1$
20.	220.	55.

Wiederum werden die generierten Daten mit den Indizes t = 0, ..., 9 nicht verwendet. Der maximal verwendete Schätzzeitraum umfaßt die Beobachtungen 11 bis 89. Damit hat die Variable (t - 50.) das empirische Mittel 0 in dieser Referenzperiode.

(2.2.5) Mit dem Modell (2.2.1) wurden vier Monte-Carlo-Experimente durchgeführt mit jeweils 100 Wiederholungen für Referenzperioden mit 19, 39, 79 Zeitpunkten (vgl. (1.1.6)). Bei allen Experimenten wurden deterministische Prognosen für die 10 an die Referenzperioden anschließenden Zeitpunkte berechnet. Bei den ersten beiden Experimenten wurden für die Prognose stochastische endogene Startwerte verwendet (jeweils aus den Daten der endogenen Variablen, die der Schätzung zugrundelagen). Bei den anderen Experimenten wurden feste endogene Startwerte verwendet und feste Realisierungen der latenten exogenen Variablen in Schätz- und Prognoseperiode [1] (nämlich die Realisierungen der jeweils ersten Stichprobe) (vgl. (1.1.4), I.(3.4.3.1)). Die Experimente 1, 3 unterscheiden sich von den Experimenten 2, 4 durch die Wahl der Fehlerprozesse. Die Experimente 1, 3 sind im Prinzip wie in (2.1.4) (i) aufgebaut, die Experimente 2, 4 wie in (2.1.4) (ii). Bei den Experimenten 1, 3 werden also unterschiedliche Fehlerprozesse gegenübergestellt, deren Meßfehler sämtlich eine andere Korrelationsstruktur haben als die latenten Variablen. Bei den Experimenten 2, 4 werden proportional wachsende Meßfehler untersucht mit derselben Korrelationsstruktur wie die latenten Variablen. Die "Zeit" t (vgl. die Gleichung für Y3 in (2.2.1)) wird in jedem Fall als nichtstochastisch angesehen und nicht gestört. Um bei den Experimenten 1, 3 ungefähr gleich große Meßfehler bei allen Fehlerprozessen zu erreichen, werden die maximalen Fehlergrößen für die Variable Y2 anders festgelegt als in (2.1.4) (i). Tatsächlich werden bei dem Fehlerprozeß 2 Meßfehler von maximal 40% (!) des Erwartungswerts der latenten Variablen zugelassen. Die maximalen Fehlergrößen bei den Prozessen 1, 3 werden wie in (2.1.4) (i) mit 5% festgelegt bzw. nach (1.1.7) angepaßt. Da Y2 negative und positive Werte annimmt bei sehr kleinem Erwartungswert, werden auf diese Weise im Mittel ähnlich große Meßfehler erzeugt.

Die <u>Parameterschätzungen bei ungestörten Daten</u> und die dazugehörigen <u>deterministischen</u> <u>Prognosen bei stochastischen</u>

---

1) Dieses entspricht der Situation bei der Datengenerierung bei den MC-Experimenten (1.2.2) für Real-world-Modelle.

Startwerten werden in den Experimenten 1,2 auf die gleiche Weise berechnet (vgl. (1.1.1) iii), v)). Hierfür sind also 200 Wiederholungen verfügbar (Kombination 1). Man beachte, daß sich die Experimente 3, 4 durch die unterschiedliche Wahl der Werte der exogenen Variablen und der festen Startwerte für die Prognose unterscheiden, da jeweils die Realisierungen der ersten Stichprobe verwendet werden. Damit sind die Ergebnisse dieser Experimente nicht kombinierbar.

Die Bezeichnungen in den nachfolgenden Tabellen stimmen mit denen in (2.1.5) überein.

(2.2.6) Aufgrund der MC-Experimente kommt man für interdependente dynamische Modelle (, die sich ähnlich verhalten wie Simulationsmodell (2.2.1),) unter anderem zu folgenden Resultaten:

- Schon bei ungestörten Daten muß man mit inkonsistenten FIML-Schätzungen rechnen (vgl. (2.2.7)) und mit auch asymptotisch nicht verschwindenden Erwartungswerten des Prognosefehlers (vgl. (2.2.8)).
- Die untersuchten Meßfehlertypen liefern FIML-Schätzungen, bei denen die Konsistenz derselben Parameter fraglich erscheint wie bei ungestörten Daten (vgl. (2.2.9), (2.2.11)).
- Bei proportional wachsenden Meßfehlergrößen muß man mit stärker als linear wachsenden Abweichungen in den Erwartungswerten der Parameterschätzungen rechnen (vgl. (2.2.11)).
- Kürzere Referenzperioden führen generell zu größeren mittleren Abweichungen von den wahren Parametern und zu größeren MC-Schätzungen der Standardabweichungen der Parameterschätzungen (vgl. (2.2.7), Tab.12, Tab.14) sowie zumeist zu größeren mittleren Abweichungen von

den Parameterschätzungen bei ungestörten Daten (vgl. Tab.12, Tab.14).

- Die Auswirkungen der Meßfehler auf die Verteilung der Prognosefehler sind zumindest in zweierlei Hinsicht geringer als auf die Verteilung der Parameterschätzungen:
  - Die MC-Schätzungen der Standardabweichungen der Prognosefehler werden wesentlich weniger durch die Meßfehler verändert als die MC-Schätzungen der Standardabweichungen der Parameterschätzungen (vgl. (2.2.10), (2.2.12)) und
  - proportional wachsende Meßfehlergrößen bewirken i.a. nur leicht stärker als linear wachsende mittlere Abweichungen in den Prognosefehlern (vgl.(2.2.12)).
- Kürzere Referenzperioden führen zu größeren Änderungen der MC-Schätzungen der Standardabweichungen der Prognosefehler durch die Meßfehler (vgl. (2.2.10), (2.2.12)).
- Meßfehler mit derselben Korrelationsstruktur wie die latenten Variablen liefern sowohl bei den Parameterschätzungen als auch bei den Prognosefehlern kleinere Änderungen bei den MC-Schätzungen der Standardabweichungen als die anderen Fehlerprozesse (vgl. (2.2.11), (2.2.12)).
- Feste exogene Werte und feste endogene Startwerte für die Prognose führen (zumindest) bei ungestörten Daten zu kleineren mittleren Prognosefehlern (vgl. (2.2.8)) und zu einem geringeren Anwachsen der Abweichungen in den MC-Schätzungen durch proportional wachsende Meßfehler (vgl. (2.2.11), (2.2.12)). Die fest vorgegebenen Werte führen aber auch zur "Verwischung" von deutlichen Resultaten im stochastischen Fall (vgl. z.B. (2.2.7)).

(2.2.7) Für <u>Parameterschätzungen bei ungestörten Daten</u> und <u>stochastischen</u> <u>exogenen</u> <u>Variablen</u> liefert Kombination

1 (200 Wiederholungen, vgl. (2.2.5)) für größer werdende Referenzperioden zwar zumeist kleiner werdende mittlere Abweichungen der MC-Schätzungen von den wahren Parametern (vgl. $\bar{\hat{\beta}}_u(\%)$ in Tab.10a)) und durchweg kleiner werdende MC-Schätzungen der Parameterstandardabweichungen (vgl. $\hat{s}_u$). Die mittleren Abweichungen der Parameterschätzungen $(\hat{\beta}_u)_7$, $(\hat{\beta}_u)_8$ von den wahren Parametern sind aber bei allen Referenzperioden signifikant (vgl. t_u). Man beachte, daß β_7 zu der Variable $Y5_{t-1}$ gehört, die "nahezu" einen "random-walk" darstellt (vgl. (2.2.1)). Damit erscheint die Konsistenz der Parameterschätzungen bei diesem Modell zumindest fraglich. Beachte, daß die Konsistenz des FIML-Schätzers in I.2.1.2 nur für statische Modelle bewiesen wurde bei festen Realisierungen von exogenen Variablen, die "quasi" stationär sind (vgl. I.(2.1.2.5)).

Auch für feste Realisierungen der exogenen Variablen (Experimente 3, 4; jeweils 100 Wiederholungen) erhält man ähnliche Ergebnisse. Allerdings sind weitere Parametermittel signifikant verschieden von den wahren Parametern (vgl. Tab.10 b)). Da sich die exogenen Variablen i.a. nicht gerade auf ihrem Erwartungswert realisieren werden, ist ein gegenüber dem stochastischen Fall "verwischtes" Resultat aber auch zu erwarten.

(2.2.8) Bei den Prognosefehlern bei ungestörten Daten muß man asymptotisch mit nichtverschwindenden Varianzen und wegen der eventuellen Inkonsistenz der Parameterschätzungen auch mit nichtverschwindenden Erwartungswerten rechnen (vgl. (2.2.7), (2.1.7)). Letzteres läßt sich allerdings durch die MC-Experimente mit stochastischen exogenen Variablen und stochastischen Startwerten nur sehr bedingt stützen. Tatsächlich sind die Abweichungen nur sehr selten signifikant, und das mittlere Signifikanzniveau bleibt im

Tab.10: Ausgewählte Ergebnisse für ungestörte Daten: Parameterschätzungen

a) stochastische exogene Variablen (Kombination 1)

	β^*	79 Beobachtungen $\bar{\hat{\beta}}_u(\%)$	$\hat{s}_u$	t_u	39 Beobachtungen $\bar{\hat{\beta}}_u(\%)$	$\hat{s}_u$	t_u	19 Beobachtungen $\bar{\hat{\beta}}_u(\%)$	$\hat{s}_u$	t_u
1	.20	-.69	.032	0.6	-1.06	.053	0.6	-8.92	.144	1.8
2	.10	-2.06	.022	1.3	-4.68	.036	1.8	-6.08	.068	1.3
3	.80	.01	.020	0.1	-.21	.045	0.5	-.30	.088	0.4
4	16.	.26	.902	0.7	1.05	1.83	1.3	2.59	3.78	1.6
5	.10	-7.15	.084	1.2	-10.3	.131	1.1	-63.6	.319	2.8
6	.06	6.83	.052	1.1	-.76	.080	0.1	1.06	.141	0.1
7	-.10	10.6	.026	5.8	20.6	.049	6.0	54.2	.113	6.8
8	20.	12.1	5.86	5.9	23.9	11.3	6.0	65.0	25.2	7.3
9	.45	-.26	.018	0.9	-.68	.031	1.4	-2.13	.055	2.4
10	-.15	-.42	.009	1.0	.20	.015	0.3	1.55	.028	1.2
11	.15	.07	.007	0.2	.60	.017	0.8	.18	.057	0.1
12	15.	.12	1.24	0.2	1.02	2.13	1.0	4.46	4.07	2.3

b) feste exogene Werte (Experimente 3, 4)

		Experiment 3				Experiment 4			
		79 Beob.		19 Beob.		79 Beob.		19 Beob.	
	β^*	$\bar{\hat{\beta}}_u(\%)$	t_u	$\bar{\hat{\beta}}_u(\%)$	t_u	$\bar{\hat{\beta}}_u(\%)$	t_u	$\bar{\hat{\beta}}_u(\%)$	t_u
1	.20	-2.3	1.3	-17.	2.3	-2.4	1.6	-7.0	1.6
2	.10	-0.3	0.1	-16.	2.1	2.3	1.1	-3.5	0.6
3	.80	-0.1	0.4	-2.1	1.8	-0.1	0.5	1.9	1.4
4	16.	0.7	1.0	8.1	3.0	0.6	1.3	-2.2	0.8
5	.10	-25.	3.3	-126.	2.6	-20.	2.6	-29.	1.5
6	.06	7.9	0.8	-18.	0.6	5.2	0.6	-57.	2.8
7	-.10	11.	3.8	48.	3.9	8.2	3.1	58.	4.3
8	20.	14.	4.2	61.	5.0	11.	3.5	71.	4.7
9	.45	-1.0	2.4	-2.1	1.3	-.07	1.8	-2.5	1.7
10	-.15	-0.2	0.3	3.7	1.8	0.0	0.0	5.5	2.4
11	.15	0.6	1.4	1.5	0.4	0.6	1.3	1.8	0.5
12	15.	1.3	1.5	4.8	1.5	1.0	1.3	7.5	2.0

wesentlichen konstant bei größer werdenden Referenzperioden (vgl. t_{fu} in Tab.11 a)).

Man beachte noch, daß die extrem großen mittleren Prognosefehler bei Variable Y2 wiederum aus den im Verhältnis zu den Mittelwerten $\overline{Y2}$, $\overline{\hat{Y2}}_u$ sehr großen Standardabweichungen $\hat{s}$, $\hat{s}_u$ resultieren (vgl. (2.1.7)).

Tab.11: Ausgewählte Ergebnisse für ungestörte Daten: Prognosen

a) stochastische exogene Variablen und stochastische Startwerte (Kombination 1)

			79 Beobachtungen				19 Beobachtungen			
	$\overline{Y}$	$\hat{s}$	$\overline{\hat{Y}}(\%)_u$	$\hat{s}_u$	$\hat{s}_{fu}$	t_{fu}	$\overline{\hat{Y}}(\%)_u$	$\hat{s}_u$	$\hat{s}_{fu}$	t_{fu}
Y1	56.1	8.4	-0.4	4.8	7.1	0.9	-1.0	6.0	8.3	0.9
	56.0	8.3	-0.2	4.4	7.5	0.2	-0.9	5.2	7.9	0.9
	56.4	7.9	-0.7	4.4	7.1	0.8	-0.9	5.1	7.5	0.9
	56.0	8.6	0.9	4.9	7.3	1.0	0.3	5.7	7.5	0.3
	55.8	8.3	1.0	4.1	7.4	1.1	1.1	5.0	7.8	0.7
	56.6	8.5	-1.2	5.0	7.1	1.4	-1.3	6.2	7.7	1.4
	56.2	8.5	0.4	4.5	7.5	0.4	-0.1	5.2	7.9	0.1
	57.9	8.3	-1.9	4.5	7.7	2.0	-1.5	5.3	8.2	1.5
	55.9	8.9	1.3	4.6	7.2	1.5	1.6	5.2	8.0	1.6
	57.3	8.9	-0.5	5.1	7.8	0.5	-0.5	6.0	8.2	0.5
Y2	.306	4.6	-61.	1.5	4.4	0.6	-138	2.5	5.2	1.2
	.212	4.7	-60.	1.4	4.7	0.4	-194	2.1	5.1	1.1
	.379	4.4	-92.	1.3	4.4	1.1	-116	1.9	4.7	1.3
	-.324	4.6	-132	1.5	4.5	1.3	-77.	2.1	4.7	0.7
	-.416	4.7	-107	1.2	4.7	1.4	-111	1.9	4.9	1.3
	.283	4.4	-130	1.2	4.3	1.2	-118	2.3	4.8	1.0
	.220	4.8	-58.	1.1	4.8	0.4	15.	1.9	5.0	0.1
	.725	4.9	-99.	1.1	4.9	2.1	-82.	1.8	5.2	1.6
	-.346	4.6	-91.	1.0	4.6	1.0	-142	1.9	5.1	1.4
	.042	4.8	-211	1.2	4.8	0.3	-154	2.1	5.3	0.2

Feste exogene Werte und feste endogene Startwerte beeinflussen die wahren Werte der endogenen Variablen und die deterministischen Prognosen auf ähnliche Weise. Das führt zunächst einmal zu wesentlich kleineren mittleren Prognosefehlern, insbesondere bei Variable Y2 (vgl. $\overline{\hat{Y2}}_u(\%)$ in Tab.11 a), b)). Die Lage der festgesetzten Werte beeinflußt die Verteilung der Prognosefehler allerdings so

Tab.11: b) feste exogene Werte, feste Startwerte
Experiment 3, 4)

	$\overline{Y2}$	$\hat{s}$	79 Beobachtungen $\overline{\hat{Y}2}_u(\%)$	$\hat{s}_u$	$\hat{s}_{fu}$	t_{fu}	19 Beobachtungen $\overline{\hat{Y}2}_u(\%)$	$\hat{s}_u$	$\hat{s}_{fu}$	t_{fu}
	.849	4.6	3.5	.68	4.7	0.1	-13.	2.2	5.1	0.2
	1.19	4.0	11.	.86	4.1	0.3	0.8	2.9	5.0	0.0
	2.64	5.2	-31.	1.1	5.4	1.5	-37.	3.9	6.5	1.5
	1.73	4.6	-33.	.89	4.5	1.2	-54.	2.3	5.1	1.8
E3	.299	4.5	-24.	.46	4.5	0.2	-203	1.7	4.8	1.3
	-.205	5.0	132	.74	5.2	0.5	520	2.9	6.1	1.8
	-1.16	4.6	-14.	.90	4.7	0.3	49.	3.5	5.2	1.1
	1.35	5.3	-99.	.77	5.4	2.5	-136	2.6	6.3	2.9
	1.19	4.9	-12.	.64	5.0	0.3	-24.	3.0	5.6	0.5
	1.07	4.7	1.6	.64	4.7	0.0	10.	3.0	5.8	0.2
	1.54	4.6	-33.	.97	4.4	1.2	33.	2.8	4.9	1.0
	.517	4.2	-59.	1.2	4.4	0.7	-138	2.7	5.1	1.4
	-1.06	4.6	-61.	.89	4.7	1.4	-104	2.3	5.1	2.2
	-.744	4.9	-80.	.71	5.0	1.2	-82.	1.5	5.1	1.2
E4	.443	3.9	-51.	.53	3.9	0.6	-16.	1.1	4.2	0.2
	1.24	5.1	-1.9	.78	5.2	0.0	12.	1.7	5.3	0.3
	.653	4.6	56.	.56	4.6	0.8	-7.5	1.5	4.7	0.1
	.241	4.7	195	.35	4.7	1.0	208	.93	4.9	1.0
	1.18	5.0	-16.	.46	5.0	0.4	-33.	1.1	5.1	0.8
	1.62	4.4	-22.	.61	4.5	0.8	-37.	1.4	4.7	1.3

stark, daß Aussagen über die Signifikanz der Abweichung des Erwartungswerts der Prognosefehler von Null zusätzlich erschwert werden. Allerdings scheint das mittlere Signifikanzniveau hier eher zu fallen mit der Länge der Referenzperiode (vgl. t_{fu} in E3, E4 in Tab.11 b)).

(2.2.9) Meßfehler der Art (2.1.4) (i), deren Korrelationsstruktur sich nach Konstruktion von derjenigen der latenten Variablen unterscheidet, liefern Parameterschätzungen, deren Verteilung wesentlich weniger von derjenigen bei ungestörten Daten abweicht als bei Simulationsmodell (2.1.1) (vgl. (2.1.8)). Insbesondere sind die Veränderungen der mittleren Abweichungen von den wahren Parametern und der MC-Schätzungen der Standardabweichungen wesentlich kleiner (vgl. $\bar{\hat{\beta}}_{uj}(\%)$, $\hat{s}_{uj}(\%)$ in Tab.4, 12). Lediglich bei 19 Beobachtungen und bei festen exogenen Werten ergibt sich teilweise eine deutliche Erhöhung insbesondere der geschätzten Standardabweichung (vgl. $\hat{s}_{u1}(\%)$, $\hat{s}_{u3}(\%)$ in Tab. 12 b), #19).

Tatsächlich sind bei <u>stochastischen exogenen Variablen</u> die Signifikanzniveaus der mittleren Abweichungen von den Parameterschätzungen bei ungestörten Daten wesentlich

<u>Tab.12</u>: <u>Ausgewählte Ergebnisse: Vergleich unterschiedlicher Fehlerprozesse</u>: <u>Parameterschätzungen</u>

a) <u>stochastische exogene Variablen</u> (Experiment 1)

#	β^*	$\bar{\hat{\beta}}(\%)_1$	$\hat{s}_1$	t_1	$\bar{\hat{\beta}}(\%)_{u1}$	$\hat{s}(\%)_{u1}$	$\bar{\hat{\beta}}(\%)_2$	$\bar{\hat{\beta}}(\%)_3$	t_{u3}	t_{23}	$\bar{\hat{\beta}}(\%)_{u3}$	$\hat{s}(\%)_{u3}$
	.20	-0.7	.04	0.4	-0.4	18.	-0.8	0.0	0.8	1.6	0.3	5.3
	.10	-3.8	.03	1.4	-2.3	28.	-3.8	-2.6	1.8	1.4	-1.1	8.9
	.80	-0.3	.03	0.9	-0.1	35.	-0.3	-0.1	0.4	1.5	0.0	8.7
	16.	1.0	1.1	1.5	0.6	38.	1.1	0.5	0.1	2.9	0.0	15.
	.10	-0.8	.08	0.1	1.7	-0.5	-1.1	-1.3	1.1	0.2	1.2	-3.2
79	.06	-0.3	.05	0.0	-8.7	3.1	0.2	6.2	1.9	2.6	-2.7	-0.4
	-.10	9.5	.03	3.3	-0.7	8.7	10.	11.	0.7	2.1	0.8	11.
	20.	11.	6.6	3.3	-0.5	8.4	12.	13.	0.8	1.7	1.0	11.
	.45	0.1	.02	0.1	0.2	6.4	0.1	-0.1	0.1	1.3	-0.0	0.2
	-.15	-0.6	.01	0.8	0.0	14.	-0.5	-0.7	0.7	0.6	-0.1	6.0
	.15	-0.3	.01	0.6	0.2	13.	-0.5	-0.6	0.4	0.6	-0.1	3.8
	15.	0.5	1.3	0.6	-0.3	8.5	-0.5	-0.2	0.1	0.9	0.0	3.7
	.20	-4.0	.13	0.6	-2.5	11.	-4.8	-4.1	0.8	0.2	-2.5	6.7
	.10	-5.6	.07	0.8	0.4	10.	-4.5	-5.1	0.2	0.2	1.0	5.9
	.80	0.3	.11	0.2	0.8	24.	0.5	0.0	0.7	0.7	0.5	13.
	16.	0.5	4.2	0.2	-1.2	18.	0.2	1.0	0.4	0.6	-0.7	15.
	.10	-12.	.02	0.6	18.	-17.	-17.	-29.	0.3	0.7	-4.7	4.1
19	.06	-24.	.12	1.2	-15.	-10.	-21.	-20.	1.1	0.0	-11.	1.6
	-.10	75.	.14	5.5	6.8	11.	78.	70.	1.0	1.5	3.6	13.
	20.	86.	31.	5.5	7.1	11.	90.	81.	1.1	1.5	4.3	12.
	.45	-0.2	.05	0.2	0.9	-2.7	-0.4	-1.9	1.1	1.7	-0.8	15.
	-.15	2.7	.03	1.4	0.1	12.	2.7	3.4	0.7	0.5	0.7	22.
	.15	-6.3	.06	1.6	-3.9	-0.3	-5.6	-3.5	0.4	1.3	-0.9	1.2
	15.	3.6	3.7	1.5	-0.4	-4.5	3.7	6.1	1.4	1.2	2.0	19.

b) <u>feste exogene Werte</u> (Experiment 3)

#	β^*	$\bar{\hat{\beta}}(\%)_1$	$\hat{s}_1$	t_1	$\bar{\hat{\beta}}(\%)_{u1}$	$\hat{s}(\%)_{u1}$	$\bar{\hat{\beta}}(\%)_2$	$\bar{\hat{\beta}}(\%)_3$	t_{u3}	t_{23}	$\bar{\hat{\beta}}(\%)_{u3}$	$\hat{s}(\%)_{u3}$
	.20	-2.4	.03	1.4	-0.1	1.8	-2.3	-1.8	1.0	1.1	0.5	-0.5
	.10	-1.4	.03	0.5	-1.1	10.	-1.8	-0.6	0.4	1.4	-0.3	3.8
	.80	-0.2	.03	0.5	-0.1	12.	-0.2	-0.1	0.5	1.3	0.1	4.7
	16.	0.9	1.3	1.1	0.2	12.	1.0	0.5	0.7	2.1	-0.2	5.7
	.10	-25.	.08	3.2	0.5	2.4	-26.	-25.	0.2	0.3	-0.3	1.1
79	.06	5.6	.06	0.6	-2.1	3.0	5.1	8.8	0.5	1.9	0.8	4.9
	-.10	12.	.03	3.5	0.6	14.	12.	13.	1.2	2.3	1.4	14.
	20.	15.	7.6	3.9	0.7	12.	14.	16.	1.2	2.1	1.6	12.
	.45	-0.9	.02	2.1	0.1	11.	-1.1	-0.9	0.6	0.8	0.1	5.4
	-.15	0.1	.02	0.1	0.3	10.	0.1	-0.3	0.5	1.2	-0.1	5.9
	.15	0.6	.01	1.2	-0.0	15.	0.6	0.5	1.1	0.6	-0.2	7.3
	15.	1.4	1.4	1.4	0.1	12.	1.6	1.1	0.7	1.5	-0.2	6.6
	.20	-29.	.26	2.2	-15.	81.	-25.	-13.	1.2	1.1	3.9	-6.1
	.10	-4.0	.13	0.3	14.	78.	-7.1	-13.	1.0	0.5	3.3	-0.9
	.80	-2.3	.12	1.6	-0.2	31.	-2.2	-1.8	0.4	0.7	0.3	20.
	16.	9.6	5.3	2.9	1.4	23.	9.0	6.8	1.1	1.4	-1.2	10.
	.10	-183	.66	2.8	223	34.	-157	-120	0.7	0.9	-20.	2.1
19	.06	34.	.27	0.8	64.	51.	29.	-0.5	1.7	0.9	21.	-9.4
	-.10	58.	.15	3.8	6.8	24.	63.	61.	2.3	0.5	9.0	24.
	20.	74.	30.	4.9	8.1	22.	79.	75.	2.2	0.8	8.6	23.
	.45	-4.3	.14	1.4	-2.3	97.	-5.5	-3.4	1.3	1.5	-1.4	45.
	-.15	7.3	.05	2.1	3.4	67.	7.4	4.2	0.6	2.2	0.5	22.
	.15	3.7	.07	0.8	2.1	28.	6.3	0.9	0.4	2.4	-0.6	14.
	15.	10.	9.7	1.6	5.1	107	11.	7.6	1.3	1.5	2.7	51.

niedriger als bei Simulationsmodell (2.1.1) (vgl. t_{u3} in Tab.4, 12 a)). Auch sind die Abweichungen der Parameterschätzungen bei unterschiedlichen Fehlerprozessen seltener signifikant (vgl. t_{23} in Tab.4, 12 a)). Außerdem erscheint wie bei ungestörten Daten lediglich die Konsistenz der Schätzungen der Parameter β_7 , β_8 zweifelhaft (vgl. t_1 in Tab.12 a) und vgl. (2.2.7)).

Bei <u>festen exogenen Werten</u> ergeben sich wiederum zusätzliche signifikante Abweichungen von den wahren Parameterwerten (vgl. t_1 in Tab.12 b) und vgl. (2.2.7)).

(2.2.10) Auch für die deterministischen Prognosen ergeben sich bei Meßfehlern der Art (2.1.4) (i) ähnliche Ergebnisse wie bei ungestörten Daten. So unterscheiden sich die MC-Schätzungen der Erwartungswerte nur bei Variable Y2 (, bei der die MC-Schätzungen teilweise sehr klein sind (vgl. (2.2.8),) um mehr als 2.8% der Schätzung bei ungestörten Daten (vgl. $\overline{\hat{Y2}}_{u1}(\%)$ in Tab.13). Wie bei dem Simulationsmodell (2.1.1) (vgl. (2.1.9)) werden auch hier die MC-Schätzungen der Standardabweichungen der Prognosefehler relativ wenig verändert durch die Meßfehler. Bei diesem Modell wird diese Veränderung sogar kleiner für größer werdende Referenzperioden. Für 79 Beobachtungen ergeben sich kaum noch Veränderungen (vgl. $\hat{s}_{fuj}$, j=1,3). Parallel werden auch die wegen der Differenzenbildung generell relativ großen Veränderungen der (Absolutbeträge der) MC-Schätzungen überwiegend kleiner, zumindest bei stochastischen exogenen Variablen und stochastischen endogenen Startwerten für die Prognose (vgl. $\overline{\hat{Y2}}_{fuj}(\%)$, j=1,2,3).

Die Signifikanz der Abweichungen des Erwartungswerts der Prognosefehler von Null ist aber auch bei Anwesenheit dieser Meßfehler unklar. Im nichtstochastischen Fall ergibt sich zwar (wie schon bei ungestörten Daten (vgl. (2.2.8))) ein relativ deutliches Absinken des mittleren Signifikanzniveaus mit der Länge der Referenzperiode (vgl. t_{fj} , j=1,3, in Tab. 13 b)). Andererseits ergeben sich im nichtstochastischen Fall mit der Länge der Referenzperiode wachsende mittlere Signifikanzniveaus bei den Abweichungen der Erwartungswerte der deterministischen Prognosen der unterschiedlichen Fehlerprozesse (vgl. t_{f21} , t_{f23} in Tab.13 b)). Demnach sind die Erwartungswerte der Prognosefehler der drei Fehlerprozesse verschieden bei nicht zu kleinen Referenzperioden. Damit könnten sie zumindest nicht alle verschwinden. Diese widersprüchlichen Ergebnisse scheinen darauf hinzudeuten, daß die festgesetzten Werte im nichtstochastischen Fall einen so großen Einfluß haben, daß ein Vergleich der Ergebnisse der verschiedenen Referenzperioden kaum sinnvoll ist (vgl. auch (2.2.8)).

Tab.13: Ausgewählte Ergebnisse: Vergleich unterschiedlicher Fehlerprozesse: Prognosen

a) stochastische exogene Variablen und stochastische exogene Variablen (Experiment 1)

#	$\overline{\hat{Y}2}$(%) ul	$\overline{\hat{Y}2}$(%) fu1	$\hat{s}$(%) fu1	t_{f1}	t_{f21}	$\overline{\hat{Y}2}$(%) fu2	t_{f23}	$\overline{\hat{Y}2}$(%) fu3	$\hat{s}$(%) fu3	t_{f3}
	-8.7	-12.	0.4	0.3	0.5	-9.2	0.6	-3.5	0.7	0.3
	22.	11.	0.4	0.3	0.8	5.6	0.9	-4.8	0.2	0.2
	-5.8	-0.8	-0.4	1.8	0.5	-0.4	0.9	1.0	-0.5	1.8
	22.	-4.1	-0.4	1.6	0.8	1.0	1.0	-0.8	0.0	1.5
	-45.	4.0	-0.7	0.9	1.2	2.1	1.3	-2.3	-0.2	0.9
79	-3.1	-0.7	-0.2	1.3	1.8	0.8	0.4	1.6	-0.2	1.3
	-19.	9.2	0.4	0.5	0.8	6.8	2.0	-5.2	0.2	0.4
	1024	2.0	-0.4	1.0	0.9	2.9	0.6	1.8	0.0	1.0
	19.	-2.0	0.3	1.4	0.3	-2.2	1.3	0.6	0.0	1.5
	-8.7	4.8	-0.2	0.4	0.1	5.1	0.1	5.9	0.2	0.4
	370	63.	-1.9	0.2	0.3	69.	0.1	-10.	-2.8	0.1
	-88.	-89.	1.8	0.1	0.1	-90.	1.4	-60.	1.8	0.2
	6.5	1.0	-0.4	1.8	1.1	3.1	0.0	3.3	2.9	1.8
	-150	37.	-1.4	1.5	0.1	37.	3.0	0.5	0.4	1.1
	559	31.	-0.2	1.3	1.6	39.	1.9	-2.8	-1.1	0.9
19	-535	-13.	1.6	0.8	0.5	-10.	0.3	-14.	1.6	0.8
	-24.	-0.7	0.4	0.1	0.1	-3.7	0.2	25.	1.2	0.1
	-30.	2.0	-0.8	1.0	0.0	2.0	1.2	-14.	0.4	0.8
	15.	3.7	5.7	1.8	0.7	1.0	1.8	16.	4.6	2.0
	-46.	94.	1.3	0.4	1.0	134	1.2	28.	3.1	0.2

b) <u>feste exogene Werte und feste endogene Startwerte</u> (Experiment 3)

#	$\overline{\hat{Y}2}(\%)$ ul	$\overline{\hat{Y}2}(\%)$ fu1	$\hat{s}(\%)$ fu1	t_{f1}	t_{f21}	$\overline{\hat{Y}2}(\%)$ fu2	t_{f23}	$\overline{\hat{Y}2}(\%)$ fu3	$\hat{s}(\%)$ fu3	t_{f3}
	0.2	5.7	0.0	0.1	0.8	-11.	1.8	37.	0.0	0.1
	-0.1	0.0	-0.5	0.3	1.1	-6.1	2.1	13.	0.0	0.4
	0.4	-0.7	0.6	1.5	2.0	1.3	1.8	-2.6	0.0	1.5
	-2.6	5.2	-0.2	1.3	0.6	5.8	2.6	-0.6	0.2	1.2
	-10.	32.	0.0	0.2	2.0	20.	0.0	20.	0.0	0.2
79	3.5	6.1	0.0	0.6	2.3	0.8	0.9	5.0	0.0	0.6
	0.9	-5.7	0.4	0.3	2.6	5.7	2.1	-13.	0.0	0.3
	110	-1.0	-0.4	2.5	0.5	-1.3	1.7	1.2	-0.4	2.5
	-0.8	5.6	-0.4	0.3	1.0	9.7	1.1	1.6	0.0	0.3
	-1.1	-69.	0.4	0.0	1.3	-94.	2.6	50.	0.4	0.1
	6.4	57.	0.8	0.1	1.0	-92.	0.1	-86.	1.4	0.0
	0.2	25.	1.2	0.0	0.3	725	0.5	1250	0.6	0.3
	-3.5	6.3	2.1	1.5	0.7	-1.6	0.7	-11.	1.2	1.3
	-8.7	7.5	-0.6	2.0	0.4	8.8	0.5	3.7	0.8	1.9
	42.	21.	2.1	1.5	0.9	26.	0.1	25.	3.9	1.5
19	6.6	7.9	-0.5	2.6	0.7	12.	0.3	14.	2.5	2.0
	2.4	7.3	0.4	1.2	0.4	12.	0.6	22.	0.2	1.3
	10.	2.7	1.3	3.0	0.8	-1.0	0.1	-0.5	1.3	2.9
	2.3	-7.6	1.8	0.5	0.9	-40.	0.3	-48.	1.3	0.3
	-0.6	-5.8	1.0	0.2	0.5	28.	0.5	61.	3.6	0.3

(2.2.11) Bei <u>Meßfehlern</u> <u>mit derselben Korrelationsstruktur wie die latenten Variablen</u> muß man wie bei Simulationsmodell (2.1.1) mit Abweichungen in den MC-Schätzungen der Erwartungswerte der <u>Parameterschätzungen</u> rechnen, die deutlich stärker als linear wachsen bei proportional wachsenden Meßfehlern (vgl. $\overline{\hat{\beta}}_{uj}(\%)$, j=1,2,3, in Tab.14). Dabei wachsen die Abweichungen im nichtstochastischen Fall (s. Tab.14 b)) i.a. etwas langsamer als im stochastischen (s. Tab.14 a)). Außerdem erscheinen die Auswirkungen größer und gleichmäßiger bei mehr Beobachtungen.

Zumindest bei stochastischen exogenen Variablen und stochastischen Prognosestartwerten muß man bei länger werdenden Referenzperioden auch mit einem Anwachsen der t-Statistik der Abweichungen von den Erwartungswerten bei ungestörten Daten rechnen (vgl. t_{u1}, t_{u3} in Tab.14 a)). Das gilt aber nicht für die t-Statistik der Abweichungen von den wahren Parametern. Hier erscheint im stochastischen Fall bei allen Meßfehlergrößen wiederum nur die Konsistenz der Schätzungen der Parameter β_7, β_8 fraglich (vgl. t_1, t_3 in Tab.14 a)). Die entsprechenden Resultate im nichtstochastischen Fall sind nicht so deutlich.

Tab.14: Ausgewählte Ergebnisse für proportional wachsende Meßfehler: Parameterschätzungen

a) stochastische exogene Variablen (Experiment 2)

#	β^*	$\hat{\bar{\beta}}(\%)_{u1}$	t_1	t_{u1}	$\hat{\bar{\beta}}(\%)_{u2}$	$\hat{\bar{\beta}}(\%)_{u3}$	$\hat{s}(\%)_{u3}$	$\hat{\bar{\beta}}(\%)_3$	t_3	t_{u3}
	.20	.06	0.6	1.0	.14	.31	1.2	-0.8	0.5	1.2
	.10	-.03	1.2	0.4	-.13	-.51	1.4	-3.1	1.4	1.7
	.80	-.01	0.7	1.0	-.04	-.10	-1.4	0.1	0.3	1.9
	16.	.02	0.2	0.6	.05	.18	-1.8	0.3	0.4	1.6
	.10	.20	1.4	0.5	.29	.19	1.4	-12.	1.3	0.1
79	.06	.05	0.5	0.2	.26	1.1	1.4	5.7	0.6	1.0
	-.10	-.20	4.1	1.3	-.50	-1.3	0.0	9.4	3.6	2.1
	20.	-.22	4.5	1.2	-.54	-1.5	0.1	11.	4.0	2.0
	.45	.02	1.0	1.0	.04	.06	2.8	-0.4	0.9	0.6
	-.15	-.01	0.4	0.4	-.10	-.50	3.9	-0.7	1.1	3.6
	.15	-.04	1.5	1.1	-.09	-.26	2.2	0.4	1.0	2.1
	15.	-.05	0.5	0.9	-.12	-.37	3.4	0.1	0.1	1.9
	.20	-.05	1.9	0.1	-.09	-.17	6.6	-16.	1.9	0.1
	.10	-.25	0.9	0.6	-.58	-1.6	-7.4	-7.7	1.2	0.9
	.80	.04	0.0	0.8	.08	.16	1.9	0.1	0.1	0.9
	16.	-.05	1.4	0.4	-.10	-.18	6.6	3.3	1.2	0.4
	.10	-15.	2.6	0.1	-28.	-22.	8.1	-101	2.5	0.0
19	.06	-1.5	0.5	1.0	-3.4	-8.5	-5.7	3.3	0.1	1.3
	-.10	-.04	4.4	0.1	-.12	-.44	0.3	44.	4.3	0.3
	20.	.02	5.1	0.0	.01	-.11	1.1	66.	5.0	0.1
	.45	.04	2.5	0.5	.07	.05	-3.3	-3.1	2.5	0.2
	-.15	.08	0.3	0.7	.12	.24	4.0	0.7	0.3	0.5
	.15	-.35	0.7	1.4	-.68	-1.3	5.3	1.6	0.4	1.3
	15.	.07	1.8	0.5	.14	.40	-1.2	5.3	1.9	0.6

b) feste exogene Variablen (Experiment 4)

#	β_*	$\bar{\hat{\beta}}(\%)_{u1}$	t_1	t_{u1}	$\bar{\hat{\beta}}(\%)_{u2}$	$\bar{\hat{\beta}}(\%)_{u3}$	$\hat{s}(\%)_{u3}$	$\bar{\hat{\beta}}(\%)_3$	t_3	t_{u3}
	.20	-.05	1.7	1.0	-.11	-.22	-0.1	-2.6	1.8	1.1
	.10	-.06	1.1	0.8	-.16	-.53	0.7	1.8	0.8	1.9
	.80	.03	0.4	2.3	.05	.09	2.9	-0.0	0.1	2.0
	16.	-.03	1.2	1.4	-.05	-.07	3.5	0.6	1.1	0.7
	.10	.08	2.6	0.2	.12	.16	0.7	-19.	2.5	0.2
79	.06	-.65	0.5	1.7	-1.3	-2.5	-0.1	2.6	0.3	1.7
	-.10	.36	3.2	1.8	.69	1.2	2.1	9.5	3.5	1.5
	20.	.42	3.7	1.9	.79	1.4	2.4	12.	3.9	1.6
	.45	.02	1.7	0.8	.04	.10	6.8	-0.6	1.4	1.0
	-.15	-.03	0.0	0.6	-.12	-.48	-1.1	-0.5	0.7	2.7
	.15	-.04	1.2	1.0	-.10	-.25	5.5	0.3	0.7	1.5
	15.	-.05	1.2	0.9	-.13	-.43	5.9	0.6	0.7	2.1
	.20	.04	1.6	0.2	.08	.39	0.7	-6.6	1.5	0.4
	.10	.09	0.6	0.3	.09	-.35	0.5	-3.9	0.7	0.3
	.80	-.06	1.4	0.8	-.09	-.12	4.3	1.8	1.3	0.4
	16.	.11	0.8	0.7	.17	.21	6.2	-2.0	0.7	0.3
	.10	-1.6	1.5	0.7	-3.7	-12.	7.2	-38.	1.8	1.4
19	.06	2.7	2.8	1.1	5.2	12.	-0.5	-52.	2.6	1.0
	-.10	.47	4.4	1.1	1.0	2.3	-3.8	62.	4.8	1.2
	20.	.55	4.8	1.2	1.2	2.9	-3.5	76.	5.3	1.4
	.45	.03	1.7	0.3	.02	-.36	5.5	-2.9	1.8	0.6
	-.15	-.30	2.3	2.2	-.61	-1.3	-2.8	4.1	1.9	2.7
	.15	-.09	0.5	0.5	-.14	.04	-0.4	1.8	0.5	0.0
	15.	-.23	1.9	0.8	-.39	-.26	3.0	7.2	1.8	0.3

Die "Gutartigkeit" dieser Art Meßfehler läßt sich wiederum mit Hilfe eines Vergleichs mit den anderen Meßfehlertypen demonstrieren. Tatsächlich liefern Meßfehler vom Typ (2.1.4) (ii) deutlich geringere Abweichungen der MC-Schätzungen der Standardabweichungen der Parameterschätzungen von denjenigen bei ungestörten Daten als Meßfehler der Art (2.1.4) (i) (vgl. insbesondere $\hat{s}_{u3}(\%)$ in Tab. 12, 14).

(2.2.12) Die Fehler in den deterministischen Prognosen wachsen nur selten wesentlich stärker als linear bei proportional wachsenden Meßfehlern der Art (2.1.4) (ii) (vgl. $\overline{\hat{Y}2}_{uj}(\%)$, j=1,2,3, in Tab.15). Auch hier kann man im nichtstochastischen Fall ein geringeres Wachstum erwarten als im stochastischen (vgl. Tab.15 a), b)). Ebenso ergeben sich kleinere Abweichungen in den MC-Schätzungen der Standardabweichungen der Prognosefehler als bei Meßfehlern der Art (2.1.4) (i) (vgl. $\hat{s}_{fu3}(\%)$ in Tab.13, 15, insbesondere bei #19). Außerdem hat das Anwachsen der Meßfehler nahezu keine Auswirkungen auf das Signifikanzniveau der Abweichungen des Erwartungswerts der Prognosefehler von Null (vgl. t_{f1}, t_{f3}), obwohl sich die (Absolutbeträge der) MC-Schätzungen dieses Erwartungswerts durch die größten Meßfehler teilweise um mehr als

Tab.15: Ausgewählte Ergebnisse für proportional wachsende Meßfehler: Prognosen

a) stochastische exogene Variable, stochastische endogene Startwerte (Experiment 2)

#	$\overline{\hat{Y}2(\%)}_{u1}$	t_{f1}	$\overline{\hat{Y}2(\%)}_{u2}$	$\overline{\hat{Y}2(\%)}_{u3}$	$\overline{\hat{Y}2(\%)}_{fu3}$	$\hat{s}(\%)_{fu3}$	t_{f3}
	-6.4	1.2	-16.	-43.	2.3	0.7	1.3
	-4.7	0.8	-10.	-24.	8.0	0.0	0.8
	-3.2	0.1	-7.4	-18.	-42.	0.2	0.1
	-5.7	0.3	-12.	-26.	-28.	-0.2	0.2
	-5.3	1.0	-11.	-23.	-4.3	0.0	1.0
79	16.	0.3	31.	63.	15.	-0.2	0.4
	11.	0.1	21.	40.	-68.	-0.2	0.0
	-34.	2.0	-66.	-132.	2.5	-0.4	2.0
	25.	0.1	54.	133.	-8.7	0.2	0.1
	-8.6	0.8	-23.	-68.	2.5	0.2	0.4
	-4.2	1.5	-8.5	-19.	-5.3	0.4	1.5
	-9.1	1.1	-17.	-28.	-6.0	1.5	1.1
	66.	0.4	149.	349.	-21.	1.4	0.2
	47.	0.1	96.	189.	113.	0.9	0.1
	-5.7	0.9	-12.	-29.	-3.9	-0.6	0.9
19	19.	0.5	37.	70.	34.	0.2	0.6
	4.7	0.1	8.6	17.	103.	0.2	0.1
	-4.7	1.4	-9.4	-19.	6.0	-0.2	1.5
	-5.4	0.3	-11.	-27.	-14.	0.7	0.2
	-2.5	0.4	-6.2	-16.	11.	-0.6	0.5

b) feste exogene Werte, feste endogene Startwerte (Experiment 4)

#	$\hat{\bar{Y}}2(\%)$ u1	t_{f1}	$\hat{\bar{Y}}2(\%)$ u2	$\hat{\bar{Y}}2(\%)$ u3	$\hat{\bar{Y}}2(\%)$ fu3	$\hat{s}(\%)$ fu3	t_{f3}
	0.8	1.1	1.4	2.3	-4.5	-0.2	1.1
	-1.4	0.7	-2.9	-6.6	4.6	-0.5	0.7
	-1.4	1.4	-2.7	-4.9	3.1	0.2	1.4
	-3.0	1.2	-6.0	-11.	2.7	0.0	1.2
	2.2	0.6	4.2	7.9	-7.7	1.0	0.5
79	0.6	0.0	1.0	1.6	-84.	0.6	0.0
	-0.4	0.8	-0.7	-1.6	-4.5	-0.4	0.8
	0.3	1.0	0.7	1.3	1.9	0.6	1.0
	-0.3	0.4	-0.4	-0.7	3.9	0.0	0.4
	-0.2	0.8	-0.4	-0.9	2.7	0.7	0.8
	1.2	1.1	2.2	3.7	15.	1.0	1.2
	-13.	1.4	-30.	-69.	-19.	1.0	1.1
	70.	2.2	141.	301.	10.	0.6	2.4
	-13.	1.2	-28.	-61.	13.	-0.4	1.6
	2.9	0.1	5.6	12.	-60.	-0.5	0.1
19	0.1	0.3	-0.3	-2.1	-21.	-1.5	0.2
	-0.1	0.1	-0.1	-0.6	8.0	-0.4	0.1
	1.2	1.1	2.0	1.6	2.4	0.4	1.1
	-0.6	0.8	-1.1	-1.7	3.7	-0.6	0.8
	-0.4	1.3	-1.2	-4.6	8.1	1.7	1.3

100% verändern (vgl. $\hat{\bar{Y}}2_{fu3}(\%)$). Beachte noch, daß die Veränderung des Signifikanzniveaus der Abweichungen des Erwartungswerts der Parameterschätzungen von den wahren Parametern wiederum größer ist als die entsprechende Veränderung bei den Prognosefehlern (vgl. t_1, t_3 in Tab.14, t_{f1}, t_{f3} in Tab.15).

2.3 Zusammenfassung der Ergebnisse

Vergleicht man die Resultate der MC-Experimente der beiden Simulationsmodelle (vgl. (2.1.6), (2.2.6)), so fallen zunächst einmal die unterschiedlichen Konsistenzeigenschaften auf. Tatsächlich scheinen die Meßfehler nur bei

Simulationsmodell (2.1.1) inkonsistente Parameterschätzungen zu bewirken. Bei Simulationsmodell (2.2.1) erscheint bei Meßfehlern lediglich die Konsistenz derselben Parameter zweifelhaft wie bei ungestörten Daten. Natürlich läßt sich hieraus kein generelles Verhalten ableiten etwa der Art, daß die Auswirkungen der Meßfehler auf die Parameterschätzungen bei dynamischen und/oder interdependenten Modellen geringer sind. Eine theoretische Analyse wäre wünschenswert.

Immerhin scheinen die MC-Experimente die folgenden Aussagen über die Auswirkungen von Meßfehlern auf Parameterschätzungen und Prognosen zu begründen:

- Alle betrachteten Meßfehlertypen bewirken u.U. inkonsistente Parameterschätzungen.
- Proportional wachsende Meßfehler bewirken stärker als linear wachsende Abweichungen in den Parameterschätzungen und Prognosen.
- Die Auswirkungen der Meßfehler auf die Prognosen sind i.a. geringer als auf die Parameterschätzungen.
- Insbesondere werden die MC-Schätzungen der Standardabweichungen der Prognosefehler i.a. wenig verändert.
- Meßfehler mit derselben Korrelationsstruktur wie die latenten Variablen haben i.a. geringere Auswirkungen als die anderen Fehlertypen.
- Kürzere Referenzperioden führen i.a. zu größeren Abweichungen in den Verteilungen von Parameterschätzungen und Prognosen.
- Feste exogene Werte und feste endogene Prognosestartwerte beeinflussen die Ergebnisse so stark, daß Vergleiche von Ergebnissen aus unterschiedlichen Festlegungen oder Referenzperioden nicht sinnvoll erscheinen. Allerdings führen sie zu einem geringeren Anwachsen der Abweichungen in den MC-Schätzungen bei proportional wachsenden Meßfehlern.

Im folgenden wird die Tragweite dieser Ergebnisse an Hand von Real-world Modellen weiter getestet. Dabei ist natürlich die Länge der Referenzperiode beschränkt durch die Verfügbarkeit geeigneter Daten, und die exogenen Werte sind vorgegeben. Deshalb stehen andere Aspekte im Vordergrund:

- In 3 werden eine lineare und eine nichtlineare Variante eines Modells gegenübergestellt.
- In 4 wird die Beschaffung von a-priori-Information über die Meßfehlergrößen diskutiert sowie die Auswirkungen unterschiedlicher Fehlergrößenverteilungen.

3. Varianten des Modells Klein 1

MC-Experimente für Real-world-Modelle (vgl. (1.2.2)) wurden zunächst für Varianten des in der Literatur häufig untersuchten Modells Klein 1 durchgeführt. Dieses Modell soll im folgenden nur kurz beschrieben werden, vgl. ansonsten Theil (1971, p. 432-434).

(3.1) Das Modell Klein 1 erklärt die Entwicklung der wichtigsten Determinanten der Wirtschaft der USA zwischen den beiden Weltkriegen. Klein's Modell ist linear (sowohl in den Variablen als auch in den Parametern) und besteht aus folgenden Gleichungen:

(1) $C_t = a1 \cdot P_t + a2 \cdot P_{t-1} + a3 \cdot (WP_t + WG_t) + a4 + u_{1t}$

(2) $I_t = a5 \cdot P_t + a6 \cdot P_{t-1} + a7 \cdot K_{t-1} + a8 + u_{2t}$

(3) $WP_t = a9 \cdot (Y_t + T_t - WG_t) + a10 \cdot (Y_{t-1} + T_{t-1} - WG_{t-1}) + a11 \cdot (TIME_t - 1931) + a12 + u_{3t}$

(4) $Y_t = C_t + I_t + G_t - T_t$

(5) $P_t = Y_t - WP_t - WG_t$

(6) $K_t = K_{t-1} + I_t$,

wobei

C	der private Konsum,
I	die privaten Nettoinvestitionen,
WP	die private Lohnsumme,
Y	das Volkseinkommen,
P	die Gewinne,
K	der Kapitalstock

endogen sind,

WG	die staatliche Lohnsumme,
T	die indirekten Steuern abzgl. Subventionen,
G	die Staatsausgaben (inkl. Löhne),
TIME	die Zeit (hier 1921, ... , 1941)

exogen sind,

u_1, u_2, u_3 die (nichtbeobachtbaren) Residuen sind und

a1, a2, ... , a12 die (zu schätzenden) Modellparameter.

In Klein's Modell wird also insbesondere die Entwicklung der privaten Wirtschaft in Abhängigkeit von staatlichen Entscheidungen dargestellt.

Wenn man den linearen Ansatz (1) für den privaten Konsum durch den häufig verwendeten Cobb-Douglas-Ansatz (mit additivem Residuum) ersetzt, erhält man ein (hochgradig) nichtlineares Modell:

(1a) $C_t = P_t^{a1} \cdot P_{t-1}^{a2} \cdot (WP_t + WG_t)^{a3} \cdot a4 + u_{1t}$.

In dieser Arbeit werden sowohl die lineare als auch die nichtlineare Variante des Modells untersucht. Die Varianten werden mit

KLEIN1 : Gleichungen (1) - (6) bzw.

KLCOB : Gleichungen (1a), (2) - (6) bezeichnet.

Die historischen Daten des Modells entnehme man Theil (1971, p. 456). In Tab.16 sind lediglich Stichprobenmomente der Modellvariablen angegeben für die Referenzperiode t= 1921, ... , 1941.

Tab.16: Empirische Mittel (E) und Standardabweichungen (S)

	C	I	WP	Y	K	P	WG	T	G
E	54.	1.3	36.	58.	202.	17.	5.2	6.8	9.9
S	6.7	3.5	6.2	10.	9.0	4.1	1.9	2.0	3.8

Die Verhaltensgleichungen der Modellvarianten wurden einerseits einzeln mit Hilfe der OLS-Methode geschätzt, und andererseits wurden die Schätzungen für die Modellparameter im Systemzusammenhang mit Hilfe des FIML-Verfahrens ermittelt. Die geschätzten Parameter, die Werte der dazugehörigen t - Statistik für den Test: "ai = 0" (in Klammern) sowie das Bestimmtheitsmaß (R2) und die Durbin-Watson-Statistik (DW) der Gleichungen befinden sich in den nachfolgenden Tabellen [1]. Als FIML-Schätzer für die Kovarianzmatrix der Parameter wird $\hat{\Psi}_{1T}$ aus I. (2.1.2.13) verwendet.

(3.2) Die Schätzergebnisse für die lineare Gleichung (1) für den privaten Konsum sind in Tab.17 dokumentiert. Es fällt auf, daß die sich schon bei der OLS-Schätzung andeutende Schwäche des Ansatzes, nämlich die gleichzeitige Berücksichtigung von unverzögerten und verzögerten Gewinnen, bei der FIML-Schätzung noch deutlicher wird (vgl. die t-Werte).

1) Zur t-Statistik, R2, DW vgl. z.B. Schönfeld (1969). Die FIML-Schätzungen finden sich z.B. auch bei Belsley (1979, 1980).

Tab.17: Privater Konsum: Schätzergebnisse: Gleichung (1)

	OLS		FIML : KLEIN1	
a1	0.193	(2.1)	-0.232	(0.4)
a2	0.090	(1.0)	0.386	(1.3)
a3	0.800	(19.9)	0.802	(19.4)
a4	16.24	(12.5)	18.34	(4.1)
R2	0.98		0.95	
DW	1.37		1.37	

(3.3) Beim Cobb-Douglas Ansatz (1a) scheint die gleichzeitige Berücksichtigung von unverzögerten und verzögerten Gewinnen durch den Systemschätzer eher gestützt zu werden (vgl. Tab.18).

Tab.18: Privater Konsum: Schätzergebnisse: Gleichung (1a)

	OLS		FIML : KLCOB	
a1	0.058	(2.7)	0.044	(2.1)
a2	0.016	(0.8)	0.040	(2.1)
a3	0.622	(23.5)	0.609	(27.9)
a4	4.331	(13.0)	4.434	(13.7)
R2	0.99		0.98	
DW	1.57		1.56	

(3.4) Bei den Schätzergebnissen für die Nettoinvestitionen (vgl. Tab.19) fällt auf, daß die gleichzeitige Berücksichtigung von unverzögerten und verzögerten Gewinnen bei der FIML-Schätzung zu einem nicht signifikanten Parameter (a5) führt. Dieses Ergebnis war auf Grund der OLS-Schätzung nicht zu erwarten. Die Schwäche dieses Ansatzes für die Investitionsfunktion wird durch den außerordentlich kleinen Erklärungsgrad der im Modell KLEIN1 mit Hilfe des FIML-Verfahrens ermittelten Schätzung für die Investitionen (R2=0.08) bestätigt. Auch im Modell KLCOB erscheint der Ansatz kaum angemessener. Die beiden FIML-Schätzungen unterscheiden sich allerdings mehr von der OLS-Schätzung als untereinander.

Tab.19: Private Nettoinvestitionen: Schätzergebnisse

	OLS		FIML : KLEIN1		FIML : KLCOB	
a5	0.480	(4.9)	-0.801	(1.0)	-0.330	(1.3)
a6	0.333	(3.3)	1.052	(2.5)	0.926	(4.6)
a7	-0.112	(4.2)	-0.148	(3.3)	-0.206	(4.5)
a8	10.13	(1.9)	27.26	(3.0)	32.92	(3.4)
R2	0.93		0.08		0.64	
DW	1.81		1.24		1.77	

(3.5) Bei den Schätzergebnissen für die private Lohnsumme (vgl. Tab.20) fällt auf, daß die sowohl nach der OLS-Methode als auch nach der FIML-Methode statistisch gesichert erscheinenden Schätzungen relativ weit auseinander liegen (im Verhältnis zu ihren geschätzten Standardabweichungen).

Insgesamt erweist sich die ursprünglich von Klein vorgeschlagene lineare Modellvariante KLEIN1 als weniger angemessen als die nichtlineare Variante KLCOB. Allerdings ist die Beliebtheit der Variante KLEIN1 aber wohl im wesentlichen nur auf ihre Linearität zurückzuführen.

Tab.20: Private Lohnsumme: Schätzergebnisse

	OLS	FIML : KLEIN1	FIML : KLCOB
a9	0.439 (13.6)	0.234 (2.5)	0.326 (8.3)
a10	0.146 (3.9)	0.285 (4.7)	0.238 (7.0)
a11	0.130 (4.1)	0.235 (4.4)	0.181 (6.5)
a12	1.500 (1.2)	5.794 (1.9)	2.957 (2.0)
R2	0.99	0.96	0.98
DW	1.96	1.49	2.00

(3.6) Mit den Modellen KLEIN1 und KLCOB wurden jeweils vier Monte-Carlo-Experimente durchgeführt mit jeweils 100 Wiederholungen (vgl. (1.2.2)). Zur Parameterschätzung wurde die FIML-Methode verwendet. Bei den ersten beiden Experimenten wurden für die Prognose stochastische endogene Startwerte verwendet (jeweils aus den Daten der endogenen Variablen, die der Schätzung zugrundelagen). Bei den anderen Experimenten wurden für die Prognose feste endogene Startwerte verwendet, nämlich die historischen Beobachtungen (vgl. (1.2.3)). Mangels geeigneter Daten außerhalb der Schätzperiode wurde als Prognoseperiode der Schluß der Schätzperiode gewählt, nämlich t = 1935, ... , 1941. Um die unabhängige Wahl der Residuen in Schätz- und Prognoseperiode zu simulieren (vgl. (1.2. 2) i)'), wurden die Realisierungen der Residuen für die stochastische Prognose neu gezogen. Die Experimente 1, 3 unterscheiden sich von den Experimenten 2, 4 durch die Wahl der Fehlerprozesse. Die Experimente 1, 3 sind wie in (2.1.4) (i) aufgebaut, die Experimente 2, 4 wie in (2.1.4) (ii):

(i) Bei den Experimenten 1, 3 werden unterschiedliche Meßfehlerprozesse gegenübergestellt, die Meßfehler ungefähr gleicher Größenordnung erzeugen mit unterschiedlichen Korrelationsstrukturen, die sich sämtlich von derjenigen der historischen Daten unterscheiden. Dabei handelt es sich einerseits um die Prozesse I.(3.1.2.1), I.(3.1.3.1) (Prozentsätze von Variablen- bzw. Erwartungswerten) mit einheitlich maximal 5% Meßfehlern bei allen exogenen Variablen und Verhaltensvariablen. Diese Meßfehler sind unkorreliert. Andererseits wird der Prozeß I.(3.1.4.1) (Prozentsätze von Standardabweichungen) verwendet mit Fehlerprozentsätzen, die sich aus einer Größenanpassung gemäß (1.1.7) ergeben. Die resultierenden Meßfehler der Art I.(3.1.4.11) sind deshalb ebenfalls anders korreliert als die historischen Daten. Natürlich ist die Variable TIME nichtstochastisch und wird nicht gestört (vgl. (2.2.5)).

(ii) Bei den Experimenten 2, 4 werden <u>Meßfehler unterschiedlicher Größe</u> gegenübergestellt, die dieselbe Korrelationsstruktur aufweisen wie die historischen Daten (TIME nichtstochastisch!). Dabei handelt es sich um den Prozeß I.(3.1.4.1) mit maximalen Fehlergrößen von 2.5%, 5% bzw. 10% der Standardabweichung. 20%ige Fehler (vgl. (2.1.4) (ii)) konnten wegen Konvergenzschwierigkeiten bei Modell KLEIN1 nicht verwendet werden. Die Angemessenheit dieses Modells bei so großen Fehlern erscheint also fraglich. Damit betragen die maximalen Meßfehlergrößen bei den Experimenten 2, 4 zwischen 25% (bei Variable C) und 550% (bei Variable I) der entsprechenden Größen bei den Experimenten 1, 3 (vgl. Tab.16 in (3.1)).

(3.7) In allen MC-Experimenten werden die Parameter-Schätzungen bei ungestörten Daten auf die gleiche Weise berechnet (vgl. (1.2.2) (iii)'). Hierfür sind also 400 Wiederholungen verfügbar (<u>Kombination 1</u>). Außerdem sind 200 Wiederholungen verfügbar für die Parameter sämtlicher Fehlerprozesse, d.h. sowohl bei Fehlerprozessen der Art

(3.6) (i) (Kombination 2) als auch der Art (3.6) (ii) (Kombination 3), sowie für Prognosen bei ungestörten Daten mit stochastischen Startwerten (Kombination 4) und mit festen Startwerten (Kombination 5). Die im folgenden diskutierten Ergebnisse, die sich auf die entsprechenden Größen beziehen, stützen sich auf diese Kombinationen, ebenso wie die MC-Schätzungen, mit denen sie verglichen werden. Ergebnisse über Prognosen bei gestörten Daten stützen sich lediglich auf 100 Wiederholungen, ebenso wie die MC-Schätzungen bei ungestörten Daten, mit denen sie verglichen werden.

(3.8) Bevor im folgenden die Resultate der MC-Experimente diskutiert werden, folgt eine Zusammenstellung der in den nachfolgenden Tabellen verwendeten Bezeichnungen. Wenn irgend möglich, werden dieselben Bezeichnungen wie bei den Simulationsmodellen verwendet (vgl. (2.1.5)). Insbesondere werden Schätzungen und Prognosen bei ungestörten Daten mit dem Index "u" und bei meßfehlerbehafteten Daten mit den Indizes "1", "2", "3" gekennzeichnet. Letztere Indizes beziehen sich bei Experimenten der Art (3.6) (i) auf Prozentsätze von Variablenwerten, Erwartungswerten bzw. Standardabweichungen und bei Experimenten der Art (3.6) (ii) auf 2.5%, 5%, 10% der Standardabweichungen. Außerdem kennzeichnet der Index "*" Resultate, die ausschließlich mit Hilfe der historischen Daten berechnet wurden. Die verwendeten Bezeichnungen sind im folgenden oft nur beispielhaft für einen der möglichen Indizes oder ein Indexpaar angegeben und nur für Parameter oder Prognosen:

- $\hat{\beta}^*$ bezeichnet die FIML-Schätzung der (funktionalen) Modellparameter bei historischen Daten,
- $\bar{\hat{\beta}}_u$ bezeichnet die MC-Schätzung für die Modellparameter bei ungestörten Daten,
- $\bar{\hat{\beta}}_{u1}(\%)$ bezeichnet die prozentuale Abweichung von 1

von $\bar{\hat{\beta}}_u$: $(\bar{\hat{\beta}}_{u1}(\%)) := ((\bar{\hat{\beta}}_1)_i - (\bar{\hat{\beta}}_u)_i) / (100 / (\bar{\hat{\beta}}_u)_i)$,

- s_* bezeichnet die FIML-Schätzung für die Standardabweichung der Modellparameter bei historischen Daten,
- $\hat{s}_u$ bezeichnet die MC-Schätzung der Standardabweichung der Parameter bei ungestörten Daten:

  $(\hat{s}_u)_i := \hat{s}_N((\hat{\beta}_u)_i)$ (vgl. (1.1.3)),
- $\hat{s}_{fu}$ bezeichnet die MC-Schätzung der Standardabweichung der Prognosefehler bei ungestörten Daten:

  $(\hat{s}_{fu})_t := \hat{s}_N((\hat{Y}_u)_t - Y_t)$ bei der Variable Y zum Zeitpunkt t (vgl. (1.2.8)),
- $\hat{s}_{f1}$ bezeichnet die MC-Schätzung der Standardabweichung des Prognosefehlers bei dem Fehlerprozeß 1:

  $(\hat{s}^2_{f1})_t := \hat{s}^2_N((\tilde{Y}_u)_t) + \hat{s}^2_N((\hat{Y}_d)_t) - \hat{s}^2_N((\hat{Y}_u)_t)$ bei der Variable Y zum Zeitpunkt t , wobei $\tilde{Y}_u$ die stochastische Prognose bei ungestörten Daten bezeichnet (vgl. (1.2.10)),
- $\hat{s}_{fu1}(\%)$ bezeichnet die prozentuale Änderung der Standardabweichung des Prognosefehlers durch den Fehlerprozeß 1:

  $(\hat{s}_{fu1}(\%))_t := ((\hat{s}_{f1})_t / (\hat{s}_{fu})_t - 1) \cdot 100$.
- $\hat{s}_{fa}$ bezeichnet die "analytischen" small-sample-Schätzungen der Standardabweichungen der Prognosefehler, ermittelt aus den historischen Daten (vgl. I.2.2.1, I.2.2.2),
- t_{u1} bezeichnet den t-Wert bzgl. der Abweichung der Erwartungswerte der MC-Schätzungen bei ungestörten Daten und Fehlerprozeß 1, etwa:

  $(t_{u1})_i := t_N((\bar{\hat{\beta}}_u)_i - (\bar{\hat{\beta}}_1)_i ;0)$ (vgl. (1.1.5)),
- t_{*u} bezeichnet den t-Wert bzgl. der Nichtübereinstimmung der Erwartungswerte der historischen Schätzungen mit den MC-Schätzungen der Erwartungswerte der Parameterschätzungen bei ungestörten Daten:

$(t_{*u})_i := |\hat{\beta}^*_i - (\bar{\hat{\beta}}_u)_i| \,/\, (\hat{s}_*)_i$.

Falls $(t_{*u})_i > 2$ ist, liegt die MC-Schätzung außerhalb des 95%-Konfidenzintervalls von $\hat{\beta}^*_i$.

- $(r_u(\%))_i$ bezeichnet den Anteil des 95%-Konfidenzintervalls des MC-Schätzers $(\bar{\hat{\beta}}_u)_i$, der außerhalb des 95%-Konfidenzintervalls von $\hat{\beta}^*_i$ liegt (vgl. (1.2.4)),
- $(r_{p1}(\%))_i$ bezeichnet den Prozentanteil des 95%-Konfidenzintervalls der MC-Schätzungen $(\bar{\hat{\beta}}_1)_i$, der auf Grund der Meßfehler zusätzlich außerhalb des 95%-Konfidenzintervalls von $\hat{\beta}^*_i$ liegt.
- p_u bezeichnet die Präzision des MC-Schätzers bei ungestörten Daten, etwa $(p_u)_i := p_N((\bar{\hat{\beta}}_u)_i)$ (vgl. (1.1.3)).

(3.9) Aufgrund der MC-Experimente kommt man für die <u>Modelle KLEIN1 und KLCOB</u> unter anderem zu den folgenden <u>Resultaten</u>:

- Bei ungestörten Daten liegen die MC-Schätzungen für die Erwartungswerte der Parameterschätzungen sämtlich in dem 95%-Konfidenzintervall, das auf den FIML-Schätzungen bei historischen Daten beruht. Allerdings überdeckt dieses Intervall das 95%-Konfidenzintervall der MC-Schätzungen bei einzelnen Parametern nur sehr unvollständig, insbesondere bei dem nichtlinearen Modell KLCOB (vgl. (3.10)). Daraus ergeben sich Zweifel an der Brauchbarkeit des FIML-Schätzers der Parametervarianzen ($\hat{\Psi}_{1T}$ aus I.(2.1.2.13)) bei kleinen Stichproben. (Eine Simulationsstudie zur Brauchbarkeit verschiedener small-sample Approximationen der asymptotischen Kovarianzmatrix der FIML-Schätzungen findet sich bei Calzolari, Panattoni (1984)).
- Die in I.2.2 vorgeschlagenen "analytischen" small-sample-Schätzungen für die Standardabweichungen der

Prognosefehler stimmen hinreichend gut überein mit den dazugehörigen MC-Schätzungen bei ungestörten Daten und festen Prognosestartwerten. Die MC-Schätzungen bei stochastischen Startwerten liegen am Anfang der Prognoseperiode deutlich höher. Mit der Zeit findet aber eine Angleichung statt. Insgesamt erscheint die Verwendung der analytischen Schätzer angemessen (vgl. (3.11)).

- Bei beiden Modellen sind die Auswirkungen der Meßfehler nicht dramatisch, das gilt besonders für die Prognosen. Die Wirkung der Meßfehler ist allerdings deutlich unterschiedlich, je nachdem ob die Korrelationsstruktur der Meßfehler mit derjenigen der historischen Daten übereinstimmt (Experimente der Art (3.6) (ii)) oder nicht (Experimente der Art (3.6) (i)).
- Bei Übernahme der Korrelationsstruktur muß man bei proportional wachsenden Meßfehlern sowohl bei Parameterschätzungen als auch bei deterministischen Prognosen mit stärker als linear wachsenden Abweichungen in den MC-Schätzungen der Erwartungswerte rechnen. Allerdings sind die Abweichungen in den Erwartungswerten der Prognosen i.a. nicht signifikant, und nur bei den Parameterschätzungen wächst die t-Statistik mit der Größe der Meßfehler. Außerdem verändern sich die MC-Schätzungen der Standardabweichungen der Prognosefehler nur unwesentlich mit der Meßfehlergröße (vgl. (3.13), (3.15)).
- Falls die Meßfehler eine andere Korrelationsstruktur aufweisen als die historischen Daten, ergeben sich deutlich stärkere Abweichungen. Insbesondere ergibt sich eine starke Verschlechterung der Überdeckung der 95%-Konfidenzintervalle (vgl. (3.12)) und bei festen Startwerten eine bis zu 10%ige Erhöhung der MC-Schätzungen der Standardabweichungen der Prognosefehler (vgl. (3.14)). Außerdem sind hier auch Abweichungen in den Erwartungswerten der Prognosen signifikant.

(3.10) Bei <u>ungestörten</u> <u>Daten</u> liegen die MC-Schätzungen $\bar{\hat{\beta}}_{ui}$ der Erwartungswerte der <u>Parameterschätzungen</u> sämtlich im 95%-Konfidenzintervall von $\hat{\beta}_i^*$ (vgl. t_{*u} in Tab.21). Das Modell KLCOB liefert aber zumeist MC-Schätzungen $\hat{s}_u$ der Parameterstandardabweichungen, die in Relation zu $\hat{s}_*$ wesentlich größer sind als beim Modell KLEIN1. Daraus resultiert dann eine zumeist schlechtere Überdeckung des 95%-Konfidenzintervalls der MC-Schätzungen $\bar{\hat{\beta}}_{ui}$ durch das entsprechende Konfidenzintervall von $\hat{\beta}_i^*$ (vgl. $r_u(\%)$). Bei dem Modell KLEIN1 ergibt sich immerhin bei 50% der Parameter eine vollständige Überdeckung.

<u>Tab.21</u>: <u>Ausgewählte Ergebnisse für ungestörte Daten</u>: <u>Parameterschätzungen</u> (Kombination 1)

	Modell KLEIN1						Modell KLCOB					
	$\hat{\beta}^*$	$\hat{s}_*$	$\bar{\hat{\beta}}_u$	$\hat{s}_u$	$r_u(\%)$	t_{*u}	$\hat{\beta}^*$	$\hat{s}_*$	$\hat{\beta}_u$	$\hat{s}_u$	$r_u(\%)$	t_{*u}
a1	-.232	.577	-.288	.448	0.0	.10	.044	.021	.041	.036	42.	.13
a2	.386	.301	.351	.260	0.0	.11	.040	.019	.035	.025	26.	.27
a3	.802	.043	.803	.051	17.	.01	.609	.022	.609	.025	12.	.01
a4	18.3	4.54	19.8	5.81	22.	.33	4.43	.324	4.56	.555	42.	.39
a5	-.801	.844	-.935	.819	2.6	.16	-.331	.245	-.367	.325	25.	.15
a6	1.05	.427	1.03	.467	8.6	.06	.926	.196	.906	.246	20.	.10
a7	-.148	.047	-.156	.057	17.	.16	-.206	.042	-.213	.043	5.5	.18
a8	27.3	9.56	31.6	16.4	42.	.45	32.9	9.00	35.5	9.92	11.	.28
a9	.234	.096	.238	.055	0.0	.04	.326	.039	.330	.034	0.0	.08
a10	.285	.062	.277	.048	0.0	.12	.238	.034	.235	.029	0.0	.08
a11	.235	.055	.239	.052	0.0	.08	.181	.028	.181	.032	13.	.00
a12	5.79	3.23	6.04	2.57	0.0	.08	2.96	1.49	2.93	1.74	14.	.02

Die Präzision der MC-Schätzungen liegt bei dem Modell KLCOB zumeist höher als bei dem Modell KLEIN1 ($(p_u)_i > 99\%$ bei 42% bzw. 12% der Parameter). Bei Modell KLEIN1 liegt die Präzision bei einem Parameter sogar unter 95% nach 400 Wiederholungen ($(p_u)_1 = 92.4\%$).

(3.11) Betrachtet man die MC-Schätzungen für die Prognosen bei ungestörten Daten, so fällt zunächst einmal auf, daß bei Modell KLEIN1 und stochastischen Startwerten die mittleren stochastischen Prognosen (vgl. $\bar{\tilde{C}}_u$, $\bar{\tilde{I}}_u$ in Tab.22 und vgl. (1.2.2) v)') permanent durch die mittleren deterministischen Prognosen (vgl. $\bar{\hat{C}}_u$, $\bar{\hat{I}}_u$ in Tab.22) überschätzt werden. Bei Modell KLCOB ist das weder bei festen noch bei stochastischen Startwerten der Fall. Wegen (1.2.7) spricht das wiederum nicht unbedingt für die Güte von Modell KLEIN1.

Tab.22: Ausgewählte Ergebnisse für ungestörte Daten:

Prognosen: (Kombinationen 4,5)

Start	Modell KLEIN1						Modell KLCOB					
	stochastisch			fest			stochastisch			fest		
19'	$\bar{\hat{C}}_u$	$\bar{\tilde{C}}_u$	$\hat{s}_{fu}$	$\bar{\hat{C}}_u$	$\hat{s}_{fu}$	$\hat{s}_{fa}$	$\bar{\hat{C}}_u$	$\bar{\tilde{C}}_u$	$\hat{s}_{fu}$	$\bar{\hat{C}}_u$	$\hat{s}_{fu}$	$\hat{s}_{fa}$
'35	56.3	56.2	3.7	52.1	2.5	2.5	54.3	54.3	4.3	51.9	2.2	2.0
'36	57.8	57.7	4.0	56.1	3.7	3.5	55.6	55.3	4.1	55.4	3.3	2.8
'37	57.0	56.7	4.1	56.9	3.9	3.9	55.2	54.9	4.2	56.5	3.4	3.1
'38	58.2	57.8	4.0	59.0	4.0	3.8	57.5	57.4	4.0	59.4	3.0	3.0
'39	60.0	59.8	4.2	61.1	4.1	3.8	60.1	60.2	3.7	62.1	3.0	2.9
'40	61.8	61.4	4.2	63.1	4.0	3.8	62.5	62.3	3.5	64.1	3.4	2.9
'41	63.9	63.3	4.3	65.4	4.1	4.4	66.4	66.2	3.6	67.4	3.7	3.1
19'	$\bar{\hat{I}}_u$	$\bar{\tilde{I}}_u$	$\hat{s}_{fu}$	$\bar{\hat{I}}_u$	$\hat{s}_{fu}$	$\hat{s}_{fa}$	$\bar{\hat{I}}_u$	$\bar{\tilde{I}}_u$	$\hat{s}_{fu}$	$\bar{\hat{I}}_u$	$\hat{s}_{fu}$	$\hat{s}_{fa}$
'35	.242	.232	2.6	-.601	2.1	2.1	-.480	-.550	2.8	-1.13	1.7	1.6
'36	.893	.836	2.6	1.32	2.6	2.4	.136	.111	2.7	.864	2.4	2.0
'37	-.785	-1.00	2.7	.553	2.4	2.5	-1.35	-1.48	2.7	.223	2.2	2.1
'38	-.810	-1.05	2.6	.768	2.5	2.4	-.727	-.510	2.7	1.11	2.2	2.1
'39	.004	-.113	2.7	1.49	2.7	2.4	.722	.855	2.8	2.36	2.5	2.2
'40	.519	.270	3.0	1.66	2.6	2.5	1.36	1.30	2.9	2.53	2.7	2.4
'41	-1.19	-1.52	2.4	-.031	2.5	2.8	.429	.246	3.2	1.07	3.0	2.6

Die analytischen Schätzungen $\hat{s}_{fa}$ der Standardabweichungen der Prognosefehler stimmen insbesondere in der ersten Prognoseperiode relativ gut mit den MC-Schätzungen $\hat{s}_{fu}$ bei festen Startwerten überein (,was Ergebnisse von Bianchi, Calzolari (1983) bestätigt). Bei dem Modell KLCOB ergibt sich allerdings durchgehend eine Unterschätzung von $\hat{s}_{fu}$ durch $\hat{s}_{fa}$. Die MC-Schätzungen $\hat{s}_{fu}$ bei stochastischen Startwerten sind insbesondere in den ersten Prognoseperioden (natürlich) wesentlich größer. Im Laufe der Zeit ergibt sich jedoch eine Angleichung der MC-Schätzungen bei festen und stochastischen Startwerten.

(3.12) Auch bei Anwesenheit von Meßfehlern der Art (3.6) (i), deren Korrelationsstruktur sich von derjenigen der historischen Daten unterscheidet, liegen die MC-Schätzungen für die Erwartungswerte der Parameterschätzungen $\hat{\beta}_i$ bei allen drei betrachteten Fehlerprozessen sämtlich im 95%-Konfidenzintervall von $\hat{\beta}_i^*$ (vgl. t_{*1} , t_{*3} in Tab.23). Allerdings ist die mittlere Abweichung von den MC-Schätzungen bei ungestörten Daten bei beiden Modellen teilweise relativ groß, und diese Abweichungen sind auch signifikant (vgl. $\bar{\hat{\beta}}_{uj}(\%)$, t_{uj}, j=1,3). Auch die Überdeckung der 95%-Konfidenzintervalle verschlechtert sich bei beiden Modellen ähnlich drastisch (vgl. $r_{pj}(\%)$, j=1,3).

Die Meßfehlerprozesse 1,2 (Prozentsätze von Variablen- bzw. Erwartungswerten) liefern sehr ähnliche Ergebnisse. Insbesondere unterscheiden sich die Erwartungswerte der Parameterschätzungen i.a. nicht signifikant (vgl. t_{12}).

Dagegen liefert Prozeß 3 (Prozentsätze von Standardabweichungen mit Größenanpassung nach (1.1.7)) zumeist MC-Schätzungen, deren Erwartungswerte signifikant abweichen von denjenigen der Prozesse 1,2 (vgl. t_{13}).

Außerdem unterscheiden sich die Erwartungswerte bei gestörten Daten bei allen Fehlertypen zumeist signifikant von den entsprechenden Erwartungswerten bei ungestörten Daten (vgl. t_{u1}, t_{u3}).

Tab.23: Ausgewählte Ergebnisse: Vergleich unterschiedlicher Fehlerprozesse: Parameterschätzungen (Kombination 2)

a) Modell KLEIN1

	$\hat{\beta}^*$	$\bar{\hat{\beta}}(\%)$ u1	r(%) p1	t_{*1}	t_{u1}	$\bar{\hat{\beta}}(\%)$ u2	t_{12}	$\bar{\hat{\beta}}(\%)$ u3	r(%) p3	t_{*3}	t_{u3}	t_{13}
a1	-.232	30.	0.0	0.1	2.3	31.	0.2	14.	0.0	0.0	1.5	1.2
a2	.386	-12.	2.3	0.3	2.6	-11.	0.7	.80	2.4	0.2	0.2	2.8
a3	.802	.44	37.	0.1	0.9	-0.4	0.8	-1.1	24.	0.1	3.4	1.7
a4	18.3	10.	39.	0.6	4.6	10.	0.3	4.6	22.	0.3	3.5	2.9
a5	-.801	23.	19.	0.3	3.2	23.	0.3	26.	27.	0.3	3.7	0.4
a6	1.05	-9.0	24.	0.4	3.0	-8.9	0.1	6.3	39.	0.0	1.9	4.0
a7	-.148	15.	36.	0.6	4.3	14.	2.6	26.	44.	0.9	5.9	3.3
a8	27.3	31.	38.	1.2	6.4	30.	1.8	36.	44.	1.4	6.1	0.9
a9	.234	4.3	4.2	0.1	1.9	3.9	1.0	11.	34.	0.3	5.3	3.1
a10	.285	-10.	21.	0.6	7.1	-10.	1.6	-12.	2.2	0.7	9.2	1.4
a11	.235	4.8	27.	0.3	2.7	4.9	0.2	-.86	21.	0.1	0.5	3.7
a12	5.79	17.	24.	0.5	4.5	17.	0.1	8.0	15.	0.3	2.4	2.7

b) Modell KLCOB

	$\hat{\beta}^*$	$\bar{\hat{\beta}}(\%)$ u1	r(%) p1	t_{*1}	t_{u1}	$\bar{\hat{\beta}}(\%)$ u2	t_{12}	$\bar{\hat{\beta}}(\%)$ u3	r(%) p3	t_{*3}	t_{u3}	t_{13}
a1	.044	-38.	24.	1.0	3.2	-37.	0.4	-7.2	12.	0.4	0.9	3.2
a2	.040	7.7	28.	0.0	1.0	7.3	0.3	0.2	15.	0.1	0.0	1.2
a3	.609	0.3	28.	0.1	0.7	0.2	0.9	0.0	10.	0.0	0.2	0.8
a4	4.43	4.1	24.	1.0	3.0	3.9	0.3	1.2	17.	0.6	1.4	2.8
a5	-.331	16.	13.	0.5	2.1	18.	0.8	1.7	10.	0.3	0.2	2.3
a6	.926	-5.1	3.5	0.3	2.3	-5.1	0.1	-0.7	2.5	0.1	0.3	2.3
a7	-.206	3.5	30.	0.3	1.9	3.6	0.3	8.0	34.	0.6	4.1	2.6
a8	32.9	9.4	29.	0.6	3.7	9.8	0.7	10.	32.	0.7	3.8	0.4
a9	.326	0.5	30.	0.1	0.5	0.6	0.4	4.5	12.	0.4	5.6	4.2
a10	.238	-4.1	29.	0.4	3.3	-4.3	0.9	-7.2	22.	0.6	6.3	2.8
a11	.181	3.2	29.	0.3	2.1	3.2	0.0	-1.8	14.	0.1	1.7	3.5
a12	2.96	16.	25.	0.3	3.2	16.	0.2	3.1	10.	0.1	0.9	2.7

Die Präzision der MC-Schätzungen sinkt bei Anwesenheit der Meßfehler nur bei dem Parameter a1 relativ stark (bis auf 78.7% bei Modell KLCOB, Prozeß 1). Immerhin liegen auch bei Meßfehlern noch ungefähr 75% der Präzisionen über 95% (bei 200 Wiederholungen: Kombination 2).

(3.13) Falls die Meßfehler dieselbe Korrelationsstruktur besitzen wie die historischen Daten (vgl. (3.6) (ii)), ergeben sich deutlich geringere Auswirkungen auf die MC-Schätzungen. Bei proportional wachsenden Meßfehlern muß man zwar mit stärker als linear wachsenden Abweichungen von den MC-Schätzungen bei ungestörten Daten rechnen (vgl. $\bar{\hat{\beta}}_{uj}(\%)$, j=1,2,3, in Tab.24). Allerdings beträgt diese Abweichung auch bei Fehlern von maximal 10% der Standardabweichung immer weniger als 4% von $(\bar{\hat{\beta}}_u)_i$ (vgl. $\bar{\hat{\beta}}_{u3}(\%)$). Bei sehr kleinen Meßfehlern muß bei dem nichtlinearen Modell KLCOB mit größeren Abweichungen gerechnet werden als beim Modell KLEIN1. Allerdings wachsen die Abweichungen bei Modell KLEIN1 zumeist wesentlich stärker mit den Meßfehlern. Parallel dazu wächst leider auch das Signifikanzniveau der Abweichungen. Bei Modell KLCOB sind einige Abweichungen schon bei 2.5% Fehlern signifikant, bei Modell KLEIN1 erst bei 10% (vgl. t_{u1}, t_{u3}).

Tab.24: Ausgewählte Ergebnisse: Proportional wachsende Meßfehler mit "historischer" Korrelationsstruktur: Parameterschätzungen (Kombination 3)

a) Modell KLEIN1

	$\hat{\beta}*$	$\bar{\hat{\beta}}(\%)_{u1}$	t_{u1}	$\bar{\hat{\beta}}(\%)_{u2}$	$\bar{\hat{\beta}}(\%)_{u3}$	$r(\%)_{p3}$	t_{*3}	t_{u3}
a1	-.232	-.07	0.1	.10	1.7	2.7	0.2	0.5
a2	.386	-.06	0.2	-.13	-.02	-0.3	0.1	0.0
a3	.802	.02	0.7	.04	.03	2.2	0.1	0.2
a4	18.3	-.03	0.1	.02	.50	6.2	0.6	0.6
a5	-.801	.07	0.1	.54	2.9	3.5	0.3	1.4
a6	1.05	.07	0.3	.26	1.1	15.	0.1	1.0
a7	-.148	.01	0.0	.29	1.7	5.1	0.3	2.1
a8	27.3	.02	0.1	.45	2.7	3.2	0.8	2.2
a9	.234	-.10	0.6	-.02	.77	0.0	0.1	1.2
a10	.285	-.02	0.1	-.23	-1.2	0.0	0.2	2.7
a11	.235	.05	0.4	.05	-.12	0.0	0.0	0.2
a12	5.79	.30	1.1	.68	1.5	0.0	0.0	1.4

Tab.24: b) Modell KLCOB

	$\hat{\beta}*$	$\bar{\hat{\beta}}(\%)_{u1}$	t_{u1}	$\bar{\hat{\beta}}(\%)_{u2}$	$\bar{\hat{\beta}}(\%)_{u3}$	$r(\%)_{p3}$	t_{*3}	t_{u3}
a1	.044	-.50	1.1	-1.1	-2.5	1.9	0.1	1.5
a2	.040	-.16	0.3	.39	.73	3.6	0.4	0.5
a3	.609	.04	2.6	.08	.19	2.5	0.1	3.8
a4	4.43	-.04	1.5	-.10	-.21	-1.9	0.3	1.8
a5	-.331	.60	1.3	1.5	3.8	4.3	0.1	2.0
a6	.926	.17	1.2	.43	1.1	4.4	0.1	1.9
a7	-.209	.29	2.2	.75	2.2	4.4	0.3	4.3
a8	32.9	.38	2.2	.99	2.8	4.0	0.4	4.2
a9	.326	.15	2.1	.37	1.0	0.0	0.2	4.0
a10	.238	-.22	2.5	-.55	-1.5	1.0	0.2	4.8
a11	.181	-.20	2.2	-.47	-1.2	2.5	0.1	3.5
a12	2.96	.04	0.1	.09	.20	2.9	0.1	0.2

Auch die MC-Schätzungen der Standardabweichungen werden i.a. nur wenig verändert. Daraus ergibt dann auch eine i.a. geringe Verschlechterung der Überdeckung der Konfidenzintervalle (vgl. $r_{p3}(\%)$). Der Vergleich mit den Ergebnissen der anderen Fehlerprozesse demonstriert erneut die "Gutartigkeit" dieses Fehlerprozesses (vgl. insbesondere $r_{p3}(\%)$ in Tab.23, 24). Auch die Präzision der MC-Schätzungen fällt nur unwesentlich.

(3.14) Wie schon bei den Simulationsmodellen (vgl. (2. 1.6), (2.2.6)) ergeben sich bei der Verteilung der <u>deterministischen</u> <u>Prognosen bei Meßfehlern der Art (3.6) (i)</u> (Fehler von maximal 5% der historischen Variablen bei abweichender Korrelationsstruktur) wesentlich kleinere Veränderungen als bei den Parameterschätzungen (vgl. (3.12)).

Bei den Erwartungswerten der Prognosen ergeben sich nur bei den um Null schwankenden Investitionen I Abweichungen von mehr als 2.2% . Ein systematisches Verhalten der Abweichungen in den Erwartungswerten ist nur bei dem Modell KLEIN1 bei festen Startwerten zu beobachten. Dort werden die Abweichungen bei einigen Variablen mit der

Tab.25: Ausgewählte Ergebnisse: Vergleich unterschiedlicher Fehlerprozesse: Prognosen

a) stochastische Startwerte (Experiment 1)

	Modell KLEIN1						Modell KLCOB					
19'	$\bar{\hat{C}}(\%)$ u1	$\bar{\hat{C}}(\%)$ u2	$\bar{\hat{C}}(\%)$ u3	t_{u1}	t_{13}	t_{u3}	$\bar{\hat{C}}(\%)$ u1	$\bar{\hat{C}}(\%)$ u2	$\bar{\hat{C}}(\%)$ u3	t_{u1}	t_{13}	t_{u3}
'35	0.0	0.0	-0.1	0.0	1.3	1.2	0.1	0.1	-0.0	0.5	1.3	0.3
'36	0.0	0.0	-0.3	0.1	2.2	2.6	0.5	0.5	0.1	2.3	2.5	1.0
'37	0.2	0.2	-0.4	1.0	3.9	2.8	0.6	0.6	0.1	3.2	3.9	0.7
'38	0.5	0.5	-0.3	2.9	5.9	1.9	0.7	0.7	0.2	3.9	4.1	1.2
'39	0.5	0.4	-0.3	2.9	6.9	2.1	0.3	0.3	0.1	1.8	1.7	0.7
'40	0.2	0.1	-0.4	1.0	5.3	1.8	-0.2	-0.1	-0.1	1.0	0.7	0.7
'41	0.2	0.2	-0.2	0.7	2.1	0.8	-0.7	-0.6	-0.2	3.2	2.7	1.6

b) feste Startwerte (Experiment 3)

	Modell KLEIN1						Modell KLCOB					
19'	$\bar{\hat{C}}(\%)$ u1	$\bar{\hat{C}}(\%)$ u2	$\bar{\hat{C}}(\%)$ u3	t_{u1}	t_{13}	t_{u3}	$\bar{\hat{C}}(\%)$ u1	$\bar{\hat{C}}(\%)$ u2	$\bar{\hat{C}}(\%)$ u3	t_{u1}	t_{13}	t_{u3}
'35	1.2	1.2	0.6	7.3	4.4	4.5	0.7	0.7	0.3	7.0	6.3	3.4
'36	1.1	1.1	0.5	7.1	5.0	3.5	0.8	0.8	0.3	7.0	7.0	2.8
'37	0.9	0.9	0.2	5.7	5.8	1.4	0.7	0.7	0.2	5.6	5.4	2.6
'38	0.7	0.7	0.1	4.8	5.6	1.2	0.3	0.3	0.3	2.5	0.2	3.1
'39	0.3	0.3	0.0	2.5	2.7	0.3	-0.2	-0.2	0.2	1.4	4.8	2.0
'40	-0.1	-0.1	-0.2	0.5	1.0	1.5	-0.5	-0.6	0.1	3.5	6.1	0.6
'41	-0.1	-0.2	-0.2	0.4	0.0	0.5	-0.7	-0.8	0.2	3.3	6.0	1.1

Zeit kleiner (vgl. $\bar{\hat{C}}_{uj}(\%)$, j=1,2,3, in Tab.25). Insbesondere ergeben sich keinerlei Anzeichen für ein Anwachsen der Abweichungen mit der Zeit.

Wiederum liefern die Fehlerprozesse 1, 2 (Prozentsätze von Variablen- bzw. Erwartungswerten) durchweg sehr ähnliche MC-Schätzungen, die sich zumeist signifikant unterscheiden von denjenigen des Prozesses 3 (gemäß (1.1.7)

Tab.25: c) Standardabweichungen der Prognosefehler

Var.	Start 19'	Modell KLEIN1 stochast. $\hat{s}(\%)$ fu1	$\hat{s}(\%)$ fu3	Modell KLEIN1 fest $\hat{s}(\%)$ fu1	$\hat{s}(\%)$ fu3	Modell KLCOB stochast. $\hat{s}(\%)$ fu1	$\hat{s}(\%)$ fu3	Modell KLCOB fest $\hat{s}(\%)$ fu1	$\hat{s}(\%)$ fu3
C	'35	-0.5	0.5	1.1	6.2	-1.4	-0.7	2.3	0.9
	'36	1.0	0.7	1.0	1.6	-1.7	0.2	0.3	0.3
	'37	1.5	1.7	0.0	-0.3	-2.6	-0.5	0.6	0.3
	'38	1.6	2.9	0.0	0.5	-2.9	-0.2	1.1	0.0
	'39	1.2	2.4	1.0	1.9	-2.6	-0.5	3.2	1.8
	'40	1.6	1.3	2.6	3.7	-2.3	-0.9	3.9	3.6
	'41	4.7	2.4	9.0	9.0	1.4	1.2	5.8	3.8
I	'35	0.4	0.8	3.6	3.7	-2.3	-0.9	1.0	0.4
	'36	1.7	1.9	1.4	1.9	-1.6	0.3	0.8	0.7
	'37	0.4	1.6	-0.1	0.3	-2.9	0.0	-0.5	-0.1
	'38	1.0	1.7	0..2	0.2	-3.5	0.2	-0.2	-0.2
	'39	0.6	1.4	0.6	0.8	-3.1	-0.4	0.6	0.5
	'40	-0.5	1.1	1.1	1.5	-1.9	-1.0	0.5	0.9
	'41	5.1	4.0	5.2	6.5	-1.5	0.3	0.5	1.7

angepaßte Prozentsätze von Standardabweichungen) (vgl. t_{13}). Auch unterscheiden sich die Erwartungswerte bei den Prozessen 1, 2 zumeist signifikant von den Erwartungswerten bei Abwesenheit von Meßfehlern (vgl. t_{u1}). Diese Abweichungen sind bei Prozeß 3 zwar meist kleiner als bei den anderen Prozessen, aber oft auch signifikant (vgl. t_{u3}).

Die MC-Schätzungen der Standardabweichungen der Prognosefehler werden durch die Meßfehler i.a. geringfügig erhöht, teilweise immerhin bis zu 10% (vgl. $\hat{s}_{fu1}(\%)$, $\hat{s}_{fu3}(\%)$).

Beachte allerdings die nahezu durchgängige schwache Abnahme dieser MC-Schätzungen beim Modell KLCOB, stochastischen Startwerten und den Fehlerprozessen 1, 2 (vgl. $\hat{s}_{fu1}(\%)$).

Die Auswirkungen fester Prognosestartwerte, der Nichtlinearität des Modells KLCOB bzw. der unterschiedlichen Fehlerprozesse erscheinen nicht einheitlich.

(3.15) Bei Meßfehlern mit derselben Korrelationsstruktur wie bei den historischen Daten (vgl. (3.13)), ergeben sich noch wesentlich kleinere Änderungen der Verteilung der deterministischen Prognose gegenüber dem ungestörten Fall. Tatsächlich betragen die Abweichungen in den MC-Schätzungen der Erwartungswerte nur bei den Investitionen I über 0.3% der MC-Schätzungen ohne Meßfehler, selbst bei Meßfehlern von maximal 10% der Standardabweichungen (vgl. $\hat{\bar{I}}_{u3}(\%)$ in Tab.26). Allerdings muß genau wie bei den Parametern (vgl. (3.13)) mit stärker als linear wachsenden Abweichungen gerechnet werden bei proportional wachsenden Meßfehlern (vgl. $\hat{\bar{I}}_{uj}(\%)$, j=1,2,3). Erfreulicherweise ergeben sich kaum signifikante Abweichungen und auch kaum Anzeichen für ein Anwachsen der t-Statistik der Abweichung bei größer werdenden Meßfehlern (vgl. t_{u1} , t_{u3}).

Tab.26: Ausgewählte Ergebnisse: Proportional wachsende Meßfehler mit "historischer" Korrelationsstruktur: Prognosen

a) stochastische Startwerte (Experiment 2)

19'	Modell KLEIN1						Modell KLCOB					
	$\hat{\bar{I}}_{u1}(\%)$	$\hat{\bar{I}}_{u2}(\%)$	$\hat{\bar{I}}_{u3}(\%)$	t_{u1}	t_{u3}	$\hat{s}_{fu3}(\%)$	$\hat{\bar{I}}_{u1}(\%)$	$\hat{\bar{I}}_{u2}(\%)$	$\hat{\bar{I}}_{u3}(\%)$	t_{u1}	t_{u3}	$\hat{s}_{fu3}(\%)$
'35	0.7	1.0	0.3	0.8	0.8	-0.4	0.7	1.3	3.5	0.8	1.1	0.4
'36	0.2	0.5	0.7	0.4	0.4	0.4	0.6	1.1	2.7	0.5	0.6	1.1
'37	-0.5	-0.3	0.7	0.7	0.2	0.4	0.3	-0.2	-0.6	0.7	0.5	0.7
'38	0.1	0.5	2.1	1.7	0.9	0.4	1.0	1.9	2.4	1.1	0.9	0.4
'39	-6.4	13.	111.	0.1	0.7	0.4	-0.6	-1.1	-1.4	1.0	0.8	0.0
'40	0.5	0.1	-2.7	0.4	0.7	0.4	-0.3	-0.7	-1.2	0.9	0.8	0.3
'41	0.6	1.5	4.0	1.9	0.3	0.4	-1.8	-4.8	-12.	1.3	2.4	0.6

Tab.26: b) feste Startwerte (Experiment 4)

19'	Modell KLEIN1 $\bar{\hat{I}}(\%)_{u1}$	$\bar{\hat{I}}(\%)_{u2}$	$\bar{\hat{I}}(\%)_{u3}$	t_{u1}	t_{u3}	$\hat{s}(\%)_{fu3}$	Modell KLCOB $\bar{\hat{I}}(\%)_{u1}$	$\bar{\hat{I}}(\%)_{u2}$	$\bar{\hat{I}}(\%)_{u3}$	t_{u1}	t_{u3}	$\hat{s}(\%)_{fu3}$
'35	-0.1	-0.5	-1.8	0.1	0.7	0.5	0.4	0.6	0.9	2.2	1.2	0.0
'36	-0.1	0.0	0.7	0.2	0.4	0.0	-0.4	-0.8	-0.9	1.0	0.5	0.4
'37	0.3	0.6	1.7	0.4	0.6	0.0	1.8	3.1	8.2	1.3	1.4	0.0
'38	0.2	0.4	1.3	0.5	0.9	0.0	-0.2	-0.4	-0.6	0.6	0.5	0.0
'39	0.0	0.1	0.5	0.0	0.6	0.0	-0.1	-0.2	-0.4	0.5	0.6	0.0
'40	-0.1	-0.1	0.1	0.3	0.1	-0.4	0.0	-0.0	-0.3	0.2	0.5	0.0
'41	-3.8	-7.6	-17.	0.6	0.5	-0.4	0.2	-0.2	-1.6	0.3	0.7	0.3

Die MC-Schätzungen für die Standardabweichungen der Prognosefehler werden durch die Meßfehler so gut wie gar nicht beeinflußt (vgl. $\hat{s}_{fu3}(\%)$).

(3.16) Insgesamt geben die MC-Experimente für die Modelle KLEIN1 und KLCOB jedenfalls zu der Hoffnung Anlaß, daß Nichtlinearitäten bzgl. der Modellparameter die Auswirkungen von Meßfehlern i.a. nicht verstärken. Tatsächlich ergeben sich bei der nichtlinearen Modellvariante KLCOB lediglich für Parameterschätzungen bei Meßfehlern mit derselben Korrelationsstruktur wie bei historischen Daten deutlich größere Auswirkungen. Hier bewirken schon sehr kleine Meßfehler signifikante Abweichungen im Gegensatz zur linearen Variante KLEIN1 (vgl. (3.13)).

Analog zu den Ergebnissen bei den Simulationsmodellen (vgl. 2.3) ergeben sich auch bei den Modellen KLEIN1 und KLCOB die deutlich kleinsten Auswirkungen für Meßfehler mit derselben Korrelationsstruktur wie bei historischen Daten. Der Zusammenhang zwischen der Korrelationsstruktur der Meßfehler und ihren Auswirkungen auf die Verteilung von Parameterschätzungen und Prognosen wird im folgenden weiter untersucht an Hand eines makroökonomischen Modells für die BRD. Bei diesem Modell werden auch Möglichkeiten zur Bereitstellung der maximalen Fehlergrößen diskutiert, deren Kenntnis bei den Fehlerprozessen vorausgesetzt wird. Insbesondere werden die besonderen Probleme bei der Erstellung makroökonomischer Daten angesprochen.

4. Ein makroökonomisches Modell für die BRD

4.1 Überblick

Das im folgenden vorgestellte makroökonomische Modell für die BRD wurde so konstruiert, daß es einerseits als typisches Bonner Makro-Modell gelten kann, andererseits aber so klein gehalten ist, daß es ohne prohibitiv große Rechenzeiten einer Datenfehleranalyse unterzogen werden kann. Bei der Datenfehleranalyse wird untersucht, wie die Verteilung von FIML-Schätzungen und dazugehörigen Prognosen abhängt von der Verteilung von Meßfehlern in den verwendeten Daten. Insbesondere werden bei diesem Modell zwei unterschiedliche Festlegungen der maximalen relativen Meßfehlergrößen der Modellvariablen untersucht. Eine dieser Festlegungen basiert auf einer Untersuchung der Revisionen der veröffentlichten Daten, die andere auf Angaben des Statistischen Bundesamts.

Das vorliegende Makromodell wurde so aus dem Bonner Makromodell 11 (Stand: März 1983; vgl. Sarrazin (1984)) konstruiert, daß die wichtigsten Determinanten der Entwicklung der Volkswirtschaft der BRD im privaten Sektor abgebildet werden in Abhängigkeit von staatlichen Entscheidungen, der Entwicklung des Außenhandels und der Zinsentwicklung. Insbesondere sind sämtliche Variablen des Staatssektors exogen gesetzt. Als definitorisches Gerüst des Modells werden Teile des Kontensystems der Volkswirtschaftlichen Gesamtrechnung der BRD abgebildet. [1)]

1) Ich danke Hermann Sarrazin und Manfred Kiy für die fruchtbaren Diskussionen bei der Konzeption und Schätzung des Modells.

Neben der Darstellung des Modells (vgl. 4.2) und einer Untersuchung seiner Prognoseeigenschaften (vgl. 4.3) umfaßt dieser Teil der Arbeit auch eine Untersuchung der Genauigkeit der Modelldaten (vgl. 4.4) und die Darstellung der Ergebnisse der Monte-Carlo-Experimente zu den Auswirkungen von Meßfehlern in den Modelldaten auf Schätzungen und Prognosen (vgl. 4.5). Die Dokumentation des Datengenerierungsmodells, das zur Erzeugung der Modelldaten verwendet wurde, befindet sich in Anhang 2. Darin eingeschlossen ist insbesondere die Dokumentation der Quellen sämtlicher Modelldaten, die originär von einem der Ersteller ökonomischer Daten übernommen wurden. Dabei handelt es sich nahezu ausschließlich um Daten des Statistischen Bundesamts. Für diese Daten sind zusätzlich die Auswirkungen der Totalrevisionen der Jahre 1977 und 1982 auf die Definition der einzelnen Variablen dokumentiert.

4.2 Das Modell als Abbildung des Kontenrahmens der Volkswirtschaftlichen Gesamtrechnung (VGR) [1)]

4.2.1 Verwendungs-, Verteilungs- und Umverteilungsrechnung

Teile des Kontensystems der VGR finden sich in nahezu jedem makroökonomischen Modell wieder. In dem vorliegenden Modell werden explizit nur die Verwendungs- und Verteilungsrechnung für den privaten Sektor (Unternehmen + private Haushalte) abgebildet sowie die Umverteilungsrechnung für die privaten Haushalte.

Zur Berechnung des privaten Bruttosozialprodukts (BSP) wird die Verwendungsrechnung durchgeführt:

1) Eine Darstellung des Kontensystems der Volkswirtschaftlichen Gesamtrechnung des Statistischen Bundesamts befindet sich im Anhang 1.

(1)

YDP'PN = C'PN + I'FPN + I'GN + I'IN + CG'GN + X'GSN - M'GSN
(letzte Verwendung der im privaten Sektor erstellten Güter)

wobei

YDP'PN	das private Bruttosozialprodukt ist,
C'PN	der private Verbrauch,
I'FPN	die Anlageinvestitionen im privaten Sektor,
I'GN	die staatlichen Anlageinvestitionen,
I'IN	die Vorratsveränderung,
CG'GN	Käufe abzgl. Verkäufe des Staates bei Privaten,
X'GSN	die Exporte einschl. empfangene Einkommen aus der übrigen Welt,
M'GSN	die Importe einschl. geleistete Einkommen an die übrige Welt.

Mit Hilfe der Verteilungsrechnung wird als Restgröße das Bruttoeinkommen aus Unternehmertätigkeit und Vermögen abgeleitet, und zwar durch Auflösung der Beziehung:

(2)

YDP'PN = VE'P + TI'P - SUB'G + KCA'P

= Y'P + Y'WP + TI'P - SUB'G + KCA'P ,

wobei

VE'P	das private Volkseinkommen ist,
TI'P	die indirekten Steuern der Privaten,
SUB'G	die empfangenen Subventionen,
KCA'P	die Abschreibungen der Unternehmen,
Y'P	das Bruttoeinkommen aus Unternehmertätigkeit und Vermögen,
Y'WP	das Bruttoeinkommen aus unselbständiger Arbeit im privaten Sektor.

Das Volkseinkommen kommt nicht explizit im Modell vor.

Schließlich wird auch noch die Umverteilungsrechnung für die privaten Haushalte abgebildet, um das verfügbare Einkommen der privaten Haushalte zu bestimmen. Dazu werden zunächst Nettogrößen für das Einkommen aus Unternehmertätigkeit und Vermögen und für das Einkommen aus unselbständiger Arbeit bestimmt durch Subtraktion der Abgaben der Gewinnbezieher bzw. der Lohnempfänger. Das verfügbare Einkommen ergibt sich dann durch Addition der netto erhaltenen Transferzahlungen (insbesondere dem Saldo von empfangenen und geleisteten sozialen Leistungen):

(3) $Y'W = Y'WP + Y'WG$,

(4) $Y'WNET = Y'W - T'W$,

(5) $Y'PNET = Y'P - TY'P$,

(6) $Y'DISN = Y'PNETD + Y'WNET + T'WB$,

wobei

Y'W	das gesamte Bruttoeinkommen aus unselbständiger Arbeit ist,
Y'WG	das vom Staat geleistete Bruttoeinkommen aus unselbständiger Arbeit,
Y'WNET	die Nettolohn- und Gehaltssumme,
T'W	die Abgaben der Lohnempfänger,
Y'PNET	das Nettoeinkommen aus Unternehmertätigkeit und Vermögen,
TY'P	die Abgaben der Gewinnbezieher,
Y'DISN	das nominal verfügbare Einkommen der privaten Haushalte,
Y'PNETD	das an die privaten Haushalte verteilte Nettoeinkommen aus Unternehmertätigkeit und Vermögen,
T'WB	der Saldo der laufenden Übertragungen der privaten Haushalte.

Man beachte, daß nichtausgeschüttete bzw. nichtentnommene Gewinne nicht für die privaten Haushalte verfügbar sind für letzten Verbrauch und Ersparnis. Deshalb zählt nur der verteilte Anteil Y'PNETD von Y'PNET zum verfügbaren Einkommen der privaten Haushalte.

4.2.2 Ausfüllung des Kontenrahmens

Es wird angestrebt, die Entwicklung der Volkswirtschaft der BRD im privaten Sektor zu modellieren in Abhängigkeit von staatlichen Entscheidungen, der Entwicklung des Außenhandels und der Zinsentwicklung. Dazu müssen im wesentlichen die Variablen, die in dem Gleichungssystem (1) - (6) auftauchen und dort nicht definiert wurden, noch bestimmt werden.

4.2.2.1 Reale Entwicklung der Verwendung [1)]

Zunächst soll allerdings berücksichtigt werden, daß sich ein potentieller Käufer eines Gutes i.a. nicht davon blenden lassen wird, daß sein Einkommen steigt, wenn gleichzeitig die Preise (evtl. noch stärker) steigen (keine Geldillusion). Es wird deshalb angenommen, daß sich die Wirtschaftssubjekte bei der Verwendung ihres Einkommens von der realen Entwicklung der Wirtschaft leiten lassen. Die Verwendungsrechnung des Modells wird deshalb grundsätzlich mit realen Größen durchgeführt, d.h. mit Größen, bewertet mit Preisen eines Basisjahres (hier 1976). Die den realen Größen entsprechenden nominalen Größen (Bewertung mit Preisen des Berichtsjahres) werden durch ein angehängtes "N" gekennzeichnet.

Die nominalen Größen ergeben sich aus den realen Größen durch Multiplikation mit passenden Preisindizes, die im Basisjahr den Wert 1 haben. In dem vorliegenden Modell werden fünf verschiedene Preisindizes verwendet, und zwar

- für die Preisentwicklung im gesamten privaten Sektor, d.h. des privaten Bruttosozialprodukts (P/100),

---

1) Eine Darstellung gängiger Methoden zur Berechnung makroökonomischer Größen in konstanten Preisen befindet sich in Anhang 1.6.

- für die Preisentwicklung von Konsumgütern (P'C/100),
- für die Preisentwicklung von Investitionsgütern (P'I/100),
- für die Preisentwicklung bei der Einfuhr (P'MGS/100),
- für die Preisentwicklung bei der Ausfuhr (P'XGS/100).

Auf die Modellierung der Preisentwicklung wird weiter unten eingegangen.

Analog zu (1) erhält man als Gleichung für das reale private BSP:

(7)

YDP'P = C'P + I'FP + I'I + I'G + CG'G + X'GS - M'GS .

Es wurde angestrebt, alle Größen der Verwendungsrechnung des realen BSPs, die nichtstaatlichen Aktivitäten zuzuordnen sind, durch Verhaltensgleichungen zu erklären. Andererseits sollten bei der Modellierung aber möglichst wenig Schätzparameter verwendet werden, insbesondere um die Schätzbarkeit des gesamten Modells mit dem FIML-Schätzer zu gewährleisten. Aus diesem Grunde wurde auf die Modellierung von Größen verzichtet, die nicht im Mittelpunkt des Interesses stehen, wie etwa die realen Vorratsveränderungen im privaten Sektor I'I. Außerdem wurden die Exporte X'GS exogen gesetzt und damit als unabhängig von der Entwicklung der inländischen Volkswirtschaft angesehen. Natürlich erhebt das Modell nicht den Anspruch, ein vollständiges makroökonomisches Modell für den privaten Sektor der Volkswirtschaft der BRD zu sein.

Auf die Schätzansätze für den privaten Konsum (C'P) und die privaten Anlageinvestitionen (I'FP) wird unten noch eingegangen. Die realen Importe M'GS werden mit Hilfe einer exogenen Importquote M'GSRAT erklärt:

(8) M'GS = M'GSRAT · YDP'P .

Die nominalen Größen der Verwendungsrechnung, die den im Modell erklärten realen Größen entsprechen, ergeben sich durch:

(9) C'PN = C'P · (P'C/100) ,

(10) I'FPN = I'FP · (P'I/100) ,

(11) M'GSN = M'GS · (P'MGS/100) .

In Anbetracht der Tatsache, daß bei den MC-Simulationen zwar für die exogenen Variablen, nicht aber für die Identitätsvariablen a-priori Information über die Meßfehlergröße benötigt wird (vgl. I.3.1.1), wurden bei den nicht im Modell erklärten Variablen der Verwendungsseite des BSPs die leichter überschaubaren nominalen Größen exogen gesetzt: I'IN, I'GN, CG'GN, X'GSN. Zur Berechnung des realen privaten BSPs müssen dann die entsprechenden realen Größen abgeleitet werden:

(12) I'I = I'IN / (P'I/100) ,

(13) I'G = I'GN / (P'I/100) ,

(14) CG'G = CG'GN / (P'C/100) ,

(15) X'GS = X'GSN / (P'XGS/100) .

4.2.2.2 Quoten in der Verteilungs- und Umverteilungsrechnung

Bei der Modellierung der Verteilungs- und Umverteilungsrechnung ist zunächst einmal zu beachten, daß die Größen SUB'G, Y'WG, T'WB als exogen angesehen werden können, da sie im wesentlichen Ausgaben des Staates darstellen. Die restlichen Größen (mit Ausnahme der privaten Bruttolohnsumme Y'WP) werden wieder mit Hilfe von Quoten modelliert:

(16) TI'P = TI'PRAT · YDP'PN ,

(17) KCA'P = KCA'PRAT · KFN'PN , wobei
KFN'PN das Nettoanlagevermögen der Unternehmen zu Wiederbeschaffungspreisen ist,

(18) Y'WP = WR'P · HW'PD , wobei
WR'P der Lohnsatz im privaten Sektor ist und
HW'PD das Arbeitsvolumen im privaten Sektor,

(19) T'W = T'WRAT · Y'W ,

(20) TY'P = TY'PRAT · Y'P ,

(21) Y'PNETD = Y'PDRAT · Y'PNET .

Dabei sind die Steuerquoten TI'PRAT, T'WRAT, TY'PRAT (Politikvariablen), die Abschreibungsquote KCA'PRAT (technische Konstante), der Lohnsatz WR'P und die Verteilungsquote des Nettoeinkommens aus Unternehmertätigkeit und Vermögen Y'PDRAT exogen.

Das Nettoanlagevermögen zu Wiederbeschaffungspreisen repräsentiert das Sachanlagevermögen der Privaten. Dabei handelt es sich um die Summe der bis zum Anfang der Berichtsperiode getätigten Nettoinvestitionen, bewertet mit Preisen der Berichtsperiode:

(22) $KFN'PN = (KFN'PN_{-1} + I'FPN_{-1} - KCA'P_{-1}) \cdot P'I/P'I_{-1}$ [1].

Auf den Schätzansatz für das Arbeitsvolumen (HW'PD) wird weiter unten eingegangen.

4.2.2.3 Preisbildung

Bei der Modellierung der Preisbildung wurden, wiederum vor allem aus Sparsamkeitsgründen, die Einfuhr- und Ausfuhrpreise P'MGS, P'XGS exogen gesetzt. Damit wurde also unterstellt, daß die Außenhandelspreise im wesentlichen

1) X_{-1} entspricht der um eine Zeitperiode verzögerten Variablen X .

von Faktoren außerhalb der inländischen Volkswirtschaft bestimmt werden. Der Preisindex des privaten BSPs wird als impliziter Deflator berechnet:

(23) P = YDP'PN / YDP'P · 100.

Auf die Schätzansätze für den Konsumgüter- und den Investitionsgüterpreisindex wird weiter unten eingegangen.

4.2.3 Schätzansätze

Im folgenden werden die Schätzansätze für die Verhaltensgleichungen des Modells kurz abgeleitet. Man beachte, daß die ökonomische Theorie i.a. mehrere solcher Ansätze zuläßt. Insbesondere wird zumeist keine Spezifikation der dynamischen Struktur der Gleichungen gegeben (statische Theorie), so daß zumindest die Einbeziehung zeitverzögerter Variablen der Intuition des Modellbauers überlassen bleibt. Meist liefert die Theorie auch keine genaue Spezifizierung der funktionalen Form der zu schätzenden Gleichung. Aus schätztechnischen Gründen wird in solchen Fällen zumeist eine lineare Beziehung versucht. Schließlich ist es auch durchaus üblich, Variablen zur Erklärung eines Phänomens heranzuziehen, die sich aus einer bestimmten Theorie nicht ableiten lassen, etwa aufgrund zusätzlicher Information. Insgesamt hängt die Güte eines ökonometrischen Modells in der Praxis i.a. sehr stark von der Erfahrung des Modellbauers ab und von seiner Fähigkeit, die "richtige" Theorie auszuwählen und diese in einen Schätzansatz umzusetzen, der mit dem verfügbaren Datenmaterial im Einklang steht.

Bei den folgenden Schätzansätzen handelt es sich ausschließlich um Ansätze aus dem Bonner makroökonomischen Modell 11, die geringfügig an die neue Umgebung des stark vereinfachten Simulationsmodells angepaßt werden mußten. Tatsächlich führte das Aufbrechen von Modellzusammenhängen durch Exogenisierung ursprünglich endogener Variablen zunächst zu unvorhergesehenen Reaktionen des Modells, insbesondere bei der Prognose. Die schließlich gewählte Modellspezifizierung stellt daher sicherlich auch einen Kompromiß dar zwischen handhabbarer Modellgröße und sinnvoller Ausformung der zugrundeliegenden ökonomischen Theorie.

Das Modell verfügt über 5 Verhaltensgleichungen für den privaten Konsum, die privaten Anlageinvestitionen, den privaten Arbeitskoeffizienten und die Preisindizes für Konsum und Investitionen. Lediglich 2 dieser Verhaltensgleichungen sind nichtlinear in den Parametern. Für sämtliche 18 funktionalen Parameter dieser Gleichungen liegen sowohl OLS-Einzelgleichungsschätzungen vor, als auch FIML-Schätzungen, die im Rahmen des gesamten Modells ermittelt wurden. Die Schätzungen basieren im wesentlichen auf Daten der VGR des Statistischen Bundesamts für 1960-1982 aus dem Jahre 1983 (vgl. VGR82). Als Test für die Güte des Modells wurden die Schätzungen für zwei Referenzperioden durchgeführt, nämlich für 1962-1981 und 1962-1982. Die geschätzten Parameter sind im folgenden jeweils bei dem dazugehörigen Schätzansatz dokumentiert. Als Maß für die Signifikanz der Schätzung der einzelnen Parameter werden die Werte der dazugehörigen t-Statistik (in Klammern) mitaufgeführt, als Maß für die Güte der einzelnen Schätzgleichungen sind das Bestimmtheitsmaß (R2) und die Durbin-Watson-Statistik (DW) dokumentiert (vgl. (3.1)).

4.2.3.1 Privater Konsum

Nach der absoluten Einkommenshypothese von Keynes hängen die realen Konsumausgaben von der absoluten Höhe des Realeinkommens ab und zwar so, daß mit steigendem Realkommen die Konsumausgaben unterproportional wachsen (vgl. König (1978), p. 515).

Nach der Normaleinkommenshypothese wird der von einem Wirtschaftssubjekt einer beliebigen Periode eines Planungszeitraums zugeordnete Konsum nicht (nur) beeinflußt von der Einkommensrealisation in der betreffenden Periode, sondern (auch) von den Einkommenserwartungen über einen längeren Zeitraum (etwa des ganzen Lebens) (vgl. König (1978), p. 518).

Im Modell ist der reale Konsum (C'P) deshalb einerseits abhängig von dem real verfügbaren Einkommen der privaten Haushalte (Y'DIS) und andererseits von einer Approximation B des Barwertes aller für die Zukunft erwarteten Einkommen. Der erwartete Barwert wird dabei approximiert durch

$$B_0 = \sum_{\tau=1}^{\infty} \left(\frac{1}{1 + R'SEC_0}\right)^{\tau} Y'DIS_0^e = Y'DIS_0^e \,/\, R'SEC_0 \,.$$

Dabei steht $Y'DIS_0^e$ für das in einer "Basis"-Periode für jede zukünftige Periode erwartete verfügbare Einkommen und $R'SEC_0$ für die Wertpapierrendite in der Basisperiode. Für die Zukunft werden also konstante Einkommen und konstante Zinssätze erwartet. Bei den Einkommen werden adaptive Erwartungen unterstellt:

$Y'DIS_0^e := (Y'DIS_0 + Y'DIS_{-1}) / 2$, wobei das reale verfügbare Einkommen Y'DIS definiert wird durch:

(24) $Y'DIS = Y'DISN / (P'C/100)$.

Der Barwert B wird in jeder Periode neu geschätzt, d.h. die Basisperiode "wandert" über die gesamte Referenzperiode. Schließlich wird noch angenommen, daß sich die Konsumgewohnheiten von einer Periode auf die andere nicht vollständig anpassen können.

Insgesamt wird der folgende Schätzansatz verwendet:

(25)

$$C'P = C'P_{-1}^{a10} \cdot Y'DIS^{a11} \cdot ((Y'DIS + Y'DIS_{-1}) / R'SEC)^{a12} \cdot$$

$$\cdot\ a13 + u_1 \ .$$

Die Schätzergebnisse für die Parameter a10, ... , a13 sind in Tab.27 dokumentiert.

Tab.27: Privater Konsum: Schätzergebnisse

	OLS : 62 - 81	82	FIML : 62 - 81	82
a10	0.327 (6.8)	0.294 (6.7)	0.379 (9.1)	0.351 (9.9)
a11	0.593 (11.9)	0.624 (13.6)	0.545 (13.1)	0.570 (15.8)
a12	0.058 (7.7)	0.059 (7.5)	0.050 (6.9)	0.050 (7.6)
a13	1.15 (24.7)	1.15 (24.1)	1.17 (25.6)	1.19 (25.2)
R2	1.00	1.00	1.00	1.00
DM	1.59	1.62	1.48	1.36

Es fällt auf, daß die Unterschiede zwischen den Schätzungen nicht allzu groß sind. Daneben ist zu bemerken, daß die Barwertelastizität des Konsums (a12) wesentlich kleiner geschätzt wird als die Einkommenselastizität (a11). Damit reagiert der reale Konsum wesentlich stärker auf Änderungen im augenblicklich verfügbaren Einkommen als auf Änderungen des erwarteten zukünftigen Einkommens.

4.2.3.2 Private Anlageinvestitionen

Der Investitionsfunktion liegt die Idee zugrunde, in einer wachsenden Wirtschaft die laufenden Investitionsentscheidungen einer repräsentativen Firma zu optimieren. Dabei wird angenommen, daß der von der Firma hinsichtlich der Investitionsentscheidung ins Auge gefaßte Zeitraum als Abschnitt eines Gleichgewichtswachstumspfads interpretiert werden kann. Außerdem wird unterstellt, daß die produktiven Gesetzmäßigkeiten der repräsentativen Firma durch eine neoklassische Jahrgangsproduktionsfunktion mit Harrodneutralem technischen Fortschritt beschrieben werden können. Weiterhin werden monopolistische Absatzverhältnisse angenommen, d.h. der Monopolgrad $\mu = -1/\varepsilon$, $\varepsilon :=$ Preiselastizität der Nachfrage, wird $\neq 0$ vorausgesetzt.

Die Investitionsentscheidungen sollen nun so getroffen werden, daß über die jeweilige Zeitperiode die abdiskontierten Gewinne der Firma maximal werden. Das führt zu einer Investitionsfunktion der Art (vgl. Krelle (1978), p. 288/9):

$I'FP = a14 \cdot KAPA^{\mu} \cdot YDP'P + a15 \cdot KAPA^{\mu}_{-1} \cdot YDP'P_{-1} + \ldots,$
wobei KAPA eine Erlös-Kosten-Relation ist und YDP'P das reale private Bruttosozialprodukt (vgl. 4.2.2.1). KAPA wird im Modell definiert durch:

(26)

$$KAPA = YDP'PN \cdot (1 + VAU) / (Y'WP + TI'P - SUB'G + (K'USCO/P'I) \cdot KFN'PN + VAU \cdot YDP'PN + TY'P) ,$$

wobei

YDP'PN	das nominale private Bruttosozialprodukt ist,
VAU	die Vorleistungsquote (exogen),
Y'WP	das Bruttoeinkommen aus unselbständiger Arbeit im privaten Sektor,
TI'P	die indirekten Steuern im privaten Sektor,
SUB'G	die Subventionen (exogen),
K'USCO	die Kapitalnutzungskosten,
P'I	der Preisindex für Investitionen,
KFN'PN	das Nettoanlagevermögen zu Wiederbeschaffungspreisen im privaten Sektor,
TY'P	die Abgaben der Gewinnbezieher.

Die Modellierung der Kapitalnutzungskosten wurde Coen nachempfunden (vgl. z.B. Kübler (1977), p. 80-83):

(27)

$$K'USCO = (P'I/100) \cdot (R'SEC - ((P-P_{-1})/P_{-1}) \cdot 100 + DELTA)/(1-TY'PRAT)$$, wobei

R'SEC	die Rendite festverzinslicher Wertpapiere ist,
P	der Preisindex des privaten Bruttosozialprodukts,
DELTA	der 3-Jahresdurchschnitt der Abgangsrate des realen Kapitalstocks,
TY'PRAT	der Anteil der Steuern am Gewinn (vgl. (20)).

Die Kosten in der Erlös-Kosten-Relation setzen sich damit zusammen aus Lohnkosten (Y'WP), indirekten Steuern abzgl. Subventionen (TI'P-SUB'G), Kapitalkosten $((K'USCO/P'I) \cdot KFN'PN)$, Vorleistungskosten $(VAU \cdot YDP'PN)$ und Abgaben auf Gewinne (TY'P).

Im Schätzansatz wird der Monopolgrad $\mu = 1$ gesetzt, und es wird angenommen, daß die Investitionsentscheidungen nicht unabhängig sind von den Investitionsentscheidungen in der Vorperiode. Um zyklische Schwankungen zu erfassen, wird außerdem noch die Kapazitätsauslastung RHO'PC mitberücksichtigt:

(28) $RHO'PC = YDP'P / YDP'PC$, wobei

YDP'PC die (exogene) Produktion bei Normalauslastung repräsentiert.

Bei der Datengenerierung wird YDP'PC bestimmt als die Schätzung für die reale Produktion YDP'P , die aus der linearen Regression hinsichtlich der Zeit resultiert.

Insgesamt wird der folgende Schätzansatz verwendet:

(29)

$$I'FP = a14 \cdot I'FP_{-1} + a15 \cdot RHO'PC + a16 \cdot (KAPA_{-1} \cdot YDP'P_{-1}) + a17 \cdot DUM74 + a18 + u_2 .$$

Dabei ist DUM74 eine Dummy-Variable, die 1974 gleich 1 ist und sonst gleich 0. Diese Dummy-Variable repräsentiert außerökonomische Einflüsse auf die inländische Volkswirtschaft, nämlich die Auswirkungen der Ölpreiskrise des Jahres 1973.

Die Schätzergebnisse für die Parameter a14, ... , a18 sind in Tab.28 dokumentiert.

Tab.28: Private Anlageinvestitionen: Schätzergebnisse

	OLS : 62 -		FIML : 62 -	
	81	82	81	82
a14	0.425	0.494	0.554	0.531
	(4.6)	(5.1)	(4.0)	(4.3)
a15	316.1	269.0	208.9	180.0
	(8.7)	(8.0)	(3.3)	(3.4)
a16	0.070	0.064	0.055	0.060
	(5.0)	(4.2)	(2.8)	(3.1)
a17	-27.4	-28.7	-21.4	-19.5
	(6.9)	(6.5)	(3.8)	(3.5)
a18	-271.3	-231.3	-174.2	-146.1
	(8.0)	(7.1)	(3.0)	(2.9)
R2	0.99	0.98	0.98	0.97
DW	1.60	1.68	1.05	1.04

Hier fällt auf, daß die Unterschiede zwischen den Schätzungen wesentlich größer sind als bei der Schätzung des privaten Konsums. Insbesondere wird bei der FIML-Schätzung ein wesentlich größerer Anteil der Investitionen durch die verzögerte Variable erklärt. Außerdem erweist sich der Einfluß der Erlös-Kosten-Relation der Vorperiode in allen Schätzungen als wesentlich geringer als der Einfluß des Auslastungsgrads RHO'PC . Eine 5%ige Erhöhung des Auslastungsgrads würde z.B. 1970 eine Erhöhung der Investitionen um 16 Milliarden DM nach sich ziehen, eine ebensolche Erhöhung der Erlös-Kosten-Relation der Vorperiode würde dagegen nur eine Erhöhung um 3 Milliarden DM bewirken (OLS- Schätzung : 62 - 81).

4.2.3.3 Privates Arbeitsvolumen

Bei der Bestimmung des privaten Arbeitsvolumens wird davon ausgegangen, daß eine repräsentative Firma ihr Arbeitsvolumen so steuert, daß die Gewinne der Firma maximal werden. Unterstellt wird dabei eine Produktionsfunktion vom Cobb-Douglas-Typ:

$Y = \alpha \cdot (g \cdot A)^{1-\beta} \cdot K^{\beta}$, wobei

Y die reale Produktion ist,
g die Rate des technischen Fortschritts,
A das Arbeitsvolumen,
K der reale Kapitalstock.

Für den Gewinn gilt:

$Q := Y - l \cdot A - z \cdot K$, wobei
l der Reallohnsatz ist und
z ein langfristiger Realzinssatz.

Um den Gewinn Q zu maximieren, muß damit gelten:

$$(l / z) = ((1-\beta) / \beta) \cdot (K / A) .$$

Daraus folgt dann für den Arbeitskoeffizienten:

$$\begin{aligned} ak &:= (A / Y) \\ &= (1 / \alpha) \cdot g^{\beta-1} \cdot (\beta / (1-\beta))^{-\beta} \cdot (l / z)^{-\beta} \\ &=: \gamma \cdot g^{\beta-1} \cdot (l / z)^{-\beta} . \end{aligned}$$

In der Abhängigkeit des Arbeitskoeffizienten ak vom Verhältnis von Reallohnsatz zu Realzinssatz kommen die Auswirkungen von Substitionsprozessen zwischen Kapital und Arbeit zum Ausdruck, hervorgerufen etwa durch Tarifabschlüsse.

In dem hieraus resultierenden Schätzansatz wird der Realzinssatz z als konstant angenommen, und es wird ein gleitender Durchschnitt der Reallöhne verwendet, um auszudrücken, daß bei der Planung des Arbeitsvolumens längerfristige Aspekte eine nicht unwesentliche Rolle spielen. Als Indikator für die Rate des technischen Fortschritts wird ein 3-Jahresdurchschnitt des Kapital-Arbeitsverhältnisses verwendet. Insgesamt führt das zu folgendem Schätzansatz:

(30)

$$HW'PD = (LC'PD/100) \cdot YDP'P \quad ,$$

(31)

$$LC'PD = (WR'P_{-2}/P_{-2} + WR'P_{-1}/P_{-1} + WR'P \;/\; P)^{a1} \cdot ((KFN'PN_{-2}/P'I_{-2} + KFN'PN_{-1}/P'I_{-1} + KFN'PN \;/\; P'I) \;/\; (HW'PD_{-2} + HW'PD_{-1} + HW'PD))^{a2} \cdot e^{a3} + u_3 \;,$$

wobei

HW'PD	das Arbeitsvolumen im privaten Sektor ist,
LC'PD	der Arbeitskoeffizient im privaten Sektor,
YDP'P	das reale private Bruttosozialprodukt,
WR'P	der Lohnsatz im privaten Sektor,
P	der Preisindex des privaten Bruttosozialprodukts,
KFN'PN	das private Nettoanlagevermögen zu Wiederbeschaffungspreisen,
P'I	der Preisindex für Investitionen.

Die Schätzergebnisse für die Parameter a1, a2, a3 sind in Tab.29 dokumentiert.

Wie beim privaten Konsum (vgl. 4.2.3.1) unterscheiden sich die Schätzungen nicht allzu stark. Allgemein reagiert der Arbeitskoeffizient ähnlich stark auf Erhöhungen von

Tab.29: Privates Arbeitsvolumen: Schätzergebnisse

	OLS : 62 - 81	OLS : 62 - 82	FIML : 62 - 81	FIML : 62 - 82
a1	-0.374 (3.9)	-0.381 (3.9)	-0.392 (3.8)	-0.402 (4.4)
a2	-0.409 (5.0)	-0.400 (4.7)	-0.396 (4.4)	-0.383 (4.8)
a3	0.732 (15.7)	0.731 (15.3)	0.721 (14.4)	0.720 (16.1)
R2	1.00	1.00	1.00	1.00
DW	1.20	1.11	1.20	1.11

Löhnen und technischem Fortschritt, Man beachte aber das unterschiedliche Verhältnis der Elastizitäten a1, a2 bei OLS- und FIML-Schätzungen.

4.2.3.4 Preisindizes

Bei der Bestimmung der Preisindizes wird davon ausgegangen, daß eine (repräsentative) Firma ihre Preise einerseits von der Auslastung ihrer Kapazitäten (RHO'PC ; Nachfragezug-Aspekt) und andererseits von der Kostenentwicklung abhängig macht.

Im Modell wird die Kostenentwicklung mit Hilfe des folgenden privatwirtschaftlichen Stückkostenterms abgebildet:

(32)

$$CT = (Y'WP + M'GSN + TI'P - SUB'G + (R'BS \cdot A'BPRS + R'BL \cdot A'BPRL)/100 + KCA'P) \; / \; YDP'P ,$$

wobei

- Y'WP das Bruttoeinkommen aus unselbständiger Arbeit im privaten Sektor ist,
- M'GSN der Wert der Importe,
- TI'P die geleisteten indirekten Steuern von Privaten,
- SUB'G die gesamten Subventionen,

R'BS ein kurzfristiger inländischer Zinssatz,
A'BPRS die kurzfristigen Kredite an priv. Nichtbanken,
R'BL ein langfristiger inländischer Zinssatz,
A'BPRL die langfristigen Kredite an priv. Nichtbanken,
KCA'P die Abschreibungen,
YDP'P das reale private Bruttosozialprodukt.

Außerdem wird im Modell nicht ausgeschlossen, daß die Anpassung der Preise an eine geänderte wirtschaftliche Situation u.U. nur mit Verzögerung realisierbar ist.

Verwendet wurden die folgenden Schätzansätze:

(33)
$$P'C = a4 \cdot CT_{-1} + a5 \cdot RHO'PC + u_4 \quad ,$$

(34)
$$P'I = a6 \cdot P'I_{-1} + a7 \cdot CT + a8 \cdot RHO'PC + a9 + u_5 \quad .$$

Die Schätzergebnisse für die Parameter a4, a5 und a6, ..., a9 sind in Tab.30 dokumentiert.

Tab.30: Preisindizes: Schätzergebnisse

	OLS : 62 – 81	OLS : 62 – 82	FIML : 62 - 81	FIML : 62 - 82	
a4	79.3	77.9	79.4	78.1	Preisindex Konsum
	(90.5)	(85.0)	(93.6)	(89.4)	
a5	17.4	18.4	17.3	18.2	
	(23.2)	(22.3)	(23.7)	(23.1)	
R2	1.00	1.00	1.00	1.00	
DW	1.44	1.09	1.46	1.10	
a6	0.396	0.396	0.467	0.480	Preisindex Investitionen
	(2.6)	(2.6)	(3.2)	(3.6)	
a7	48.1	47.7	43.3	41.8	
	(4.3)	(4.3)	(4.1)	(4.4)	
a8	38.8	42.9	28.1	30.3	
	(3.7)	(4.7)	(2.3)	(2.8)	
a9	-28.2	-32.1	-19.1	-21.0	
	(2.5)	(3.2)	(1.4)	(1.8)	
R2	1.00	1.00	1.00	1.00	
DW	1.34	1.32	1.26	1.15	

Hier fällt zunächst einmal auf, daß die Schätzungen beim Preisindex für den Konsum sehr ähnlich sind, während sich beim Preisindex für Investitionen insbesondere OLS- und FIML-Schätzungen relativ deutlich unterscheiden. Überhaupt scheinen die Schätzparameter der Gleichungen, die mit Investitionen zusammenhängen (I'FP, P'I) wesentlich empfindlicher als die Parameter der anderen Gleichungen auf Änderungen in der Schätztechnik zu reagieren. Dieses kann u.U. interpretiert werden als Bestätigung für die häufig konstatierten Schwierigkeiten bei der modellmäßigen Abbildung von Investitionen.

Beachte weiterhin die unterschiedliche dynamische Struktur der beiden Preisgleichungen. Und man beachte, daß der Investitionspreisindex bei FIML-Schätzungen stärker von seinem Vorperiodenwert abhängt als bei OLS-Schätzungen.

Bemerkenswert erscheint schließlich noch die Stabilität sämtlicher Schätzansätze gegenüber Änderungen in der Schätzperiode. Dieses kann als ein Anzeichen für die Güte der Schätzansätze gelten.

4.2.3.5 Grobstruktur des Modells

Die Grobstruktur des Modells entspricht im wesentlichen derjenigen des Bonner Makro-Modells vom März 1983. Außer von dem privaten Bruttosozialprodukt (YDP'P, YDP'PN) wird die Struktur entscheidend bestimmt durch den Kostenterm in den Preisfunktionen (CT) , die Erlös-Kosten-Relation (KAPA) und die Kapazitätsauslastung (RHO'PC). Letztere drei Größen stellen gewissermaßen "Bindeglieder" zwischen den Teilmodellen des Gesamtmodells dar, die die Verwendungsrechnung, die (Um-)Verteilungsrechnung, den Arbeitsmarkt und die Preisbestimmung repräsentieren.

Die Grobstruktur wird im folgenden Schaubild verdeutlicht. Die Zurechnung der einzelnen Variablen zu den Teilmodellen wurde wie in 4.2.1 und 4.2.2 vorgenommen.

Schaubild: Grobstruktur des Modells

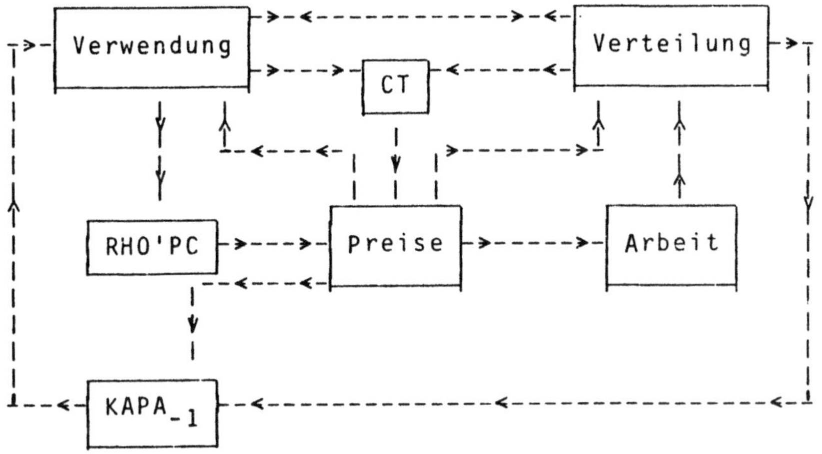

4.3 Prognosen

4.3.1 Ex-post-Prognosen

Um die dynamischen Eigenschaften des Modells zu testen, wurden (dynamische) ex-post-Prognosen (vgl. I.2.2.3) durchgeführt im gesamten jeweiligen Schätzzeitraum (1962 - 1981 bzw. 1962 - 1982), basierend einerseits auf den OLS-Schätzungen und andererseits auf den FIML-Schätzungen für die jeweilige Schätzperiode. Da das mittlere Verhalten der Prognosen nur wenig von dem verwendeten Schätzzeitraum abhängt, sind im folgenden nur die Prognoseergebnisse für die Referenzperiode 1962 - 1982 dokumentiert. Zur Darstellung des mittleren Verhaltens der Prognosen werden die folgenden Fehlermaße verwendet:

Sei $y(t)$, $t=1,...,T$, die beobachtete Zeitreihe und
$\hat{y}(t)$, $t=1,...,T$, die prognostizierte Zeitreihe,
dann ist

$$MAPE := (1/T) \sum_{t=1}^{T} |(y(t)-\hat{y}(t))/\hat{y}(t)| \cdot 100$$

die mittlere relative Abweichung in Prozent,

$$MEAN := (1/T) \sum_{t=1}^{T} (y(t)-\hat{y}(t))$$

die mittlere Abweichung,

$$MAE := (1/T) \sum_{t=1}^{T} |y(t)-\hat{y}(t)|$$

die mittlere absolute Abweichung,

$$RMSE := ((1/T) \sum_{t=1}^{T} (y(t)-\hat{y}(t))^2)^{0.5}$$

die Wurzel der mittleren quadratischen Abweichung.

Das Modell erweist sich bei jeder der untersuchten Schätzungen als erfreulich gutartig hinsichtlich seiner ex-post-Prognoseeigenschaften. Insbesondere kann man keine eindeutige Überlegenheit eines Schätzers ausmachen. Der OLS-Schätzer erweist sich als überlegen bei den Fehlermaßen MAPE, MAE und RMSE, die auf den Absolutbeträgen der Fehler basieren, und der FIML-Schätzer ist bei MEAN überlegen. Man beachte, daß OLS-Schätzungen gerade RMSE minimieren, allerdings Gleichung für Gleichung und für historische verzögerte endogene Variablen (vgl. I.2.1.3).

4.3.2 Ex-ante-Prognosen

Das Modell führt also bei den beobachteten Daten zu vernünftigen Schätzungen und Prognosen im Schätzzeitraum. Um auch eine Analyse der Auswirkungen von Meßfehlern auf "echte" Prognosen außerhalb des Schätzzeitraums (ex-ante-

Tab.31: Dynamische ex-post-Prognosen im Schätzzeitraum 1962 - 1982:

Fehleranalyse

		bei FIML-Schätzungen				bei OLS-Schätzungen			
Variable	Bedeutung	MAPE	MEAN	MAE	RMSE	MAPE	MEAN	MAE	RMSE
C'P	Privater Verbrauch, Mrd76DM	1.18	0.54	6.63	8.42	1.10	1.29	6.24	7.47
C'PN	Privater Verbrauch, MrdDM	1.32	-0.07	6.89	9.03	1.12	-0.28	5.93	7.59
CG'G	Staatl. Käufe bei Privat,Mrd76DM	0.74	0.01	0.58	0.81	0.77	0.11	0.60	0.81
CT	Kostenterm in Preisfunktionen	0.55	-0.00	0.01	0.01	0.67	-0.00	0.01	0.01
HW'PD	Arbeitsvolumen,priv.+abh.,MrdStd	1.64	0.02	0.56	0.66	1.96	-0.02	0.67	0.80
I'FP	Anlageinvest., Untern., Mrd76DM	3.94	0.58	7.32	9.61	4.23	1.70	7.79	8.92
I'FPN	Anlageinvest., Untern., MrdDM	4.77	0.51	7.76	10.45	4.67	0.92	7.73	9.80
I'G	Anlageinvest., Staat, Mrd76DM	1.42	-0.07	0.53	0.65	1.22	-0.09	0.45	0.57
I'I	Vorratsinvestitionen, Mrd76DM	1,42	0.01	0.16	0.24	1.22	-0.01	0.13	0.17
K'USCO	Kapitalnutzungskosten	15.10	0.14	0.80	1,06	13.96	0.13	0.71	0.91
KAPA	Erlös-Kosten Relation	1.00	-0.00	0.01	0.01	0.83	-0.00	0.01	0.01
KCA'P	Abschreibungen, Untern, Mrd DM	1.68	0.49	1.34	1.65	1.47	0.92	1.08	1.48
KFN'PN	Nettoanlageverm. Untern, MrdDM	1.68	10.12	27.50	33.91	1.46	18.73	22.16	30.47
LC'PD	Arbeitskoeff., Priv. Sektor	1.13	-0.00	0.05	0.05	1.43	-0.01	0.06	0.07
M'GS	Einfuhr, Mrd76DM	1.17	0.22	2.68	3.65	1.12	0.54	2.66	3.31
M'GSN	Einfuhr, MrdDM	1.17	-0.01	2.26	3.04	1.12	0.30	2.40	3.02
P	Preisindex, Priv. BSP, 1976=100	0.53	0.02	0.49	0.74	0.62	-0.06	0.55	0.69
P'C	Preisindex, Verbrauch, 1976=100	0.74	-0.04	0.66	0.93	0.77	-0.14	0.68	0.95
P'I	Preisindex, Investition,1976=100	1.42	0.10	1.15	1.38	1.23	0.09	0.98	1.22
RHO'PC	Kapazitätsauslastung	1.17	0.00	0.01	0.02	1.12	0.00	0.01	0.01
T'W	Dir. Steu. + Soz. Abg.	1.35	-0.25	2.66	3.65	1.61	-1.12	3.35	4.92
TI'P	Indirekte Steuern, Priv., MrdDM	1.52	0.08	1.81	2.19	1.32	0.08	1.47	1.83
TY'P	Dir. Steuern auf Gewinne, MrdDM	3.91	0.12	1.85	2.59	3.34	0.43	1.62	2.36
Y'DIS	Verfüg. Eink.,Priv.Hh., Mrd76DM	1.21	0.53	7.78	10.44	1.13	1.56	7.29	8.98
Y'P	Brt.Eink., Unt.Tät.+Verm.,MrdDM	3.91	0.36	8.91	12.90	3.34	1.81	7.76	11.62
Y'PNET	Net.Eink., Unt.Tät.+Verm.,MrdDM	3.91	0.24	7.06	10.32	3.34	1.39	6.15	9.27
Y'W	Bruttoeink.,unselbst.Arb.,MrdDM	1.35	-0.45	6.86	9.02	1.61	-2.42	8.54	11.95
Y'WP	Bruttoeink.,unselbst.Arb.,MrdDM	1.64	-0.45	6.86	9.02	1.96	-2.42	8.54	11.95
YDP'P	Priv.Bruttosozialprod., Mrd76DM	1.17	0.85	10.39	13.82	1.12	2.46	10.07	12.31
YDP'PN	Priv.Bruttosozialprod., MrdMD	1.52	0.44	12.36	15.05	1.32	0.34	10.08	12.66

Prognosen, vgl. I.2.2.3) durchführen zu können, wurden die exogenen Variablen für den Prognosezeitraum 1983 - 1988 so fixiert (bedingte Prognose, vgl. I.(2.2.2.3)), daß das Modell für FIML-Schätzungen (1962 - 1982) einen plausiblen "Wachstumspfad" prognostiziert. Dazu wurden die exogenen Variablen im Prognosezeitraum mit konstanter Wachstumsrate fortgeschrieben, wobei z.B. Zinssätze, Quoten und Dummies auf ihrem Wert von 1982 konstant gehalten wurden. Genaueres entnehme man Tab.32 a) (die Erklärung der Variablennamen entnehme man 4.2 oder Anhang 2). Die Wachstumsraten der ex-ante-Prognosen für einige wichtige endogene Variablen entnehme man Tab.32 b).

Tab.32: Ex-ante-Prognosen

a) Wachstumsraten der exogenen Variablen (1983 - 1988)

%	Variablen				
0	DELTA	DUM74	I'IN	KCA'PRAT	M'GSRAT
	R'SEC	R'BL	R'BS	TI'PRAT	TY'PRAT
	T'WRAT	Y'PDRAT	VAU		
1	YDP'PC				
3	I'GN	SUB'G	X'GSN	X'GS	
6	A'BPRL	A'BPRS	CG'GN	P'MGS	T'WB
	WR'P	Y'WG			

b) Wachstumsraten von Prognosen ausgewählter endogener Variablen

19'	C'P	I'FP	YDP'P	P	Y'P
'83	1.4	-2.0	1.3	3.5	9.8
'84	1.3	0.3	1.8	1.0	-3.3
'85	0.8	-0.2	1.4	2.3	1.3
'86	0.7	1.3	1.5	2.4	1.2
'87	0.6	1.6	1.5	2.5	0.8
'88	0.5	1.7	1.5	2.5	0.4

4.4 Datenfehleranalyse

Um das Monte-Carlo-Experiment (1.2.2) mit sinnvollen Verteilungen der Datenfehler durchführen zu können, wurden Anstrengungen unternommen, den Modellvariablen plausible Datenfehlergrößen zuzuordnen. Dazu wurden einerseits Einschätzungen von Experten verwendet (vgl. 4.4.3), und andererseits wurde eine Analyse von Datenrevisionen durchgeführt (vgl. 4.4.4 - 4.4.7). Schon Morgenstern (1965, p. 251-276) propagiert die Verwendung von Datenfehlerschätzungen dieser Art. Die unten zitierten neueren Arbeiten lassen sich sämtlich als Fortentwicklungen der Morgenstern'schen Analyse interpretieren. Zunächst soll ganz allgemein das Problem von Fehlern in makroökonomischen Größen diskutiert werden.

4.4.1 Fehler in makroökonomischen Variablen

Insbesondere bei Daten und Wachtumsraten aus dem Bereich der makroökonomischen Statistik besteht die Gefahr, daß ihre Verläßlichkeit überschätzt wird. Teilweise ist das wohl daraus zu erklären, daß aus dem Bereich der Experimentalstatistik (z.B. bei der Qualitätskontrolle) bekannt ist, daß die Präzision statistischer Maßzahlen getestet werden kann. Deshalb vertraut man darauf, daß staatliche Behörden nur geprüfte Zahlen publizieren. Aus diesem Grunde werden die durch die statistischen Dienste publizierten Zahlen vertrauensvoll als "Daten" in ökonometrischen Modellen zur Projektion der künftigen Entwicklung eingesetzt. Dies ist umso bedauerlicher, als viele Ökonometriker, vornehmlich solche der "ersten Stunde" wie R.Frisch, H.Wold und W.G. Waffenschmidt, auf die unvermeidliche "Fehlertoleranz" hingewiesen haben. Diese Toleranzen müssen besonders bei solchen Größen beachtet werden, die durch teilweise komplizierte Erhebungsverfahren oder auch durch Zusammenfassung inhomogener Daten ermittelt werden. (Vgl. Esenwein-Rothe (1976), p. 304/5).

Tatsächlich sind die in makroökonomischen Modellen nachgewiesenen Größen nur selten dadurch numerisch darzustellen, daß exakt ermittelte Zahlen als Mengen- oder Wertangaben summiert werden. Die meisten der geläufigen Wert- und Mengenausdrücke sind als Begriffsworte geprägt, die zwar mehrere Merkmale gemeinsam haben und darum unter sich zusammenfaßbar sind, die sich aber wesentlich von Summen aus gattungsgleichen Summanden unterscheiden.

Solche Vielheiten aus unverbundenen und überwiegend ungleichartigen Teilgesamtheiten heißen Pluralbegriffe. Ihre "Unifikation" wird durch die konstitutiven Merkmale des Begriffs bewirkt. Demgegenüber können Gattungen statistisch durch die Summe ihrer Merkmale dargestellt werden. Bsp. Gattung: Hund; Pluralbegriff: Tier.

Bei der statistischen Realisierung von Pluralbegriffen unterscheidet man zwei Möglichkeiten:

- Eine Megagröße ist eine additive Zusammenfassung von Mengen oder Wertangaben für ungleichartige Gruppen über Verrechnungseinheiten (z.B. Belegschaften, Arbeitskosten).
- Ein Agglomerat ist eine Zusammenfassung von Gesamtheiten von Elementen durch mehrfach hintereinander geschaltete Operationen auf der Grundlage exakt erhobener oder auch geschätzter Tabellenwerte (z.B. Sozialprodukt, Investitionsvolumen). Dabei werden, oft aufgrund eines Plausibilitätsschlusses, Lücken im Datenmaterial geschlossen (Substitution) und inkonsistente Daten transformiert (Konsolidation).

(Vgl. Esenwein-Rothe (1976), p. 263-270.)

4.4.2 Datenerstellung des Statistischen Bundesamts

Die Größen der VGR des Statistischen Bundesamts sind überwiegend Pluralbegriffe. Tatsächlich wird bei der Er-

stellung der VGR meist statistisches Material verwendet, das zu anderen Zwecken erhoben wurde. Das statistische Ausgangsmaterial wird dann zunächst im Hinblick auf seinen Aussagewert und seine Verwendbarkeit für die VGR eingehend geprüft und miteinander verglichen. Ergebnisse aus Teilerhebungen werden hochgerechnet, die Ausgangsdaten werden, soweit erforderlich, inter- und extrapoliert, Lücken im Ausgangsmaterial werden schätzungsweise ergänzt. Ferner ist das Material durch mehr oder weniger umfangreiche Berechnungen auf die Konzepte, Definitionen, Abgrenzungen und Klassifikationen der VGR umzustellen. Soweit möglich werden kombinierende Berechnungen unter Verwendung verschiedenen Ausgangsmaterials durchgeführt, um mehr Kontrollmöglicheiten zu haben.
Alle Angaben werden im Zeitablauf mehrfach berechnet, da Ergebnisse frühzeitig verlangt werden, die Unterlagen der Ausgangsstatistiken aber erst nach und nach verfügbar sind. Neuartiges und unregelmäßig anfallendes Material wird oft erst in den umfassenden, in mehrjährigen Abständen durchgeführten Revisionen in die Ergebnisse eingearbeitet. Bei diesen Revisionen werden auch teilweise konzeptionelle Änderungen bei der "statistischen Definition" der Variablen vorgenommen (vgl. 4.4.4).
(S. VGR 82, p. 61/2).

Die Zeitreihen des Statistischen Bundesamts werden prinzipiell so gebildet, daß sie das Kontensystem der VGR exakt erfüllen. Die Meßreihen erfüllen also dieselben Identitäten wie die latenten Variablen, für die sie stehen (vgl. I.3.1.1). Der konsistente Übergang zu den Daten anderer wichtiger Datenersteller ist allerdings nicht gewährleistet. Z.B. wurde keine Übereinstimmung zwischen dem Saldo der Vermögensveränderungen im Kontensystem und den von der Deutschen Bundesbank veröffentlichten Veränderungen von Forderungen und Verbindlichkeiten erreicht ("Statistische Differenz") (vgl. VGR 82, p. 83).

4.4.3 Qualitätsbeurteilung durch Experten

Die Qualität oder Zuverlässigkeit der VGR kann auf mehreren Wegen abgeschätzt werden. Eine Möglichkeit besteht z.B. darin, Experten, die über Datenquellen und Methoden der VGR-Schätzung bestens informiert sind, Fehler subjektiv abschätzen zu lassen oder zumindest die VGR-Komponenten mit Gütegraden versehen zu lassen. Bei der Qualitätsbeurteilung durch Experten sind i.a. vier Hauptfaktoren ausschlaggebend:

- die Komplexität des erhobenen Sachverhalts,
- die Qualität des Berichtwesens der Berichteinheiten,
- die Qualität des Erhebungssystems der amtlichen Statistik (Total- oder Teilerhebung,..., Kontrollverfahren),
- Absicherung des Schätzvorgangs der VGR-Komponenten (Kontrollrechnungen, verwendete Algorithmen).

Auf der Basis solcher Einflußfaktoren sind in der Vergangenheit und werden auch heute noch Fehlermargen- und Güteschätzungen vorgenommen. Gegen Fehlermargenschätzungen der Art: beim BSP ist mit einer Fehlermarge von +/- 10% zu rechnen, wird unter anderem folgende Kritik vorgebracht:

- Die Fehlermargen sind im Prinzip subjektive Schätzungen,
- für Fehlermargen kann nicht die Gültigkeit der Gesetze der Fehlerfortpflanzung beansprucht werden,
- die Fehlermargen sind im Prinzip nichts anderes als kaschierte Rangzahlen, sie gehorchen eher einer ordinalen als einer kardinalen Metrik,
- die Fehlermargen sind weder Schwankungs- noch Prognoseintervalle, ihnen fehlt ein Konfidenzbereich.

(Vgl. Rinne (1981), p. 6-9.)

Aus den vorstehenden Gründen wird oft empfohlen, die Qualität von VGR-Komponenten durch Ordinalzahlen oder

Gütegrade auszudrücken. Dieses kann z.B. dadurch geschehen, daß jeder VGR-Komponente eine von (z.B.) drei Güteklassen zugeordnet wird, wobei etwa Güteklasse A für "genauer als der Durchschnitt" steht und Güteklasse C für "ungenauer als der Durchschnitt".

Erfreulicherweise hat sich das Statistische Bundesamt dazu bereit erklärt, die Quelldaten, die dort erstellt wurden, in Güteklassen dieser Art einzuordnen (vgl. Anhang 3), wobei allerdings die Subjektivität der Einordnung ausdrücklich betont wurde [1]. Diese Einteilung entnehme man Tab.33, die Erklärung der dort verwendeten Variablennamen etwa 4.2 oder Anhang 2.

Tab.33: Güteklassen der Quellvariablen des Statistischen Bundesamts

Klasse	Variablen				
A	BT'W	B'P	M'GSN	TI	TI'G
A	TY'P	TY'W	X'GSN	YDP	YDPN
A	Y'W	Y'WG	Y'WNET	Y'WP_C	
A/B	C'GN				
B	C'P	C'PN	I'FPN	I'FP_S	I'GN
B	I'G_S	M'GS	PP	P'CG	P'CP
B	P'IE	P'MGS	P'XGS	SUB'G	T'WD
B	T'WR	VORL'UBE	X'GS	Y'DISN	
B/C	CG'GN1	CG'GN2	KCA'P		
C	C'G	I'I	I'IN	KF	KFN'PN_C
C	KF'AB	KF'G	KF'GAB	YNP'G	Y'P
C	Y'PNET	Y'PNETD			

4.4.4 Datenrevisionen (vgl. Rinne (1981), p. 22-26)

Eine andere Möglichkeit der Qualitätsbeurteilung stellt das Studium der Datenrevisionen dar. Von einer Revision

1) Insbesondere möchte ich Herrn Dr. Lützel danken für seine Kooperationsbereitschaft.

ist zu sprechen, wenn im Zeitablauf für ein und dieselbe Größe verschiedene Werte von demselben Datenproduzenten ausgewiesen werden. Bei Revisionen in der VGR unterscheidet man statistisch, methodisch und definitorisch bedingte Revisionen.

Eine Revision ist statistisch bedingt, wenn sie aufgrund neuerer und vollständigerer Primärstatistiken erfolgt. Statistisch bedingte Revisionen können laufend oder sporadisch erfolgen. Erstere liegen dann vor, wenn die Änderungen in den Schätzwerten allein aus jenem Informationsfluß resultieren, der ständig der VGR-Schätzung zugrundeliegt, etwa wenn bestimmte Steuerstatistiken immer mit zweijähriger Verzögerung verfügbar sind. Sporadische statistisch bedingte Revisionen sind z.B. dann notwendig, wenn Primärstatistiken nur selten anfallen oder erstmalig einbezogen werden. Sporadische statistisch bedingte Revisionen betreffen i.a. die Schätzwerte einer Reihe zurückliegender Perioden, da man bemüht ist, die neu gewonnenen Erkenntnisse nachträglich auf so viele Berichtsperioden wie möglich zu übertragen.

Methodisch bedingte Revisionen sind z.B. dann gegeben, wenn eine andere Technik der Inter- bzw. Extrapolation, der Deflationierung oder der Saisonbereinigung angewendet wird. Auch bei methodisch bedingten Revisionen ist man bemüht, die Schätzung weiter zurückliegender Berichtsperioden nach der neuen Methode vorzunehmen, damit die Schätzwerte untereinander vergleichbar bleiben und keine Strukturbrüche entstehen.

Eine Revision ist als definitorisch bedingt anzusehen, wenn an der Arbeits- und/oder Idealform von VGR-Komponenten etwas geändert wird und diese Änderung nachträglich auf so viele zurückliegende Perioden wie möglich übertragen wird.

Sporadische statistisch, methodisch oder definitorisch bedingte Revisionen erfolgen i.a. in größeren Zeitabständen und meistens zusammen.

Bei Schlußfolgerungen über die Qualität von VGR-Komponenten, die aus dem Studium der Revisionen gewonnen wurden, ist zu beachten, daß häufige und große Revisionen an der ersten Schätzung zwar Ausdruck mangelnder Verläßlichkeit sind, nicht aber unbedingt auch Aufschluß über die Genauigkeit einer der Veröffentlichungen geben. Verläßlichkeit besagt nur, daß man auf die ersten (vorläufigen) Schätzwerte vertrauen kann, Genauigkeit dagegen bedeutet soviel wie Exaktheit oder Fehlerfreiheit eines Schätzwertes im Sinne einer möglichst minimalen Abweichung vom unbekannten wahren Wert. Beim Vergleich von revidierten mit ersten Schätzungen werden aber nur Zahlen mit unbekannten Fehlern gegenübergestellt. Eine Revision ist also keine Garantie dafür, daß der Schätzfehler kleiner geworden ist. Tatsächlich erhält man also nur eine Aussage über die relative Güte der ersten Schätzung, eine weitergehende Aussage, etwa über die Genauigkeit der Letztveröffentlichung ist so einfach nicht möglich. Trotzdem kann man die Revision dazu verwenden, um gewisse Charakterisierungen des statistischen Fehlers in den VGR-Komponenten zu erhalten.

4.4.5 Darstellung des statistischen Fehlers

Als statistischer Fehler wird die Abweichung zwischen einem Erhebungsergebnis und dem "wahren" Wert der betreffenden Daten bezeichnet. Formal kann man ihn mit Hilfe des mittleren quadratischen Fehlers (MSE) charakterisieren. Nimmt man für den Augenblick an, daß die zu erhebende Größe nichtstochastisch ist, dann kann man MSE schreiben als:

$$\begin{aligned} MSE(x) &= E(x-z)^2 \\ &= E\Big(\underbrace{(x-E(x))^2}_{(I)} + \underbrace{(E(x)-y)^2}_{(II)} + \underbrace{(y-z)^2}_{(III)} + \underbrace{2\cdot(E(x)-y)\cdot(y-z)}_{(IV)}\Big) , \end{aligned}$$

wobei

x die beobachtete Größe,

y die statistisch operationale Definition des zu erhebenden Tatbestandes (nichtstochastisch) und

z die idealerweise zu erfassende Größe (nichtstochastisch)

bezeichnen.

Die vier Teilgrößen von $MSE(x)$ lassen sich folgendermaßen interpretieren:

I: (stichprobenbedingte oder nicht stichprobenbedingte) Varianz der Beobachtungen,

II: aus Beobachtungsfehlern entstandener bias,

III: Verzerrung aufgrund des Nichtübereinstimmens von operationaler und idealer Definition,

IV: Wechselwirkung zwischen II, III

(vgl. Esenwein-Rothe (1976), p. 305-308).

Da z im allgemeinen unbekannt ist, wird hier grundsätzlich angenommen, daß die neueste (!) statistisch operationale Definition y identisch ist mit der idealen Größe z. Damit erhält man

$$MSE(x) = E(x-y)^2 = E\Big((x-E(x))^2 + (E(x)-y)^2\Big) .$$

Zur Vereinfachung wird dann noch angenommen, daß die x unverzerrte Beobachtungen von y sind, d.h. daß gilt: $E(x) = y$. Sei etwa $x = y + u$, wobei u eine Zufallsvariable ist mit $E(u) = 0$, dann gilt:

$$MSE(x) = E(x-E(x))^2 = E(y+u-y)^2 = E(u^2) = var(u) .$$

4.4.6 Verfahren von Langaskens und van Rijckeghem (1974, p. 284/5)

Zur Schätzung von var(u) kann das Verfahren von Langaskens und van Rijckeghem verwendet werden. Dabei wird angenommen, daß zwei Meßreihen x, x' für eine ökonomische Variable y zur Verfügung stehen, so daß
$x = y + u$, $x' = y + v$, wobei die Meßfehler u, v unabhängig sind von y und $E(u) = E(v) = 0$.
Damit gilt:

$$E(x) = E(x') = y \quad \text{und} \quad E(x - x') = E(u - v) = 0 .$$

Sei nun ρ der Korrelationskoeffizient von u und v.

Langaskens und van Rijckeghem berechnen aus den Varianzen $var(x-x')$, $var(x)$, $var(x')$ den minimal möglichen Korrelationskoeffizienten ρ_{min} und die dazugehörigen Varianzen $var(v)$ und $var(u)$.

Seien dazu A und B definiert durch

$$A := var(x'-x) + var(x') - var(x) \quad \text{und}$$

$$B := var(x'-x) - var(x') + var(x) \quad . \text{ Dann gilt:}$$

$$var(u) = B^2 / \left(2B+(A-B)\rho^2+\rho\sqrt{4AB+(A-B)^2\rho^2}\right),$$

$$var(v) = var(u) + (A-B)/2 .$$

Damit wird <u>var(v) maximal für ρ_{min}</u>, das sich aus $4AB + (A-B)^2\rho^2 \geq 0$ ergibt. Es gilt:

$$\rho^2_{min} = -\frac{4AB}{(A-B)^2} > 0 , \quad var(v) = \frac{A^2-AB}{2(A+B)} \quad \text{oder}$$

$$\rho^2_{min} = 0 \quad \text{und} \quad var(v) = A/2 .$$

In der Praxis werden bei der Berechnung von A, B die Stichprobenvarianzen $\hat{s}^2(x-x')$, $\hat{s}^2(x)$, $\hat{s}^2(x')$ verwendet. Damit erhält man dann i.a. konsistente Schätzer $\widehat{var}(u)$, $\widehat{var}(v)$ für $var(u)$, $var(v)$.

Man beachte, daß die Voraussetzung $E(u) = E(v) = 0$

bei der Herleitung der Formeln für var(u) , var(v) zwar nicht benötigt wird, daß ein Vergleich von Fehlervarianzen aber nur sinnvoll ist, wenn die Erwartungswerte der Fehler übereinstimmen.

4.4.7 Anwendung des Verfahrens

(4.4.7.1) Das Verfahren von Langaskens und van Rijckeghem wurde auf alle Quellenvariablen des untersuchten Modells angewendet. Zugrundegelegt wurde dabei jeweils die Reihe der Erstveröffentlichungen und die Reihe der Letztveröffentlichungen einer Variable.

Die Reihe der Erstveröffentlichungen mußte auf die zuletzt gültige statistisch operationale Definition umgerechnet werden (vgl. 4.4.5). Dazu wurde versucht, für jede Variable von der Differenz zwischen der ersten Veröffentlichung nach der Revision und der letzten vor der Revision den Anteil zu bestimmen, der einer konzeptionellen Änderung der statistisch operationalen Definition zuzuschreiben ist. Dabei wurden die Berichte des Statistischen Bundesamts über die jeweilige Revision herangezogen. Mit Hilfe dieses Verfahrens soll sichergestellt werden, daß die Reihe der Erstveröffentlichungen x und die Reihe der Letztveröffentlichungen x' als Beobachtungen derselben statistisch operationalen Definition aufgefaßt werden können.

Natürlich können diese beiden Reihen trotzdem noch eine systematische Differenz aufweisen. Dieses könnte dann als Anzeichen für eine systematische Verzerrung der Beobachtungen gelten (II. Komponente von MSE(x) ; vgl. 4.4.5). Einen Hinweis auf die Größe der Verzerrung liefert das Verfahren von Langaskens und van Rijckeghem <u>nicht</u>. Stattdessen versuchen Langaskens und van Rijckeghem systematische Differenzen durch Übergang zu ersten Differenzen bzw. Wachstumsraten auszuschalten. Die Differenz der resultierenden transformierten Reihen wird einem t - Test unterzogen auf $E(u-v) = 0$. Den folgenden Untersuchungsergebnissen liegen erste Differenzen zugrunde, da sich damit noch am ehesten systematische Differenzen eliminieren ließen.

(4.4.7.2) Zunächst soll demonstriert werden, wie die Reihen der Erstveröffentlichungen auf die neueste statistisch operationale Definition umgerechnet wurden.

Die Erstveröffentlichungen eines Berichtsjahres (z.B. 1975) entstammen grundsätzlich den "Konten und Standardtabellen" zu den Volkswirtschaftlichen Gesamtrechnungen aus dem Herbst des darauffolgenden Jahres (z.B. VGR75). Allerdings erscheinen die "Konten und Standardtabellen" erst seit Herbst 1970 (VGR69). Die "Erstveröffentlichungen" der Jahre 1960 bis 1969 wurden deshalb diesem Heft entnommen.

Zwischen 1960 und 1983 gab es zwei große Datenrevisionen, und zwar in den Jahren 1977 und 1982. Bei beiden Revisionen wurden sämtliche Reihen der VGR bis 1960 zurück auf die neuen Konzepte umgerechnet ("Revidierte Ergebnisse" : VGR60-76, VGR60-81). Die Differenz zwischen den Reihen in VGR60-76 bzw. VGR60-81 und den Reihen der letzten "Konten und Standardtabellen" vor der Revision (VGR75 bzw. VGR80) wird als Ergebnis der Datenrevision angesehen.

Die Letztveröffentlichung der Reihen stammt aus VGR82.

Um Erst- und Letztveröffentlichung der Reihen miteinander vergleichen zu können, mußte entschieden werden, welcher Anteil der revisionsbedingten Differenzen auf Änderungen in den Konzepten, d.h. in der statistisch operationalen Definition, zurückzuführen ist (definitorisch bedingte Revision, vgl. 4.4.4). Dieser Anteil wurde dann zur Erstveröffentlichung hinzuaddiert.

Das Vorgehen soll nun noch anhand eines Beispiels verdeutlicht werden. Man betrachte den "privaten Verbrauch" C'PN in Preisen der jeweiligen Berichtsperiode. Bei der Revision 1977 wurde einerseits die statistisch operationale Definition der Größe geändert (definitorisch bedingte Revision), andererseits aber auch neues Datenmaterial mitberücksichtigt (statistisch bedingte Revision). Einerseits wurden dem privaten Verbrauch nämlich nicht mehr die anteiligen Entgelte für Bankdienstleistungen (jetzt Vorleistungen einer fiktiven Einheit im Unternehmenssektor) und die Käufe für unentgeltliche Lieferungen an die übrige Welt (im wesentlichen der privaten Haushalte; jetzt laufende Übertragungen an die übrige Welt) zugerechnet. Und andererseits wurde das Datenmaterial der Wohnungszählung 1968, der Wohnungsstichprobe 1972 sowie von Einkommens- und Verbrauchsstichproben erstmals bei der Berechnung mitberücksichtigt. Nach Angaben des Statistischen Bundesamts verhielten sich die Anteile der beiden Revisionsarten im Jahre 1970 zueinander wie 1.1 zu 0.7 (WiSta77, p. 234, 236). Der Einfachheit halber wurde deshalb in der gesamten Periode 1960 bis 1976 der Definitionsänderung 2/3 der Revisionsdifferenz zugerechnet. - Bei der Revision 1982 wurde ausschließlich neues Datenmaterial berücksichtigt, z.B. aus der Handels- und Gaststättenzählung 1978, der Handwerkszählung 1976 und der Wohnungsstichprobe 1978.

In Tab.34 sind die verschiedenen Reihen für C'PN für vier "typische" Stichjahre wiedergegeben. Man beachte die relativ großen Änderungen bei der Revision 1982, die nicht auf Konzeptänderungen beruhen.

Tab.34: Datenrevisionen bei C'PN (privater Verbrauch, MrdDM)

	Erstv.	VGR75	Rev.77	VGR80	Rev.82	Letztv.	Rev. Erstv.
1960	172.43	172.43	171.84	171.84	171.84	171.84	172.03
1969	333.56	330.09	330.83	330.83	330.90	330.90	334.05
1974	532.94	532.95	527.55	527.55	533.74	533.74	529.34
1979	766.26	--	--	766.36	778.98	779.25	766.26

Angaben zu den Revisionen 1977 und 1982 für alle Modelldaten befinden sich in Anhang 2. Man beachte, daß die Erstveröffentlichungen von Preisindizes nicht nur auf die neueste statistisch operationale Definition umgerechnet werden müssen, sondern auch auf das neueste Basisjahr umbasiert werden müssen.

(4.4.7.3) In Tab.35 werden für alle untersuchten Quellvariablen des Statistischen Bundesamts die Ergebnisse des Verfahrens von Langaskens und van Rijckeghem wiedergegeben, angewendet auf Erst- und Letztveröffentlichungen, die wie in (4.4.7.2) gebildet wurden. Reale Quellvariablen wurden nicht untersucht. Falls die dazugehörigen Preisindizes verfügbar sind, wurden die realen Größen als abgeleitet interpretiert. Falls die Preisindizes nicht verfügbar sind, ist eine Umrechnung der Erstveröffentlichungen nicht möglich.

Für die ersten Differenzen der untersuchten Größen werden in der folgenden Tabelle angegeben:

- die geschätzten Erwartungswerte der Erst- und Letztveröffentlichungen (meanl, mean),
- die Standardabweichung der Letztveröffentlichungen (stdev),
- die t-Statistik des Tests auf gleiche Erwartungswerte (t),

- der minimale Korrelationskoeffizient von Erst- und Letztveröffentlichungen (ρ_{min})
- sowie die Größe der Standardabweichung des Fehlers in den Letztveröffentlichungen, die bei ρ_{min} auftritt, relativ zu mean (%(mean)) bzw. zu stdev (%(stdev)).

Als Stützperiode für die Untersuchung wurde i.a. der Zeitraum von 1960 bis 1981 verwendet. Für die Zeitreihen SUB'G , TI und VORL'UBE konnten die Erstveröffentlichungen nur bis 1968 einschließlich auf die neueste statistisch operationale Definition umgerechnet werden. Für diese Reihen wurde deshalb als Stützperiode 1968 - 1981 gewählt.

Die Größen sind so angeordnet, daß %(mean) steigt.

In Tab. 35 fällt zunächst auf, daß die Bildung der ersten Differenzen bei nahezu allen Datenreihen zur Elimination der systematischen Differenzen führte (vgl. t in Tab. 35, beachte aber P'IE, TI). Weniger erfreulich ist allerdings, daß bei nahezu der Hälfte der Datenreihen $\rho_{min} = 0$ ist, d.h. daß es nicht ausgeschlossen werden kann, daß die ersten Differenzen der Erst- und Letztveröffentlichungen stochastisch unabhängig sind. Langaskens, van Rijckeghem kommen in ihrer Studie nicht zu einem solchen Ergebnis.

Betrachtet man schließlich die Größe der Fehlerstandardabweichungen relativ zum Mittelwert der Datenreihe (% (mean)), so erstaunt zunächst die Größe der Fehler. Immerhin ist %(mean) in mehr als 50% größer als 15%. Hierbei sollte allerdings berücksichtigt werden, daß es sich bei den untersuchten Datenreihen um 1. Differenzen handelt. Bei den Originalreihen wären sicher kleinere Standardabweichungen zu erwarten.

Tab.35: Meßfehlergrößen nach Langaskens und van Rijckeghem

	mean1	mean	stdev	t	ρ_{min}	error-stdev % (mean)	%(st dev)
C'PN	33.431	33.418	15.209	0.015	0.0	4.16	9.13
Y'WP_C	26.752	26.803	14.521	0.134	0.0	6.26	11.6
Y'W	35.056	35.112	18.333	0.145	0.755	7.01	13.4
BT'W	4.0590	4.0810	2.3380	0.264	0.0	7.64	13.3
B'P	6.8848	6.8914	4.2706	0.022	0.0	8.02	12.9
P'CP	3.3571	3.3425	1.8821	0.235	0.869	8.07	14.3
X'GSN	20.733	20.722	19.132	0.037	0.922	9.44	10.2
P'CG	4.3190	4.3384	2.3886	0.086	0.0	9.76	17.7
Y'WNET	18.951	18.976	9.1505	0.040	0.0	10.7	22.3
T'WR	10.866	10.932	7.3973	0.388	0.815	10.9	16.2
KCA'P	7.3005	7.4095	3.9070	0.268	0.0	13.3	25.3
CG'GN1	7.4933	7.4210	4.7868	0.319	0.866	14.0	21.7
KFN'PN_C	162.50	158.57	97.803	0.893	0.886	14.2	23.0
VORL'UBE	111.28	118.55	49.468	0.963	0.0	15.4	36.8
YDPN	59.052	59.043	28.552	0.011	0.968	16.8	34.8
P'XGS	2.9381	3.0635	2.8492	0.749	0.779	17.3	18.6
T'WD	1.3386	1.3243	.85765	0.193	0.0	18.2	28.1
C'GN	13.294	13.224	7.6355	0.404	0.979	18.4	31.9
TI	9.6385	9.4754	4.4771	1.243	0.984	21.4	45.4
Y'WG	7.2524	7.2705	3.9909	0.265	0.989	22.1	40.2
CG'GN2	1.8986	1.9043	1.2419	0.056	0.845	22.3	34.2
TY'W	5.1638	5.1638	4.7622	0.000	0.969	24.7	26.8
TI'G	.00905	.00905	.00831	0.000	0.0	24.7	26.9
P'IE	3.6952	3.8083	2.4523	1.073	0.902	24.9	38.7
SUP'G	1.1977	1.2177	1.8707	0.129	0.0	25.0	16.3
P'MGS	3.3190	3.4545	5.1255	0.579	0.902	38.2	25.8
TY'P	1.7790	1.8119	4.1521	0.138	0.0	43.3	18.9
M'GSN	20.569	20.480	19.098	0.361	0.996	44.0	47.2
I'FPN	10.630	10.578	11.306	0.077	0.944	51.6	48.3
I'GN	2.0667	2.0243	2.6988	0.179	0.870	54.8	41.1
I'IN	-.4810	-.4429	9.3931	0.075	0.0	-497.	23.4

Hinsichtlich der Rangfolge der Variablen fällt auf, daß Konsumausgaben und ihre Preisindizes (z.B. C'PN, P'CG) sowie die private Lohnsumme, empfangene laufende Übertragungen und die Sozialabgaben (z.B. Y'WP_C, T'WR, B'P) kleinere Fehler aufweisen als Exporte und Importe und ihre Preisindizes (z.B. M'GSN, P'XGS) und Steuern und Subventionen (z.B. TY'W, TI, SUB'G). Die größten Fehler finden sich allerdings bei den Investitionen und hier bei den Vorratsinvestitionen (I'IN). Während die relativ großen Fehler bei den Investitionen erwartet werden mußten (vgl. Anhang 2), erscheint das schlechte Abschneiden der Steuern und besonders der staatlichen Lohnsumme (Y'WG) ein wenig merkwürdig. Über diese Größen sollten ja eigentlich relativ genaue Statistiken existieren (vgl. auch Tab.33 in 4.4.3). Evtl. wurden hier kleinere Revisionen zwischen den großen Datenrevisionen vorgenommen.

4.4.8 Implementierung der Fehlerprozesse

Die in 4.4.7 ermittelten Fehlervarianzen und die Güteklassen der Quellvariablen nach den Angaben des Statistischen Bundesamts (vgl. 4.4.3) wurden dazu verwendet, die Modellvariablen des in 4.2 beschriebenen Modells in Güteklassen einzuteilen (vgl. Tab.36). Jeder dieser Güteklassen wurde dann ein (vertretbar erscheinender) Fehlerprozentsatz zugeteilt, der die maximale (relative) Fehlergröße der Variablen dieser Güteklasse bei den in I.3.1.2 - I.3.1.4 beschriebenen Fehlerprozessen repräsentiert (vgl. I.(3.1.4.11)). Die Erklärung der Variablennamen in Tab.36 entnehme man 4.2 oder Anhang 2.

Tab.36: Güteklassen und Fehlergrößen der Modellvariablen

a) nach Langaskens, van Rijckeghem (LvR)

Klasse	%	Variablen				
I	0	A'BPRL	A'BPRS	DUM74	KCA'PRAT	R'BL
		R'BS	R'SEC	YDP'PC		
II	3	DELTA	M'GSRAT	T'WRAT	TI'PRAT	TY'PRAT
		VAU	WR'P	Y'PDRAT		
		C'P	P'C	X'GS	X'GSN	
III	5	CG'GN	LC'PD	P'I	SUB'G	T'WB
		Y'WG				
IV	10	I'FP	I'GN	P'MGS		
V	20	I'IN				

b) nach Angaben des Statistischen Bundesamts (SBA)

Klasse	%	Variablen				
I	0	A'BPRL	A'BPRS	DUM74	KCA'PRAT	R'BL
		R'BS	R'SEC	YDP'PC		
II	3	DELTA	M'GSRAT	T'WRAT	TI'PRAT	TY'PRAT
		VAU	WR'P	Y'PDRAT		
		X'GSN	Y'WG			
III	5	C'P	CG'GN	I'FP	I'GN	LC'PD
		P'C	P'I	P'MGS	SUB'G	T'WB
		X'GS				
IV	10	---				
V	20	I'IN				

Man beachte, daß alle Zeitreihen der Deutschen Bundesbank (A'BPRL, A'BPRS, R'BL, R'BS, R'SEC) und die "künstlichen" Variablen (DUM74, YDP'PC) nicht gestört werden. Außerdem werden alle Raten und Quoten (DELTA, KCA'PRAT, M'GSRAT, T'WRAT, TI'PRAT, TY'PRAT, VAU, WR'P, Y'PDRAT) als relativ wenig meßfehlerbehaftet angenommen. Bei der Einordnung des Arbeitskoeffizienten LC'PD (, zu dessen Berechnung keine Daten des Statistischen Bundesamts verwendet wurden,) wurde berücksichtigt, daß das Datenmaterial für das Arbeitsvolumen HW'DD als sehr lückenhaft bezeichnet wird (vgl. Anhang 2). Die Einteilung der restlichen Variablen in die Güteklassen erfolgte gemäß 4.4.7 bzw. 4.4.3. Bei der Einteilung nach Langaskens, van Rijckeghem wurden reale Größen wie die entsprechenden nominalen eingestuft.

4.5 Monte-Carlo-Experimente

(4.5.1) Es wurden vier MC-Experimente der Art (1.2.2) durchgeführt mit jeweils 100 Wiederholungen. Bei dem ersten Experiment wurden für die Prognose stochastische endogene Startwerte verwendet (jeweils aus den Daten der endogenen Variablen, die der Schätzung zugrundelagen). Bei den anderen Experimenten wurden feste endogene Startwerte verwendet, nämlich die historischen Beobachtungen (vgl. (1.2.3)). Die Prognoseperiode t = 1983, ..., 1988, schließt direkt an die Schätzperiode an (vgl. 4.3.2). Mit jedem der MC-Experimente wird die Empfindlichkeit von FIML-Schätzungen und Prognosen für drei verschiedene Meßfehlerarten verglichen:

- Prozeß 1 : unkorrelierte Meßfehler, Prozentsätze von Variablenwerten (vgl. I.(3.1.2.1)),
- Prozeß 2 : unkorrelierte Meßfehler, Prozentsätze von Erwartungswerten (vgl. I.(3.1.3.1)),
- Prozeß 3 : Übernahme der Korrelationsstruktur, Prozentsätze von Standardabweichungen (vgl. I.(3.1.4.1), I.(3.1.4.11)).

Die Fehlerprozentsätze werden für die einzelnen Variablen einzeln festgelegt, nämlich bei den Experimenten 1,2,3 nach Langaskens, van Rijckeghem (LvR) und im Experiment 4 nach den Angaben des Statistischen Bundesamts (SBA) (vgl. 4.4.8). Außerdem werden bei dem Experiment 3 die maximalen Fehlergrößen hinsichtlich der Standardabweichungen (Prozeß 3) nach (1.1.7) größenmäßig so angepaßt, daß die Fehler ungefähr so groß sind wie bei den anderen Prozessen. Bei den anderen Experimenten werden für alle Prozesse dieselben Prozentsätze verwendet. Damit stehen bei dem Fehlerprozeß 3 und festen Startwerten drei verschiedene Zuordnungen von Meßfehlergrößen zur Verfügung (Experimente 2,3,4).

Die Experimente lassen sich also folgendermaßen charakterisieren:

- Experiment 1 : Fehlerprozentsätze LvR, keine Größenanpassung gemäß (1.1.7), stochastische Startwerte bei der Prognose,
- Experiment 2 : Fehlerprozentsätze LvR, keine Größenanpassung gemäß (1.1.7), feste historische Startwerte bei der Prognose,
- Experiment 3 : Fehlerprozentsätze LvR, Größenanpassung gemäß (1.1.7), feste historische Startwerte bei der Prognose,
- Experiment 4 : Fehlerprozentsätze SBA, keine Größenanpassung gemäß (1.1.7), feste historische Startwerte bei der Prognose.

Für einen anderen Zweck (vgl. Bianchi, Calzolari, Weihs (1985)) wurden auch die Auswirkungen eines proportionalen Wachstums von Meßfehlern des Prozesses 1 (Prozentsätze von Variablenwerten) untersucht für Fehlergrößen SBA. Dabei wurde eine linearisierte Form des Modells verwendet, in der die beiden Gleichungen des Modells, die nichtlinear auch in den Parametern sind (LC'PD und C'P, vgl. 4.2.3), mit multiplikativen Residuen und logarithmiert verwendet werden (log-lineare Form).

(4.5.2) In allen MC-Experimenten werden die Parameterschätzungen bei ungestörten Daten auf die gleiche Weise berechnet (vgl. (1.2.2) (iii)'). Hierfür sind also 400 Wiederholungen verfügbar (<u>Kombination 1</u>). 300 Wiederholungen sind verfügbar für die Parameter bei den Fehlerprozessen 1, 2 (Prozentsätze von Variablen- bzw. Erwartungswerten) bei Meßfehlergrößen LvR (Experimente 1, 2, 3 "=" Kombination 2). Für Prognosen bei ungestörten Daten und festen Startwerten stehen ebenfalls 300 Wiederholungen zur Verfügung (Experimente 2, 3, 4 "=" Kombination 3). Schließlich sind für die Parameter beim Fehlerprozeß 3 (Prozentsätze von Standardabweichungen) und "nichtangepaßten" Fehlergrößen LvR (vgl. (4.5.1)) 200 Wiederholungen verfügbar (Experimente 1, 2 "=" Kombination 4), ebenso wie für Prognosen bei festen Startwerten bei den Fehlerprozessen 1, 2 und Fehlergrößen LvR (Experimente 2, 3 "=" Kombination 5). Die im folgenden diskutierten Ergebnisse, die sich auf die entsprechenden Größen beziehen, stützen sich auf diese Kombinationen. Alle anderen Ergebnisse beziehen sich auf die 100 Wiederholungen eines der MC-Experimente.

Die Bezeichnungen in den nachfolgenden Tabellen sind dieselben wie in (3.8).

(4.5.3) Aufgrund der MC-Experimente kommt man insbesondere zu folgenden Resultaten:

- Bei ungestörten Daten liegen die MC-Schätzungen für die Parameter a1,...,a18 sämtlich in dem 95%-Konfidenzintervall, das auf den FIML-Schätzungen bei historischen Daten beruht. Außerdem überdeckt dieses Intervall das 95%-Konfidenzintervall der MC-Schätzungen bei fast allen Parametern relativ vollständig. Das Konfidenzintervall aus historischen Daten erweist sich also als brauchbar (vgl. (4.5.4)).
- Die in I.2.2 vorgeschlagenen "analytischen" small-sample-Schätzungen für die Standardabweichungen der Prognosefehler stimmen hinreichend gut überein mit den dazugehörigen MC-Schätzungen bei ungestörten Daten und

festen Startwerten. Die MC-Schätzungen bei stochastischen Startwerten liegen allerdings zumeist deutlich höher, und eine Angleichung findet u.U. nur sehr zögernd statt (s. (4.5.5), vgl. auch (3.9)).

- Bei Anwesenheit von Meßfehlern, die unkorreliert sind für die verschiedenen exogenen Variablen und Verhaltensvariablen, ergeben sich teilweise MC-Schätzungen, die am Rande oder außerhalb des 95%-Konfidenzintervalls liegen, das auf den historischen Daten beruht, und die Überdeckung des 95%-Konfidenzintervalls der MC-Schätzungen ist größtenteils sehr unvollständig (vgl. (4.5.6)). Außerdem werden die MC-Schätzungen der Standardabweichungen der Prognosefehler teilweise nahezu verdoppelt (vgl. (4.5.9)).
  Trotz der Interdependenz des Modells lassen sich unterschiedliche Veränderungen der Meßfehlergröße bei den verschiedenen Verhaltensvariablen zumeist an Hand einer gleichgerichteten Veränderung der MC-Schätzungen der Varianz der Parameterschätzungen der dazugehörigen Verhaltensgleichungen identifizieren. Das gilt aber i.a. nicht mehr für die Varianzen der Prognosefehler (vgl. (4.5.7), (4.5.10)).
  Ein proportionales Anwachsen sämtlicher Meßfehler führt zu stärker als linear wachsenden Standardabweichungen der Prognosefehler (vgl. (4.5.11)).

- Die Anwesenheit von Meßfehlern, die sämtlich kontemporär korreliert sind, führt zu MC-Schätzungen, die den MC-Schätzungen bei ungestörten Daten umso mehr ähneln, je ähnlicher die Korrelationsstruktur der Meßfehler und der historischen Daten sind. Außerdem sind generell sowohl die Abweichungen in den Parameterschätzungen als auch in der Varianz der Prognosefehler kleiner als bei den anderen Meßfehlerprozessen (vgl. (4.5.8), (4.5.12)).
  Hier läßt sich die Richtung der Veränderung der Meß-

fehlergröße der verschiedenen Verhaltensvariablen wegen der Korrelation der Meßfehler nicht identifizieren an Hand der MC-Schätzungen der Varianz der Parameterschätzungen.

(4.5.4) Bei <u>ungestörten Daten</u> liegen die MC-Schätzungen $\bar{\hat{\beta}}_{ui}$ sämtlich in dem 95%-Konfidenzintervall von $\hat{\beta}_i^*$ (vgl. t_{*u} in Tab.37). Auch wird das 95%-Konfidenzintervall bei mehr als 50% der Parameter vollständig von dem 95%-Konfidenzintervall überdeckt, das sich aus den <u>FIML-Schätzungen</u> bei ungestörten Daten ergibt (vgl. $r_u(\%)$). Man beachte die hohe Präzision der MC-Schätzungen (vgl. p_u).

<u>Tab.37</u>: <u>Ausgewählte Ergebnisse für ungestörte Daten: Parameterschätzungen</u> (Kombination 1)

	$\hat{\beta}*$	$\hat{s}_*$	$\bar{\hat{\beta}}_u$	$\hat{s}_u$	$r_u(\%)$	t_{*u}	p_u
a1	-.402	.088	-.401	.066	0.0	0.0	99.2
a2	-.383	.076	-.384	.057	0.0	0.0	99.3
a3	.720	.043	.721	.033	0.0	0.0	99.8
a4	78.2	.848	78.1	.884	4.1	0.1	99.9
a5	18.2	.768	18.3	.806	4.7	0.1	99.8
a6	.480	.125	.451	.099	0.0	0.2	98.9
a7	41.8	9.04	43.8	7.14	0.0	0.2	99.2
a8	30.3	10.4	30.2	9.81	0.0	0.0	98.4
a9	-21.0	11.1	-20.4	10.1	0.0	0.1	97.5
a10	.351	.034	.343	.042	20.	0.3	99.4
a11	.570	.034	.578	.043	21.	0.3	99.6
a12	.050	.063	.050	.059	0.0	0.0	99.4
a13	1.19	.046	1.20	.051	11.	0.0	99.8
a14	.531	.120	.466	.129	17.	0.6	98.6
a15	180.	50.6	178.	43.0	0.0	0.0	98.8
a16	.060	.019	.069	.020	15.	0.5	98.5
a17	-19.5	5.27	-19.0	4.59	0.0	0.1	98.8
a18	-146.	47.6	-141.	42.6	0.0	0.1	98.5

(4.5.5) Die analytischen Schätzungen $\hat{s}_{fa}$ für die <u>Standardabweichungen der Prognosefehler</u> stimmen bei festen Startwerten relativ gut mit den entsprechenden MC-Schätzungen $\hat{s}^{f}_{fu}$ bei ungestörten Daten überein, während die MC-Schätzungen $\hat{s}^{s}_{fu}$ bei stochastischen Startwerten zumeist deutlich höher liegen (vgl. aber Y'P in Tab.38 a)). Eine Angleichung der MC-Schätzungen bei festen bzw. stochastischen Startwerten mit zunehmender Zeit findet meist nur sehr zögernd statt (s. Tab.38 a), vgl. (3.11)).

Man beachte außerdem, daß die Schätzungen für die Standardabweichung einen Prognosefehler erwarten lassen, der im Verhältnis zur deterministischen Prognose selber relativ klein ist. Legt man etwa die analytischen Schätzungen $\hat{s}_{fa}$ und die deterministischen Prognosen bei historischen Daten zugrunde, so beträgt die Standardabweichung bei 80% der Variablen weniger als 3% der Prognose (vgl. Tab.38 b)).

<u>Tab.38</u>: <u>Ausgewählte Ergebnisse für ungestörte Daten</u>

a) <u>Standardabweichungen des Prognosefehlers</u> <u>bei festen Startwerten</u> ($\hat{s}^{f}_{fu}$) (Kombination 3) und <u>bei stochastischen Startwerten</u> ($\hat{s}^{s}_{fu}$) (Experiment 1)

Var	C'P			I'FP			Y'P		
19'	$\hat{s}_{fa}$	$\hat{s}^{f}_{fu}$	$\hat{s}^{s}_{fu}$	$\hat{s}_{fa}$	$\hat{s}^{f}_{fu}$	$\hat{s}^{s}_{fu}$	$\hat{s}_{fa}$	$\hat{s}^{f}_{fu}$	$\hat{s}^{s}_{fu}$
'83	6.15	6.29	10.9	6.78	7.09	12.0	21.2	20.3	22.7
'84	8.61	8.31	11.2	9.65	9.33	12.3	22.5	24.1	25.3
'85	9.91	9.75	12.4	11.2	10.8	14.0	23.9	23.0	25.5
'86	10.6	10.1	11.9	12.4	11.2	14.4	25.3	25.0	26.5
'87	11.1	10.9	11.4	13.1	12.4	16.1	26.9	26.4	25.1
'88	11.3	11.1	12.2	13.5	12.9	18.4	28.4	28.9	27.7

b) Größe der Standardabweichungen der Prognosefehler in % der deterministischen Prognose bei historischen Daten

Var.	$\hat{s}_{fa}(83)$	$\hat{s}_{fa}(88)$
C'P	.88	1.6
I'FP	3.3	6.2
KAPA	1.5	2.0
KFN'PN	1.0	2.4
K'USCO	16.	19.
LC'PD	1.8	2.3
P	.86	1.2
P'C	1.0	1.4
P'I	1.0	1.5
YDP'P	.81	1.5
Y'DIS	.89	1.4
Y'P	6.0	8.0
Y'WP	1.7	2.3

$\hat{s}_{fa} \leq$	'83	'88
1%	27	0
2%	80	60
3%	80	80
6%	97	80
10%	97	97
20%	100	100

(4.5.6) Bei unkorrelierten Meßfehlern für die exogenen Variablen und die Verhaltensvariablen (Meßfehlerprozesse 1, 2, vgl. (4.5.1)) und der Fehlergrößenverteilung LvR (vgl. (4.4.8)) ergeben sich teilweise MC-Schätzungen $\bar{\hat{\beta}}_i$ der Erwartungswerte der Parameterschätzungen, die am Rand des 95%-Konfidenzintervalls von $\hat{\beta}_i^*$ liegen (Prozeß 1) bzw. sogar außerhalb (Prozeß 2) (vgl. t_{*1}, t_{*2} in Tab. 39). Entsprechend verschlechtert sich die Überdeckung der 95%-Konfidenzintervalle von $\bar{\hat{\beta}}_i$ und $\hat{\beta}_i^*$ i.a. recht drastisch (vgl. $r_{pj}(\%)$, j=1,2).

Außerdem sind die Erwartungswerte der Parameterschätzungen bei gestörten und ungestörten Daten überwiegend signifikant verschieden (vgl. t_{u1}, t_{u2}). Zusätzlich unterscheiden sich auch die entsprechenden Erwartungswerte der Prozesse 1 und 2 zumeist signifikant (vgl. t_{12}).

Tab.39: Ausgewählte Ergebnisse für die Fehlerprozesse 1,2: Parameterschätzungen bei Fehlergrößen LvR (Kombination 2)

	$\bar{\hat{\beta}}(\%)_{u1}$	$r(\%)_{p1}$	t_{*1}	t_{u1}	$\bar{\hat{\beta}}(\%)_{u2}$	$r(\%)_{p2}$	t_{*2}	t_{u2}	t_{12}
a1	6.1	35.3	0.3	3.3	-0.6	38.2	0.0	0.3	7.0
a2	-6.0	37.6	0.3	3.5	0.1	39.8	0.0	0.0	6.9
a3	-1.5	32.3	0.2	2.9	0.4	35.9	0.1	0.7	7.4
a4	-0.2	33.9	0.2	2.0	-0.2	33.5	0.2	2.7	2.0
a5	0.6	25.6	0.2	2.2	0.8	29.7	0.2	2.6	1.5
a6	-25.	35.7	1.2	10.	-27.	37.4	1.2	11.	2.6
a7	18.	35.5	1.1	10.	20.	37.0	1.2	11.	2.3
a8	-1.3	52.0	0.0	0.3	-4.1	53.9	0.1	1.0	1.5
a9	-12.	49.0	0.3	2.1	-17.	51.2	0.4	2.8	2.0
a10	17.	49.5	1.5	8.4	28.	50.0	2.6	14.	11.
a11	-11.	48.5	1.6	9.2	-18.	49.7	2.8	14.	11.
a12	3.8	72.3	0.4	1.5	2.0	70.6	0.2	0.8	1.9
a13	3.5	43.6	0.9	7.6	5.3	47.2	1.4	11.	7.9
a14	-35.	35.9	1.9	10.	-30.	32.8	1.7	9.3	3.8
a15	-32.	62.0	1.2	8.1	-33.	56.5	1.2	10.	0.9
a16	33.	39.2	1.8	9.4	27.	35.8	1.5	8.1	4.3
a17	-5.6	58.1	0.3	1.6	-4.1	56.3	0.2	1.2	1.3
a18	-46.	64.9	1.5	9.2	-48.	60.6	1.5	11.	0.8

(4.5.7) Verwendet man anstelle der Fehlergrößenverteilung LvR die Fehlergrößenverteilung SBA (vgl. 4.4.8), so fällt besonders auf, daß man bei kleinerer Meßfehlergröße bei einer Verhaltensvariable auch kleinere Standardabweichungen der Parameterschätzungen der entsprechenden Verhaltensgleichung erhält und damit eine bessere Überdeckung der 95%-Konfidenzintervalle. Nach LvR sind nämlich bei den Variablen C'P, P'C bzw. I'FP Meßfehlergrößen von 60% bzw. 200% der Größen nach SBA zu erwarten (vgl. LvR/SBA(%) in Tab.40), und diese Änderungen in der Fehlergrößenverteilung bewirken gleichgerichtete Änderungen in den Standardabweichungen (vgl. $\hat{s}_{uj}(\%)$, j=1,2). Obwohl die Meßfehler der einzelnen Variablen unkorreliert sind, war dieses Ergebnis nicht unbedingt zu erwarten wegen der

Interdependenz des Modells.

Bei den Abweichungen der MC-Schätzungen der Erwartungswerte ist eine solche Regelmäßigkeit nicht zu beobachten (vgl. $\bar{\hat{\beta}}_{uj}(\%)$, j=1,2, bei LvR und SBA). Bei SBA gelten dieselben Aussagen über die Signifikanz der Abweichungen der Erwartungswerte der verschiedenen Prozesse wie bei LvR (vgl. (4.5.6)).

Tab.40: Ausgewählte Ergebnisse für die Fehlerprozesse 1,2: Parameterschätzungen bei unterschiedlichen Fehlergrößen

	LvR / SBA (%)	Kombination 2 (LvR) $\bar{\hat{\beta}}(\%)$ u1	$\hat{s}(\%)$ u1	$\bar{\hat{\beta}}(\%)$ u2	$\hat{s}(\%)$ u2	t_{12}	Experiment 4 (SBA) $\bar{\hat{\beta}}(\%)$ u1	$\hat{s}(\%)$ u1	$\bar{\hat{\beta}}(\%)$ u2	$\hat{s}(\%)$ u2	t_{12}
a1		6.1	106	-0.6	116	7.0	3.7	95	-2.7	101	3.6
a2	100	-6.0	113	0.1	121	6.9	-3.5	95	1.9	103	3.3
a3	LC'PD	-1.5	96	0.4	107	7.4	-0.9	95	0.9	99	3.9
a4	60	-0.2	53	-0.2	52	2.0	-0.4	74	-0.3	75	0.6
a5	P'C	0.6	36	0.8	44	1.5	1.3	59	1.1	76	0.6
a6		-25.	85	-27.	88	2.6	-28.	90	-35.	104	4.0
a7	100	18.	86	20.	87	2.3	21.	86	26.	98	3.9
a8	P'I	-1.3	122	-4.1	131	1.5	-15.	110	-23.	137	3.1
a9		-12.	113	-17.	123	2.0	-34.	116	-50.	147	3.8
a10		17.	170	28.	175	11.	-8.9	227	-2.6	242	3.2
a11	60	-11.	163	-18.	174	11.	5.1	215	1.4	241	3.1
a12	C'P	3.8	282	2.0	260	1.9	1.9	351	1.0	340	0.6
a13		3.5	96	5.3	113	7.9	-0.5	119	0.7	173	2.4
a14		-35.	96	-30.	84	3.8	-10.	68	-1.9	44	4.3
a15		-32.	205	-33.	166	0.9	-26.	82	-32.	74	3.6
a16	200	33.	104	27.	89	4.3	9.0	68	-0.3	50	4.4
a17	I'FP	-5.6	171	-4.1	159	1.3	-1.2	117	3.2	118	2.7
a18		-46.	212	-48.	178	0.8	-35.	90	-42.	78	3.1

(4.5.8) Die Anwesenheit von kontemporär korrelierten Meßfehlern (Meßfehlerprozeß 3, vgl. (4.5.1)) führt bei allen untersuchten Fehlergrößen zu MC-Schätzungen der Erwartungswerte der Parameterschätzungen, die sämtlich im 95%-Konfidenzintervall von $\hat{\beta}_i^*$ liegen (vgl. t_{*3} in Tab.41). Auch erhält man bei allen Fehlergrößenverteilungen ähnliche mittlere Abweichungen von den Schätzungen bei ungestörten Daten, die i.a. wesentlich kleiner sind als bei den Prozessen 1, 2 (vgl. $\bar{\hat{\beta}}_{u3}(\%)$, $\bar{\hat{\beta}}_{u1}(\%)$). Bei der Veränderung der MC-Schätzungen der Standardabweichungen der Parameterschätzungen ergeben sich jedoch deutliche Unterschiede. Zwar sind auch diese Veränderungen bei allen Fehlergrößenverteilungen kleiner als bei den anderen Prozessen, aber je unterschiedlicher das Verhältnis zwischen maximaler Fehlergröße und (empirischer) Standardabweichung ist für die verschiedenen Modellvariablen, desto größer sind auch die Veränderungen. Natürlich ist die Fehlerprozentverteilung bei Größenanpassung gemäß (1.1.7) (Experiment 3) wesentlich ungleichmäßiger als ohne Größenanpassung. Ohne Größenanpassung liefert offenbar SBA (Experiment 4) eine gleichmäßigere Verteilung als LvR (Kombination 4) (vgl. (4.5.1), (4.5.2), (4.4.8)). Tatsächlich ergeben sich bei Experiment 3 teilweise Erhöhungen der MC-Schätzungen der Standardabweichungen der Parameterschätzungen von derselben Größenordnung wie bei den Prozessen 1, 2 (vgl. $\hat{s}_{u3}(\%)$ mit $\hat{s}_{u1}(\%)$).

Die gegenseitige Beeinflussung der Meßfehlervariablen über die Korrelationsstruktur wird deutlich bei dem Vergleich der Resultate bei den Fehlergrößenverteilungen LvR (Kombination 4) und SBA (Experiment 4) jeweils ohne Größenanpassung. Tatsächlich läßt sich hier nicht mehr identifizieren, bei welcher Verhaltensvariable die Fehlergröße verändert wurde (vgl. insbesondere a10 - a13 in Tab.41 und vgl. (4.5.7)).

Tab.41: Ausgewählte Ergebnisse für den Fehlerprozeß 3: Parameterschätzungen bei unterschiedlichen Fehlergrößen

	LvR / SBA (%)	Kombination 2 $\bar{\hat{\beta}}(\%)$ u1	$\hat{s}(\%)$ u1	t_{*1}	Experiment 3 $\bar{\hat{\beta}}(\%)$ u3	$\hat{s}(\%)$ u3	t_{*3}	Komb. 4 $\bar{\hat{\beta}}(\%)$ u3	$\hat{s}(\%)$ u3	Exp. 4 $\bar{\hat{\beta}}(\%)$ u3	$\hat{s}(\%)$ u3
a1		6.1	106	0.3	11.	79.	0.4	1.8	7.8	0.5	25.
a2	100	-6.0	113	0.3	-11.	83.	0.5	-1.7	10.	-0.6	16.
a3	LC'PD	-1.5	96	0.2	-2.8	75.	0.4	-0.5	4.8	-0.1	20.
a4	60	-0.2	53	0.2	-0.4	10.	0.4	0.1	5.1	-0.1	2.9
a5	P'C	0.6	36	0.2	1.5	6.6	0.4	-0.2	7.2	0.2	3.1
a6		-25.	85	1.2	-7.4	3.2	0.5	-1.2	-1.9	0.4	-0.5
a7	100	18.	86	1.1	4.7	4.8	0.5	1.0	-2.6	-0.4	0.4
a8	P'I	-1.3	122	0.0	-2.8	2.9	0.0	-1.2	6.4	-1.5	-4.4
a9		-12.	113	0.3	-8.2	3.1	0.1	-2.1	6.8	-2.2	-2.6
a10		17.	170	1.5	6.2	51.	0.5	11.	37.	5.5	7.2
a11	60	-11.	163	1.6	-4.5	51.	0.6	-6.7	41.	-3.2	7.4
a12	C'P	3.8	282	0.4	-1.2	62.	0.1	-2.0	17.	-1.4	12.
a13		3.5	96	0.9	3.8	57.	1.2	1.6	46.	0.9	14.
a14		-35.	96	1.9	-7.6	64.	0.9	5.3	4.8	5.7	-2.3
a15		-32.	205	1.2	-5.5	45.	0.3	-1.7	10.	-4.1	-6.0
a16	200	33.	104	1.8	2.8	59.	0.6	-5.1	5.2	-6.4	-4.4
a17	I'FP	-5.6	171	0.3	2.9	49.	0.0	2.3	2.2	-0.1	12.
a18		-46.	212	1.5	-11.	38.	0.6	-1.5	9.4	-4.5	-3.2

(4.5.9) Die MC-Schätzungen der Erwartungswerte der deterministischen Prognosen bei unkorrelierten Meßfehlern (Prozesse 1, 2) und Fehlergrößen LvR (vgl. (4.5.6)) neigen dazu, die entsprechenden Prognosen bei ungestörten Daten in der gesamten Prognoseperiode zu über- oder zu unterschätzen (vgl. $\bar{\hat{Y}}_{uj}(\%)$, j=1,2, in Tab.42). Immerhin betragen die Abweichungen bei festen Startwerten bis zu 3.1% der MC-Schätzung des Erwartungswerts bei ungestörten Daten bzw. bis zu 4% bei stochastischen Startwerten. Diese Abweichungen sind auch zumeist signifikant (vgl.

t_{u1}, t_{u2}), die mittlere Abweichung der deterministischen Prognosen der Prozesse 1 und 2 seltener (vgl. t_{12}).

Auch bei den MC-Schätzungen der Standardabweichungen der Prognosefehler zeigt sich, daß sich die Resultate der Prozesse 1 und 2 wesentlich weniger untereinander unterscheiden als von den Resultaten bei ungestörten Daten. Immerhin ergibt sich teilweise nahezu eine Verdoppelung dieser MC-Schätzungen durch die Meßfehler. Dabei sind die MC-Schätzungen beim Prozeß 2 i.a. etwas kleiner als diejenigen beim Prozeß 1 (vgl. $\hat{s}_{fuj}(\%)$, j=1,2, in Tab.42).

Das gilt sowohl für feste als auch für stochastische Startwerte. Man beachte noch, daß sich bei stochastischen Startwerten die MC-Schätzung der Standardabweichung der Prognosefehler durch die Meßfehler u.U. sogar verringert (vgl. I'FP) (vgl. (1.2.11) und I.3.4.2).

Tab.42: Ausgewählte Ergebnisse für die Fehlerprozesse 1, 2

a) Prognosen bei festen Startwerten (Kombination 5)

		$\bar{\hat{Y}}_{u1}(\%)$	$\hat{s}_{fu1}(\%)$	t_{u1}	$\bar{\hat{Y}}_{u2}(\%)$	$\hat{s}_{fu2}(\%)$	t_{u2}	t_{12}
C'P	'83	0.2	67.	2.9	0.3	39.	4.8	1.8
	'84	0.4	94.	3.7	0.5	43.	5.6	2.2
	'85	0.5	73.	3.6	0.7	50.	5.9	3.0
	'86	0.6	86.	3.7	0.8	62.	5.9	3.0
	'87	0.5	88.	2.8	0.8	69.	5.2	4.0
	'88	0.3	91.	1.8	0.8	77.	4.6	4.9
I'FP	'83	1.5	32.	7.4	1.6	29.	8.2	1.2
	'84	2.5	37.	8.2	2.5	27.	8.7	0.4
	'85	2.5	30.	6.8	2.5	19.	7.8	0.0
	'86	3.1	44.	6.8	2.9	24.	7.9	0.7
	'87	2.9	37.	6.0	2.8	19.	6.8	0.7
	'88	2.6	52.	4.7	2.4	23.	5.6	0.5
Y'P	'83	-0.2	46.	0.5	-0.2	30.	0.5	0.2
	'84	0.0	38.	0.1	0.1	24.	0.1	0.2
	'85	-0.1	55.	0.1	-0.0	34.	0.0	0.3
	'86	0.5	48.	0.9	0.3	26.	0.7	0.8
	'87	-0.7	52.	1.2	-0.5	29.	1.2	0.8
	'88	-1.4	38.	2.3	-0.8	21.	2.0	1.9

b) <u>Prognosen bei stochastischen Startwerten</u>

(Experiment 1)

		$\bar{\hat{Y}}_{u1}(\%)$	$\hat{s}_{fu1}(\%)$	t_{u1}	$\bar{\hat{Y}}_{u2}(\%)$	$\hat{s}_{fu2}(\%)$	t_{u2}	t_{12}
	'83	0.1	30.	1.1	0.2	22.	2.0	1.7
	'84	0.3	50.	1.5	0.4	37.	2.8	2.3
C'P	'85	0.1	59.	0.6	0.5	43.	2.6	4.7
	'86	0.4	71.	1.5	0.7	50.	3.6	4.2
	'87	0.7	68.	2.9	0.9	50.	4.7	2.8
	'88	0.7	60.	3.1	1.0	43.	5.0	2.8
	'83	2.3	33.	5.3	2.0	27.	5.3	2.5
	'84	2.2	19.	4.6	2.0	14.	5.0	0.9
I'FP	'85	2.7	21.	4.8	2.6	15.	5.5	0.5
	'86	3.0	19.	4.1	2.9	12.	5.4	0.3
	'87	3.6	-1.9	5.3	3.4	-3.7	5.5	1.1
	'88	4.0	-6.5	5.4	3.6	-9.8	5.2	1.9
	'83	-0.1	51.	0.2	0.4	30.	0.8	2.2
	'84	0.5	45.	0.6	0.9	30.	1.4	1.5
Y'P	'85	-0.6	48.	0.8	0.2	31.	0.3	2.5
	'86	0.6	46.	0.7	1.1	26.	1.7	1.5
	'87	1.8	62.	2.1	1.7	35.	2.6	0.3
	'88	-0.1	42.	0.1	0.6	42.	1.1	1.7

(4.5.10) Verwendet man anstelle der Fehlergrößen LvR die <u>Fehlergrößen SBA</u> (vgl. (4.5.7)), so ergibt sich eine zumeist weniger starke und weniger signifikante Abweichung in den Erwartungswerten der deterministischen Prognosen. Allerdings, während es noch möglich war, an Hand der MC-Schätzungen der Standardabweichungen der Parameterschätzungen der einzelnen Verhaltensgleichungen zu entscheiden, bei welcher Verhaltensvariable die Meßfehlergröße geändert wurde beim Übergang von der Fehlergrößenverteilung LvR nach SBA (vgl. (4.5.7)), sind die MC-Schätzungen der Standardabweichungen der Prognosefehler hierzu nicht brauchbar (vgl. $\hat{s}_{fuj}(\%)$, j=1,2, bei LvR und SBA in Tab.43). Nach Schätzung und Prognose läßt sich also die Veränderung der Größe der Meßfehler einer Verhaltensvariable nicht mehr identifizieren wegen der Interdependenz des Modells.

Tab.43: Ausgewählte Ergebnisse für die Fehlerprozesse 1, 2: Standardabweichungen von Prognosefehlern bei festen Startwerten und unterschiedlichen Fehlergrößen:

MC-Schätzungen nach Schink ($\tilde{s}$) und nach (1.2.10) ($\hat{s}$)

		LvR / SBA (%)	Kombination 5 (LvR)				Experiment 4 (SBA)			
			$\tilde{s}$(%) fu1	$\tilde{s}$(%) fu2	$\hat{s}$(%) fu1	$\hat{s}$(%) fu2	$\tilde{s}$(%) fu1	$\tilde{s}$(%) fu2	$\hat{s}$(%) fu1	$\hat{s}$(%) fu2
P'I	'83	100	70.	59.	67.	58.	58.	53.	50.	45.
	'84		59.	46.	61.	50.	40.	32.	41.	33.
	'85		60.	47.	60.	48.	57.	45.	53.	41.
	'86		55.	42.	55.	45.	50.	37.	50.	35.
	'87		47.	35.	52.	40.	53.	35.	54.	37.
	'88		58.	43.	60.	47.	52.	31.	54.	34.
C'P	'83	60	67.	34.	67.	39.	64.	40.	62.	44.
	'84		59.	38.	94.	43.	65.	46.	65.	50.
	'85		68.	45.	73.	50.	63.	51.	63.	52.
	'86		77.	53.	86.	62.	70.	54.	71.	57.
	'87		81.	62.	88.	69.	63.	54.	64.	57
	'88		85.	70.	91.	77.	70.	56.	64.	57.

(4.5.11) Im Rahmen einer Studie über verschiedene Simulationsverfahren zur Berechnung der Standardabweichungen der Prognosefehler (vgl. Bianchi, Calzolari, Weihs (1985)) wurden unter anderem die Auswirkungen proportional wachsender Meßfehler auf die Prognosefehler untersucht. Dabei wurde allerdings anstelle des MC-Schätzers (1.2.10) für die Standardabweichung des Prognosefehlers der Einfachheit halber der von Schink für ungestörte Daten vorgeschlagene Schätzer auch bei gestörten Daten verwendet (vgl. (1.2.9)). Tatsächlich liefert dieser Schätzer i.a. nicht zu unterschiedliche Ergebnisse (vgl. $\tilde{s}_{fuj}(\%)$ mit $\hat{s}_{fuj}(\%)$, j=1,2, in Tab. 43). Außerdem wurde bei dieser

Studie eine log-lineare Version des Modells verwendet (vgl. (4.5.1)) und der LIVE-Schätzer (nach Brundy, Jorgenson (1971)) anstelle des FIML-Schätzers.

Die Ergebnisse basieren auf jeweils 1000 Wiederholungen für ungestörte Daten und für den Fehlerprozeß 1 bei Fehlergrößen SBA, sowie auf jeweils 500 Wiederholungen für das 0.5- bzw. 1.5-fache dieser Fehlergrößen (vgl. $\tilde{s}_{fu}$, $\tilde{s}(\%)_{f.5}$, $\tilde{s}(\%)_{f1.}$, $\tilde{s}(\%)_{f1.5}$ in Tab.44).

Ähnlich wie bei der Verwendung des nichtlinearen Modells und des FIML-Schätzers ergibt sich für das 1.0-fache der Fehlergrößen SBA teilweise eine Verdoppelung der Standardabweichung des Prognosefehlers. Leider wächst die Standardabweichung stärker als linear mit den Meßfehlern (vgl. auch (3.15)).

Das Ergebnis der Studie ist also durchaus vergleichbar mit anderen Ergebnissen in dieser Arbeit. Nichtlinearitäten in den Modellparametern und die Verwendung unterschiedlicher Schätzer scheinen also nicht zu völlig anderen Resultaten zu führen.

Tab.44: Ausgewählte Ergebnisse für den Fehlerprozeß 1: Standardabweichung der Prognosefehler bei festen Startwerten und proportional wachsenden Fehlern mit der Fehlergrößenverteilung SBA

	P'C				C'P				I'FP			
	$\tilde{s}_{fu}$	$\tilde{s}(\%)_{f.5}$	$\tilde{s}(\%)_{f1.}$	$\tilde{s}(\%)_{f1.5}$	$\tilde{s}_{fu}$	$\tilde{s}(\%)_{f.5}$	$\tilde{s}(\%)_{f1.}$	$\tilde{s}(\%)_{f1.5}$	$\tilde{s}_{fu}$	$\tilde{s}(\%)_{f.5}$	$\tilde{s}(\%)_{f1.}$	$\tilde{s}(\%)_{f1.5}$
'83	1.40	-1.4	2.9	12.	6.31	34.	101.	195.	5.71	12.	25.	51.
'84	1.55	3.2	23.	46.	8.78	25.	81.	160.	8.71	8.0	31.	61.
'85	1.68	9.5	23.	48.	10.0	21.	73.	140.	10.1	11.	36.	68.
'86	1.86	0.0	17.	45.	10.7	22.	75.	133.	11.6	9.5	34.	73.
'87	1.90	8.9	25.	55.	11.0	25.	75.	141.	12.7	3.1	29.	72.
'88	1.88	19.	35.	68.	11.5	18.	71.	135.	13.4	2.2	32.	78.

(4.5.12) Die Anwesenheit von kontemporär korrelierten Meßfehlern(Meßfehlerprozeß 3, vgl. (4.5.1)) führt zu stark unterschiedlichen Ergebnissen hinsichtlich der Standardabweichung der Prognosefehler bei den verschiedenen Wahlen der Meßfehlergrößenverteilung (vgl. Tab.45). Ähnlich wie bei den Parameterschätzungen (vgl. (4.5.8)) ergeben sich MC-Schätzungen für die Standardabweichungen bei festen Startwerten, die umso besser mit den entsprechenden Schätzungen bei ungestörten Daten übereinstimmen, je ähnlicher die Korrelationsstruktur von Meßfehlern und historischen Daten ist. So ergeben sich die prozentual kleinsten Abweichungen bei den Fehlergrößen SBA ohne Größenanpassung (vgl. $\hat{s}^{E4}_{fu3}(\%)$, Experiment 4), schon deutlich größere Abweichungen bei Fehlergrößen LvR ohne Größenanpassung (vgl. $\hat{s}^{E2}_{fu3}(\%)$), und bei Fehlergrößen LvR mit Größenanpassung ergeben sich Abweichungen (vgl.

Tab.45: Ausgewählte Ergebnisse für den Fehlerprozeß 3: Standardabweichung der Prognosefehler bei unterschiedlichen Fehlergrößenverteilungen

	C'P					I'FP				
	$\hat{s}^{E1}_{fu3}(\%)$	$\hat{s}^{E4}_{fu3}(\%)$	$\hat{s}^{E2}_{fu3}(\%)$	$\hat{s}^{E3}_{fu3}(\%)$	$\hat{s}^{K5}_{fu1}(\%)$	$\hat{s}^{E1}_{fu3}(\%)$	$\hat{s}^{E4}_{fu3}(\%)$	$\hat{s}^{E2}_{fu3}(\%)$	$\hat{s}^{E3}_{fu3}(\%)$	$\hat{s}^{K5}_{fu1}(\%)$
'83	0.7	0.3	1.1	12.	67.	0.0	-1.7	0.2	8.3	32.
'84	0.9	-0.8	3.4	19.	94.	0.0	-2.6	1.8	12.	37.
'85	1.0	-0.2	6.1	18.	73.	-2.2	-0.8	3.6	9.6	30.
'86	-0.2	0.3	8.4	26.	86.	-8.3	-0.4	6.6	10.	44.
'87	-1.1	0.9	10.	28.	88.	-15.	0.9	9.9	12.	37.
'88	-1.8	1.3	11.	31.	91.	-21.	2.0	10.	8.9	52.
	P					Y'P				
'83	3.9	2.2	5.9	37.	90.	3.4	2.2	6.3	29.	46.
'84	2.3	2.8	6.6	41.	87.	4.7	2.0	3.7	26.	38.
'85	3.3	4.2	9.5	41.	100.	1.9	2.5	6.6	27.	55.
'86	-1.0	4.4	9.9	19.	93.	1.9	1.9	7.4	33.	48.
'87	2.6	3.0	8.0	53.	87.	3.6	1.0	7.7	33.	52.
'88	2.2	2.4	7.6	38.	79.	5.1	3.8	5.3	30.	38.

$\hat{s}^{E3}_{fu3}(\%)$), die teilweise die Größenordnung der Abweichungen bei den Prozessen 1, 2 erreichen (vgl. $\hat{s}^{K5}_{fu1}(\%)$).

Bei stochastischen Startwerten ergibt sich zumeist eine größere Nähe zum ungestörten Prozeß als bei festen (vgl. $\hat{s}^{E1}_{fu3}(\%)$ mit $\hat{s}^{E2}_{fu3}(\%)$, beachte aber I'FP).

5. Fazit

Natürlich lassen sich trotz der Fülle der Ergebnisse aus den MC-Experimenten keine allgemeingültigen Aussagen über die Auswirkungen von Meßfehlern auf die Verteilungen von Parameterschätzungen und Prognosen ableiten. Die Ergebnisse scheinen aber die analytischen Ergebnisse in I.3 sinnvoll zu ergänzen.

In I.3 wurde gezeigt, daß sowohl OLS-Schätzungen in beliebigen Einzelgleichungsmodellen als auch ML-Schätzungen in Mehrgleichungsmodellen mit unabhängig identisch normalverteilten exogenen Variablen und ohne jegliche Restriktionen an die funktionalen Modellparameter für Fehlerprozesse konsistent sind, deren Korrelationsstruktur mit derjenigen der latenten Variablen übereinstimmt (vgl. I.(3.2.2.21), I.(3.3.1.19), I.3.3.2), obwohl die Schätzer für meßfehlerfreie Daten entwickelt wurden. Allerdings führen schon geringe Abänderungen dieser Prozesse zu inkonsistenten Schätzungen, ebenso wie die betrachteten Fehlerprozesse mit a-priori kontemporal unabhängigen Meßfehlern (vgl. I.(3.2.2.21)). Anhand von Einzelgleichungsmodellen konnte außerdem gezeigt werden, daß bei sehr kleinen Meßfehlern die Abweichungen in den Parameterschätzungen linear wachsen mit der Meßfehlergröße (vgl. I.(3.2.3.4)), und daß u.U. nur geringe Auswirkungen der Meßfehler auf die Prognosen zu erwarten sind (vgl. I.(3.4.3.8)).

Für allgemeinere Modelle und FIML-Schätzungen scheinen die MC-Experimente interessante Erweiterungen zu liefern (vgl. (2.1.6), (2.2.6), 2.3, (3.9), (3.16), (4.5.3)):

- Meßfehler mit unterschiedlicher Korrelationsstruktur führen u.U. zu sehr unterschiedlichen Auswirkungen auf Parameterschätzungen und Prognosen.
- Bei allen untersuchten Meßfehlertypen muß mit inkonsistenten Parameterschätzungen gerechnet werden. Allerdings erscheinen die Abweichungen umso geringer, je besser die Korrelationsstrukturen von Meßfehlern und latenten Variablen übereinstimmen.
- Proportional wachsende Meßfehler führen zu stärker als linear wachsenden Abweichungen.
- Die Auswirkungen der Meßfehler auf die Verteilung der Prognosen ist meist schwächer als auf die Verteilung der Parameterschätzungen.
- Nichtlinearitäten führen nicht unbedingt zur Verstärkung der Auswirkungen.
- Die Wahl des (System-) Schätzers für die unbekannten Modellparameter scheint nicht entscheidend hinsichtlich der Auswirkungen von Meßfehlern.

Berücksichtigt man, daß die verglichenen Modelle und Schätzer die Daten ähnlich gut repräsentieren, so geben die letzten beiden Aussagen dazu Anlaß, das Ergebnis in I.(3.2.3.5), daß die Größe der Modellresiduen einen Einfluß auf die Größe der Abweichungen in den Parameterschätzungen hat, dahingehend zu interpretieren, daß der Modellierung und Schätzung des systematischen Modellteils weniger Bedeutung zukommt als der dadurch erreichten Anpassungsgüte.

Insgesamt ergibt sich, daß die Verwendbarkeit von Schätzern und Prognosen, die für meßfehlerfreie Daten entwickelt wurden, bei meßfehlerbehafteten Daten sowohl von der Anpassungsgüte als auch insbesondere von der Wahl des

Fehlermodells und der dazugehörigen Fehlergröße abhängt. Letzteres gilt besonders für die Interpretierbarkeit von Parameterschätzungen. Berücksichtigt man den jetzigen Informationsstand über Meßfehler in ökonomischen Daten (etwa der Volkswirtschaftlichen Gesamtrechnungen des Statistischen Bundesamts), so erscheint eine begründete Entscheidung für einen Fehlerprozeß und eine maximale Fehlergröße (etwa in Abhängigkeit von den verschiedenen Variablen) jedoch kaum möglich. Hierzu wäre wohl eine engere Zusammenarbeit zwischen Ökonometrikern und Datenerstellern notwendig.

Leider hilft hier auch die Entwicklung konsistenter Schätzer für immer komplexere Modelle mit Fehlern-in-den-Variablen nicht weiter. Schließlich benötigt man auch dazu identifizierende a-priori Informationen. Andererseits stößt die Verwendung nichtidentifizierter Modelle bei Praktikern schon deshalb auf Widerstand, weil die daraus resultierende Menge von möglichen Parameterschätzungen i.a. als nicht mehr interpretierbar erscheint.

So wichtig die Berücksichtigung eines Meßmodells bei der heutigen Datenlage sicherlich ist, so wenig Anhaltspunkte für seine Gestaltung scheinen zur Verfügung zu stehen. Insbesondere erscheint die Standardannahme der Literatur, nämlich unkorrelierte Meßfehler, zweifelhaft. Da aber aufgrund der Ergebnisse dieser Arbeit der Nutzen der Unterstellung irgendeines (leicht handhabbaren) Fehlermodells angezweifelt werden muß, bleibt nur der erneute und dringende Appell an beide Seiten, Datenersteller und Datennutzer, gemeinsam Anstrengungen zu unternehmen, die Qualität der Daten einerseits zu verbessern und andererseits offenzulegen.

Wie notwendig eine solche "konzertierte Aktion" erscheint, soll ein abschließendes Zahlenbeispiel verdeutlichen (vgl.

Griliches (1985), p. 199):
1982 betrug das U.S. Handelsdefizit gegenüber Kanada entweder 12.8 Milliarden U.S. Dollar oder 7.9 Milliarden U.S. Dollar, abhängig davon ob man der U.S. oder der kanadischen Veröffentlichung Glauben schenkt.

III. ZUR NUMERIK DER SCHÄTZALGORITHMEN

0. Einleitung

Die Monte-Carlo-Experimente, deren Ergebnisse in Kapitel II wiedergegeben sind, benötigten mehrere Stunden CPU-Zeit auf einer Rechenanlage IBM 370/168. Schon nach ersten Tests mit numerischen Algorithmen zur Berechnung von FIML-Schätzungen war klar, daß die Monte-Carlo-Experimente in dem geplanten Umfang nur dann mit einem überschaubaren Zeitaufwand durchgeführt werden könnten, wenn ein Algorithmus verwendet werden würde, der einerseits stabil ist gegenüber ungünstigen Startwerten und schlecht skalierten Modellen, und der andererseits in der Nähe des Optimums schnell konvergiert. Aus diesem Grunde stand zunächst die Entwicklung eines solchen Algorithmus im Vordergrund.

Trotz seiner attraktiven theoretischen Eigenschaften (vgl. I.2.1.2) wurde der FIML-Schätzer lange Zeit kaum für den praktischen Modellbau genutzt wegen der offensichtlichen Komplexität seiner Berechnung. Erst in den letzten Jahren wurden große Anstrengungen unternommen, um zu demonstrieren, daß die Berechnung von FIML-Schätzungen nicht so aufwendig zu sein braucht, daß ein Ausweichen auf einfachere Schätzer gerechtfertigt erscheint. Dabei wurde die Untersuchung der Konvergenz iterativer numerischer Verfahren interessant auch für Ökonometriker.

Die in der Literatur diskutierten Algorithmen lassen sich in drei Gruppen einteilen. Alle diese Algorithmen erzeugen eine Folge von Parametervektoren, die gegen die FIML-Schätzung konvergieren sollen. Die Algorithmen der ersten beiden Gruppen sind Gradientenmethoden. Sie verwenden das Produkt der Inversen einer Hessematrixnäherung und des Gradienten der Likelihoodfunktion als Suchrichtung für eine eindimensionale Suche (line search) zur Verbesserung des Zielfunktionswerts des aktuellen Parametervektors. Sie unterscheiden sich in der Wahl der Hessematrixnäherung. Bei den Algorithmen der ersten Gruppe wird diese auf Grund der speziellen Struktur der Likelihoodfunktion gewählt. Bei den Algorithmen der zweiten Gruppe werden Näherungen mit allgemein günstigen Eigenschaften verwendet. Die dritte Gruppe bilden Suchalgorithmen, die ganz ohne die Berechnung von Ableitungen auskommen. So schlug Parke (1982) einen Algorithmus speziell für große Modelle vor, für den sich allerdings keine Konvergenzeigenschaften zeigen lassen.

Berndt, Hall, Hall und Hausman (1974) waren wohl die ersten, die eine global konvergente (Gradienten-)Methode vorstellten, speziell ausgerichtet auf die FIML-Schätzung. Sie verwenden die empirische Kovarianzmatrix des Gradienten der Likelihoodfunktion, um eine positiv definite Approximation der Hessematrix zu erhalten.

Amemiyas (1977) Näherungen verdeutlichten erstmals die strukturelle Ähnlichkeit zwischen FIML-Schätzung und Least-squares Schätzung. Die praktische Brauchbarkeit der Amemiya'schen Näherungen wurde von Dagenais (1978) demonstriert. Sein Algorithmus erwies sich als bemerkenswert stabil gegenüber schlechten Startwerten, benötigte aber teilweise sehr viele Iterationsschritte zur Konvergenz, insbesondere bei nichtlinearen Modellen.

Belsley (1979) konnte erstmals zeigen, daß die Berechnung des FIML-Schätzers in ähnlich kurzer Rechenzeit möglich ist wie die Berechnung des dreistufigen Least-squares-Schätzers nach Jorgenson, Laffont (1974), des "populärsten Konkurrenten". Als Hessematrixnäherungen verwendete Belsley dabei Standard-Quasi-Newton-Näherungen, die unter allgemeinen Voraussetzungen in der Nähe des Optimums sehr schnell konvergieren (vgl. z.B. Dennis, Moré (1977)). Kurz darauf präsentierte Belsley (1980) dann ein Ergebnis, das die vorangegangenen Bemühungen um einfach berechenbare Approximationen der Hessematrix fragwürdig erscheinen ließ. Er konnte nämlich demonstrieren, daß es sich u.U. positiv auf die insgesamt benötigte Rechenzeit auswirkt, wenn man Speicherplatz und Rechenzeit pro einzelner Iteration investiert, um mit der exakten Hessematrix eine schnellere Konvergenz zu erreichen. Neuere Monte-Carlo-Studien bestätigen allerdings, daß die Verwendung der exakten Hessematrix, ähnlich wie bei anderen Zielfunktionen, nur in einer sehr kleinen Umgebung des Optimums zu empfehlen ist, in der die standardmäßig gewählten Startwerte (etwa die OLS-Schätzungen, vgl. 1.1) i. a. nicht liegen (vgl. Calzolari, Panattoni, Weihs (1985)).

Zwei Eigenschaften der in der Literatur diskutierten Algorithmen sind besonders hervorzuheben: die Stabilität des Dagenais'schen Algorithmus gegenüber schlechten Startwerten und die schnelle Konvergenz in der Nähe des Optimums bei Verwendung von Quasi-Newton-updates. Mit dem im folgenden beschriebenen Algorithmus ist es nicht nur gelungen, diese beiden Eigenschaften zu kombinieren, der Algorithmus ist außerdem stabil gegenüber schlecht skalierten Modellen.

Ausgangspunkt für den Algorithmus ist der wegen seiner vielfältigen Anwendbarkeit außerordentlich beliebte Levenberg-Marquardt-Algorithmus zur Berechnung des nichtlinearen (ordinary) Least-squares (OLS)-Schätzers. Methoden zur Berechnung des OLS-Schätzers sind zumindest aus zwei Gründen interessant für die Lösung des FIML-Problems. Einerseits werden OLS-Schätzungen verwendet als Startwerte für die FIML-Schätzung, und andererseits weisen die Ableitungen der Zielfunktionen des OLS- und des FIML-Schätzers strukturelle Ähnlichkeiten auf (vgl. 1.1, 1.2). Tatsächlich lieferten die folgenden Eigenschaften gewisser Implementierungen des OLS-

Schätzers, insbesondere des Levenberg-Marquardt (LM)-Algorithmus, wichtige Hinweise für die Konstruktion des FIML-Algorithmus.

Durch die Verwendung der Gauss-Newton-Näherung der Hessematrix wird die Brauchbarkeit leicht berechenbarer Terme einer geeigneten Hessematrixdarstellung als Hessematrixnäherung gezeigt (vgl. 1.1). Der LM-Algorithmus kombiniert zwei verschiedene Gradientenmethoden und besitzt ihre jeweiligen positiven Eigenschaften: die globale Konvergenz der Methode des steilsten Abstiegs und die u.U. sehr schnelle lokale Konvergenz der Gauss-Newton-Methode (vgl. z.B. Powell (1972)). Moré (1978) präsentierte einen LM-Algorithmus mit automatischer Skalierung zur Erhöhung der Stabilität gegenüber schlecht skalierten Modellen. Da die Gauss-Newton-Näherung i.a. nicht gegen die exakte Hessematrix konvergiert, schlägt Betts (1976) vor, zur Erhöhung der lokalen Konvergenzgeschwindigkeit den fehlenden Teil der Hessematrix in der Nähe des Optimums durch Quasi-Newton-updates anzunähern.

Alle diese Ideen konnten in gewisser Weise bei der Konstruktion des Algorithmus zur FIML-Schätzung genutzt werden. Insbesondere gehört der Algorithmus zu einer modernen Verallgemeinerung des LM-Verfahrens, zu der Klasse der sogenannten trust-region-Methoden. Diese Methoden gründen sich auf eine weitere Eigenschaft des LM-Verfahrens. In jedem Iterationsschritt des Verfahrens wird nämlich eine quadratische Näherung der Zielfunktion minimiert in einer Umgebung des aktuellen Parametervektors, in der die Näherung für vertretbar gehalten wird, der sogenannten trust-region. Powell (1970; 1975) war wohl der erste, der Konvergenzeigenschaften von trust-region-Methoden bei allgemeinen nichtlinearen Optimierungsproblemen ohne Nebenbedingungen untersuchte. Seitdem erfreuen sich diese Methoden immer größeren Interesses. Einen Überblick über Ergebnisse bei der Untersuchung von trust-region-Methoden liefert Moré (1983). Trust-region-Methoden verfügen über sehr günstige Konvergenzeigenschaften, und ihre Implementierung benötigt erfreulich wenig Algorithmenteile, die von der Theorie nicht vorgezeichnet werden. Außerdem sind line searches überflüssig. An deren Stelle tritt die Minimierung der quadratischen Näherung der Zielfunktion innerhalb der trust-region.

Im folgenden wird ein trust-region-Algorithmus vorgestellt, der speziell für (OLS- und)FIML-Schätzungen entwickelt wurde[1]. Dazu werden zunächst Powells (1975) Konvergenzergebnisse für allgemeine Zielfunktionen erweitert auf Algorithmen mit automatischer Skalierung. Um in der Praxis globale und lokal superlineare Konvergenz zu erreichen, wurde der Ablauf der Iteration des Algorithmus in zwei Phasen aufgeteilt. In der ersten Phase, zu Beginn der Iteration, wird zur Erzielung von globaler Konvergenz eine Hessematrixnäherung verwendet, die die spezielle Struktur der Zielfunktion ausnutzt, ähnlich wie die Näherungen von Amemiya (1977) (s. o.). In der zweiten Phase, in der Nähe des Optimums, wird dann eine Quasi-Newton-Näherung für die Hessematrix gewählt zur Erzielung von lokal superlinearer Konvergenz. Ableitungen zweiter Ordnung werden vermieden, um die Verwendung des Algorithmus bei größeren Modellen nicht von vornherein auszuschließen. Die automatische Skalierung in jeder Iteration erleichtert die numerische Berechnung der Schritte und behindert gleichzeitig nicht die lokale Konvergenz.

Das Kapitel ist wie folgt aufgebaut. In Abschnitt 1 werden die strukturellen Ähnlichkeiten der Ableitungen der OLS- und FIML-Zielfunktionen dargestellt. Außerdem werden Hessematrixnäherungen diskutiert, die sich aus der speziellen Struktur der exakten Hessematrizen ergeben. In Abschnitt 2 folgt dann die Beschreibung des allgemeinen trust-region-

---

1) Die wichtigsten Ergebnisse sind bereits veröffentlicht in Weihs (1985).

Algorithmus und die Herleitung seiner Konvergenzeigenschaften für allgemeine Zielfunktionen, insbesondere bei speziellen Hessematrixnäherungen aus Abschnitt 1. In Abschnitt 3 wird die numerische Realisierung des Algorithmus für die OLS- und FIML-Schätzung beschrieben und das Verhalten dieses Algorithmus bei Testbeispielen, insbesondere bei der Parameterschätzung in den Real-world-Modellen aus Kapitel II.

1. FIML-Schätzung und OLS-Schätung: Approximation der Hessematrix der Zielfunktionen

Im folgenden werden einheitliche Darstellungen der ersten und zweiten Ableitungen der Zielfunktionen der OLS- und FIML-Schätzung hergeleitet. Diese Darstellungen motivieren einerseits die Wahl eines einheitlichen Algorithmus zur Minimierung dieser Zielfunktionen. Andererseits liefern die Darstellungen der zweiten Ableitungen Hinweise zur Auswahl günstiger Hessematrixnäherungen.

1.1 OLS-Schätzung

Bei einer OLS-Schätzung ist bekanntlich die folgende Zielfunktion zu minimieren (vgl. I.2.1.3):

$$S(\beta) := \frac{1}{2}\sum_{t=1}^{T} e_t(\beta)^2 =: \frac{1}{2}e(\beta)'e(\beta), \text{ wobei} \tag{1.1.1}$$

$e_t(\beta) \in \mathbb{R}$ der errechnete Modellfehler (in einer Modellgleichung) ist für t in der Referenzperiode $T_0 := \{1,...,T$ bei einem Parametervektor $\beta \in \mathbb{R}^n$.

Man rechnet leicht nach daß gilt:

(1.1.2) $$\frac{\partial S}{\partial \beta}(\beta)' = \frac{\partial e}{\partial \beta}(\beta)' e(\beta) \quad \text{und}$$

(1.1.3) $$\frac{\partial^2 S}{\partial \beta^2}(\beta) = \frac{\partial e}{\partial \beta}(\beta)' \frac{\partial e}{\partial \beta}(\beta) + \sum_{t=1}^{T} e_t(\beta) \frac{\partial^2 e_t}{\partial \beta^2}(\beta) \quad .$$

Falls $\frac{\partial^2 e_t}{\partial \beta^2}(\beta)$ beschränkt ist für alle relevanten β, wird die sogenannte Gauss-Newton-Näherung

(1.1.4) $$N_S(\beta) := \frac{\partial e}{\partial \beta}(\beta)' \frac{\partial e}{\partial \beta}(\beta)$$

die Hessematrix in (1.1.3) umso besser annähern, je kleiner der Modellfehler $e(\beta)$ ist.

1.2 FIML-Schätzung

FIML-Schätzungen können bekanntlich durch Minimierung der sogenannten (negativen) konzentrierten Likelihoodfunktion berechnet werden (vgl. I.(2.1.1.18)):

(1.2.1) $$K(\beta) := \frac{T}{2} \log(\det(\frac{1}{T} \cdot \sum_{t=1}^{T} e_t(\beta) e_t(\beta)')) - \sum_{t=1}^{T} \log|\det(J_t(\beta))| =: \frac{T}{2} \log(\det \Omega(\beta)) - \sum_{t=1}^{T} \log|\det(J_t(\beta))| =: K_1(\beta) - K_2(\beta) \quad , \text{wobei}$$

$e_t(\beta) \in \mathbb{R}^m$ der errechnete Modellfehler ist für t in der Referenzperiode $T_0 := \{1,...,T\}$ bei einem Parametervektor $\beta \in \mathbb{R}^n$ und $J_t(\beta)$ die Jakobimatrix von e_t ist bzgl. der Ableitung nach den Verhaltensvariablen unter Berücksichtigung der Modellidentitäten. Natürlich ist $K(\beta)$ nur für solche β definiert, für die $\Omega(\beta)$ und $J_t(\beta)$ invertierbar sind.

Für den Gradientenvektor der Likelihoodfunktion gilt (vgl. auch Dagenais (1978) für eine ähnliche Darstellung):

(1.2.2) $$\frac{\partial K}{\partial \beta}(\beta)' = G(\beta)'Q(\beta)^{-1}e(\beta) = \tilde{G}(\beta)'\tilde{e}(\beta) \quad \text{bzw.}$$

$$\frac{\partial K}{\partial \beta_i}(\beta) = \frac{\partial e}{\partial \beta_i}(\beta)'Q(\beta)^{-1}e(\beta) - tr(B_i(\beta)) \;^{1)}$$

$$= \sum_{t=1}^{T}\left(\frac{\partial e_t}{\partial \beta_i}(\beta)'\Omega(\beta)^{-1}e_t(\beta) - tr\,(J_t(\beta)^{-1}\frac{\partial J_t}{\partial \beta_i}(\beta))\right),$$

wobei

$$G(\beta) := (G_1(\beta) \;\dots\; G_n(\beta)),\; G_i(\beta) := \frac{\partial e}{\partial \beta_i}(\beta) - \frac{1}{T}R_i(\beta)'e(\beta),$$

$$e(\beta) := (e_1(\beta)' \;\dots\; e_T(\beta)')',$$

$$R_i(\beta) := B_i(\beta)\otimes I,\; B_i(\beta) := \sum_{t=1}^{T} J_t(\beta)^{-1}\frac{\partial J_t}{\partial \beta_i}(\beta),$$

$$Q(\beta) := \Omega(\beta)\otimes I,\; Q(\beta)^{-1} =: P(\beta)'P(\beta)\;,$$

$$\tilde{G}(\beta) := P(\beta)G(\beta),\; \tilde{e}(\beta) := P(\beta)e(\beta)\;.$$

<u>Bew.</u> $$\frac{\partial K_1}{\partial \beta_i}(\beta) = \frac{T}{2}\sum_{k,l=1}^{m}(\Omega^{-1})_{k,l}\frac{\partial \Omega_{k,l}}{\partial \beta_i} \;^{2)}$$

$$= \frac{1}{2}\sum_{t=1}^{T}\sum_{k,l=1}^{m}\left(\frac{\partial e_{tk}}{\partial \beta_i}(\Omega^{-1})_{k,l}e_{tl} + \frac{\partial e_{tl}}{\partial \beta_i}(\Omega^{-1})_{l,k}e_{tk}\right)$$

$$= \frac{\partial e}{\partial \beta_i}'Q^{-1}e \qquad \text{und}$$

---

1) $tr(A) := \sum_i a_{ii}$ ist die Spur (trace) von A. Es gilt: $tr(A+B) = tr(A) + tr(B)$, $tr(AB) = tr(BA)$.

2) $\frac{\partial A}{\partial x} := \left(\left(\frac{\partial a_{ij}}{\partial x}\right)\right)_{ij}$, $\frac{\partial \log|\det A|}{\partial a_{ij}} = \left((A')^{-1}\right)_{ij}$

$$\frac{\partial K_2}{\partial \beta_i}(\beta) = \sum_{t=1}^{T} \sum_{k,l=1}^{m} ((J_t')^{-1})_{k,l} \frac{\partial J_{tkl}}{\partial \beta_i} =$$

$$= \sum_{t=1}^{T} tr(J_t^{-1} \frac{\partial J_t}{\partial \beta_i}) = tr(B_i \frac{1}{T}\Omega^{-1}EE') \text{ , wobei}$$

$$E := (e_1 \dots e_T), \; I = \frac{1}{T}\Omega^{-1}EE' =$$

$$= tr(\frac{1}{T}E'B_i\Omega^{-1}E) = \frac{1}{T}\sum_{t=1}^{T}(e_t'B_i)(\Omega^{-1}e_t) = \frac{1}{T}(R_i'e)'Q^{-1}e \; .$$

||

Für die zweiten Ableitungen der Likelihoodfunktion gilt:

(1.2.3)
$$\frac{\partial^2 K}{\partial \beta_j \partial \beta_i}(\beta) = \frac{\partial e}{\partial \beta_i}(\beta)'Q(\beta)^{-1} \frac{\partial e}{\partial \beta_j}(\beta) -$$

$$- \frac{\partial e}{\partial \beta_i}(\beta)'Q(\beta)^{-1} \frac{\partial Q}{\partial \beta_j}(\beta)Q(\beta)^{-1}e(\beta) +$$

$$+ \frac{\partial^2 e}{\partial \beta_j \partial \beta_i}(\beta)Q(\beta)^{-1}e(\beta) - \frac{1}{T}e(\beta)'\frac{\partial R_i}{\partial \beta_j}(\beta)Q(\beta)^{-1}e(\beta) \; .$$

<u>Bew</u>. Es ist $\frac{\partial A^{-1}}{\partial x} = -A^{-1} \frac{\partial A}{\partial x} A^{-1}$. Außerdem gilt:

$$\frac{\partial e}{\partial \beta_j}'R_iQ^{-1}e = e'Q^{-1}R_i' \frac{\partial e}{\partial \beta_j} = \sum_{t=1}^{T} e_t'\Omega^{-1}B_i' \frac{\partial e_t}{\partial \beta_j} \; ,$$

$$e'R_iQ^{-1} \frac{\partial e}{\partial \beta_j} = \sum_{t=1}^{T} e_t'B_i\Omega^{-1} \frac{\partial e_t}{\partial \beta_j} \; ,$$

$$e'R_iQ^{-1} \frac{\partial Q}{\partial \beta_j}Q^{-1}e = \sum_{t=1}^{T} e_t'\Omega^{-1} \frac{\partial \Omega}{\partial \beta_j}\Omega^{-1}B_i'e_t =$$

$$= \frac{1}{T} \sum_{t,\tau=1}^{T} \left((e_\tau'\Omega^{-1}B_i'e_t)(e_t'\Omega^{-1} \frac{\partial e_\tau}{\partial \beta_j}) + \right.$$

$$\left. + (e_\tau'\Omega^{-1}e_t)(e_t'B_i\Omega^{-1} \frac{\partial e_\tau}{\partial \beta_j}) \right) =$$

$$= \sum_{\tau=1}^{T} e_\tau'\Omega^{-1}B_i'\frac{\partial e_\tau}{\partial \beta_j} + \sum_{\tau=1}^{T} e_\tau'B_i\Omega^{-1} \frac{\partial e_\tau}{\partial \beta_j} \; .$$

||

Man beachte, daß der durch die Interdependenz hervorgerufene Anteil an der Hessematrix lediglich aus

$$(1.2.4) \qquad \frac{\partial^2 K_2}{\partial\beta_j \partial\beta_i} = \frac{1}{T}\, e(\beta)' \,\frac{\partial R_i}{\partial\beta_j}(\beta) Q(\beta)^{-1} e(\beta)$$

$$= tr\left(\frac{\partial B_i}{\partial\beta_j}(\beta)\right)$$

$$= \sum_{t=1}^{T} tr\left(J_t(\beta)^{-1} \frac{\partial^2 J_t}{\partial\beta_j \partial\beta_i}(\beta) - \right.$$

$$\left. - J_t(\beta)^{-1} \frac{\partial J_t}{\partial\beta_j}(\beta) J_t(\beta)^{-1} \frac{\partial J_t}{\partial\beta_i}(\beta)\right)$$

besteht. Betrachte nun die folgende zur Gauss-Newton-Näherung analoge Näherung der Hessematrix von K:

$$(1.2.5) \qquad N_K(\beta) := \frac{\partial\tilde{e}}{\partial\beta}(\beta)' \,\frac{\partial\tilde{e}}{\partial\beta}(\beta) \;,\; \frac{\partial\tilde{e}}{\partial\beta}(\beta) := P(\beta)\, \frac{\partial e}{\partial\beta}(\beta) \;.$$

Leider verhält sich N_K bei kleinen Modellfehlern nicht so erfreulich wie N_S (vgl. 1.1); denn $\| Q(\beta)^{-1} \|$ wächst unbegrenzt für gegen Null strebende Modellfehler, und $K(\beta)$ ist für $e(\beta) = 0$ gar nicht definiert.

Berndt, Hall, Hall und Hausman (1974), Amemiya (1977) und Dagenais (1978) verwenden ähnliche Näherungen der Hessematrix. Diese Näherungen werden im folgenden kurz diskutiert.
Berndt, Hall, Hall und Hausman (1974) verwenden die folgende Hessematrixnäherung:

$$(1.2.6) \qquad H_B(\beta)_{ij} := \sum_{t=1}^{T} \left(\frac{\partial e_t}{\partial\beta_i}(\beta)' \Omega(\beta)^{-1} e_t(\beta) - \right.$$

$$\left. - tr\left(J_t(\beta)^{-1} \frac{\partial J_t}{\partial\beta_i}(\beta)\right)\right) \cdot$$

$$\cdot\left(\frac{\partial e_t}{\partial \beta_j}(\beta)'\Omega(\beta)^{-1}e_t(\beta) - tr(J_t(\beta)^{-1}\frac{\partial J_t}{\partial \beta_j}(\beta))\right)$$

$$= \sum_{t=1}^{T} \frac{\partial e_t'}{\partial \beta_i}\Omega^{-1}e_te_t'\Omega^{-1}\frac{\partial e_t}{\partial \beta_j} +$$

$$+ \sum_{t=1}^{T} tr(J_t^{-1}\frac{\partial J_t}{\partial \beta_i})tr(J_t^{-1}\frac{\partial J_t}{\partial \beta_j}) -$$

$$- \sum_{t=1}^{T}\left(\frac{\partial e_t'}{\partial \beta_i}\Omega^{-1}e_t \cdot tr(J_t^{-1}\frac{\partial J_t}{\partial \beta_j}) + \right.$$

$$\left. + \frac{\partial e_t'}{\partial \beta_j}\Omega^{-1}e_t \cdot tr(J_t^{-1}\frac{\partial J_t}{\partial \beta_i})\right).$$

H_B umfaßt N_K insofern näherungsweise, daß gilt:

$$N_K(\beta)_{ij} = \sum_{t=1}^{T} \frac{\partial e_t'}{\partial \beta_i}\Omega^{-1}(\frac{1}{T}\sum_{\tau=1}^{T} e_\tau e_\tau')\Omega^{-1}\frac{\partial e_t}{\partial \beta_j}.$$

Berndt, Hall, Hall und Hausman argumentieren, daß $H_B(\hat{\beta})$ für $T \to \infty$ (fast sicher) gegen die Hessematrix von K in $\hat{\beta}$ konvergiert. Leider ist diese Aussage i.a. falsch (vgl. z.B. Hatanaka (1978), p. 332).

Die Aussage resultiert aus einer falschen Übertragung eines Ergebnisses für nichtkonzentrierte Likelihoodfunktionen auf konzentrierte Likelihoodfunktionen. Satz I.(2.1.2.13) liefert eine richtige Übertragung. Sei

$$(1.2.7) \qquad H_S(\beta)_{ij} := \sum_{t=1}^{T} \frac{\partial}{\partial \beta_i}K_t(\beta)\frac{\partial}{\partial \beta_j}K_t(\beta), \quad \text{wobei}$$

$$\frac{\partial}{\partial \beta_i}K_t(\beta) = \frac{\partial}{\partial \beta_i}\left(\frac{1}{2}\log(\det\Omega(\beta)) + \frac{1}{2}e_t(\beta)'\Omega(\beta)^{-1}e_t(\beta) - \right.$$

$$\left. - \log|\det J_t(\beta)|\right) = \frac{1}{T}\frac{\partial e'}{\partial \beta_i}Q^{-1}e + \frac{\partial e_t'}{\partial \beta_i}\Omega^{-1}e_t -$$

$$- \frac{1}{T}\sum_{\tau=1}^{T}(e_t'\Omega^{-1}e_\tau)(\frac{\partial e_\tau'}{\partial \beta_i}\Omega^{-1}e_t) - tr(J_t^{-1}\frac{\partial J_t}{\partial \beta_i}) =$$

$$= \frac{\partial e_t'}{\partial \beta_i} \Omega^{-1} e_t - tr(J_t^{-1} \frac{\partial J_t}{\partial \beta_i}) +$$

$$+ \frac{1}{T} \sum_{t=1}^{T} \left(\frac{\partial e_\tau'}{\partial \beta_i} \Omega^{-1} e_\tau - (e_t' \Omega^{-1} e_\tau)(\frac{\partial e_\tau'}{\partial \beta_i} \Omega^{-1} e_t) \right) .$$

Nach Satz I.(2.1.2.9) konvergiert $H_S(\hat{\beta})$ für $T \to \infty$ (fast sicher) gegen die Hessematrix von K in $\hat{\beta}$.

Amemiya (1977) schlägt die folgende (nicht symmetrische) Hessematrixnäherung vor:

(1.2.8) $$H_A(\beta)_{ij} := (G(\beta)'Q(\beta)^{-1} \frac{\partial e}{\partial \beta}(\beta))_{ij}$$

$$= (N_K(\beta))_{ij} - \frac{1}{T} e(\beta)'R_i(\beta)Q(\beta)^{-1}\frac{\partial e}{\partial \beta_j}(\beta) .$$

Im Fall von Modellen, die linear sind in den Variablen, konvergiert $H_A(\hat{\beta})$ für $T \to \infty$ (fast sicher) gegen die Hessematrix von K in $\hat{\beta}$, jedenfalls wenn das Modell insofern richtig spezifiziert ist, daß $e(\beta^*)$ aus einer normal verteilten Grundgesamtheit stammt (vgl. I.2.1.1). Dasselbe gilt auch für die von Dagenais (1978) verwendete Hessematrixnäherung (vgl. auch Amemiya (1977), p. 963):

(1.2.9) $$H_D(\beta)_{ij} := (\tilde{G}(\beta)'\tilde{G}(\beta))_{ij} = (G(\beta)'Q(\beta)^{-1}G(\beta))_{ij} =$$

$$= (H_A(\beta))_{ij} - \frac{1}{T} \frac{\partial e}{\partial \beta_i}(\beta)'Q(\beta)^{-1}R_j(\beta)'e(\beta) +$$

$$+ \frac{1}{T^2} e(\beta)'R_i(\beta)Q(\beta)^{-1}R_j(\beta)'e(\beta) .$$

Amemiyas und Dagenais' Näherungen enthalten aber neben $N_K(\beta)$ nur noch Terme, die nur asymptotisch einen Einfluß auf die exakte Hessematrix (1.2.3) haben. Damit ist ihre Brauchbarkeit nicht nur bei nichtlinearen oder fehlspezifizierten

Modellen oder bei Verwendung weit entfernt vom Optimum unklar, sondern insbesondere bei kleinen Stichprobengrößen T.

Die "Gauss-Newton-Näherung" $N_K(\beta)$ enthält dagegen nur Terme, die bei beliebigem Stichprobenumfang T Einfluß auf die exakte Hessematrix haben. Allerdings berücksichtigt N_K nicht die Interdependenz des Modells (vgl. (1.2.4)). N_K konvergiert deshalb für $T \to \infty$ nur für Modelle in reduzierter Form (vgl. I.(2.1.1.21)) (fast sicher) gegen die Hessematrix von K in $\hat{\beta}$.

Die praktische Brauchbarkeit dieser Hessematrixnäherungen bei kleinen Stichproben wurde in Monte-Carlo-Studien untersucht. Dabei wurde besonders die relative Unterlegenheit der Berndt, Hall, Hall, Hausman-Näherung (1.2.6) deutlich (vgl. Calzolari, Panattoni (1985)). Amemiyas Näherung (1.2.7), Dagenais' Näherung (1.2.8) und die "Gauss-Newton-Näherung" N_K ((1.2.5)) verhielten sich dagegen recht ähnlich (vgl. Weihs, Calzolari, Panattoni (1985)). Im folgenden wird deshalb nur noch die Näherung N_K diskutiert, da diese Näherung bei kleinen Stichproben wenigstens nur Einflüsse berücksichtigt, die die exakte Hessematrix wirklich beeinflussen.

In Modellen, die linear sind in den Parametern β, kann die exakte Hessematrix ausschließlich mit Hilfe der Ableitungen der Modellfehler berechnet werden, die auch zur Berechnung des Gradienten der Likelihoodfunktion benötigt werden; denn in solchen Modellen verschwinden die Ableitungen zweiter Ordnung hinsichtlich der Parameter. Aber auch bei nichtlinearen Modellen verschwinden diese Ableitungen wenigstens asymptotisch unter einigermaßen schwachen Voraussetzungen (vgl. Amemiya (1977), p. 959). Das motiviert die generelle Vernachlässigung der entsprechenden Terme der Hessematrix auch im small-sample-Fall. Sei

$$(1.2.10) \qquad (H_L(\beta))_{ij} := \frac{\partial e}{\partial \beta_i}(\beta)'Q(\beta)^{-1}\frac{\partial e}{\partial \beta_j}(\beta) - $$

$$- \frac{\partial e}{\partial \beta_i}(\beta)'Q(\beta)^{-1}\frac{\partial Q}{\partial \beta_j}(\beta)Q(\beta)^{-1}e(\beta) +$$

$$+ \sum_{t=1}^{T} \operatorname{tr}\left(J_t(\beta)^{-1}\frac{\partial J_t}{\partial \beta_j}(\beta)J_t(\beta)^{-1}\frac{\partial J_t}{\partial \beta_i}(\beta)\right).$$

H_L ist die exakte Hessematrix, wenn das Modell linear in den Parametern ist. In jedem Fall umfaßt H_L aber N_K und außerdem nur Terme, die bei jeder Stichprobengröße Einfluß auf die exakte Hessematrix haben. Insbesondere berücksichtigt H_L die Interdependenz eines Modells. Man kann also auch bei nichtlinearen Modellen erwarten, daß H_L eine wesentlich bessere Näherung ist als N_K. Allerdings ist die Berechnung von H_L wesentlich aufwendiger als die von N_K.

2. Eine trust-region Methode zur Lösung von nichtlinearen Minimierungsproblemen

2.1 Überblick

Zur Minimierung der Zielfunktionen S und K in (1.1.1) bzw. (1.2.1) wird eine sogenannte trust-region Methode angewendet. In 2.2 wird zunächst eine Klasse von trust-region Methoden für allgemeine Zielfunktionen definiert. Diese Methoden lassen in unterschiedlichen Iterationen auch unterschiedliche Skalierungen des untersuchten Problems zu. Insofern verallgemeinern sie Powells (1975) trust-region Methoden. In 2.3 wird auf die Skalierung näher eingegangen. In 2.4 und 2.5 werden Ergebnisse über die globale und lokale Konvergenz hergeleitet. Dabei werden die Konvergenzergebnisse von Powell (1975) auf die allgemeinere Methodenklasse erweitert. In 2.6 wird dann die Konvergenz bei verschiedenen Hessematrixnäherungen diskutiert. Dazu gehören die Gauss-Newton-Näherungen N_S und N_K (vgl. (1.1.4),

(1.2.5)) und verschiedene Quasi-Newton Näherungen. In Abschnitt 3 werden dann trust-region Methoden zur Minimierung der Zielfunktionen S und K charakterisiert als Elemente der allgemeinen Methodenklasse.

2.2 Eine Klasse von trust-region Methoden

Für den Rest des Abschnittes 2 wird die folgende Eigenschaft des Minimierungsproblems vorausgesetzt:

(P1) Zu minimieren sei eine Funktion $F : \mathbb{R}^n \to \mathbb{R}$[1], die zweimal stetig differenzierbar ist und von unten beschränkt.

Im folgenden wird eine Klasse von trust-region Methoden zur Minimierung der Zielfunktion F definiert durch Aufzählung ihrer Eigenschaften.

(P2) Die Methoden sind iterativ. Ausgehend von einem vorzugebenden Startvektor $x_0 \in \mathbb{R}^n$ wird eine Folge von Vektoren $x_k \in \mathbb{R}^n$, $k = 1,2,3,...$, berechnet, die gegen ein $\hat{x}$ konvergieren soll, so daß $F(\hat{x})$ minimal ist.

(P3) Sei $\phi_k : \mathbb{R}^n \to \mathbb{R}$, $k = 0,1,2,...$, mit
$\phi_k(x_k+s) := F(x_k) + g_k's + \frac{1}{2} s'B_k s =: F(x_k) + \Psi_k(s)$
eine (quadratische) Näherung für F in einer Umgebung von x_k. Dabei sei g_k eine Näherung für den Gradientenvektor $\nabla F(x_k)$, B_k eine symmetrische Näherung für die Hessematrix $\nabla^2 F(x_k)$.

---

1) Für die allgemeine Zielfunktion wird die Bezeichnung F(x) verwendet im Gegensatz zu S(β), K(β). Außerdem wird zur Notationsvereinfachung $\nabla F(x)$ anstelle von $\frac{\partial F}{\partial x}(x)'$ und $\nabla^2 F(x)$ anstelle von $\frac{\partial^2 F}{\partial x^2}(x)$ verwendet.

(P4) Wenn $\{x_k\}$ konvergiert, dann gelte:
$\lim_{k\to\infty} ||g_k-\nabla F(x_k)|| = 0$.

(P5) <u>(Trust-region Algorithmus)</u>
Der trust-region Algorithmus verwendet ϕ_k als Approximation von F in der trust-region
$\{x_k + s \mid || D_k s || \le \Delta_k\}$, wobei
D_k die Skalierungsmatrix in der Iteration k ist (vgl. (P7)) und Δ_k die Schrittweitenschranke in der Iteration k (vgl. (P8)). Der Schritt s_k zur Verbesserung der Näherung x_k des Optimums $\hat{x}$ minimiert (in gewissem Sinne) die Näherung ϕ_k in der trust-region (vgl. c)). s_k wird allerdings nur akzeptiert, wenn die erwartete Reduktion der Zielfunktion F mit der tatsächlichen genügend gut übereinstimmt (vgl. e)).
Ausgehend von dem Startvektor x_0 berechne die Vektoren $x_k, k = 1,2,...,$ mit Hilfe des folgenden Algorithmus:

a) Setze $k := 0$.

b) Berechne g_k, B_k, D_k, Δ_k .

c) Berechne einen Schritt s_k, so daß für Konstanten $C_2 > 1$ und C_1 gilt:

(2.2.1) $$\Psi_k(s_k) \le C_1 \cdot \min\{\Psi_k(s) \mid || D_k s || \le \Delta_k\}, || D_k s_k || \le C_2 \cdot \Delta_k$$

d) Berechne den "goodness-of-fit" Koeffizienten:

$$\rho_k := (F(x_k) - F(x_k+s_k))/(F(x_k) - \phi_k(x_k+s_k)) \quad .$$

e) Berechne den neuen Parametervektor:

$$x_{k+1} := \begin{cases} x_k+s_k & , \text{ falls } \rho_k \ge C_0 \\ x_k & , \text{ sonst} \end{cases}, \text{ wobei } C_0 \in (0,1)$$

eine Konstante ist.

f) Setze $k := k+1$ und gehe nach b).

(P6) Die Hessematrixnäherungen B_k seien wie folgt beschränkt: Für Konstanten C_3, C_4 gelte:

$$\| B_k \| \le C_3 + C_4 \sum_{j=o}^{k-1} \| s_j \| , \quad k = 1,2,3,\ldots .$$

(P7) Die Skalierungsmatrizen D_k seien so gewählt, daß gilt:

a) $\| D_k^{-1} \| \le C_5$ für eine Konstante C_5 ,

b) $\| D_k \| \le C_6$ für eine Konstante C_6 ,

c) $\| (D_{k+1}^{-1})' g_{k+1} \| \le \| (D_k^{-1})' g_{k+1} \|$ für $k \ge k_1 \in \mathbb{N}$,

so daß die Skalierung die lokale Konvergenz nicht behindert.

(P8) (Schrittweitensteuerung)

Falls die erwartete Reduktion der Zielfunktion viel größer ist als die tatsächliche (ρ_k klein), scheint die Approximation von F durch ϕ_k nicht in der ganzen trust-region genügend gut zu sein. Der Radius der trust-region wird deshalb verkleinert. Andernfalls kann der Radius probeweise vergrößert werden:

Seien C_7, C_8, C_9 Konstanten und $0 < C_o \le C_7 < 1$, $C_8 < 1 < C_9$. Dann werden, ausgehend von einer Startschrittweite Δ_o, die Schrittweitenschranken $\Delta_k, k = 1,2,3,\ldots$, so bestimmt, daß gilt:

a) $\Delta_{k+1} \in (0, C_8 \| D_k s_k \|)$, falls $\rho_k < C_7$,

b) $\Delta_{k+1} \in [\| D_k s_k \| , C_9 \| D_k s_k \|]$, falls $\rho_k \ge C_7$,

c) $\Delta_{k+1} \le \bar{\Delta}$ für eine Konstante $\bar{\Delta}$.

Die Eigenschaften (P2)-(P6), (P7a), (P8) charakterisieren die allgemeinste Klasse von Methoden, die hier untersucht wird. Diese Eigenschaften werden bei der Diskussion der Konvergenzeigenschaften in 2.4, 2.5 stillschweigend als gültig vorausgesetzt. Die Eigenschaft (P7b) wird lediglich zur Deskalierung, die Eigenschaft (P7c) nur zum Beweis der lokal superlinearen Konvergenz benötigt.

Offenbar umfaßt die allgemeinste Methodenklasse sehr unterschiedliche Algorithmen. Die Algorithmen unterscheiden sich in der Wahl der Approximation g_k des Gradienten (vgl. (P4) in 2.4) und der Approximation B_k der Hessematrix (vgl. 2.6), in der Wahl der Skalierungsmatrizen D_k (vgl. 2.3), in der Art der Schrittweitensteuerung (vgl. (3.1.6)) sowie in der Wahl der Schritte s_k, insbesondere in der Art der Minimierung in (2.2.1).

Zunächst folgt eine Diskussion der Skalierungsmatrizen D_k, durch deren Anwesenheit sich diese Methodenklasse von derjenigen von Powell (1975) unterscheidet.

2.3 Zur Skalierung

Die in 2.2 vorgestellte Methodenklasse zeichnet sich insbesondere dadurch aus, daß schlecht skalierte Probleme umskaliert werden können mit Hilfe von Skalierungsmatrizen D_k. Tatsächlich treten beim ökonometrischen Modellbau häufig Modelle auf, die insofern schlecht skaliert sind, daß ihr Modellfehler $e(\beta)$(vgl. 1) sehr unterschiedlich auf Änderungen der verschiedenen Parameter reagiert. Das kann unter anderem zu schlecht konditionierten Hessematrizen $\nabla^2 F(x_k)$ führen und zu numerischen Schwierigkeiten bei der Invertierung der Hessematrix-Näherungen B_k.

(2.3.1) Beispiel: Betrachte den Modellfehler einer einfachen Variante der Cobb-Douglas Funktion:[1]

$e_t(\beta) = y_t - z_t^{\beta_1} - \beta_2$, $t = 1,\ldots,T$. Damit gilt:

1) vgl. z.B. Malinvaud (1980), p. 360

$$\frac{\partial e_t}{\partial \beta}(\beta) = -(\log(z_t) z_t^{\beta_1} \quad 1)',$$

$$\frac{\partial^2 e_t}{\partial \beta^2}(\beta) = -\begin{pmatrix} \log(z_t)^2 z_t^{\beta_1} & 0 \\ 0 & 0 \end{pmatrix},$$

$$N_S(\beta) = \sum_{t=1}^{T} \begin{pmatrix} \log(z_t)^2 z_t^{2\beta_1} & \log(z_t) z_t^{\beta_1} \\ \log(z_t) z_t^{\beta_1} & 1 \end{pmatrix}.$$

In der Praxis werden bei $N_S(\beta)$ Konditionen[1)] von 10^{12} erreicht (vgl. 3.2.1.2).

Die Kondition der zu invertierenden Matrizen läßt sich u. U. durch Skalierung entscheidend verbessern. Allerdings wird durch eine Skalierung i.a. auch der Fortgang der Iteration verändert. Die trust-region Methoden sind damit nicht skalierungsinvariant. Der Begriff der Skalierungsinvarianz läßt sich wie folgt formalisieren:

(2.3.2) Seien $\bar{F}_k(x) := F(D_k^{-1}x)$, $\bar{s}_k := D_k s_k$, $k = 0,1,2,\ldots$. Dann heißt ein (iterativer) Algorithmus skalierungsinvariant, wenn er insofern von der Folge $\{D_k\}$ der in den einzelnen Iterationen gewählten Skalierungsmatrizen unabhängig ist, daß er nach Deskalierung mit $\{D_k^{-1}\}$ dieselben Schritte $\{s_k\}$ erzeugt wie bei Abwesenheit der Skalierung ($D_k := I$).

Ein skalierungsinvarianter Algorithmus liefert also in der k-ten Iteration bei Verwendung von F und unskalierten Vektoren x den Schritt s_k und bei Verwendung von $\bar{F}_k$ und skalierten Vektoren $\bar{x} := \bar{x}(k) := D_k x$ den Schritt $\bar{s}_k = D_k s_k$.

1) $\mathrm{cond}(A) := \| A \| \cdot \| A^{-1} \|$ bestimmt die Güte der berechneten Inverse (vgl. v.d. Sluis (1975)).

Man beachte, daß generell gilt:

(2.3.3) $$\nabla\bar{F}_k(\bar{x}) = (D_k^{-1})'\nabla F(x) \quad , \quad \nabla^2\bar{F}_k(\bar{x}) = (D_k^{-1})'\nabla^2 F(x) D_k^{-1} \ .$$

Damit würde die Skalierung bei skalierungsinvarianten trust-region Algorithmen lediglich der folgenden Transformation entsprechen:

(2.3.4) $$x_k \to \bar{x}_k = D_k x_k \ , \quad s_k \to \bar{s}_k = D_k s_k \ ,$$
$$g_k \to \bar{g}_k = (D_k^{-1})' g_k \ , \quad B_k \to \bar{B}_k = (D_k^{-1})' B_k D_k^{-1} \ .$$

Tatsächlich erweist sich der Wert der Zielfunktion F und der quadratischen Näherung ϕ_k als invariant gegenüber dieser Transformation. Es gilt nämlich:

(2.3.5) $$F(D_k^{-1}\bar{x}_k) = F(D_k^{-1}D_k x_k) = F(x_k) \text{ und}$$
$$\Psi_k(s_k) := g_k' s_k + \frac{1}{2} s_k' B_k s_k = \bar{g}_k' \bar{s}_k + \frac{1}{2} \bar{s}_k' \bar{B}_k \bar{s}_k \ .$$

Allerdings wird die Größe der trust-regions i.a. von der Wahl der D_k abhängen; denn $\{s \mid \| s \| \le \Delta_k\} = \{s \mid \| D_k s \| \le \bar{\Delta}_k\}$ wird nur gelten, wenn

(2.3.6) $$D_k = \nu_k I \text{ ist und gleichzeitig } \bar{\Delta}_k = \nu_k \Delta_k \text{ mit } \nu_k > 0 \ .$$

Deshalb wird bei unterschiedlicher Wahl der Folge $\{D_k\}$ i.a. auch nach Deskalierung eine unterschiedliche Schrittfolge $\{s_k\}$ erzeugt werden. Die <u>trust-region Methoden</u> in 2.2 sind also <u>nicht skalierungsinvariant</u>. Die im folgenden verwendeten Vektoren und Matrizen $\bar{x}_k$, $\bar{s}_k$, $\bar{g}_k$, $\bar{B}_k$ seien deshalb lediglich wie in (2.3.4) <u>definiert</u>, die Transformationen im Sinne der Skalierungsinvarianz gelten jedoch nicht. Aber (2.3.5) gilt natürlich für die so definierten $\bar{x}_k, \ldots, \bar{B}_k$.

Beschäftigen wir uns nun noch mit der Wahl der Skalierungsmatrizen D_k. Bei den trust-region Methoden werden sie so gewählt, daß die skalierten Hessematrixnäherungen $\bar{B}_k$ nahezu minimale Kondition besitzen und daß (P7) gilt. Außerdem werden nur Diagonalmatrizen zugelassen. Damit bleibt die

Cholesky-Zerlegung von B_k nach der Skalierung insofern erhalten, daß gilt:

$B_k = R_k'R_k \quad , \bar{B}_k = (R_k D_k^{-1})'(R_k D_k^{-1}) =: \bar{R}_k'\bar{R}_k$.

Nach v.d. Sluis (1970) ist eine symmetrische Skalierung hinsichtlich der Kondition der Matrizen dann nahezu optimal, wenn die Diagonalelemente der skalierten Matrizen gleich sind. Die Forderung (P7) erzwingt allerdings eine suboptimale Skalierung und motiviert die folgende "adaptive" Skalierung (vgl. auch Moré (1983), p. 281).

(2.3.7) <u>(Adaptive Skalierung)</u>

Sei $D_{-1} := \text{diag}\,(0,\ldots,0)$ und

$D_k := \text{diag}\,(d_{k1},\ldots,d_{kn})$, $k = 0,1,2,\ldots$, wobei

$d_{ki} := \max(d_{k,i-1}, \sqrt{b_{k,ii}})$, $B_k = ((b_{k,ij}))_{ij}$.

Die Skalierung mit $\sqrt{b_{k,ii}}$ würde offenbar skalierte B_k erzeugen mit gleichen Diagonalelementen (vgl. (2.3.4)). (P7) wird durch die Maximierung erzwungen, wenn die B_k beschränkt sind:

(2.3.8) <u>Lemma</u>:

i) $\| D_k^{-1} \| \leq \| D_0^{-1} \| =: C_5$,

ii) $\| D_k \| \leq (\sqrt{n}\, C_3)^{1/2} =: C_6$, falls $\| B_k \| \leq C_3$,

iii) $\| (D_{k+1}^{-1})'z \| \leq \| D_k^{-1})'z \|$ für alle $z \in \mathbb{R}^n$. ||

2.4 <u>Globale Konvergenz</u>

Um die globale Konvergenz der in 2.2 charakterisierten Methoden beweisen zu können, benötigt man eine etwas explizitere Berechnungsvorschrift für die Schritte s_k anstelle von (P5c). Zunächst soll eine solche Vorschrift für positiv semidefinite B_k gegeben werden:

(2.4.1) Sei $\sigma \in [0,1)$ konstant. Wähle die Schritte s_k so, daß

$s_k := s_k^N := -B_k^{-1} g_k$ (<u>Newton-Richtung</u>), falls B_k positiv definit ist und $\| D_k s_k^N \| \leq (1+\sigma)\Delta_k$. Ansonsten wähle die <u>Le-</u>

venberg-Marquardt-Richtung[1])

$s_k := s_k(\lambda_k) := -(B_k+\lambda_k D_k{}'D_k)^{-1} g_k = -D_k^{-1}(\bar{B}_k+\lambda_k I)^{-1}\bar{g}_k$,
wobei $\lambda_k > 0$ und $| \, \| \bar{s}_k(\lambda_k) \| - \Delta_k | \leq \sigma\Delta_k$.

Das liefert den angekündigten Zusammenhang zur Levenberg-Marquardt-Methode. Tatsächlich existiert der Levenberg-Marquardt-Parameter λ_k immer, und s_k aus (2.4.1) ist optimal im Sinne von (2.2.1) (vgl. Moré (1983), p. 272):

(2.4.2) Lemma: Für s_k aus (2.4.1) gilt (2.2.1) mit

$$C_1 = (1-\sigma)^2, \; C_2 = (1+\sigma) . \qquad ||$$

Nach (2.4.1) wird s_k immer dann, wenn die Newton-Richtung nicht zulässig ist, nahezu auf dem Rand der trust-region liegen. Diese Eigenschaft wird in den folgenden Konvergenzbeweisen an entscheidender Stelle benötigt. Tatsächlich wird anstelle von (P5) auch ($\tilde{P}5_\sigma$) verwendet, wobei:

($\tilde{P}5_\sigma c$) Berechne einen Schritt s_k so, daß für Konstanten $\sigma \in [0,1)$, C_1 gilt:
$\psi_k(s_k) \leq C_1 \cdot \min\{\Psi_k(s) \mid \| D_k s \| \leq \Delta_k\}, \| \bar{s}_k \| \leq (1+\sigma)\Delta_k$ und

(2.4.3) $s_k = s_k^N := -B_k^{-1} g_k$ oder $| \, \| \bar{s}_k \| - \Delta_k | \leq \sigma\Delta_k$.

Insbesondere wird die Forderung ($\tilde{P}5_0$) verwendet, wobei $\sigma := 0$ ist.

Bevor wir die globale Konvergenz beweisen, soll aus (P5c) noch eine Abschätzung der zu erwartenden Reduktion der Zielfunktion abgeleitet werden. Neben (2.4.3) ist es diese Abschätzung, auf die sich die folgenden Konvergenzbeweise entscheidend stützen.

(2.4.4) Lemma: Sei s_k wie in (P5c) gewählt. Dann gilt:

$$F(x_k) - \phi_k(x_k+s_k) \geq \frac{1}{2}\left(\frac{C_1}{C_2}\right) \| \bar{g}_k \| \cdot \min\left(\| \bar{s}_k \|, \frac{\| \bar{g}_k \|}{\| \bar{B}_k \|} \right)$$

1) $\bar{s}_k$, $\bar{g}_k$, $\bar{B}_k$ sind in (2.3.4) definiert.

Bew: i) Die Behauptung gilt, wenn s_k ersetzt wird durch η_k mit $\psi_k(\eta_k) \leq C_1 \cdot \min\{\psi_k(s) \mid D_k s = \alpha \bar{g}_k,\ \| D_k s \| \leq \leq \frac{1}{C_2} \| \bar{s}_k \|,\ \alpha \in \mathbb{R}\}$, $\| D_k \eta_k \| \leq \| \bar{s}_k \|$.
Der Beweis verläuft analog zu dem Beweis von Moré (1983), p. 277. Allerdings benutzt Moré die Schrittweitenbeschränkungen $\| D_k s \| \leq \Delta_k$, $\| D_k \eta_k \| \leq C_2 \Delta_k$. Beachte, daß $C_2 \geq 1$.

ii) Lt. Konstruktion ist $\| D_k \eta_k \| \leq \| \bar{s}_k \| \leq C_2 \Delta_k$. Außerdem ist $\phi_k(x_k + s_k) \leq \phi_k(x_k + \eta_k)$, also auch $F(x_k) - \phi(x_k + s_k) \geq F(x_k) - \phi_k(x_k + \eta_k)$. ||

Damit sind wir in der Lage, den folgenden Satz über die globale Konvergenz der Methoden in 2.2 zu beweisen:

(2.4.5) Satz: Für Algorithmen mit der Eigenschaft $(\tilde{P}5_0)$ gilt:

$$\liminf_{k \to \infty} \| \bar{g}_k \| = 0 .$$

Bew: Im wesentlichen ergibt sich die Behauptung durch eine Kombination von Beweisen von Powell (1975; Theorem 1) und Moré (1983; Theorem (4.10)).
Sei Σ' die Summe über die Iterationen, für die gilt:

(2.4.6) $\rho_k \geq C_7$ (vgl. (P8)). Damit gilt:

(2.4.7) $\sum_{i=o}^{k} \| \bar{s}_i \| \leq (1 + \frac{C_9}{1 - C_8})(\| \bar{s}_0 \| + \sum_{i=1}^{k}{}' \| \bar{s}_i \|)$.

Damit gibt es Konstanten C_{10}, C_{11}, so daß wegen (P6), (P7a):

(2.4.8) $\| B_k \| \leq C_{10} + C_{11} \cdot \sum_{i=o}^{k}{}' \| \bar{s}_i \|$.

Da F(x) von unten beschränkt ist nach (P1) und $F(x_{k+1}) \leq F(x_k)$ nach (P5), ist $\sum_{k=o}^{\infty} (F(x_k) - F(x_{k+1}))$ konvergent. Also ist auch $\sum_{k=o}^{\infty}{}' (F(x_k) - \phi_k(x_k + s_k))$ konvergent nach (2.4.6). Damit folgt aus (2.4.4), daß

(2.4.9) $\sum_{k=o}^{\infty}{}' \frac{\| \bar{s}_k \| \cdot \| \bar{g}_k \|^2}{\| \bar{g}_k \| + \| \bar{s}_k \| \cdot \| \bar{B}_k \|}$ konvergiert, da

(2.4.10) $\min(|a|,|b|) \geq \frac{|ab|}{|a|+|b|}$.

Der Satz ist bewiesen, wenn man die <u>Annahme</u>

(2.4.11) $\|\bar{g}_k\| \geq C_{12} > 0$, $k = 0,1,2,\ldots$,

zum Widerspruch führen kann.

Mit (2.4.11) folgt aus (2.4.9),(2.4.8),(P7a),(P8c):

(2.4.12) $\sum_{k=o}^{\infty}{}' \frac{\|\bar{s}_k\|}{1 + (\bar{\Delta}/C_{12})(\bar{C}_{10}+\bar{C}_{11} \sum_{i=o}^{k}{}' \|\bar{s}_i\|)}$ konvergiert für Konstanten $\bar{C}_{10},\bar{C}_{11}$. Nun gilt aber für $\{a_0,a_1,a_2,\ldots\}$ mit $a_j > 0$:

(2.4.13) $(\sum_{k=o}^{\infty} (a_k/\sum_{j=o}^{k} a_j)$ konvergiert $\Rightarrow \sum_{k=o}^{\infty} a_k$ konvergiert).[1] Also ist wegen (2.4.12) auch

(2.4.14) $\sum_{k=o}^{\infty}{}' \|\bar{s}_k\|$ konvergent. Und nach (2.4.8), (P7a) ist

(2.4.15) $\|\bar{B}_k\| \leq \bar{C}_{13}$, $k=0,1,2,\ldots$, für eine Konstante $\bar{C}_{13}$. Außerdem erhält man mit (2.4.14) aus (2.4.7):

(2.4.16) $\lim_{k\to\infty}\|\bar{s}_k\| = 0$. Daraus folgt wegen (P7a):

(2.4.17) $\{x_k\}$ konvergiert; denn $\|x_{k+1}-x_k\| \leq C_5\|\bar{s}_k\|$.

Damit kann man jetzt zeigen, daß (2.4.6) für alle genügend großen k gilt: Wegen (2.4.15) und (P7a) gilt zunächst:

(2.4.18) $|\phi_k(x_k+s_k) - F(x_k) - \nabla F(x_k)'s_k|$

$\leq C_5\| g_k - \nabla F(x_k)\| \cdot \|\bar{s}_k\| + \frac{1}{2}\bar{C}_{13}\|\bar{s}_k\|^2$.

Wegen (P4), (P7a), (2.4.16) und der Stetigkeit von ∇F folgt hieraus:

(2.4.19) $|F(x_k+s_k) - F(x_k) - (\phi_k(x_k+s_k) - F(x_k))|$

$\leq \varepsilon_k\|\bar{s}_k\|$

für eine Nullfolge $\{\varepsilon_k\}$. Wegen (2.4.4) gilt aber auch:

(2.4.20) $F(x_k) - \phi_k(x_k+s_k) \geq \frac{1}{2}(\frac{C_1}{C_2})C_{12}\|\bar{s}_k\|$. Also gilt:

---

1) vgl. z.B. Fletcher (1972), p. 157/8

(2.4.21) $\lim_{k\to\infty}|p_k-1| = \lim_{k\to\infty}\left|\frac{F(x_k+s_k)-F(x_k)}{\phi(x_k+s_k)-F(x_k)} - 1\right| = 0$.

Damit gilt (2.4.6) für alle genügend großen k.
Also gilt nach (P8b):

(2.4.22) $\Delta_{k+1} \geq \| \bar{s}_k \|$ für $k \geq k_2 \in \mathbb{N}$.

Wegen (2.4.3) (mit $\sigma=0$) gilt schließlich:

(2.4.23) $\| \bar{s}_k \| = \Delta_k$ oder $\| \bar{s}_k \| = \| \bar{B}_k^{-1} \bar{g}_k \| \geq C_{12}/ \bar{C}_{13}$

wegen (2.4.11), (2.4.15). Wegen (2.4.16) gibt es also ein $k_3 \in \mathbb{N}$, so daß

(2.4.24) $\| \bar{s}_k \| = \Delta_k$ für $k \geq k_3$. Also gilt:

(2.4.25) $\| \bar{s}_{k+1} \| = \Delta_{k+1} \geq \| \bar{s}_k \|$ für $k \geq \max(k_2, k_3-1)$.

Nach einer endlichen Anzahl von Schritten wird die Folge $\{ \| \bar{s}_k \| \}$ also nicht mehr fallen. Da aber $\phi_k(x_k+s_k) < F(x_k)$ in ($\tilde{P}5_0$), wenn $\| g_k \| > 0$ ist, ist $s_k \neq 0$ und wegen (P7a) auch $\bar{s}_k \neq 0$. Das liefert einen Widerspruch zu (2.4.16). ||

Es soll hier ausdrücklich darauf hingewiesen werden, daß es für den Beweis der globalen Konvergenz von Algorithmen der Art 2.2 notwendig scheint, daß der Schritt s_k, wenn immer möglich, mit dem "Newton-Schritt" s_k^N übereinstimmt, und daß ansonsten <u>exakt</u> gilt: $\| \bar{s}_k \| = \Delta_k$ (vgl. (2.4.23)). Bei der Untersuchung der lokalen Konvergenz wird das allerdings nicht immer notwendig sein (vgl. 2.5).

Satz (2.4.5) stellt eine Verallgemeinerung von Theorem 1 von Powell (1975) dar für Algorithmen mit automatischer Skalierung. Moré (1983) betrachtet eine zu 2.2 ähnliche Algorithmenklasse, bei der zum Beweis der globalen Konvergenz (P5) nicht durch ($\tilde{P}5$) ersetzt werden muß, bei der aber (P6), (P8) ersetzt werden durch:

($\tilde{P}6$) $\| B_k \| \leq C_3$ für eine Konstante C_3 und

($\tilde{P}8$) Seien C_7, C_8, C_9 Konstanten und $0 < C_0 \leq C_7 < 1$,

$C_8 < 1 < C_9$. Dann gelte:

a) $\Delta_{k+1} \in (0, C_8\Delta_k)$, falls $\rho_k < C_7$,

b) $\Delta_{k+1} \in [\Delta_k, C_9\Delta_k]$, falls $\rho_k \geq C_7$,

c) $\Delta_{k+1} \leq \bar{\Delta}$ für eine Konstante $\bar{\Delta}$.

Man kann zeigen (vgl. Moré (1983); Theorem (4.10)):

(2.4.26) Satz: Für Algorithmen mit den Eigenschaften ($\tilde{P}6$), ($\tilde{P}8$) gilt:

$$\liminf_{k\to\infty} \| \bar{g}_k \| = 0.$$

Bew: i) $F(x_k) - \phi_k(x_k+s_k) \geq \frac{1}{2}C_1 \| \bar{g}_k \| \cdot \min(\Delta_k, \frac{\| \bar{g}_k \|}{\| \bar{B}_k \|})$

nach Moré (1983), Lemma (4.8).

ii) Analog zum Beweis von (2.4.5) zeigt man, daß $\lim_{k\to\infty} \Delta_k = 0$, und daß (2.4.6) gilt für genügend große k. Nach ($\tilde{P}8b$) fallen die Δ_k dann aber nicht mehr (Wid.). ||

Trotz (2.4.26) wird im folgenden nur die Klasse 2.2 weiter untersucht, da diese Klasse bei der Untersuchung der lokalen Konvergenz weniger Schwierigkeiten bereitet.

Zunächst jedoch noch einige "globale Eigenschaften":

(2.4.27) Kor.: Für Algorithmen mit den Eigenschaften ($\tilde{P}5_0$), (P7b) gilt:

$$\liminf_{k\to\infty} \| g_k \| = 0 .$$

Bew: folgt aus (2.4.5) wegen (P7b). ||

Wenn man nun anstelle von g_k den Gradientenvektor selber verwendet, und wenn die B_k gleichmäßig beschränkt sind, dann erhält man sogar die Konvergenz der ganzen Folge $\{\| g_k \|\}$. Sei

($\tilde{P}4$) $\quad g_k := \nabla F(x_k)$.

Es gilt:

(2.4.28) Satz: Für Algorithmen mit den Eigenschaften ($\tilde{P}4$), ($\tilde{P}5_0$), ($\tilde{P}6$), (P7b) gilt: $\lim_{k\to\infty} \| g_k \| = 0$, wenn ∇F gleichmäßig stetig ist.

Bew: i) Sei $\rho_k \geq C_0$. Dann gilt wegen (2.4.4):

$$F(x_k) - F(x_{k+1}) \geq \frac{C_0}{2} \frac{C_1}{C_2} \| \bar{g}_k \| \cdot \min\left(\| \bar{s}_k \|, \frac{\| \bar{g}_k \|}{C_5^2 C_3} \right) .$$

ii) Wegen (P7b) gilt: $\| D_k - D_l \| \leq 2C_6$ für beliebige k,l .

iii) Mit i), ii) läßt sich wie bei Moré (1983), Theorem (4.14), zeigen, daß $\lim_{k\to\infty} \| \bar{g}_k \| = 0$ ist.

iv) Aus (P7b) folgt dann $\lim_{k\to\infty} \| g_k \| = 0$. ||

Alle diese Sätze besagen natürlich nur, daß die Algorithmen der untersuchten Klasse stoppen werden bei einem Stopkriterium der Art: $\| g_k \| \leq \varepsilon > 0$. Aussagen über die Konvergenz der x_k erhält man z.B., wenn anstelle von B_k die Hessematrix $\nabla^2 F(x_k)$ selber verwendet wird (vgl. z.B. Moré (1983), Theorem (4.17), (4.19)). Mit Hilfe von Kor. (2.4.27) kann man aber z.B. auch zeigen, daß x_k gegen ein lokales Minimum $\hat{x}$ konvergiert, falls $\hat{x}$ in einem abgeschlossenen konvexen Bereich U liegt, in dem F(x) strikt konvex ist, und falls $x_k \in U$ für $k \geq k_4 \in \mathbb{N}$ (vgl. Powell (1970), p. 48).

2.5 Lokale Konvergenz: Konvergenzgeschwindigkeit

Die Konvergenzgeschwindigkeit eines Algorithmus in der Nähe des Minimums ist in gewisser Weise mindestens so wichtig wie seine globale Konvergenz; denn wenn ein Algorithmus sehr langsam konvergiert in der Nähe des Optimums, ist die Konvergenz u.U. gar nicht sichtbar (vgl. Dennis, Moré (1977), p. 50). Bei den untersuchten Algorithmen kann man unter bestimmten Bedingungen superlineare Konvergenz erwarten.

(2.5.1) Die Folge $\{x_k\}$ konvergiere gegen $\hat{x}$.

$\{x_k\}$ heißt linear konvergent $:\Leftrightarrow \lim\limits_{k\to\infty} \dfrac{\|x_{k+1}-\hat{x}\|}{\|x_k-\hat{x}\|} = r < 1$

$\{x_k\}$ heißt superlinear konvergent $:\Leftrightarrow \lim\limits_{k\to\infty} \dfrac{\|x_{k+1}-\hat{x}\|}{\|x_k-\hat{x}\|} = 0$

Man beachte, daß man bei superlinearer Konvergenz den weit verbreiteten Brauch begründen kann, einen iterativen Algorithmus dann zu beenden, wenn $\| x_{k+1}-x_k\| \leq \varepsilon > 0$ ist. Das folgende Lemma liefert auch eine Charakterisierung für lineare Konvergenz.

(2.5.2) Lemma: i) Sei $\{x_k\} := \{1/k\}$. $\{x_k\}$ ist nicht linear konvergent ($r = 1$). Es ist zwar $\sum\limits_{k=1}^{\infty} \| x_{k+1}-x_k\| < \infty$, aber $\sum\limits_{k=1}^{\infty} \| x_k-\hat{x}\|$ divergiert ($\lim\limits_{k\to\infty} x_k = 0 =: \hat{x}$).

ii) Sei $\{x_k\}$ linear konvergent gegen $\hat{x}$, dann ist $\sum\limits_{k=1}^{\infty} \| x_k-\hat{x}\| < \infty$.

iii) Sei $\{x_k\}$ superlinear konvergent gegen $\hat{x}$, dann gilt: $\lim\limits_{k\to\infty} \|x_{k+1}-x_k\|/\|x_k-\hat{x}\| = 1$.

Bew: iii) vgl. Dennis, Moré (1974), Lemma 2.1.

||

Powell (1975) gibt Voraussetzungen an, unter denen die Algorithmen in 2.2 superlinear konvergieren, wenn die automatische Skalierung ausgeschlossen wird ($D_k:=I$). Moré (1983) und Sorensen (1982) geben Charakterisierungen der lokalen Konvergenz von trust-region Methoden mit Skalierung, die exakte Hessematrizen verwenden. Im folgenden werden Powells Ergebnisse auf Methoden mit automatischer Skalierung erweitert. Eine erste Charakterisierung der Konvergenzgeschwindigkeit der untersuchten Algorithmen liefert der folgende Satz. Man beachte, daß es für den Augenblick ausreicht, (P5) anstelle von $(\tilde{P}5_0)$ zu fordern. Allerdings werden exakte Gradienten $((\tilde{P}4))$ benötigt.

(2.5.3) Satz: Sei $\{x_k\}$ durch einen Algorithmus erzeugt mit den Eigenschaften $(\tilde{P}4)$, (P7b), und es gelte $\lim_{k\to\infty} x_k = \hat{x}$. Außerdem sei die Hessematrix $\nabla^2 F(\hat{x})$ positiv definit. Dann gilt: $\sum_{k=o}^{\infty} \| s_k \|$ konvergiert.

Bew: Wie bei Powell (1975; Theorem 2) zeigt man:

(2.5.4) $\sum_{k=o}^{\infty} (F(x_k) - F(x_{k+1}))/\| g_k \|$ ist konvergent und

(2.5.5) $\| s_k \| / \| g_k \| \le C_{14}$ für alle $k \ge k_5$, für die $\rho_k \ge C_0$. Dabei wurde k_5 so gewählt, daß $x_k \in N(\hat{x})$ für $k \ge k_5$, wobei $N(\hat{x})$ eine abgeschlossene Kugel um $\hat{x}$ ist, in der $\nabla^2 F(x)$ stetig und positiv definit ist. Diese Ergebnisse lassen sich wegen (P7b) aber auch skaliert schreiben:

(2.5.6) $\sum_{k=o}^{\infty} (F(x_k) - F(x_{k+1}))/\| \bar{g}_k \|$ konvergiert und

(2.5.7) $\| \bar{s}_k \| / \| \bar{g}_k \| \le \bar{C}_{14}$ für alle $k \ge k_5$, für die $\rho_k \ge C_0$ ist. Sei nun Σ' wie in (2.4.6) definiert, dann folgt aus (2.5.6) wegen Lemma (2.4.4):

(2.5.8) $\sum_{k=o}^{\infty}{}' \min(\| \bar{s}_k \|, \| \bar{g}_k \| / \| \bar{B}_k \|)$ konvergiert.

Wegen (2.4.10) konvergiert damit auch

(2.5.9) $\sum_{k=o}^{\infty}{}' \dfrac{\| \bar{s}_k \| \cdot \| \bar{g}_k \|}{\| \bar{g}_k \| + \| \bar{s}_k \| \cdot \| \bar{B}_k \|}$. Wegen (2.4.5) folgt

also, daß

(2.5.10) $\sum_{k=o}^{\infty}{}' \| \bar{s}_k \| / (1+\bar{C}_{14} \| \bar{B}_k \|)$ konvergiert. Aus (P7a), (P6), (2.4.13) und (2.4.7) folgt dann:

(2.5.11) $\sum_{k=o}^{\infty} \| \bar{s}_k \|$ konvergiert. Daraus folgt wegen (P7b) die Behauptung. ||

Einerseits folgt aus diesem Satz wegen (P6), (P7a), daß $\{B_k\}$ und $\{\bar{B}_k\}$ gleichmäßig beschränkt sind:

(2.5.12) Kor.: Unter den Voraussetzungen von Satz (2.5.3) gibt es Konstanten C_{15}, $\bar{C}_{15}$, so daß $\| B_k\| \le C_{15}$, $\| \bar{B}_k\| \le \bar{C}_{15}$, $k = 0,1,2,\ldots$.

||

Andererseits läßt Satz (2.5.3) wegen Lemma (2.5.2) aber noch nicht einmal lineare Konvergenz erwarten. Wenn man allerdings eine gewisse Beziehung zwischen B_k und $\nabla^2F(x_k)$ fordert, kann Satz (2.5.3) und Kor. (2.5.12) dazu verwendet werden, sogar superlineare Konvergenz zu beweisen. Doch zuvor soll eine Konstante aus dem Beweis von Satz (2.5.3) so umdefiniert werden, wie sie im folgenden benötigt wird:

(2.5.13) Sei k_5 so gewählt, daß für $k \ge k_5$ nicht nur $x_k \in N(\hat{x})$, sondern auch $(x_k+s_k) \in N(\hat{x})$.
Das ist immer möglich, da nach Satz (2.5.3) gilt: $\lim_{k\to\infty} s_k = 0$.

Um die superlineare Konvergenz der trust-region Algorithmen beweisen zu können, wird vorausgesetzt, daß die B_k die folgende Eigenschaft mit den $\nabla^2F(x_k)$ gemeinsam haben:

(P9) $$\lim_{k\to\infty}\| \nabla F(x_k+s_k) - \nabla F(x_k) - B_k s_k\| / \| s_k\| = 0 .$$

In (P9) wird gefordert, daß B_k entlang der Schritte s_k gegen $\nabla^2F(x_k)$ konvergiert. Man beachte, daß (P9) auch dann erfüllt sein kann, wenn B_k nicht generell gegen $\nabla^2F(x_k)$ konvergiert. Tatsächlich trifft das gerade bei Quasi-Newton-Näherungen B_k zu, die in 2.6 behandelt werden (vgl. Dennis, Moré (1974), p. 558).

Zum Beweis der superlinearen Konvergenz werden neben (P9) erstmals auch (P7c) sowie exakte Gradienten (($\tilde{P}4$)) und wiederum ($\tilde{P}5_0$) anstelle von (P5) benötigt:

(2.5.14) Satz: (Superlineare Konvergenz)
Sei $\{x_k\}$ durch einen Algorithmus erzeugt mit den Eigenschaften ($\tilde{P}4$), ($\tilde{P}5_0$), (P7b,c) und (P9), und es gelte $\lim_{k\to\infty} x_k = \hat{x}$, wobei $\nabla^2 F(\hat{x})$ positiv definit ist. Dann konvergiert $\{x_k\}$ superlinear gegen $\hat{x}$.

Bew: Unter Verwendung insbesondere von (P9), (2.5.13), Satz (2.5.3) und Kor. (2.5.12) zeigt man wie bei Powell (1975), Theorem 3:

(2.5.15) $\lim_{k\to\infty} \rho_k = 1$.

Damit existiert eine Konstante $k_6 \in \mathbb{N}$, so daß für alle $k \geq k_6$ gilt: $\rho_k \geq C_7$. Wegen (P8b) und (P5e) gilt also:

(2.5.16) $\Delta_{k+1} \geq \| \bar{s}_k \|$ und $x_{k+1} = x_k + s_k$ für $k \geq k_6$.

Falls also für ein $k \geq k_6$ gilt: $\| \bar{s}_{k+1} \| < \| \bar{s}_k \| \leq \Delta_{k+1}$, dann gilt wegen ($\tilde{P}5_0$): $s_{k+1} = s^N_{k+1} = -B^{-1}_{k+1} g_{k+1}$. Da $\lim_{k\to\infty} s_k = 0$ nach Satz (2.5.3), wird Newtons Formel also unendlich oft angewendet. Damit gibt es eine Konstante $k_7 \geq \max(k_5, k_6)$, so daß s_{k_7} durch Newtons Formel definiert ist und so daß wegen (P9) für $k \geq k_7$ gilt:

(2.5.17) $\| (D_k^{-1})' \nabla F(x_k + s_k) - (D_k^{-1})' \nabla F(x_k) - (D_k^{-1})' B_k s_k \| / \| D_k s_k \| \leq C_5^2 \| \nabla F(x_k + s_k) - \nabla F(x_k) - B_k s_k \| / \| s_k \| < \frac{1}{\bar{C}_{14}}$,

wobei $\bar{C}_{14}$ die Konstante aus (2.5.7) ist.

Sei nun $k \geq k_7$ irgendein Index, so daß s_k durch Newtons Formel definiert ist, dann gilt wegen (2.5.17):

(2.5.18) $\| (D_k^{-1})' \nabla F(x_{k+1}) \| \leq \| \bar{s}_k \| / \bar{C}_{14}$.

Also gilt nach (2.5.7), (P7c), (2.5.18) und (2.5.16) für $k \geq \max(k_7, k_1)$:

(2.5.19) $\| \bar{s}_{k+1} \| \leq \bar{C}_{14} \| (D_{k+1}^{-1})' \nabla F(x_{k+1}) \| \leq \bar{C}_{14} \| (D_k^{-1})' \nabla F(x_{k+1}) \| < \| \bar{s}_k \| \leq \Delta_{k+1}$.

Nach ($\tilde{P}5_0$) wird Newtons Formel also für alle $k \geq \max(k_7, k_1)$ angewendet. Nach (P9) gilt deshalb:

(2.5.20) $\lim_{k\to\infty} \| \nabla F(x_{k+1}) \| / \| s_k \| = 0$. Also ist wegen (2.5.5):

(2.5.21) $\lim_{k\to\infty} \| \nabla F(x_{k+1}) \| / \| \nabla F(x_k) \| = 0$. Damit folgt die Behauptung; denn es gibt Konstanten k_8, k_9 mit

(2.5.22) $k_8 \| x_k - \hat{x} \| \leq \| \nabla F(x_k) \| \leq k_9 \| x_k - \hat{x} \|$ für $k \geq k_5$. ||

2.6 Näherungen für Hessematrizen

Im folgenden beschäftigen wir uns mit der Wahl der Hessematrix-Näherung B_k. Für den Fortgang des Iterationsprozesses in der Nähe des Optimums wäre es zweifellos am günstigsten, wenn für B_k die Hessematrix $\nabla^2 F(x_k)$ selber verwendet werden könnte. Die Berechnung dieser Matrizen würde aber insbesondere im Fall der konzentrierten Likelihoodfunktion K einigermaßen rechenzeitaufwendig sein (vgl. 1.2). Deshalb wurden verschiedene Möglichkeiten untersucht, $\nabla^2 F(x_k)$ mit möglichst wenig Rechenzeitaufwand so anzunähern, daß die Eigenschaften (P6), (P9) unter möglichst allgemeinen Voraussetzungen gelten. Die benötigten Voraussetzungen werden in diesem Abschnitt sämtlich explizit aufgeführt im Gegensatz zu den Abschnitten 2.4, 2.5. Nur die Eigenschaft (P1) der Zielfunktion F gelte stillschweigend (vgl. 2.2).

2.6.1 Gauss-Newton-Näherungen

In 1 wurden Näherungen N_S bzw. N_K für die Hessematrizen der Zielfunktionen S bzw. K vorgeschlagen (vgl. (1.1.4), (1.2.5)). N_S wird die Hessematrix von S umso besser annähern, je kleiner der Modellfehler $e(\beta)$ ist. Eine ähnliche Aussage ist für N_K nicht möglich, da $\| Q(\beta)^{-1} \|$ un-

begrenzt wächst für gegen Null strebende Modellfehler $e(\beta)$, und weil $K(\beta)$ dementsprechend für $e(\beta) = 0$ gar nicht definiert ist.
Für die Zielfunktion S und $B_k := N_S(\beta_k)$ lassen sich Bedingungen angeben, die (P6), (P9) garantieren.

(2.6.1.1) Satz: Seien S, $e(\beta)$, $N_S(\beta)$ definiert wie in 1.1. Sei $\{\beta_k\}$ eine Folge von Parametervektoren.

i) $\{N_S(\beta_k)\}$ hat die Eigenschaft ($\tilde{P}6$), falls

$\frac{\partial e}{\partial \beta}(\beta)$ beschränkt ist für alle relevanten β.

ii) $\{N_S(\beta_k)\}$ hat die Eigenschaft (P9), falls

$\lim_{k\to\infty} \beta_k = \hat{\beta}$ mit $e(\hat{\beta}) = 0$ und falls die

$\frac{\partial^2 e_t}{\partial \beta^2}(\beta)$, $t = 1,\ldots,T$, beschränkt sind für alle relevanten β. ||

Während die Näherungen $B_k := N_S(\beta_k)$ also die Eigenschaft (P9) immerhin bei speziellen Modellen besitzen werden, ist (P9) bei der Zielfunktion K und $B_k := N_K(\beta_k)$ gar nicht zu erwarten; denn die Güte der Annäherung der exakten Hessematrix durch N_K ist (bei kleinen Stichproben) generell unklar. Dagegen gilt die Eigenschaft ($\tilde{P}6$) für N_K unter ähnlich schwachen Voraussetzungen wie für N_S.

(2.6.1.2) Satz: Seien K, $e(\beta)$, $Q(\beta)$, $N_K(\beta)$ definiert wie in 1.2. Sei der Modellfehler $e(\beta)$ gegen Null beschränkt: $\|e(\beta)\| \geq \bar{e} > 0$ für alle $\beta \in \mathbb{R}^n$. Sei $\frac{\partial e}{\partial \beta}(\beta)$ beschränkt für alle relevanten β. Dann hat $\{N_K(\beta_k)\}$die Eigenschaft ($\tilde{P}6$) für jede Parametervektorfolge $\{\beta_k\}$. ||

Aufgrund der Konvergenzaussagen in 2.4 und 2.5 kann man also bei den Näherungen N_S, N_K der exakten Hessematrizen von S bzw. K zwar globale Konvergenz erwarten, lokal superlineare Konvergenz wird aber nur bei der Zielfunktion S und im Optimum verschwindenden Modellfehlern eintreten. Gerade solche Modelle müssen aber bei der Minimierung von K ausgeschlossen werden, da K dann nach unten unbeschränkt ist. Da die Minimierung von S und K in Einzelgleichungsmodellen (m=1, vgl. 1.2) mit nichtverschwindenden Modellfehlern äquivalent ist, sollte in Einzelgleichungsmodellen generell die Zielfunktion S vorgezogen werden.

2.6.2 Quasi-Newton-Näherungen

Mit dem Quasi-Newton-updating steht ein Verfahren zur Verfügung, das unter relativ schwachen Voraussetzungen vorzügliche Hessematrix-Näherungen bei sehr niedrigem Rechenaufwand liefert. Diesem Verfahren liegt die folgende Idee zugrunde:

Betrachte eine Folge $\{x_k\}$. Seien $s_k:=x_{k+1}-x_k$, $y_k:=\nabla F(x_{k+1}) - \nabla F(x_k)$. Nach dem Mittelwertsatz gibt es ein $\theta_k \in [0,1]$, so daß $y_k = \nabla^2 F(x_k+\theta_k s_k)\cdot s_k$. Nimmt man nun an, daß $\nabla^2 F(x_k+\theta s_k) \equiv B_{k+1}$ für alle $\theta \in [0,1]$, dann gilt:

$$y_k = B_{k+1} s_k \quad . \qquad (2.6.2.1)$$

Die Gleichung (2.6.2.1) heißt Quasi-Newton-Gleichung. Sie charakterisiert die Klasse der Quasi-Newton-Näherungen B_k der Hessematrizen $\nabla^2 F(x_k)$. Durch nähere Spezifizierung der Anforderungen an $\{B_k\}$ erhält man explizite Formeln für B_{k+1}.

a) Symmetrie und Quasi-Newton-Gleichung

Hessematrizen sind bekanntlich symmetrisch. Es erscheint also ganz natürlich, auch für die B_k Symmetrie zu fordern:

(2.6.2.2) Wähle $\{B_k\}$ so, daß B_{k+1} symmetrisch ist, wenn B_k symmetrisch ist.

Wenn man neben (2.6.2.1), (2.6.2.2) noch fordert, daß B_{k+1} möglichst nahe bei B_k liegt bzgl. einer Matrixnorm einer bestimmten Art, dann ist B_{k+1} eindeutig festgelegt:

(2.6.2.3) Satz: Sei B_k symmetrisch, $c_k, s_k, y_k \in \mathbb{R}^n$ mit $c_k' s_k > 0$. Sei $V_k \in \mathcal{M}(n,n)$[1] nichtsingulär und symmetrisch mit $V_k c_k = V_k^{-1} s_k$. Dann ist

(2.6.2.4)
$$B_{k+1} := B_k + \frac{\sigma_k c_k' + c_k \sigma_k'}{c_k' s_k} - \frac{\sigma_k' s_k}{(c_k' s_k)^2} c_k c_k' ,$$

$\sigma_k := y_k - B_k s_k$, die eindeutige Lösung des Problems

(2.6.2.5)
$$\min\{\| B_{k+1} - B_k \|_{V_k,F} \mid B_{k+1} \text{ symmetrisch}, \; B_{k+1} s_k = y_k\}, \text{ wobei } \| A \|_{V,F} := \| VAV \|_F$$ [2].

Bew: s. Dennis, Moré (1977), Theorem 7.3. ||

Setzt man in (2.6.2.3) $c_k := s_k$, $V_k := I$, dann erhält man Powell's symmetric-Broyden (PSB)-updates:

(2.6.2.6) Sei $B_0 \in \mathcal{M}(n,n)$ symmetrisch. Konstruiere $\{B_k\}$so,

daß $B_{k+1} := B_k + \dfrac{\sigma_k s_k' + s_k \sigma_k'}{\| s_k \|^2} - \dfrac{\sigma_k' s_k}{\| s_k \|^4} s_k s_k'$, wobei

$s_k := x_{k+1} - x_k$, $\sigma_k := y_k - B_k s_k$, $y_k := \nabla F(x_{k+1}) - \nabla F(x_k)$.

---

1) $\mathcal{M}(n,n)$ ist die Klasse der reellen nxn-Matrizen.

2) $\| A \|_F := \left(\sum_{i,j=1}^{n} a_{ij}^2\right)^{1/2}$ ist die sogenannte Frobenius-Norm.

Diese updates wurden von Powell (1970) als symmetrische Analoga zu Broydens updates vorgeschlagen. PSB-updates erfüllen die Anforderungen (P6), (P9), wenn die folgende Lipschitzbedingung gilt für den Limes der x_k:

(2.6.2.7) Für $\hat{x} \in \mathbb{R}^n$ sei $\nabla F(\hat{x}) = 0$, $\nabla^2 F(\hat{x})$ positiv definit und $\|\nabla^2 F(x_1) - \nabla^2 F(x_2)\| \leq L \|x_1 - x_2\|$ für alle x_1, x_2 in einer Umgebung $N_L(\hat{x})$ und eine Konstante L.

Damit gilt:

(2.6.2.8) Satz: i) $\{x_k\}$ sei eine Folge mit $x_k \in N_L(\hat{x})$ $k \geq k_L \in \mathbb{N}$, wobei (2.6.2.7) für $\hat{x}$ gilt. $\{B_k\}$ sei wie in (2.6.2.6) definiert. Dann gilt (P6).

ii) Sei $\{x_k\}$ durch einen Algorithmus erzeugt mit den Eigenschaften (P2) - (P3), ($\tilde{P}$4), (P5), (P6), (P7a,b), (P8), und es gelte $\lim_{k\to\infty} x_k = \hat{x}$. Für $\hat{x}$ gelte (2.6.2.7), und $\{B_k\}$ sei wie in (2.6.2.6) definiert. Dann gilt (P9).

Bew: i) s. Fletcher (1972), p. 144/5.

ii) s. Powell (1975), Theorem 5; von den Ergebnissen in 2.4, 2.5 werden lediglich Satz (2.5.3) und Kor. (2.5.12) benötigt. ||

Man beachte, daß PSB-updates B_{k+1} auch dann nicht positiv definit sein müssen, wenn B_k positiv definit ist.

b) Positive Definitheit

Bei der Konstruktion eines Schrittes s_k nach ($\tilde{P}$5) erscheint es günstig, wenn von vorne herein sichergestellt ist, daß B_k und damit auch $(\bar{B}_k + \lambda_k I)$ invertierbar ist. Das führt zu der Forderung:

(2.6.2.9) Wähle $\{B_k\}$ so, daß B_{k+1} positiv definit ist, wenn B_k positiv definit ist.

Die PSB-updates (2.6.2.6) lassen sich relativ einfach so abändern, daß auch (2.6.2.9) gilt:

(2.6.2.10) Sei $B_0 \in \mathcal{M}(n,n)$ positiv definit. Konstruiere $\{B_k\}$ so, daß $B_{k+1} := B_k + \theta_k \frac{\sigma_k s_k' + s_k \sigma_k'}{\| s_k \|^2} - \theta_k^2 \frac{\sigma_k' s_k}{\| s_k \|^4} s_k s_k'$,

wobei $s_k := x_{k+1} - x_k$, $\sigma_k := y_k - B_k s_k$, $y_k := \nabla F(x_{k+1}) - \nabla F(x_k)$ und θ_k so gewählt wird, daß die B_k nichtsingulär sind.

Dabei kann garantiert werden, daß gilt:

(2.6.2.11) $|\theta_k - 1| \le \tilde{\theta} < 1$.

Tatsächlich ist nämlich $\det(B_{k+1}) = \Xi_k(\theta_k) \det(B_k)$, wobei

(2.6.2.12)
$$\Xi_k(\theta) := 1 + 2\theta_k \frac{s_k' B_k^{-1} \sigma_k}{\| s_k \|^2} + \theta_k^2 \frac{(s_k' B_k^{-1} \sigma_k)^2 - (s_k' B_k^{-1} s_k)(\sigma_k' (B_k^{-1} \sigma_k + s_k))}{\| s_k \|^4} .$$

Sei nun $x \in (0,1)$ fest gewählt. Dann setze $\theta_k := 1$, wenn $|\Xi(1)| \ge x$. Sonst sei $\theta_k \in \mathbb{R}$ die Zahl mit $\Xi_k(\theta_k) = x$, die am dichtesten bei 1 liegt. Dann gilt $|\theta_k - 1| \le (2x/(1+x))^{1/2} =: \tilde{\theta} < 1$ (vgl. Moré, Trangenstein (1976), p. 538).

Falls ein B_{k+1} in (2.6.2.10) indefinit ist, kann man (2.6.2.9) etwa erreichen durch Neustart des updating-Algorithmus mit einer positiv definiten Matrix.

Man beachte, daß durch (2.6.2.10) genau dann Quasi-Newton-Näherungen definiert werden, wenn $\theta_k \equiv 1$ ist (vgl. (2.6.2.1)). Leider erweisen sich die Näherungen (2.6.2.10) hinsichtlich der Anforderungen (P6), (P9) als nicht so günstig wie die spezielleren Näherungen (2.6.2.6). Es gilt:

(2.6.2.13) <u>Satz</u>: i) $\{x_k\}$ sei eine Folge mit $x_k \in N_L(\hat{x})$ für $k \geq k_L \in \mathbb{N}$, wobei (2.6.2.7) für $\hat{x}$ gilt. $\{B_k\}$ sei wie in (2.6.2.10) definiert. Dann gilt:

a) $$\| B_{k+1} \| \leq \bar{C}_3 + \bar{C}_4 \sum_{j=0}^{k} \| s_j \| + \sum_{j=0}^{k} |\theta_j - \theta_j^2| \frac{\| \sigma_j \|}{\| s_j \|} .$$

b) $$\sum_{k=0}^{\infty} \frac{\| \sigma_k \|^2}{\| s_k \|^2} < \infty$$ und also (P9), falls zusätzlich (P6) gilt und $\sum_{k=0}^{\infty} \| s_k \| < \infty$.

ii) Sei $\{x_k\}$ durch einen Algorithmus erzeugt mit den Eigenschaften (P2) - (P3), ($\tilde{P}$4), (P5), ($\tilde{P}$6), (P7a,b), (P8), und es gelte $\lim_{k\to\infty} x_k = \hat{x}$. Für $\hat{x}$ gelte (2.6.2.7), und $\{B_k\}$ sei definiert wie in (2.6.2.10). Dann gilt (P9).

<u>Bew</u>: i) a) $B_{k+1} - \nabla^2 F(x_{k+1}) =$

$$(1-\theta_k)(B_k - \nabla^2 F(x_{k+1})) + \theta_k (B^1_{k+1} - \nabla^2 F(x_{k+1})) + $$

$$+ (\theta_k - \theta_k^2) \frac{\sigma_k' s_k}{\| s_k \|^4} s_k s_k'$$, wobei $B^1_{k+1} := (B_{k+1}$ mit $\theta_k = 1)$. Daraus folgt die Behauptung analog zu Fletcher (1972), p. 144/5, wenn man berücksichtigt, daß gilt:

$$\left\| \frac{\sigma_k' s_k}{\| s_k \|^4} s_k s_k' \right\| \leq \left| \frac{\sigma_k' s_k}{\| s_k \|} \right| \left\| \frac{s_k s_k'}{\| s_k \|^2} \right\| \leq \frac{\| \sigma_k \|}{\| s_k \|} .$$

i) b) Sei $\bar{G}_k := \int_0^1 \nabla^2 F(x_k+\mu s_k)d\mu$. Dann gilt $\bar{G}_k s_k = y_k$

und $(B_{k+1}-\bar{G}_k)=(I-\theta_k \frac{s_k s_k'}{\|s_k\|^2})(B_k-\bar{G}_k)(I-\theta_k \frac{s_k s_k'}{\|s_k\|^2})$.

Wie bei Powell (1975), Theorem 5, folgt aus den Voraussetzungen, daß

$$\sum_{k=k_5}^{m} (\|B_k-\bar{G}_k\|_F^2 - \|B_{k+1}-\bar{G}_k\|_F^2)$$

nach oben beschränkt ist. Damit folgt die Behauptung aus der Abschätzung:

$$\|B_k-\bar{G}_k\|_F^2 - \|B_{k+1}-\bar{G}_k\|_F^2 = \operatorname{tr}((B_k-\bar{G}_k)'(B_k-\bar{G}_k))-$$

$$- \operatorname{tr}\left((I-\theta_k \frac{s_k s_k'}{\|s_k\|^2})(B_k-\bar{G}_k)(I-(2\theta_k-\theta_k^2)\frac{s_k s_k'}{\|s_k\|^2})\right.$$

$$\left.(B_k-\bar{G}_k)(I-\theta_k \frac{s_k s_k'}{\|s_k\|^2})\right) \geq$$

$$\geq 2\operatorname{tr}\left(\theta_k \frac{s_k s_k'}{\|s_k\|^2}(B_k-\bar{G}_k)'(B_k-\bar{G}_k)\right) -$$

$$- \operatorname{tr}\left(\theta_k^2 \frac{s_k s_k'}{\|s_k\|^2}(B_k-\bar{G}_k)^2 \frac{s_k s_k'}{\|s_k\|^2}\right) \quad ; \quad \text{denn}$$

$$2\theta_k - \theta_k^2 = 1-(1-\theta_k)^2 > 1-\tilde{\theta}^2 > 0 \text{ wegen } (2.6.2.11)$$

$$= (2\theta_k-\theta_k^2)\|(B_k-\bar{G}_k)s_k\|^2 / \|s_k\|^2 \quad .$$

ii) Für Algorithmen mit den genannten Eigenschaften gilt wegen (2.5.3) auch $\sum_{k=0}^{\infty} \|s_k\| < \infty$.

||

Man beachte, daß (P6) z.B. dann gilt, wenn $\theta_k=1$ für $k \geq k_{10}$. Die stärkere Eigenschaft ($\tilde{P}6$) läßt sich z.B. dann zeigen, wenn die Suchrichtungen s_k "strikt linear unabhängig" sind (vgl. Powell (1970), p. 44/5). Wenn man aber die Beschränktheit der B_k garantieren kann, dann gilt wegen (2.6.2.13) ii) auch (P9), und die superlineare Konvergenz der trust-region Methoden ist garantiert.

c) Positive Definitheit und Quasi-Newton-Gleichung

Sucht man unter den Quasi-Newton-updates (2.6.2.4) nach solchen updates, die auch (2.6.2.9) erfüllen, so erhält man die Davidon-Fletcher-Powell (DFP)-updates:

(2.6.2.14) Sei $B_0 \in M(n,n)$ positiv definit. Konstruiere $\{B_k\}$ so, daß

$$B_{k+1} := B_k + \frac{\sigma_k y_k' + y_k \sigma_k'}{y_k' s_k} - \frac{\sigma_k' s_k}{(y_k' s_k)^2} y_k y_k' \text{ , wobei}$$

$$s_k := x_{k+1} - x_k, \; \sigma_k := y_k - B_k s_k, \; y_k := \nabla F(x_{k+1}) - \nabla F(x_k) \; .$$

DFP-updates erfüllen (2.6.2.9), wenn $y_k' s_k > 0$ (vgl. z.B. Dennis, Moré (1977), Theorem 7.7).

Fordert man die Analoga von (2.6.2.1), (2.6.2.2), (2.6.2.5) und (2.6.2.9) für $H_k := B_k^{-1}$ und invertiert anschließend, so erhält man die Broyden-Fletcher-Goldfarb-Shanno (BFGS)-updates:

(2.6.2.15) Sei $B_0 \in M(n,n)$ positiv definit. Konstruiere

$$\{B_k\} \text{ so, daß } B_{k+1} := B_k + \frac{y_k y_k'}{y_k' s_k} - \frac{B_k s_k s_k' B_k}{s_k' B_k s_k} \text{ , wobei}$$

$$s_k := x_{k+1} - x_k, \; y_k := \nabla F(x_{k+1}) - \nabla F(x_k) \; .$$

BFGS-updates erfüllen (2.6.2.9), wenn $y_k' s_k > 0$ (vgl. z.B. Dennis, Moré (1977), Theorem 7.8).

Die Güte von BFGS-updates bei praktischen Anwendungen wird immer wieder bestätigt. In der Theorie haben DFP-updates analoge Eigenschaften. Diese werden im folgenden nur für BFGS-updates angegeben. Für den Nachweis von (P6), (P9) wird auch hier, genau wie bei der PSB-Formel, eine Lipschitzbedingung für den Limes der x_k benötigt:

(2.6.2.16) Für $\hat{x} \in \mathbb{R}^n$ sei $\nabla F(\hat{x}) = 0$, $\nabla^2 F(\hat{x})$ positiv definit und $\| \nabla^2 F(x) - \nabla^2 F(\hat{x})\| \le \kappa \| x-\hat{x}\|$ für alle x in einer Umgebung $N_\kappa(\hat{x})$ und eine Konstante κ.

Damit gilt:

(2.6.2.17) Satz: $\{x_k\}$ sei eine Folge mit $\lim_{k\to\infty} x_k = \hat{x}$, wobei (2.6.2.16) für $\hat{x}$ gilt. $\{B_k\}$ sei wie in (2.6.2.15) definiert.

i) Dann gibt es Konstanten $\tilde{C}_3$, $\tilde{C}_4 \ge 0$ und $\tilde{C}_{16} \ge 0$, so daß

$$\| B_k^{-1} \| \le (\tilde{C}_3 + \tilde{C}_4 \sum_{i=0}^{k=1} \delta_i)\mu_k, \text{ wobei}$$

$$\delta_i := \max\{\| x_{i+1}-\hat{x}\| , \| x_i-\hat{x}\| \},$$

$$\mu_k := \prod_{i=0}^{k-1} (1+\tilde{C}_{16}\delta_i) \ge 1 .$$

(2.6.2.18) Sei zusätzlich $\sum_{k=0}^{\infty} \| x_k-\hat{x}\| < \infty$. Dann gilt:

ii) $(\tilde{P}6)$

iii) $\lim_{k\to\infty} \| (B_k-\nabla^2 F(\hat{x}))s_k\| / \| s_k\| = 0$, wobei

$$s_k := x_{k+1}-x_k$$

iv) $\lim_{k\to\infty} \| \nabla F(x_{k+1})-\nabla F(x_k)-B_k s_k\| / \| s_k\| = 0$,

d.h. (P9).

Bew: i) vgl. Dennis, Moré (1974), p. 555/6.

ii) $\sum_{i=0}^{\infty} \delta_i < \infty$, also auch $\prod_{i=0}^{\infty} (1+\tilde{C}_{16}\delta_i) < \infty$.

iii) vgl. Dennis, Moré (1977), Theorem 8.8.

iv) $0 \le \lim_{k\to\infty} \| \nabla F(x_{k+1}) - \nabla F(x_k) - B_k s_k \| / \| s_k \| \le$

$$\le \lim_{k\to\infty} \frac{\| \nabla F(x_{k+1}) - \nabla F(x_k) - \nabla^2 F(\hat{x}) s_k \|}{\| s_k \|} +$$

$$+ \lim_{k\to\infty} \frac{\| (\nabla^2 F(\hat{x}) - B_k) s_k \|}{\| s_k \|} = 0 .$$

||

Nach (2.5.2) ii), (2.6.2.17) iv) und (2.5.14) sind linear konvergente Folgen $\{x_k\}$ bei Verwendung von trust-region Methoden sogar superlinear konvergent, wenn $\{B_k\}$ wie in (2.6.2.15) konstruiert wird. Leider ist der Beweis von (2.6.2.18) für eine solche trust-region Methode bisher nicht gelungen (vgl. auch Moré (1982), p. 352). Nur die etwas schwächere Eigenschaft (2.5.3) konnte bewiesen werden. Wenn am Ende der Iteration allerdings nur noch "reine Quasi-Newton-Schritte" verwendet werden ($s_k = s_k^N$ in (2.4.1)), dann gilt (2.6.2.18) und damit auch (2.6.2.17)iv) (vgl. Broyden, Dennis, Moré (1973)).

(2.6.2.19) Man beachte aber, daß bei sämtlichen Quasi-Newton-updates nicht nur der Beweis der superlinearen Konvergenz, sondern auch der Beweis von (P6) und also der globalen Konvergenz abhängt von der Gültigkeit einer Lipschitzbedingung von einer gewissen Iteration an (vgl. (2.6.2.8), (2.6.2.13), (2.6.2.17)).Deshalb erweist es sich als vorteilhaft, daß bei den Näherungen N_S und N_K die globale Konvergenz unter relativ schwachen Voraussetzungen garantiert ist (vgl. (2.6.1.1), (2.6.1.2)). Es bietet sich also an, im Laufe des Iterationsprozesses zwei verschiedene Hessematrixnäherungen zu verwenden: in der ersten Phase die Gauss-Newton-Näherungen N_S bzw. N_K zur Gewährleistung von globaler Konvergenz und in der zweiten Phase Quasi-Newton-Näherungen zur Erzielung von lokal superlinearer Konvergenz. Die numerische Realisierung wurde dementsprechend vorgenommen.

3. Numerische Realisierung der Schätzalgorithmen

3.1 Ausgestaltung der trust-region Methode

Der numerische Algorithmus zur Minimierung der Zielfunktionen S und K (vgl. 1.1 und 1.2) gehört zu der Klasse 2.2 von trust-region-Methoden. Im folgenden wird die genaue Ausgestaltung des Algorithmus beschrieben.

Zunächst soll aber noch einmal darauf hingewiesen werden, daß zwar die Zielfunktion S in allen Fällen nach unten beschränkt ist (nämlich durch 0), daß aber die Zielfunktion K i.a. nur dann nach unten beschränkt ist, wenn der Modellfehler betragsmäßig gegen Null beschränkt ist. Tatsächlich ist K für einen verschwindenden Modellfehler gar nicht definiert (vgl. 2.6.1).

(3.1.1) Die Näherung g_k für den Gradientenvektor $\nabla F(\beta_k)$ [1] wird wie in (1.1.2) bzw. (1.2.2) berechnet, wobei die dabei auftretenden Ableitungen nach den Parametern β mit Hilfe von einseitigen 1. Differenzen angenähert werden:

$\frac{\partial e_t}{\partial \beta_i}(\beta)$ [2] $\cong (e_t(\beta+h_i r_i)-e_t(\beta))/h_i$, wobei r_i der i-te Einheitsvektor ist und (vgl. Brown (1973), p. 304/5)

$h_i := \max(\min(\sqrt{|F(\beta)|}\ ,\ 10^{-3}\cdot|\beta_i|)\ ,\ 5\cdot 10^{-14})$, sowie

$\frac{\partial J_t}{\partial \beta_i}(\beta) \cong (J_t(\beta+\tilde{h}_i r_i) - J_t(\beta))/\tilde{h}_i$, wobei

$\tilde{h}_i := \max(10^{-3}\cdot|\beta_i|,\ 5\cdot 10^{-14})$.

---

1) In diesem Abschnitt wird wieder β_k und nicht x_k verwendet (vgl. 1 und 2.2).

2) In $\frac{\partial e_t}{\partial \beta_i}$ steht β_i für die i-te Komponente von β, nicht zu verwechseln mit dem Iterationsindex in β_k.

(3.1.2) Bei der Wahl der Hessematrixnäherung B_k werden zwei Phasen unterschieden (vgl. (2.6.2.19)). Zunächst werden Gauss-Newton Näherungen $N_S(\beta_k)$ bzw. $N_K(\beta_k)$ verwendet zur Gewährleistung der globalen Konvergenz. Wenn die Parameteränderung genügend klein geworden ist, werden in der zweiten Phase stattdessen Quasi-Newton-updates der letzten Gauss-Newton Näherung verwendet. Dabei verwendet der Standardalgorithmus BFGS-updates (vgl. (2.6.2.15)). Zu Testzwecken wurden aber auch positiv definite PSB-updates (vgl. (2.6.2.10)) verwendet mit $x := 0.25$ (vgl. (2.6.2.12)) und Neustart des updating-Prozesses mit $N_S(\beta_k)$ bzw. $N_K(\beta_k)$ bei indefinitem B_{k+1}. Ebenfalls zu Testzwecken wurden in beiden Phasen auch die Hessematrixnäherungen H_L (vgl. (1.2.10)) verwendet, die in linearen Modellen mit der exakten Hessematrix übereinstimmen.

Als Umsteigekriterium wird verwendet:

(3.1.3) $$\| s_k \| / (1 + \| \beta_k \|) \leq \gamma .$$

Dabei kann der default-Wert $\gamma := 0.01$ von dem Benutzer überschrieben werden. Der Übergang von der ersten zur zweiten Phase erfolgt also ungefähr dann, wenn durchschnittlich zwei Ziffern der Komponenten des Parametervektors in zwei aufeinanderfolgenden Iterationen konstant bleiben.

(3.1.4) Die Skalierungsmatrizen D_k werden wie in (2.3.7) gewählt.

(3.1.5) Die Berechnung eines Schritts s_k erfolgt wie in (2.4.1) mit $\sigma := 0.1$. Nach Lemma (2.4.2) gilt also $C_1=0.81$ in ($\tilde{P}5_\sigma$c). Zur Berechnung des Levenberg-Marquardt-Parameters λ_k in (2.4.1) muß näherungsweise eine Nullstelle der Funktion $\varphi_k(\lambda) := \| D_k s_k(\lambda) \| - \Delta_k$ bestimmt werden. Es hat sich aber als günstiger erwiesen, stattdessen eine Nullstelle der Funktion $\tilde{\varphi}_k(\lambda) := \frac{1}{\Delta_k} - \frac{1}{\| D_k s_k(\lambda) \|}$ zu be-

stimmen (vgl. Moré (1983), p. 272/3). $\tilde{\varphi}_k$ ist (wie φ_k) konvex und streng monoton fallend auf $[0,+\infty]$, falls $g_k \neq 0$ ist. Außerdem gilt natürlich:
$\tilde{\varphi}_k(\lambda) = 0$ genau dann, wenn $\varphi_k(\lambda) = 0$. Und es gilt:

$$\tilde{\varphi}_k(\lambda) = \frac{\varphi_k(\lambda)}{\Delta_k \cdot \| D_k s_k(\lambda) \|} \;, \quad \frac{\partial \tilde{\varphi}_k}{\partial \lambda}(\lambda) = \frac{1}{\| D_k s_k(\lambda) \|^2} \cdot \frac{\partial \varphi_k}{\partial \lambda}(\lambda) \;.$$

Zur Nullstellenbestimmung von $\tilde{\varphi}_k$ wird ein Newton-Verfahren verwendet, bei dem die Größe der λ während der Iteration überwacht wird (vgl. Moré (1978), p. 109-111). Insbesondere wird die Iteration (und damit der gesamte Algorithmus) abgebrochen, wenn λ größer wird als $\bar{\lambda} := 5 \cdot 10^5$.
Ein Newton-Schritt hat hier die Form:

$$\lambda_+ = \lambda - \tilde{\varphi}_k(\lambda) / \frac{\partial \tilde{\varphi}_k}{\partial \lambda}(\lambda) = \lambda - \left(\frac{\varphi_k(\lambda)+\Delta_k}{\Delta_k}\right) \varphi_k(\lambda) / \frac{\partial \varphi_k}{\partial \lambda}(\lambda) \;.$$

Die bei der Berechnung von s_k durchzuführende Invertierung von $(\bar{B}_k + \lambda_k I)$ wird mit Hilfe einer Cholesky-Zerlegung (ohne Wurzelberechnung; vgl. z.B. Weihs (1977), p. 28/9) vorgenommen.
Ein Schritt s_k wird akzeptiert, falls $\rho_k \geq C_0 := 0.25$ ist.

(3.1.6) Bei der <u>Schrittweitensteuerung</u> nach (P8) werden die Konstanten $C_7 := 0.25$, $C_8 := 0.5$, $C_9 := 2$, $\bar{\Delta} := 10^{60}$ verwendet. Genauer wird der folgende Algorithmus benutzt (vgl. Moré (1978), p. 108/9):

$$\begin{aligned}
\Delta_{k+1} &:= \mu_k \| \bar{s}_k \| \text{ mit } \mu_k \in [0.1,\, 0.5] \;, \text{ falls } \rho_k \leq 0.25 \;, \\
&:= \| \bar{s}_k \| \;, \text{ falls } \rho_k \in (0.25,\, 0.75) \; \underline{\text{und}} \; \lambda_k \neq 0, \\
&:= 2 \cdot \| \bar{s}_k \|, \text{falls } \rho_k \in (0.25,\, 0.75) \; \underline{\text{und}} \; \lambda_k = 0 \\
&\quad\; \underline{\text{oder}} \; \rho_k \geq 0.75 \;.
\end{aligned}$$

Dabei ist $\mu_k := \min(\max(0.1, \tilde{\mu}_k), 0.5)$, wobei $\tilde{\mu}_k$ die quadratische Approximation $\tilde{F}_k^Q(\alpha)$ von $\tilde{F}_k(\alpha) := F(\beta_k + \alpha s_k)$ minimiert, für die gilt:

$$\tilde{F}_k^Q(0) = \tilde{F}_k(0), \; \tilde{F}_k^Q(1) = \tilde{F}_k(1), \; \frac{\partial \tilde{F}_k^Q}{\partial \alpha}(0) = \frac{\partial \tilde{F}_k}{\partial \alpha}(0) \;.$$

Es gilt: $\tilde{\mu}_k = \frac{1}{2}s_k'g_k/(s_k'g_k+F(\beta_k)-F(\beta_k+s_k))$, und

$$\tilde{\mu}_k \geq 0.5 \iff F(\beta_k+s_k) \leq F(\beta_k),$$

$$\tilde{\mu}_k \leq 0.1 \iff -4s_k'g_k \leq F(\beta_k+s_k)-F(\beta_k) \ .$$

Bleibt die Spezifizierung von Anfang und Ende des Algorithmus. Der Startparametervektor β_0 ist vom Benutzer vorzugeben. g_0, B_0, D_0 werden (wie oben angedeutet) aus β_0 berechnet. Außerdem gilt:

(3.1.7) $\Delta_0 := \|\beta_0\|/10$, falls $\beta_0 \neq 0$, und sonst $\Delta_0 := 100$.

Als Stopkriterien werden verwendet:

(3.1.8) $\max_i |s_{ki}/\beta_{ki}| = \max_i |\bar{s}_{ki}/\bar{\beta}_{ki}| \leq \varepsilon_1$,

(3.1.9) $(F(\beta_k)-F(\beta_{k+1}))/|F(\beta_k)| \leq \varepsilon_2$ für $\beta_{k+1} \neq \beta_k$,

(3.1.10) $g_{k+1}'B_{k+1}^{-1}g_{k+1} = \bar{g}_{k+1}'\bar{B}_{k+1}^{-1}\bar{g}_{k+1} \leq \varepsilon_3$

(, wobei $\varepsilon_1 = \varepsilon_2 = \varepsilon_3 = 10^{-7}$ (default)).

Die Iteration wird (regulär) beendet, wenn mindestens eines der beiden ersten Kriterien erfüllt ist und das dritte Kriterium.

Man beachte, daß (3.1.10) einige Vorteile aufweist gegenüber dem gebräuchlicheren Kriterium

(3.1.11) $g_{k+1}'g_{k+1} \leq \varepsilon_4$ (vgl. Belsley (1980), p. 211-212):

(3.1.10) ist skalierungsunabhängig.

(3.1.10) berücksichtigt (bei F:=K) die Streuung der ersten Ableitungen der verschiedenen Parameter; denn für die FIML-Schätzung $\hat{\beta}$ [1] liefert $\nabla^2K(\hat{\beta})$ (für große T [2]) eine Näherung für $Cov(\nabla K(\hat{\beta}))$(vgl. Gallant, Holly (1980), p. 711).

---

1) $\hat{\beta} = \lim_{k\to\infty} \beta_k$

2) T = Anzahl Beobachtungen (vgl. 1.2).

(3.1.10) berücksichtigt die Streuung der verschiedenen Parameter selber; denn (3.1.10) ist (bei Verwendung der Newton-Richtung (vgl. (2.4.1))) äquivalent zu

(3.1.12) $s_k' B_{k+1} s_k \le \tilde{\varepsilon}_3$ und $\nabla^2 K(\hat{\beta})^{-1}$ ist (für große T) eine Näherung für $Cov(\hat{\beta})$ (vgl. Satz I.(2.1.2.13)).

(3.1.10) berücksichtigt die Änderung insignifikanter Parameter also weniger stark als die Änderung signifikanter Parameter.

(3.1.10) liefert näherungsweise den maximal möglichen Abstieg der Zielfunktion in der Nähe des Optimums; denn sei

(3.1.13) $$\hat{\phi}(\hat{\beta}+s) := F(\hat{\beta}) + \nabla F(\hat{\beta})'s + \frac{1}{2}s'\hat{B}s = F(\hat{\beta}) + \frac{1}{2}s'\hat{B}s$$

Dann gilt (bei Verwendung der Newton-Richtung):

$$\hat{\phi}(\hat{\beta}+s) - F(\hat{\beta}) = \frac{1}{8}\frac{\partial\hat{\phi}}{\partial s}(\hat{\beta}+s)\,\hat{B}^{-1}\frac{\partial\hat{\phi}}{\partial s}(\hat{\beta}+s)'\,.$$

In Gebieten, in denen $F(\hat{\beta}+s)$ genügend gut durch die quadratische Funktion $\hat{\phi}(\hat{\beta}+s)$ angenähert wird, wird (3.1.10) also gelten, wenn der maximal mögliche Abstieg von F durch $\frac{1}{8}\varepsilon_3$ beschränkt ist.

Abschließend soll noch ausdrücklich darauf hingewiesen werden, daß insbesondere wegen der näherungsweisen Bestimmung der Nullstelle von $\varphi_k(\lambda)$(vgl. (3.1.5))(d.h. wegen der Verwendung von $\mathfrak{P}5_{0.1}$ anstelle von $\mathfrak{P}5_0$) eine lokal superlineare Konvergenz u.U. nicht erreicht werden kann (vgl. (2.5.14)).

3.2 Testergebnisse bei historischen Daten

Die Konvergenzeigenschaften des in 3.1 spezifizierten trust-region-Algorithmus werden im folgenden sowohl für die "OLS-Zielfunktion" S als auch für die "FIML-Zielfunktion" K anhand von einigen Testbeispielen dargestellt. Globale und schnelle lokale Konvergenz bei der OLS-Schätzung ist insbesondere deshalb wichtig, weil die OLS-Schätzungen der Modellparameter zumeist als Startwerte für die FIML-Schätzung verwendet werden. In diesem Abschnitt wird zunächst pro Testmodell jeweils nur ein Testdatensatz verwendet, i. a. der historische. Die Ergebnisse illustrieren deshalb insbesondere die Eigenschaften des Algorithmus beim praktischen Modellbau. In Abschnitt 3.3 werden dann noch Ergebnisse über das mittlere Verhalten des Algorithmus bei Monte-Carlo-Simulationen vorgestellt.

Zur Illustration der Konvergenzgeschwindigkeit werden in den folgenden Tabellen für unterschiedliche Wahlen der Hessematrix-Näherung die Anzahl Iterationen angegeben, die der trust-region-Algorithmus benötigt, um 2,3,4,5,6 Stellen desjenigen Parametervektors richtig zu erzeugen, in dem mindestens eines der Kriterien (3.1.8), (3.1.9), (3.1.10), (3.1.11) bzw. "(3.1.11) für skalierte Gradienten" erfüllt ist mit $\varepsilon_1 = \varepsilon_2 = \varepsilon_3 = \varepsilon_4 = 5*10^{-14}$. Auf diese Weise stoppt der Algorithmus, wenn die Rundungsfehler zu dominieren beginnen, da die Tests auf einer Rechenanlage IBM 4361 in doppelt genauem FORTRAN durchgeführt wurden[1].

---

1) Der Algorithmus läuft unter dem IAS-System Bonn, einem Software-System zur Unterstützung des ökonometrischen Modellbaus (vgl. Weihs (1984a)). Bei der Minimierung der Zielfunktion K erzeugt dieses System automatisch Ausdrücke für die Elemente der Jakobimatrix J_t (vgl. (1.2.1)) mit Hilfe von analytischer Differentiation. Die Modellfehler und die Ableitungen J_t werden in Maschinencode übersetzt, der dann während der Iteration ausgeführt wird.

Zunächst werden in 3.2.1, 3.2.2 fünf verschiedene Varianten der Erzeugung von Hessematrix-Näherungen gegenübergestellt anhand von ebenfalls fünf Modellen. Dabei wird als Startnäherung in jedem Fall eine Gauss-Newton-Näherung verwendet. Danach werden entweder sofort PSB-updates (Bez. PSB) bzw. BFGS-updates (Bez. BFGS) verwendet. Oder es werden in jedem Iterationsschritt neue Gauss-Newton-Näherungen berechnet, entweder bis zum Ende der Iteration (Bez. GN) oder bis das Umsteigekriterium (3.1.3) erfüllt ist, wonach dann wiederum PSB-updates (Bez. PSB-mix) oder BFGS-updates (Bez. BFGS-mix) verwendet werden. Alle diese Varianten des trust-region-Algorithmus werden entweder mit automatischer Skalierung oder ohne Skalierung (Bez. un (unscaled)) verwendet. Falls der Algorithmus anhält, bevor eine Stabilisierung von 2,3,4,5,6 Stellen der Parameter erreicht werden konnte, erscheint in den Tabellen FC (failure of convergence).

In 3.2.3 werden dann weitere Eigenschaften der sich als überlegen erweisenden Variante BFGS-mix diskutiert, insbesondere die Abhängigkeit der von ihr benötigten Anzahl der Iterationsschritte von dem untersuchten Modell (vgl. 3.2.3.3).

3.2.1 OLS-Schätzung

3.2.1.1 Rosenbrock's Funktion: Ein Standardbeispiel

Das Konvergenzverhalten des Algorithmus wird zunächst an einem Standardbeispiel demonstriert, nämlich anhand der Minimierung der Rosenbrockfunktion:

$$S(a) := 0.5 * (100*(a1-a2^2)^2 + (1-a2)^2) .$$

Dazu wird der OLS-Schätzer auf das folgende Modell angewendet:

(1) NULL = D1 * (10*(a1-a2^2)) + D2 * (1-a2), wobei
NULL = (0   0)', D1 = (1   0)', D2 = (0   1)'.

S(a) hat bekanntlich im Minimum (1.   1.)' den Wert 0.0. Dadurch wird die Gauss-Newton-Variante des Algorithmus lokal mindestens superlinear konvergieren (vgl. (2.6.1.1)).

Die Anzahl Iterationen, die der Algorithmus bei Verwendung der Standardstartwerte (1.0   -1.2)' benötigt zur Stabilisierung von 3 bzw. 6 Stellen des Minimums, sind in Tab.1 dokumentiert. Man beachte, daß bei dem Umsteigekriterium (3.1.3) weder PSB-updates noch BFGS-updates am Ende des Algorithmus verwendet werden, da die GN-Variante "zu schnell" konvergiert. Daher bleiben die zugehörigen "mix"-Felder leer. Die schnelle Konvergenz der GN-Variante bei dieser Art von Modellen wird also eindrucksvoll demonstriert. Bei den "reinen" update-Varianten ist die lokale Konvergenz erwartungsgemäß etwas langsamer, da diese nicht, wie die GN-Variante, am Ende nahezu über die exakte Hessematrix verfügen. Auch weit entfernt vom Optimum erweist sich die GN-Variante den reinen update-Varianten als überlegen.

Tab. 1: Rosenbrock's Funktion: Anzahl Iterationen

Stellen	GN	GN un	PSB mix	PSB mix un	BFGS mix	BFGS mix un	PSB	PSB un	BFGS	BFGS un
3	13	25	-	-	-	-	54	51	33	35
6	14	25	-	-	-	-	56	53	36	37

3.2.1.2 Eine Konsumfunktion: Einfluß der Skalierung

Die Vorteile der automatischen Skalierung werden besonders deutlich bei der Untersuchung der einfachen Variation (2.3.1) der Cobb-Douglas Funktion. Betrachte das Modell:

(2) $C = (WP + WG)^{a1} + a2 + u_1$, wobei

C der private Konsum, WP die private Lohnsumme, WG die staatliche Lohnsumme dem Modell KLEIN1 entnommen wurden, also für den Zeitraum 1921 - 1941 vorliegen (vgl. II. (3.1)), u_1 das (nichtbeobachtbare) Residuum ist und a1, a2 die (zu schätzenden) Modellparameter.

Um den Einfluß der Skalierung des Problems zu testen, wurde der OLS-Schätzer für unterschiedlich normierte Zeitreihen berechnet. Zum einen wurden die Daten in Milliarden US $ angegeben (Modell 2a), zum anderen in Millionen US $ (Modell 2b).

Natürlich hängen die geschätzten Werte $\hat{a}$ der Parameter von der gewählten Skalierung ab. Deshalb wurden zwei Parameterstartvektoren a_0 getestet, einer näher bei den Schätzungen in Modell 2a (Start A), der andere näher bei den Schätzungen in Modell 2b (Start B).

Tab. 2: Modelle 2a, 2b: Schätzungen und Startwerte

Mod.	2a	2b	Start	A	B
$\hat{a}_1$	.97573	.99017	$(a_0)_1$	0.5	1.
$\hat{a}_2$	16.113	16636.	$(a_0)_2$	0.0	1000.

Der Wert der Zielfunktion S im Optimum ist 15.9 bzw. $16.0*10^6$.

Einige Konvergenzeigenschaften der verschiedenen Varianten des Algorithmus bei den Modellen 2a, 2b lassen sich aus Tab.3 ablesen. Beachte zunächst die sehr schnelle lokale Konvergenz der GN- und der BFGS-mix-Variante des Algorithmus bei Modell 2a und, falls sie konvergiert, der GN-Variante im Modell 2b. Beachte ferner, daß sich das Konvergenzverhalten der GN- und der BFGS-mix-Variante im Modell 2a kaum unterscheiden, da die BFGS-updates bei der BFGS-mix-Variante erst relativ spät verwendet werden, etwa erst ab Iteration 8 bei BFGS- mix, Start A.

Tab. 3: Konsumfunktion: Anzahl Iterationen

	Stellen	GN	GN	un	PSB mix	PSB mix	un	BFGS mix	BFGS mix	un
Start		A	A	B	A	A	B	A	A	B
2a	3	7	12	21	7	7§	21§	7	12	21
	6	9	13	22	15	16§	35§	9	14	22
2b	3	10	FC&	8	10	FC&	8	10	FC&	8
	6	12	FC&	10	21	FC&	FC	15	FC&	FC

& : Startwerte konnten nicht verbessert werden

§ : γ := 0.05 in (3.1.3); sonst keine Konvergenz

In Tab.4 sind die Konditionszahlen (vgl. (2.3.1)) der GN-Näherungen der Hessematrix am Start und im Optimum für die Modelle 2a und 2b angegeben. Natürlich ist Modell 2b die schlecht skalierte Version des Modells. Aus Tab.3 wird damit klar, daß man nur auf eine erfolgreiche Anwendung der unskalierten Versionen des Algorithmus hoffen kann, wenn das Problem vernünftig skaliert ist, oder wenn die GN-Variante verwendet wird und die Parameterstartwerte schon in der Nähe des Optimums liegen. Der Umstieg zu update-Näherungen erscheint aber auch bei günstigen Startwerten problematisch (vgl. PSB-mix-un und BFGS-mix-un mit GN, jeweils Start B). Bei automatischer Skalierung bereitet das schlecht skalierte Problem dagegen wenig Schwierigkeiten.

Tab. 4: Konditionszahlen (näherungsweise)

Mod.	Start A	Start B	Opt. $\hat{a}$
2a	10^5	10^5	10^5
2b	10^9	10^{12}	10^{10}

Man beachte schließlich noch die Konvergenzschwierigkeiten der unskalierten PSB-mix-Variante. Selbst bei Modell 2a konnte hierfür nur durch geeignete Wahl des Umsteigekriteriums (3.1.3) Konvergenz erreicht werden.

3.2.2 FIML-Schätzung

Im Gegensatz zu den Einzelgleichungsmodellen 1, 2a, 2b sind die restlichen Testmodelle interdependente Mehrgleichungsmodelle. Damit ist die OLS-Schätzung nicht angemessen. Es wurden FIML-Schätzungen durchgeführt. Die OLS- (Einzelgleichungs-)Schätzungen wurden aber als Parameterstartwerte für die FIML-Schätzung verwendet.

3.2.2.1 Modell KLEIN1: Ein lineares Modell

Das Modell KLEIN1 ist ein lineares Modell mit 21 Beobachtungen und 12 (zu schätzenden) Parametern. Die Modellgleichungen und die Schätzergebnisse entnehme man II.3.

Tab. 5: Modell KLEIN1: Anzahl Iterationen

Stellen	GN	GN un	PSB mix	PSB mix un	BFGS mix	BFGS mix un
2	300	300	69	48	25	26
3	>500	>500	121	50	25	27
4	-	-	258	88	27	28
5	-	-	262	170	29	32
6	-	-	308	173	31	33

Anhand dieses Modells wird die große Überlegenheit der BFGS-mix-Variante bei der FIML-Schätzung deutlich (vgl. Tab.5). Tatsächlich konvergieren die GN-Varianten so langsam, daß bei diesen Varianten die Brauchbarkeit der Stopkriterien unsicher erscheint. Die GN-Varianten erreichen sogar nach 500 Iterationsschritten noch nicht einmal 3 Stellen des durch die BFGS-mix-Variante gelieferten Optimums. Die PSB-Varianten konvergieren wesentlich schneller. Aber während bei den GN-Varianten die Iterationsschritte schon frühzeitig sehr klein und gleichmäßig immer kleiner werden, werden die Iterationsschritte bei den PSB-Varianten zwar auch viel zu früh sehr klein, aber nicht gleichmäßig. Es kommen immer wieder wesentlich größere Schritte vor, die u.U. schon richtige Ziffern wieder "zerstören". Damit erscheint zumindest die Brauchbarkeit des Stopkriteriums (3.1.8) auch bei den PSB-Varianten fraglich. Hier zeigt sich ein Vorteil des Stopkriteriums (3.1.10), der für die praktische Brauchbarkeit ähnlich wichtig ist wie die in 3.1 aufgeführten Eigenschaften von (3.1.10). Die Größe des mit der Inversen der Hessematrix-Näherung "gewichteten" Gradienten erweist sich nämlich als wesentlich weniger stark schwankend als diejenige des unskalierten oder skalierten Gradienten (vgl. auch Belsley (1980), p. 220). Bei den BFGS-Varianten ist die Verwendung sämtlicher Stopkriterien unproblematisch. Außerdem konvergieren sie noch 5 bis 10 mal schneller als die PSB-Varianten.

Man beachte, daß bei dem Modell KLEIN1 der Term $J := \sum_{t=1}^{T} \log|\det J_t(\beta)|$, der durch die Interdependenz erzeugt wird, in der Zielfunktion $K(\beta)$ den "Minimum-distance-Term" $M := \frac{T}{2} \log \left(\det(\frac{1}{T} \sum_{t=1}^{T} e_t(\beta)\, e_t(\beta)')\right)$ deutlich überwiegt ($M = 3.8$, $J = 9.9$ im Optimum). Das motiviert die sehr schlechte Approximation der Hessematrizen durch die Gauss-Newton-Näherungen N_K ; denn in N_K wird insbesondere der durch die Interdependenz hervorgerufene Term der Hessematrix ignoriert, nämlich

$$\frac{1}{T}\ e(\beta)'\ \frac{\partial R}{\partial \beta_j}(\beta)\ Q(\beta)^{-1}e(\beta).$$

Die ebenfalls nicht befriedigende Konvergenzrate der PSB-Varianten bestätigt andere praktische Erfahrungen mit dieser Quasi-Newton-Näherung (vgl. z.B. Dennis, Moré (1977), p. 85).

3.2.2.2. Modell KLCOB: Ein (hochgradig) nichtlineares Modell

Das Modell KLCOB ist eine (hochgradig) nichtlineare Variation des Modells KLEIN1 mit ebenfalls 21 Beobachtungen und 12 (zu schätzenden) Parametern. Dabei wurde die lineare Konsumfunktion durch eine Konsumfunktion vom Cobb-Douglas-Typ ersetzt. Die Modellgleichungen und die Schätzergebnisse entnehme man II.3.

Tab. 6: Modell KLCOB: Anzahl Iterationen

Stellen	GN	GN un	PSB mix	PSB mix un	BFGS mix	BFGS mix un
2	45	53	40	26	12	15
3	51	58	42	29	14	18
4	78	85	59	43	16	2o
5	105	85	61	43	18	24
6	108	112	68	46	18	24

Auch bei diesem Beispiel erweist sich die große Überlegenheit der Methode BFGS-mix (vgl. Tab.6), wenn auch nicht auf so drastische Weise wie bei dem Modell KLEIN1. Man beachte, daß der Algorithmus, ähnlich wie bei Belsley (1979, p. 328), bei dem Modell KLCOB generell wesentlich weniger Iterationen benötigt als beim Modell KLEIN1.

Das gilt insbesondere für die GN-Variante. Tatsächlich spielt die Interdependenz auch nicht die Rolle wie bei Modell KLEIN1 (M = -16.3, J = -3.1 im Optimum, vgl. 3.2.2.1). Allerdings benötigt der Algorithmus generell wesentlich mehr Rechenzeit wegen der Nichtlinearität des Modells (vgl. I.(2.1.1.12), I.(2.1.1.20), 3.2.3.1). Man beachte noch, daß die Variante BFGS-mix im wesentlichen genauso viele Iterationen benötigt, um 3 richtige signifikante Ziffern zu erreichen, wie der beste unter denjenigen Algorithmen von Belsley (1980, p. 219-220), die nur die erste Ableitung der Likelihood-Funktion verwenden. Insofern arbeitet der Algorithmus so gut, wie man erhoffen konnte.

3.2.2.3 Modell M11S: Eine Abbildung der Volkswirtschaftlichen Gesamtrechnung der BRD

Das Modell M11S ist das in II.4.2 beschriebene (hochgradig) nichtlineare Modell zur Darstellung des Verhaltens im privaten Sektor der BRD bei gegebenem Staatssektor. Das Modell hat 18 Parameter und wurde einmal auf der Grundlage von Daten der Jahre 1962-1981 geschätzt (Modell M11Sa) und zum anderen auf der Grundlage von Daten von 1962 bis 1982 (Modell M11Sb). Die Modellgleichungen und die Schätzergebnisse entnehme man II.4.2.

Tab. 7: Modell M11S: Anzahl Iterationen

Modell	Stellen	GN	GN un	PSB mix	PSB mix un	BFGS mix	BFGS mix un
M11Sa	2	19	20	11	11	11	11
	3	32	33	13	13	12	12
	4	35	43	17	23	15	15
	5	48	50	24	23	19	19
	6	50	FC	25	36	19	20
M11Sb	2	17	17	11	11	11	11
	3	21	25	13	12	12	12
	4	30	30	15	19	15	15
	5	36	37	16	19	18	17
	6	43	46	19	30	18	18

Bei diesem Modell wird die Überlegenheit der BFGS-Varianten am wenigsten deutlich (vgl. Tab.7). Bemerkenswert ist auch, daß der Algorithmus zur Schätzung dieses bei weitem komplexesten Modells nicht mehr Iterationen benötigt als bei den anderen Modellen. Man sollte deshalb nicht allzu pessimistisch sein hinsichtlich des Aufwands für die Schätzung größerer Modelle, wenn auch der Aufwand pro Iteration stark wächst (vgl. auch 3.2.3.1). Schließlich beachte man noch, daß sich die Hinzunahme einer weiteren Beobachtung bei diesem Modell nicht ungünstig auf die Konvergenzgeschwindigkeit ausgewirkt hat.

3.2.3 Der Standard-Algorithmus: BFGS-mix

Da sich die BFGS-mix-Variante des Algorithmus unzweifelhaft den anderen Varianten als überlegen erwiesen hat, soll sie im folgenden im Mittelpunkt der Diskussion stehen. Dabei wird insbesondere ein Rechenzeitvergleich mit Algorithmusvarianten durchgeführt, die nahezu exakte Hessematrizen verwenden (vgl. 3.2.3.1), und es wird die Abhängigkeit der benötigten Iterationsschritte von dem untersuchten Modell diskutiert (vgl. 3.2.3.3).

3.2.3.1 Vergleich mit (nahezu) exakten Hessematrizen

Belsley (1980, p. 216) bezweifelt die Notwendigkeit der Suche nach einfach berechenbaren, effizienten Hessematrixnäherungen. Er konnte anhand einiger Beispiele demonstrieren, daß die direkte Verwendung der exakten Hessematrix u.U. zu wesentlich kürzeren Rechenzeiten führt. Aufgrund der in dieser Arbeit verwendeten Testbeispiele muß allerdings davon ausgegangen werden, daß Belsley's Aussage für trust-region Algorithmen i.a. nicht gilt.

Die Auswirkungen der Verwendung (nahezu) exakter Hessematrizen soll anhand von zwei Algorithmusvarianten demonstriert werden, die beide die Hessematrixnäherung H_L (vgl. (1.2.10)) verwenden, die bei linearen Modellen exakt ist: Die Variante "Hesse-mix" verwendet H_L nur in der zweiten Phase des Algorithmus, die Variante "Hesse" verwendet H_L in beiden Phasen (vgl. (3.1.2)).

Tab. 8: CPU-Zeiten auf IBM 4361 (in sec) und Anzahl Iterationen (in Klammern)

Modell	BFGS-mix	Hesse-mix	Hesse
KLEIN1	13 (31)	12 (16)	11 (10)
KLCOB	85 (20)	105 (13)	FC
M11Sa	265 (20)	600 (15)	630 (7)
M11Sb	315 (22)	555 (14)	590 (6)

Diese Varianten erwiesen sich der Standardvariante BFGS-mix zwar immer hinsichtlich der Anzahl der benötigten Iterationen als überlegen, BFGS-mix benötigte aber außer bei dem linearen Modell KLEIN1 immer deutlich am wenigsten Rechenzeit (vgl. Tab.8). Nun ist H_L in nichtlinearen Modellen nicht die exakte Hessematrix. Deren Berechnung würde allerdings noch wesentlich mehr Rechenzeit kosten. Da die Rechenzeit pro Iteration bei Verwendung von H_L aber schon extrem viel größer ist als bei der Standardvariante (vgl. BFGS-mix mit Hesse in Tab.8), kann bei Verwendung der exakten Hessematrix kaum mit einer Verschiebung der Ergebnisse gerechnet werden. Man beachte außerdem, daß bei ausschließlicher Verwendung von H_L (Variante Hesse) zusätzlich Schwierigkeiten bei der globalen Konvergenz auftreten (vgl. Modell KLCOB in Tab.8).

3.2.3.2 Automatische Skalierung

Die automatische Skalierung spielt bei den vernünftig skalierten Modellen KLEIN1, KLCOB und M11S nicht die Rolle wie bei dem schlecht skalierten Modell 2b. Trotzdem erwies sich die Skalierung bei der BFGS-mix-Variante i.a. als konvergenzfördernd (vgl. Tab.9). Man beachte aber, daß die unskalierte PSB-mix-Variante des Algorithmus bei den Modellen KLEIN1 und KLCOB wesentlich schneller konvergiert als die skalierte (vgl. Tab.5, Tab.6).

Tab. 9: BFGS-mix-Variante: Konvergenzgeschwindigkeit

Stellen	skaliert				unskaliert			
	KLEIN1	KLCOB	M11Sa	M11Sb	KLEIN1	KLCOB	M11Sa	M11Sb
2	25	12	11	11	26	15	11	11
3	25	14	12	12	27	18	12	12
4	27	16	15	15	28	20	15	15
5	29	18	19	18	32	24	19	17
6	31	18	19	18	33	24	20	18
7	31	20	19	21	34	28	20	20

3.2.3.3 Globale Konvergenz

Auffallend ist, daß der Algorithmus bei dem Modell KLEIN1 deutlich mehr Iterationen benötigt als bei den anderen Modellen. Um dieses zu motivieren, sollen die Modelle zunächst durch einige Kenngrößen charakterisiert werden (vgl. Tab.10):

- durch ihre Zuordnung zur Klasse der linearen bzw. nichtlinearen Modelle,
- durch den Wert der Likelihoodfunktion K im Optimum $\hat{\beta}$,
- durch die absolute Entfernung $abs(K) := K(\beta_0) - K(\hat{\beta})$ des Startvektors β_0 vom Optimum $\hat{\beta}$,
- durch die relative Entfernung $rel(K) := abs(K)/\ |K(\beta_0)|$
- und durch die Anzahl ITER der Iterationen der Variante BFGS-mix vom Startvektor zum Optimum.

Tab. 10: Charakterisierung der Modelle

	KLEIN1	KLCOB	M11Sa	M11Sb
	linear	nichtl.	nichtl.	nichtl.
$K(\hat{\beta})$	-6.1	-13.2	-14.2	-11.0
abs(K)	16.3	19.3	3.9	5.0
rel(K)	1.6	3.2	0.4	0.8
ITER	31	20	20	22

Nach Tab.10 scheint die zu bewältigende absolute oder relative Entfernung keinen entscheidenden Einfluß auf die Anzahl Iterationen zu haben. Dagegen muß wohl ein Einfluß der Größe des minimalen Zielfunktionswerts angenommen werden. Damit würde der Algorithmus bei den Modellen am schnellsten konvergieren, die die Daten am besten repräsentieren (d.h. bei denen die Daten am "wahrscheinlichsten" sind), eine angenehme Eigenschaft. Der Algorithmus verhält sich also bei der Zielfunktion K ähnlich wie bei der Zielfunktion S, wo er ja umso schneller konvergiert, je näher der minimale Modellfehler an Null liegt (vgl. 3.2.2.1).

Weiterhin läßt sich aus Tab.10 entnehmen, daß Nichtlinearitäten in den Parametern die Konvergenz nicht prinzipiell behindern. Tatsächlich repräsentieren die getesteten nichtlinearen Modelle die Daten wesentlich besser als das lineare Modell. Daraus ergibt sich dann sogar eine schnellere Konvergenz bei den nichtlinearen Modellen.

3.2.3.4 Lokale Konvergenz

Leider scheinen die durchgeführten Tests kaum dazu geeignet, abschließend zu beurteilen, ob der Algorithmus in der Praxis tatsächlich superlinear konvergiert. Denn der Algorithmus benötigt am Schluß bei allen nichtlinearen Modellen Korrekturschritte zur Anpassung der trust-region Größe, bei den Modellen KLCOB und M11Sb jeweils in der Iteration 19, beim Modell M11Sa in der Iteration 16 (vgl. Tab.9). Superlineare Konvergenz kann man aber erst dann erwarten, wenn nur noch Newton-Schritte durchgeführt werden (vgl. Bew. von (2.5.14)). Da der Algorithmus aber kurz nach den Korrekturschritten aus numerischen Gründen stoppt (s. Anfang von 3.2), ist eine endgültige Beurteilung der Konvergenzrate kaum möglich. Wegen der sehr schnellen, zumindest linearen Konvergenz der BFGS-mix-Variante wurde hier auf weitere Untersuchungen verzichtet (vgl. aber 3.3.2).

3.3 Testergebnisse bei simulierten Daten

In 3.2 wurden im wesentlichen Testergebnisse diskutiert, die sich auf den zu einem Real-world-Modell gehörenden historischen Datensatz beziehen. Um eine schnelle Durchführbarkeit der Monte-Carlo-Experimente in II. zu gewährleisten, interessiert aber insbesondere das mittlere Verhalten der Algorithmusvarianten bei simulierten Daten. Im folgenden wird deshalb einerseits die Wahl der Startbedingungen bei Monte-Carlo-Simulationen der Art II. diskutiert (vgl. 3.3.1), und andererseits werden die Ergebnisse einer Studie über das mittlere Verhalten von Varianten des Algorithmus bei simulierten Daten wiedergegeben (vgl. 3.3.2).

3.3.1 Implementierung bei Monte-Carlo-Simulationen

Obwohl bei der BFGS-mix-Variante des trust-region-Algorithmus 3.1 die Anzahl der insgesamt benötigten Iterationen nicht entscheidend abhängt von der zu bewältigenden Entfernung zum Optimum (vgl. 3.2.3.3), kommt der "richtigen" Wahl der Startbedingungen insbesondere bei MC-Simulationen immer noch eine relativ große Bedeutung zu in Anbetracht der teilweise sehr großen Rechenzeit pro Iteration (vgl. M11Sa,b in Tab.8).

Die Wahl der Startbedingungen bei der BFGS-mix-Variante wurde anhand des folgenden MC-Experiments bei Real-world-Modellen untersucht (vgl. II.(1.2.2), II.(3.6)):

(i) Als Realisierungen der exogenen Modellvariablen und der endogenen Startwerte werden in jedem Fall die historischen Daten verwendet. Seien $\hat{\beta}$ und $\hat{\Omega}$ die FIML-Schätzungen für den Parametervektor und die Kovarianzmatrix der Residuen (vgl. I.(2.1.1.19)), die mit Hilfe des vollständigen historischen Datensatzes berechnet wurden (also auch mit den historischen Realisierungen der endogenen Variablen). Sei $j := 1$.

(ii) Berechne Realisierungen der Modellresiduen, (pseudo-) $N(0,\hat{\Omega})$-verteilt und unabhängig für alle Zeitpunkte.

(iii) Berechne Realisierungen der endogenen Modellvariablen mit Hilfe der Daten (i), (ii) und der Parameter $\hat{\beta}$, so daß die Modellgleichungen exakt gelten.

(iv) Berechne FIML-Schätzungen $\hat{\beta}^{(j)}$ für den neuen Datensatz (exogene Daten und endogene Startwerte aus (i) und endogene Daten aus (iii)).

(v) Störe die Daten in (iv) gemäß einem der Fehlerprozesse I.(3.1.2.1), I.(3.1.3.1) mit Fehlern von maximal 5 % der Daten bzw. der empirischen Erwartungswerte oder gemäß dem Fehlerprozeß I.(3.1.4.11) mit nach II.(1.1.7) angepaßten Fehlerprozentsätzen der empirischen Standardabweichungen.

(vi) Berechne FIML-Schätzungen für die drei Datensätze in (v).

(vii) Wiederhole die Schritte (ii) - (vi) für $j = 2,\ldots,100$.

Bei dieser Simulation bieten sich offenbar andere Parameterstartwerte an als die OLS-Schätzungen, nämlich die "historischen Parameterschätzungen" bei der Schätzung mit ungestörten Daten und die Parameterschätzungen aus ungestörten Daten bei der Schätzung mit gestörten Daten. Es erhebt sich allerdings die Frage, ob auch die zu den als Startwerte verwendeten Parameterschätzungen gehörenden Hessematrixnäherungen direkt als Startmatrix für die BFGS-updates verwendet werden sollen, ob also insbesondere auf die erste Phase von BFGS-mix verzichtet werden sollte, in der Gauss-Newton-Näherungen verwendet werden.

Als Test wurde obige Simulation auf das Modell KLEIN1 angewendet. Dabei wurden die Parameterstartwerte in der beschriebenen Weise festgesetzt, und die Hessematrixnäherungen wurden einmal wie bei BFGS-mix gewählt, und zum anderen wurden lediglich BFGS-updates der zu den Startwerten gehörenden Hessematrixnäherung verwendet. Diese beiden Varianten wurden jeweils auf dieselben Testdatensätze angewendet. Dabei erwies sich wieder einmal die BFGS-mix-Variante als überlegen. Sie benötigte in 97 % der Fälle bei ungestörten Daten und in 84 %, 88 %, 90 % der Fälle bei den Fehlerprozessen (in obiger Reihenfolge) weniger Iterationen als die andere Variante. Da sich BFGS-mix bei Monte-Carlo-Simulationen auch hinsichtlich des Rechenzeitverbrauchs als günstigste Variante erwies (vgl. 3.3.2), wurde BFGS-mix auch für die MC-Simulation in II. verwendet, allerdings mit den oben angegebenen Parameterstartwerten.

3.3.2 Eine Monte-Carlo-Studie zum Vergleich der Konvergenzeigenschaften von Varianten des trust-region Algorithmus

Die globalen und lokalen Konvergenzeigenschaften von Varianten des trust-region Algorithmus 3.1 zur FIML-Schätzung werden in Weihs, Calzolari, Panattoni (1985) anhand einer Monte-Carlo Studie diskutiert. Die wichtigsten Ergebnisse dieser Studie sind im folgenden wiedergegeben. Dabei erweist sich wiederum BFGS-mix als (im Mittel) überlegen bei der Schätzung mit simulierten Daten.

Verwendet wird das MC-Experiment in 3.3.1, allerdings nur für ungestörte Daten. Es werden also nur die Schritte (ii) - (iv) N := 100 mal wiederholt. Dabei werden die OLS-Einzelgleichungsschätzungen der Parameter als Startwerte $\beta_0^{(j)}$ für die FIML-Schätzung verwendet. Während der Berechnung der FIML-Schätzungen $\hat{\beta}^{(j)} = \beta_{Lj}^{(j)}$ werden alle Zwischenwerte $K_k^{(j)} := K(\beta_k^{(j)})$ der Zielfunktion protokolliert, $k = 0,\ldots,Lj$. Diese Werte werden nach dem Experiment wie folgt ausgewertet:

Zunächst werden die Fehler im Zielfunktionswert berechnet, die nach k Iterationen noch übrigbleiben:

$$E_k^{(j)} := K_k^{(j)} - K_{Lj}^{(j)} , \quad k = 0,\ldots,Lj, \; j = 1,\ldots,N.$$

Dann wird die <u>globale Konvergenz</u> des Algorithmus charakterisiert durch die Entwicklung des mittleren Bruchteils der Entfernung $E_0^{(j)}$ zwischen dem Startwert $\beta_0^{(j)}$ und dem Optimum $\beta_{Lj}^{(j)}$, der schon nach k Schritten zurückgelegt ist. Berechnet wird:

$$\bar{R}_k := \frac{1}{N} \sum_{j=1}^{N} E_k^{(j)}/E_0^{(j)} \quad , \quad k = 1,\ldots, \max_j Lj, \text{ wobei}$$

$$E_k^{(j)} := 0 \text{ für } k > Lj \text{ , und}$$

(3.3.1) $$EG_k := -\log_{10}(\bar{R}_k) \; , \quad k = 1,\ldots, \max_j Lj \; .$$

Offenbar ist mit EG_k die Anzahl Ziffern, die bei der Länge $E_0^{(j)} - E_k^{(j)}$ der schon zurückgelegten Strecke und der Länge $E_0^{(j)}$ der Gesamtstrecke im Mittel übereinstimmen.

Zur Charakterisierung der <u>lokalen Konvergenz</u> werden zwei verschiedene Statistiken verwendet. Dabei wird nur der letzte Teil des Iterationsprozesses berücksichtigt.

Zum einen wird die Anzahl Nj der Iterationen bestimmt, nach der zuerst mehr als 99.9 % der Gesamtstrecke zurückgelegt ist:

$$E_{Nj}^{(j)}/E_0^{(j)} < 0.001 \quad \text{und} \quad E_{Nj-1}^{(j)}/E_0^{(j)} \geq 0.001.$$

Dann charakterisiert die empirische Verteilung der restlichen Iterationen $Mj := Lj - Nj + 1$ die lokale Konvergenzgeschwindigkeit.

Zum anderen wird die mittlere Anzahl Ziffern des optimalen Zielfunktionswerts berechnet, die schon k Iterationen bevor der Algorithmus stoppt richtig sind:

(3.3.2) $$EL_k := \frac{1}{N} \sum_{j=1}^{N} D_k^{(j)}, \quad k = 1,\ldots,10 \text{ (etwa), wobei}$$

$$D_k^{(j)} := -\log_{10}(E_{Lj-k}^{(j)}/|K_{Lj}^{(j)}|), \quad k = 1,\ldots, \max_j Lj,$$

$$E_{Lj-k}^{(j)} := 0 \text{ für } k > Lj .$$

Das MC-Experiment wurde durchgeführt für fünf Varianten des trust-region Algorithmus 3.1, nämlich GN, BFGS, Hesse, BFGS-mix und Hesse-mix (vgl. den Anfang von 3.2 und 3.2.3.1). Getestet wurden die Modelle KLEIN1, KLCOB, M11Sb (vgl. 3.2.2) und das Modell M11Sc, das sich von M11Sb nur durch eine um 6 Zeitpunkte längere Referenzperiode unterscheidet (1962-1988). Dabei sind die Realisierungen der exogenen Variablen für 1983-1988 künstlich festgelegt wie in II.4.3.2 beschrieben. Alle Varianten wurden auf dieselben Testdaten angewendet.

Die Ergebnisse der Monte-Carlo Studie können wie folgt zusammengefaßt werden.

Die Variante Hesse führte niemals in mehr als 50 % der Wiederholungen zur Konvergenz. Tatsächlich erwies sich diese Art Hessematrixnäherung nur in der unmittelbaren Nähe des Optimums als nützlich. Diese Eigenschaft hat bekanntlich auch die klassische Newton-Methode, bei der exakte Hessematrizen verwendet werden (vgl. z.B. Dennis,

Moré (1977), p. 49). Aufgrund dieses nicht akzeptablen Ergebnisses wurde die Variante Hesse nicht weiter diskutiert. Die folgenden Ergebnisse beziehen sich deshalb nur auf diejenigen Wiederholungen der MC-Experimente, bei denen die verbliebenen vier Varianten GN, BFGS, BFGS-mix und Hesse-mix (wenigstens fast) zu demselben Optimum konvergieren. Auf diese Weise mußten nur relativ wenig Wiederholungen ausgeschlossen werden: 15 % bei Modell KLEIN1, 2 % bei KLCOB und 0 % bei M11Sb, M11Sc.

Hinsichtlich der lokalen Konvergenzgeschwindigkeit ergab sich eine klare Rangordnung für die verbliebenen vier Varianten. Beide "lokale Statistiken" führten für alle untersuchten Modelle zu der folgenden Rangordnung:

(3.3.3) A : Hesse-mix, B : BFGS-mix, C : BFGS, D : GN.

Der typische Plot der Statistik EL_k (vgl. (3.3.2)) ist in Schaubild 1 wiedergegeben. Beachte, daß die Skalierung der waagerechten Achse abhängt von dem gewählten Modell.

Schaubild 1: Mittlere Anzahl korrekter Ziffern, k Iterationen bevor der Algorithmus stoppt

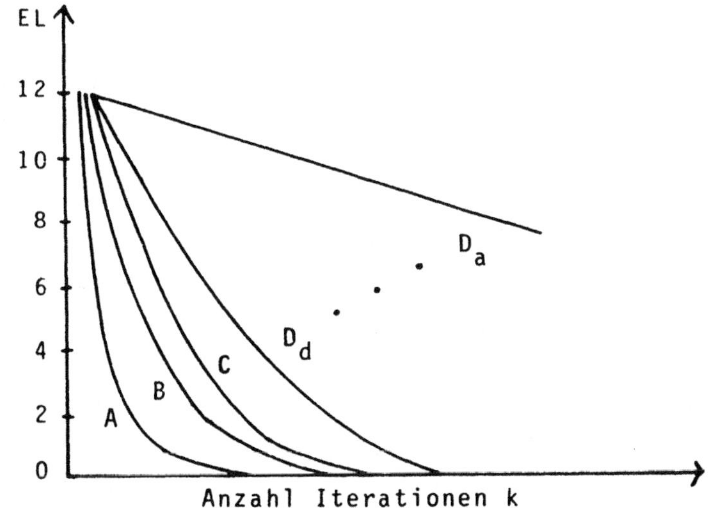

Schaubild 1 zeigt deutlich die Überlegenheit der Variante Hesse-mix (A). Dieses mag darauf hindeuten, daß keines der untersuchten Modelle so nichtlinear ist, daß H_L nicht mehr nahezu die exakte Hessematrix liefert (vgl. (1.2.10)).

Weiterhin erweist sich die BFGS-mix-Variante (B) der BFGS-Variante (C) als überlegen. Die Verbesserung der Startmatrix für den update-Prozeß scheint also die lokale Konvergenzgeschwindigkeit positiv zu beeinflussen. Allerdings wird dieser Effekt u.U. durch ein zu spätes Umsteigen (vgl. (3.1.3)) wieder aufgehoben, da die GN-Variante (D) i.a. hinsichtlich lokaler Konvergenz nicht konkurrenzfähig ist. Tatsächlich konvergiert die GN-Variante nur für Modell M11Sc vergleichbar schnell wie die BFGS-Varianten (vgl. Kurve D_d in Schaubild 1). Besonders langsam ist die Konvergenz wiederum für das lineare Modell KLEIN1 (vgl. Kurve D_a und 3.2.2.1). Vergleicht man die Ergebnisse für M11Sb und M11Sc, so ergeben sich bei mehr Beobachtungen einerseits weniger Iterationen bei allen Varianten und andererseits eine im Vergleich zu den anderen Varianten schnellere Konvergenz der GN-Variante. Letzteres läßt sich motivieren durch die asymptotisch (fast sichere) Konvergenz der Gauss-Newton-Näherungen gegen die exakte Hessematrix im Optimum bei speziellen Modellen (vgl. nach (1.2.9)).

Betrachtet man die Statistik EG_k zur Charakterisierung der globalen Konvergenz (vgl. (3.3.1)), so ergibt sich im wesentlichen dieselbe Rangordnung wie in (3.3.3). Schaubild 2 zeigt den typischen Plot von EG_k. Es fällt allerdings auf, daß hier die "reinen" Varianten BFGS und GN beide wesentlich schlechter abschneiden als die gemischten Varianten Hesse-mix und BFGS-mix, wenn auch aus sehr unterschiedlichen Gründen. Die BFGS-Variante benötigt nämlich i.a. sehr viele Iterationsschritte, um in die Nähe des Optimums zu gelangen. Dagegen hat die GN-Variante große Schwierigkeiten, sich in der Nähe des Optimums zu verbessern. Letzteres stimmt mit den Ergebnissen bei den lokalen Statistiken überein (s.o.). Die Rangfolge der "reinen" Varianten erscheint außerdem nicht ganz klar nach Schaubild 2. Immerhin erscheint die GN-Variante bei Modell M11Sc (vgl. Kurve D_d) auch dann noch günstiger, wenn man an 7 korrekten Ziffern des optimalen Zielfunktionswerts interessiert ist.

Schaubild 2: Anzahl korrekter Ziffern der Entfernung zum Optimum im Mittel nach k Iterationen

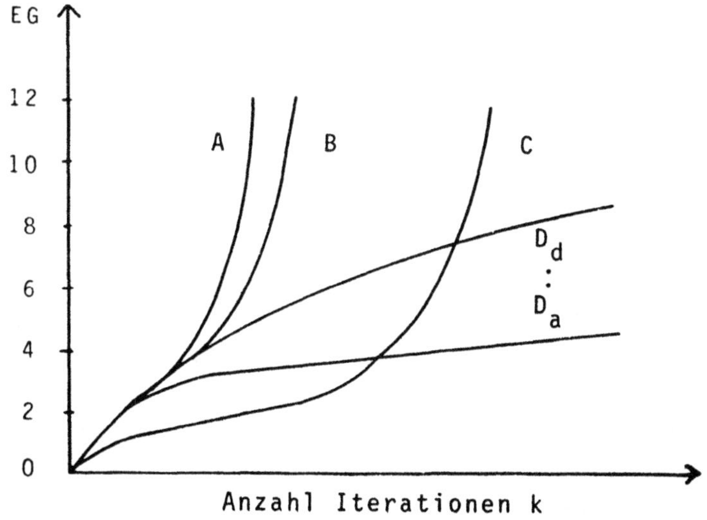

Schaubild 2 verdeutlicht weiterhin, daß das Umsteigekriterium (3.1.3) angemessen gewählt wurde (vgl. die Steigungen der Kurven A, B, D_d). Außerdem erscheint die Überlegenheit von Hesse-mix über BFGS-mix nicht dramatisch (vgl. A, B). Tatsächlich konvergierte Hesse-mix bei keinem Testmodell im Mittel so viel schneller als BFGS-mix, daß die viel größere Rechenzeit pro Iteration dadurch hätte ausgeglichen werden können (vgl. auch 3.2.3.1). Damit enden die Resultate der Monte-Carlo Studie.

Man beachte aber noch, daß bei den in der Studie getesteten Modellen eine einzelne Iteration der GN-Variante nicht mehr Rechenzeit benötigt als eine Iteration der BFGS-Variante. Tatsächlich werden zur Berechnung einer Gauss-Newton-Näherung im wesentlichen $\frac{m}{2}n^2$ Operationen[1)] benötigt, wobei m die Anzahl der Verhaltensgleichungen des Modells ist und n die Anzahl der Parameter (vgl. (1.2.5)). Zur Berechnung eines BFGS-updates werden ungefähr $3n^2$ Operationen benötigt (vgl. (2.6.2.15)). Bei Modellen mit mehr als 6 Verhaltensgleichungen ist die GN-Variante also ungünstiger hinsichtlich Rechenzeitaufwand. Bei großen Modellen ist es deshalb nicht auszuschließen, daß die BFGS-mix-Variante zwar wesentlich weniger Iterationen, aber trotzdem mehr Rechenzeit benötigt als die BFGS-Variante. Bei den getesteten Modellen erwies sich BFGS-mix jedoch als eindeutig überlegen.

4. Fazit

Insgesamt erscheint die Konstruktion eines Algorithmus zur OLS- und FIML-Schätzung gelungen, der nicht nur über günstige theoretische Eigenschaften verfügt, sondern sich auch in der Praxis bewährt. Der Algorithmus gehört zu der Klasse der trust-region-Algorithmen, die pro Iteration eine quadratische Näherung der Zielfunktion in einer sogenannten trust-region minimieren. Als entscheidend für die Konvergenz solcher Algorithmen erweist sich insbesondere die Wahl der Hessematrixnäherung für die quadratische Näherung der Zielfunktion. Der vorliegende Algorithmus berücksichtigt hierzu einerseits die spezielle Struktur der untersuchten Zielfunktionen, und andererseits greift er auf numerische Verfahren zurück, die für allgemeine Zielfunktionen entwickelt wurden. Dadurch kann sowohl die globale Konvergenz des Al-

---

1) Eine Operation entspricht einer Multiplikation zusammen mit einer Addition.

gorithmus bewiesen werden, als auch sei e superlineare Konvergenz in der Nähe des Optimums. Da aus ergibt sich eine Aufteilung des Algorithmus in zwei Phasen. Bei der Standardvariante des Algorithmus werden weit entfernt vom Optimum (1. Phase) Gauss-Newton-Näherungen der Hessematrix verwendet, die sich aus der speziellen Struktur der Zielfunktionen ergeben und globale Konvergenz gewährleisten. In der Nähe des Optimums (2. Phase) werden dagegen BFGS-quasi-Newton-Näherungen verwendet, die für allgemeine Zielfunktionen lokal superlineare Konvergenz garantieren (vgl. (2.6.2.19), (3.1.2)).

Erfreulicherweise erweist sich diese Standardvariante in praktischen Tests allen anderen untersuchten Varianten als überlegen. Insbesondere gewährleistet die Gauss-Newton-Näherung in der ersten Phase nicht nur Stabilität gegenüber ungünstigen Startwerten, sondern auch das schnelle Erreichen einer Umgebung des Optimums. Hier konvergieren dann die numerischen Verfahren für allgemeine Zielfunktionen wesentlich schneller, wobei der Algorithmus bei Verwendung von BFGS-quasi-Newton-Näherungen deutlich am wenigsten Rechenzeit benötigt (vgl. 3.2, 3.3). Damit empfiehlt sich die Standardvariante des Algorithmus nicht nur durch ihre theoretischen, sondern auch durch ihre praktischen Eigenschaften.

Bleibt noch eine besondere Eigenschaft des Algorithmus zu erwähnen, nämlich seine Fähigkeit, ein Problem automatisch zu skalieren zur Erhöhung der numerischen Lösbarkeit. Damit wird der Tatsache Rechnung getragen, daß ökonometrische Modelle häufig insofern schlecht skaliert sind, als daß die Modellfehler sehr unterschiedlich stark auf Änderungen unterschiedlicher Modellparameter reagieren (vgl. 2.3, 3.2.1.2).

A N H A N G 1

Das Kontensystem der Volkswirtschaftlichen Gesamtrechnung [1]

1) Die folgenden Ausführungen sind zum großen Teil wörtlich entnommen den "Erläuterungen zum Inhalt und Aufbau der Volkswirtschaftlichen Gesamtrechnungen" in VGR81, p. 55-82. Genauere Seitenangaben entnehme man den Unterabschnitten.

1.1 Volkswirtschaftliche Gesamtrechnung (VGR81, p. 56-58)

Die Volkswirtschafltiche Gesamtrechnung (VGR) ist ein auf der Kreislaufanalyse der Wirtschaftstheorie basierendes System statistischer Ergebnisse zur Darstellung gesamtwirtschaftlicher (makroökonomischer) Vorgänge. Ziel der Darstellung ist ein Gesamtbild des wirtschaftlichen Geschehens. In dieses Gesamtbild werden alle am Wirtschaftsablauf beteiligten inländischen Wirtschaftseinheiten mit ihren für die Beschreibung der Struktur und Entwicklung der Volkswirtschaft wesentlichen Tätigkeiten einbezogen. Die Ergebnisse der VGR werden grundsätzlich in Geldeinheiten ausgedrückt.

Die Wirtschaftseinheiten werden in erster Linie nach der Art ihres wirtschaftlichen Verhaltens gruppiert; in grober Gliederung spricht man von Sektoren. Den Kern der VGR bilden sog. Sektorkonten über die Entstehung und Verwendung des Sozialprodukts, über die Verteilung, Umverteilung und Verwendung der Einkommen und über die Vermögensbildung und ihre Finanzierung.

Inhalt, Umfang und Aufbau der VGR in der BRD sind weitgehend an den Empfehlungen der internationalen Organisationen ausgerichtet. Es sind dies in erster Linie auf weltweiter Ebene das System Volkswirtschaftlicher Gesamtrechnungen der Vereinten Nationen (System of National Accounts; SNA) und im Rahmen der EG das aus dem SNA abgeleitete Europäische System Volkswirtschaftlicher Gesamtrechnungen (ESVG).

1.2 Gruppierung der Wirtschaftseinheiten nach Sektoren (VGR81, p. 61/2)

Bei der Gruppierung der Wirtschaftseinheiten nach Sektoren wird davon ausgegangen, daß das wirtschaftliche Verhalten der Wirtschaftseinheiten weitgehend von zwei

Faktoren bestimmt wird, nämlich einerseits von der besonderen Kombination der bei ihnen vereinigten Tätigkeiten und andererseits von ihrer Stellung zum Markt und den daraus resultierenden Finanzierungsmöglichkeiten. Aus dieser Sicht wird in der VGR mindestens unterschieden zwischen drei inländischen Sektoren, nämlich

- Unternehmen (Produktions-(und Dienstleistungs-)unternehmen, Kreditinstitute, Versicherungsunternehmen),
- Staat (Gebietskörperschaften, Sozialversicherung),
- Private Haushalte und private Organisationen ohne Erwerbszweck

sowie dem Sektor "Übrige Welt".

Private Organisationen ohne Erwerbszweck sind z.B. Kirchen, Gewerkschaften, politische Parteien. Die öffentlichen Unternehmen wie Bundesbahn und Bundespost werden dem Sektor Unternehmen zugeordnet.

1.3 Wirtschaftliche Tätigkeiten in der VGR (VGR81, p. 66-68)

Bei den wirtschaftlichen Tätigkeiten, die in der VGR nachgewiesen werden, handelt es sich im wesentlichen um die Produktion, Verteilung und Verwendung von Gütern (Waren und Dienstleistungen), um die Entstehung, Verteilung und Verwendung der Einkommen sowie um die Kreditgewährung und -aufnahme im weitesten Sinne. Die wirtschaftlichen Vorgänge werden also in der VGR grundsätzlich in Form von Güter-, Einkommens- und Finanzierungsströmen erfaßt. In erster Linie werden Marktvorgänge dargestellt, insbesondere bleibt der Wert der Hausarbeit außer Ansatz. Allerdings werden unter anderem der Eigenverbrauch der Unternehmer und die Selbsterstellung von Anlagen als unterstellte Verkäufe mitberücksichtigt. Über den Markt abgesetzte Güter werden grundsätzlich mit ihren Marktpreisen bewertet. Für die im Unternehmenssektor unterstellten Verkäufe wird auf die Erzeugerpreise dieser oder ähnlicher Güter zurückgegriffen. Die Bewertung der Güter und Dienstleistungen, die der Staat der Allgemeinheit kostenlos zur Verfügung stellt, erfolgt gemäß den zu ihrer Entstehung aufgewendeten Kosten. Im allgemeinen werden in der VGR die Vorgänge im Zeitpunkt des Entstehens von Forderungen und Verbindlichkeiten erfaßt.

1.4 Das Kontensystem (VGR81, p. 69-82)

Den allgemeinen Rahmen für den Aufbau der VGR bildet das Kontensystem. Für jeden Sektor ist eine Reihe von Konten eingerichtet, die einen Überblick über die wirtschaftlichen Tätigkeiten und die damit verbundenen Vorgänge der zu Sektoren zusammengefaßten Wirtschaftseinheiten geben. Da fast alle Tätigkeiten bei sämtlichen Wirtschaftsbereichen vorkommen, wenn auch in ganz verschiedenem Ausmaß, sind für jeden Sektor die gleichen Konten eingerichtet worden. Das Kontensystem enthält

- ein zusammengefaßtes Güterkonto,
- Sektorenkonten, untergliedert in je ein
  - Produktionskonto,
  - Einkommensentstehungskonto,
  - Einkommensverteilungskonto,
  - Einkommensumverteilungskonto,
  - Einkommensverwendungskonto,
  - Vermögensveränderungskonto,
  - Finanzierungskonto, sowie
- ein zusammengefaßtes Konto der übrigen Welt.

Zu jeder Buchung auf einem der Konten wird eine Gegenbuchung an einer anderen Stelle des Kontensystems vorgenommen. Daraus läßt sich erkennen, ob ein anderer Sektor von dem jeweiligen Vorgang berührt wird, und um welchen Sektor es sich dabei handelt. Dieser Nachweis von Sektor zu Sektor macht die Verflechtung der VGR besonders deutlich.

1.4.1 Das zusammengefaßte Güterkonto zeigt auf der linken Seite das Aufkommen an Gütern (Waren und Dienstleistungen) aus der inländischen Produktion und der Einfuhr, auf der rechten Seite die Verwendung dieser Güter. Aus den Positionen des zusammengefaßten Güterkontos lassen sich das Bruttoinlandsprodukt (BIP) und - unter Berücksichtigung von Einkommensvorgängen mit der übrigen Welt - das Bruttosozialprodukt (BSP) ableiten. Das BIP ist Ausdruck der gesamten im Inland entstandenen wirtschaftlichen Leistung. Das Bruttosozialprodukt bezieht sich dagegen auf die gesamte wirtschaftliche Leistung der Inländer. Das BSP läßt sich auf drei Wegen ableiten:

In der Entstehungsrechnung wird zunächst das Bruttoinlandsprodukt ermittelt durch Abzug der gesamten Vorleistungen von der Summe der Produktionswerte der Sektoren und durch Addition der nichtabzugsfähigen Umsatzsteuer und der Einfuhrabgaben. Addiert man zum BIP die Erwerbs- und Vermögenseinkommen der Inländer aus der übrigen Welt und zieht man die im Inland entstandenen Erwerbs- und Vermögenseinkommen der übrigen Welt ab, so erhält man das BSP.

In der Verwendungsrechnung werden zur letzten inländischen Verwendung von Gütern (für Konsum und Investitionen) die Ausfuhr einschließlich der Erwerbs- und Vermögenseinkommen aus der übrigen Welt hinzugefügt und die Einfuhr einschließlich der Erwerbs- und Vermögenseinkommen an die übrige Welt abgezogen.

In der Verteilungsrechnung schließlich wird zunächst das Volkseinkommen berechnet, das die Summe aller Erwerbs- und Vermögenseinkommen darstellt, die inländische Sektoren bezogen haben nach Abzug der von ihnen geleisteten

Erwerbs- und Vermögenseinkommen (z.B. in Form von Zinsen und ausgeschütteten Gewinnen). Addiert man zum Volkseinkommen die Abschreibungen und den Saldo aus indirekten Steuern und Subventionen, so erhält man wieder das BSP.

1.4.2 Wenden wir uns nun den Sektorkonten zu.

1.4.2.1 Auf den Produktionskonten der Sektoren erscheinen auf der rechten Seite die Produktionswerte der Sektoren, auf der linken die Vorleistungen und als abschließender Saldo die Bruttowertschöpfung. Die Summe der Bruttowertschöpfungen der einzelnen Sektoren ergibt die Bruttowertschöpfung der Volkswirtschaft.

1.4.2.2 Die Einkommensentstehungskonten zeigen für jeden Sektor die Entstehung von Erwerbs- und Vermögenseinkommen aus der Bruttowertschöpfung. Zu diesem Zweck werden Abschreibungen und Produktionssteuern von der Bruttowertschöpfung abgesetzt, Subventionen dagegen hinzugerechnet. Die abschließenden Salden der Einkommensentstehungskonten stellen die Beiträge der Sektoren zur Nettowertschöpfung dar.

1.4.2.3 Auf den Einkommensverteilungskonten der Sektoren wird gezeigt, welche Erwerbs- und Vermögenseinkommen die Sektoren zusätzlich zu den im Sektor entstandenen Einkommen von anderen Sektoren und der übrigen Welt empfangen und welche Erwerbs- und Vermögenseinkommen die Sektoren an andere Sektoren und an die übrige Welt geleistet haben. Als abschließende Kontensalden ergeben sich die Anteile der Sektoren am Volkseinkommen.

1.4.2.4 Ausgehend von den Anteilen der Sektoren am Volkseinkommen wird auf den Einkommensumverteilungskonten der Sektoren dargestellt, welche laufenden Übertragungen die Sektoren empfangen und welche sie geleistet haben. Den

Kontensaldo bildet das für den letzten Verbrauch und die Ersparnis <u>verfügbare Einkommen</u>. Zu den laufenden Übertragungen zählen alle Geldleistungen, für die keine unmittelbare Gegenleistung erbracht wird und die nicht als Vermögensübertragung angesehen werden (direkte Steuern, Sozialabgaben u.ä.).

1.4.2.5 Auf den <u>Einkommensverwendungskonten</u> der Sektoren wird die Verwendung der nach der Umverteilung verfügbaren Einkommen für den letzten Verbrauch (privater Verbrauch bzw. Staatsverbrauch) und die Ersparnis dargestellt. Die <u>Ersparnis</u> bildet zugleich den Kontensaldo.

1.4.2.6 Die <u>Vermögensveränderungskonten</u> der Sektoren geben ein Bild der Vermögensbildung und ihrer Finanzierung. Die Bildung von Sachvermögen wird auf der linken Seite der Konten in Höhe der Bruttoinvestitionen nachgewiesen. Die Bruttoinvestitionen umfassen diejenigen Güter aus der inländischen Produktion und Einfuhr, die nicht verbraucht oder ausgeführt werden. Die Wertminderung der Anlagen durch Verschleiß und wirtschaftliches Veralten in der Berichtsperiode wird anhand der Abschreibungen gemessen, die deshalb auf der rechten Seite der Konten nachgewiesen werden. Die Bruttoinvestitionen abzüglich der Abschreibungen werden als Nettoinvestitionen bezeichnet. In globaler Betrachtung werden die Nettoinvestitionen im Prinzip aus der Ersparnis finanziert. Addiert man zur Ersparnis eines Sektors den Saldo der empfangenen und geleisteten Vermögensübertragungen, so erhält man die sogenannte Vermögensbildung. Im Unternehmenssektor schließt die Vermögensbildung auch die nichtentnommenen Gewinne der Unternehmen ohne eigene Rechtspersönlichkeit ein. Der abschließende Saldo der Vermögensveränderungskonten der Sektoren wird als <u>Finanzierungssaldo</u> bezeichnet. Er ist grundsätzlich gleich der Veränderung der Forderungen abzüglich der Veränderungen der Verbindlichkeiten des betreffenden Sektors.

1.4.2.7 Die Finanzierungskonten zeigen für jeden Sektor, wie sich der aus den Vermögensveränderungskonten übernommene Finanzierungssaldo aus Veränderungen der Forderungen einerseits und Veränderungen der Verbindlichkeiten andererseits zusammensetzt.

1.4.3 Das zusammengefaßte Konto der übrigen Welt zeigt die wirtschaftlichen Vorgänge zwischen der übrigen Welt und der eigenen Volkswirtschaft aus der Sicht der übrigen Welt.

1.5 Wichtige Größen

Abschließend soll noch einmal auf einige wichtige Größen hingewiesen werden:

- Bruttoinlandsprodukt (BIP)
  = Bruttowertschöpfung (BWS)
  \+ nichtabzugsfähige Umsatzsteuer
  \+ Einfuhrabgaben

- Bruttosozialprodukt (BSP)
  = BIP
  \+ Saldo der Erwerbs- und Vermögenseinkommen mit der übrigen Welt

- Nettowertschöpfung (NWS)
  = BWS + Subventionen
  \- Abschreibungen - Produktionssteuern

- Volkseinkommen
  = "NWS nach Verteilung"

- verfügbares Einkommen
  = "NWS nach Verteilung und Umverteilung"

- Ersparnis
  = "NWS nach Verteilung, Umverteilung und Verwendung"

1.6 VGR in konstanten Preisen

Um die "reale" Entwicklung der Größen der VGR zu berechnen, werden die Größen i.w. der Entstehungs- und Verwendungsseite auch in Preisen eines festen Vergleichsjahres dargestellt (hier 1976). Die "reale" Zeitreihe wird dabei aus der nominalen Reihe (Preise des Berichtsjahres) und einem Preisindex berechnet, der die Preisentwicklung in der Zeit vom Basisjahr bis zum Berichtsjahr widerspiegeln soll. Bei den Preisindizes handelt es sich prinzipiell um sog. "Paasche"-Preisindizes, d.h. um Preisindizes mit wechselnder Wägung, bei denen Jahr für Jahr ein anderer Warenkorb zugrundegelegt wird bzw. die Elemente des Warenkorbs anders gewichtet werden. Streng genommen weisen diese Preisindizes nur die Preisentwicklung zwischen dem jeweiligen Berichtsjahr und dem Basisjahr aus. Die Entwicklung von einer Berichtsperiode zur anderen ist - anders als bei den in der Preisstatistik üblichen Preisindizes mit fester Wägung (Laspeyres-Indizes) - unter anderem auch durch Verschiebung in der Mengenstruktur einschließlich Qualitätsänderungen beeinflußt. Besonders bemerkbar macht sich dies bei den Vorratsinvestitionen, deren gütermäßige Zusammensetzung im Zeitablauf starken Schwankungen unterliegt (WiSta82, p. 556).

Paasche-Preisindizes können auf verschiedene Art und Weise ermittelt werden. Bis 1977 wurden z.B. die Preisindizes für die Ein- und Ausfuhr folgendermaßen ermittelt: zunächst einmal wurden Durchschnittswerte für jede Position der Außenhandelsstatistik gewonnen durch Division der ausgewiesenen Werte durch die ausgewiesenen Mengen der aus- bzw. eingeführten Waren. Diese Durchschnittswerte wurden dann zusammengezogen mit Hilfe eines Warenkorbes, der aus den Gesamtmengen der Positionen im Berichtsjahr besteht. Da es sich bei den einzelnen Positionen nicht um eine Zusammenfassung völlig gleichartiger Güter handelt, schlagen sich in den Durchschnittswerten aber außer den reinen Preisbewegungen noch andere Komponenten nieder, so z.B. Veränderungen in der Zusammensetzung der Waren nach Art und Qualität bis hin zu Veränderungen in den Handels- und Zahlungsbedingungen innerhalb der einzelnen Positionen der Außenhandelsstatistik (WiSta77, p. 223).

Es werden auch einige Größen in konstanten Preisen ausgewiesen, bei denen eine Aufteilung in Menge und Preis bereits gedanklich große Schwierigkeiten bereitet. Das trifft insbesondere zu für Dienstleistungen, z.B. von Kreditinstituten und Versicherungsunternehmen. Hier sind alle bekannten Deflationierungsverfahren nur Behelfslösungen (WiSta77, p. 223). Ähnlich sieht es aus bei der Preisbereinigung von indirekten Steuern, die seit 1977 in gewissem Umfang vorgenommen werden muß. Nach einem EG-einheitlichen Verfahren werden indirekte Steuern (auf die Produktion und die Einfuhr) zu konstanten Preisen durch Bewertung der besteuerten Güter im Berichtsjahr mit den Steuersätzen im Basisjahr berechnet (WiSta77, p. 224).

Eine andere Methode der Berechnung von Preisindizes stellt der Rückgriff auf Laspeyres-Preisindizes einer möglichst tief gegliederten Preisstatistik dar, die dann mit Hilfe einer Statistik über die Wertanteile der einzelnen Positionen am betrachteten Agglomerat mit Gewichten des Berichtsjahres zusammengewogen werden, also gewissermaßen "verpaascht" werden (WiSta82, p. 556).

Bei der Bestimmung von Preisindizes ist man offenbar besonders auf eine fundierte Kenntnis der Zusammensetzung des betrachteten Agglomerats angewiesen. Hierbei ist vor allem von den Arbeiten an den Input-Output-Tabellen eine gewisse Hilfestellung zu erwarten (WiSta82, p. 556).

Insgesamt scheint die Bestimmung von Preisindizes nicht unproblematisch, einerseits wegen der nicht unproblematischen Bestimmung einer angemessenen operationalen statistischen Definition, andererseits wegen Schwierigkeiten bei der Konsolidation der statistischen Daten.

A N H A N G 2

Datendokumentation

Datengenerierung

Im folgenden wird zunächst eine Liste der verwendeten Datenreihen gegeben. Im Anschluß daran folgt eine ausführliche Dokumentation der Datengenerierung.

In der zur Übersicht gegebenen Liste sind Quelldaten mit S ("source") gekennzeichnet und abgeleitete Daten mit D ("derived"). Die Quelldaten stammen, wenn nichts anderes gesagt ist, aus der VGR des Statistischen Bundesamts. Daten aus den Monatsberichten der Deutschen Bundesbank sind mit MDDB gekennzeichnet, Daten des "Deutsches Institut für Wirtschaftsforschung" und des "Institut für Arbeitsmarkt- und Berufsforschung" durch DIW bzw. IAB.

Einige Datenreihen werden nur bei der Datengenerierung benötigt. Diese Datenreihen sind in der Liste mit H ("helping variables") gekennzeichnet. Außerdem wurden einige Datenreihen nur für die Datenfehleranalyse zu Vergleichszwecken aufgenommen. Diese Datenreihen sind mit C ("comparison") gekennzeichnet. Falls es eine Datenreihe im Modell gibt, die für eine ähnliche Variable steht wie eine zum Vergleich erhobene Datenreihe, wird die "Vergleichsreihe" durch ein nachgestelltes _C gekennzeichnet.

Man beachte schließlich, daß es im Modell jeweils nur einen Preisindex für den Konsum (P'C) und für Investitionen (P'I) gibt. Daraus ergibt sich, daß die Datenreihen für einige reale Modellvariablen nicht mit den entsprechenden Datenreihen der VGR übereinstimmen. Solche Variablen sind in der Liste mit N gekennzeichnet. Zur Generierung der Datenreihen für P'C, P'I werden aber auch die Quelldaten dieser Variablen benötigt. Diese sind durch ein nachgestelltes _S ("Source") gekennzeichnet, etwa ist I'G Modellvariable und I'G_S Quellvariable.

	ELEMENT	TYPE	CONTENT	SOURCE
1	A'BPRL	S	Langfristige Kredite an priv. Nichtbanken, MrdDM	MDDB
2	A'BPRS	S	Kurzfristige Kredite an priv. Nichtbanken, MrdDM	MDDB
3	B'P	S	Arbeitgeberbeitraege, MrdDM	
4	BT'W	S	Tatsaechl. Sozialbeitr. der Arbeitnehmer, MrdDM	
5	C'G	H S	Staatsverbrauch, Mrd76DM	
6	C'GN	C S	Staatsverbrauch, MrdDM	
7	C'P	N D	Privater Verbrauch, Mrd76DM	
8	C'P_S	H S	Privater Verbrauch, Mrd76DM	
9	C'PN	S	Privater Verbrauch, MrdDM	
10	CG'G	N D	staatl. Kaeufe bei Privaten (Saldo), Mrd76DM	
11	CG'G_S	H S	staatl. Kaeufe bei Privaten (Saldo), Mrd76DM	
12	CG'GN	D	staatl. Kaeufe bei Privaten (Saldo), MRDDM	
13	CG'GN1	S	Kaeufe des Staates vom privaten Sektor, MrdDM	
14	CG'GN2	S	Verkaeufe des Staates an privaten Sektor, MrdDM	
15	CT	D	Kostenterm in den Preisfunktionen	
16	DELTA	D	3-Jahresdurch. der Abgangsrate des Kap.stocks	
17	DUM74	D	Dummy, 1974 = 1	
18	HW'DD	H S	Arbeitsvolumen der abh. Erwerbstaetigen, MrdStd	DIW
19	HW'G	H S	Staatliches Arbeitsvolumen, MrdStd	IAB
20	HW'PD	D	Arbeitsvolumen, privat und abhaengig, MrdStd	
21	I'FP	N D	Anlageinvestitionen, Unternehmen, Mrd76DM	
22	I'FP_S	H S	Anlageinvestitionen, Unternehmen, Mrd76DM	
23	I'FPN	S	Anlageinvestitionen, Unternehmen, MrdDM	
24	I'G	N D	Anlageinvestitionen, Staat, Mrd76DM	
25	I'G_S	H S	Anlageinvestitionen, Staat, Mrd76DM	
26	I'GN	S	Anlageinvestitionen, Staat, MrdDM	
27	I'I	N D	Vorratsveraenderung, Mrd76DM	
28	I'I_S	H S	Vorratsveraenderung, Mrd76DM	
29	I'IN	S	Vorratsveraenderung, MrdDM	
30	K'FP	N D	Privater Bruttokapitalstock, Mrd76DM	
31	K'USCO	D	Kapitalnutzungskosten (user cost of capital)	
32	KAPA	D	Erloes-Kosten Relation	
33	KCA'P	S	Abschreibungen, Unternehmen, MrdDM	
34	KCA'PRAT	D	Abschreibungsquote	
35	KCD'P	H D	Anlagenabgaenge im privaten Sektor, Mrd76DM	
36	KF	H S	Bruttoanlageverm., insg., Mrd76DM	
37	KF'AB	H S	Bruttoanlageverm., insges., Abgaenge, Mrd76DM	
38	KF'G	H S	Bruttoanlageverm., Staat, Mrd76DM	
39	KF'GAB	H S	Bruttoanlageverm., Staat, Abgaenge, Mrd76DM	
40	KFN'PN	N D	Nettoanlageverm., Untern., MrdDM	

	ELEMENT	TYPE	C O N T E N T	SCURCE
41	KFN'PN_C	H S	Nettoanlageverm. zu Wied.besch.pr.,Untern.,MrdDM	
42	LC'PD	D	Arbeitskoeffizient im privaten Sektor	
43	M'GS	S	Einfuhr, Mrd76DM	
44	M'GSN	S	Einfuhr, MrdDM	
45	M'GSRAT	D	Importquote	
46	P	D	Preisindex, priv. Bruttosozialprod., 1976 = 100	
47	P'C	N D	Preisindex, Verbrauch, 1976 = 100	
48	P'CG	C S	Preisindex, Staatsverbrauch, 1976 = 100	
49	P'CP	C S	Preisindex, privater Verbrauch, 1976 = 100	
50	P'I	N D	Preisindex, Investitionen, 1976 = 100	
51	P'IE	C S	Preisindex, Anlageinvestitionen, 1976 = 100	
52	P'MGS	S	Preisindex, Einfuhr, 1976=100	
53	P'XGS	S	Preisindex, Ausfuhr, 1976=100	
54	PP	C S	Preisindex, Bruttosozialprodukt, 1976 = 100	
55	R'BL	S	Langfristiger inlaendischer Zinssatz in %	MdDF
56	R'BS	S	Kurzfristiger inlaendischer Zinssatz in %	MdDF
57	R'SEC	S	Rendite festverz. Wertpapiere, Jahresdurch., %	MdDF
58	RHO'PC	D	Kapazitaetsauslastung	
59	SUB'G	S	Subventionen, MrdDM	
60	T'W	D	direkte Steuern und Sozialabgaben	
61	T'WB	D	lfde Uebertragungen, priv. Hh. (Saldo), MrdDM	
62	T'WD	H S	Geleist. lfde. Uebertragungen, priv.Hh., MrdDM	
63	T'WR	H S	empf. lfde Uebertragungen, priv. Hh., MrdDM	
64	T'WRAT	D	Quote: direkte Steuern und Soz.abg. auf Loehne	
65	TI	H S	Indirekte Steuern, MrdDM	
66	TI'G	H S	Produktionssteuern, Staat, MrdDM	
67	TI'P	D	Indirekte Steuern der Privaten, MrdDM	
68	TI'PRAT	D	Quote: indirekte Steuern der Privaten	
69	TIME	D	Zeit, 1960=0	
70	TY'P	D	Direkte Steuern u. ae. der Gewinnbezieher, MrdDM	
71	TY'PRAT	D	Quote: Steuern auf Gewinne	
72	TY'P1	H S	Oeffentl. Abg. auf Eink. aus Unt.t.+Verm.,MrdDM	
73	TY'P2	H S	Saldo d.Schadenvers.trans. d. Unternehmer, MrdDM	
74	TY'P3	H S	sonst. Uebertr. der Untern. mit eig. R.p., MrdDM	
75	TY'P4	H S	Saldo der Soz. Beitr.u.Leist. d. Vers.Unt.,MrdDM	
76	TY'P5	H S	sonst. lfd. Uebertragungen, Unternehmen, MrdDM	
77	TY'P6	H S	Unterst. Soz.beitr. abzgl. soz.Leist.,Unt.,MrdDM	
78	TY'W	H S	Lohnsteuer, MrdDM	
79	VAU	D	Vorleistungsquote (unbereinigt)	
80	VORL'UBE	H S	Vorleistungen, Unternehmen (unbereinigt), MrdDM	

	ELEMENT	TYPE	C O N T E N T	SOURC[
81	WR'P	D	Lohnsatz im privaten Sektor, DM/Std	
82	X'GS	S	Ausfuhr, Mrd76DM	
83	X'GSN	S	Ausfuhr, MrdDM	
84	Y'DIS	N D	Verfuegbares Einkommen, priv. Hh., Mrd76DM	
85	Y'DISN	H S	Verfuegbares Einkommen, priv. Hh., MrdDM	
86	Y'P	D	Bruttoeink. aus Unt.taetigkeit und Verm., MrdDM	
87	Y'PDRAT	D	Quote: Entnommene Gewinne + Verm.eink., priv.Hh.	
88	Y'PNET	D	Nettoeink. aus Untern.taet. und Vermoegen, MrdDM	
89	Y'PNETD	S	Entnommene Gewinne + Verm.eink., priv. Hh.,MrdDM	
90	Y'W	S	Bruttoeinkommen aus unselbst. Arbeit, MrdDM	
91	Y'WG	S	Geleist. Eink. aus unselbst. Arbeit, Staat,MrdDM	
92	Y'WNET	S	Nettolohn- und Gehaltssumme, MrdDM	
93	Y'WP	D	Bruttoeink. aus unselbst. Arbeit, privat, MrdDM	
94	Y'WP_C	C S	Bruttoeink. aus unselbst. Arbeit, Untern., MrdDM	
95	YDP	C S	Bruttosozialprodukt, Mrd76DM	
96	YDP'P	D	priv. Bruttosozialprodukt, Mrd76DM	
97	YDP'PC	D	Produktion bei Normalauslastung	
98	YDP'PN	D	Priv. Bruttosozialprodukt, MrdDM	
99	YDPN	C S	Bruttosozialprodukt, MrdDM	
00	YNP'G	H S	Bruttowertschoepfung, Staat, Mrd76DM	

ND FILE DATENDOC

1 Langfristige Kredite an priv. Nichtbanken, MrdDM

A'BPRL = A'BPRL

Quelle: MDDB, Tab.: III.4 (Kredite an Nichtbanken nach Schuldnergruppen, Befristung und Arten), Spalte 9

Mittel- und langfristige Kredite der Kreditinstitute an Nichtbanken, insgesamt, ohne Wertpapierbestaende, Ausgleichs- und Deckungsforderungen.

Umgestaltung der Bankenstatistik 1969: Aenderung des Kreises der erfassten Institute, der Bankgruppengliederung sowie verschiedener Sachpositionen. Nicht eliminierbarer Kontinuitaetsbruch 1968 (MDDB; Fussnote zu III.4):
Aenderungen vor 1968: 100 % Konzeptaenderung

2 Kurzfristige Kredite an priv. Nichtbanken, MrdDM

A'BPRS = A'BPRS

Quelle: MDDB, Tab.: III.4 (Kredite an Nichtbanken nach Schuldnergruppen, Befristung und Arten), Spalte 3

Kurzfristige Kredite der Kreditinstitute an Nichtbanken, insgesamt, mit Schatzwechselkrediten.

Umgestaltung der Bankenstatistik 1969: Aenderung des Kreises der erfassten Institute, der Bankgruppengliederung sowie verschiedener Sachpositionen. Nicht eliminierbarer Kontinuitaetsbruch 1968 (MDDB; Fussnote zu III.4):
Aenderungen vor 1968: 100 % Konzeptaenderung

3 Arbeitgeberbeitraege, MrdDM

B'P = B'P

Quelle: VGR, Fachserie 18, Tab.: 3.25 (Einkommen aus unselbstaendiger Arbeit), Zeile 36

Neben den tatsaechlich von Arbeitgebern geleisteten Sozialbeitraegen werden auch Sozialbeitraege unterstellt als Gegenwert fuer soziale Leistungen, die von Arbeitgebern direkt - ohne Zwischenschaltung von Dritten - an Beguenstigte gezahlt oder fuer diese zurueckgestellt werden. Dabei handelt es sich z. B. um unterstellte Sozialbeitraege fuer Beamte und um unterstellte Beitraege fuer Aufwendungen auf Grund betrieblicher Ruhegeldverpflichtungen. Grundsaetzlich werden Sozialbeitraege in Hoehe der geleisteten Pensionen bzw. betrieblichen Beihilfen unterstellt. Die geleisteten Pensionen bei Bundesbahn und -post sind jedoch wegen Hinterbliebenenpensionen u. ae. ueberhoeht, deshalb wird dort ein Prozentsatz der Beamtenbezuege unterstellt (VGR81; p.99 - 101)

Revision 1977: Konzeptaenderung: bei tatsaechlichen Beitraegen werden zusaetzlich Beitraege zur gesetzlichen Unfallversicherung nachgewiesen; anstelle von "unterstellten Sozialbeitraege an fiktive Pensionsfonds fuer Beamte" werden "unterstellte Sozialbeitraege" nachgewiesen, unter anderem einschliesslich Aufwendungen fuer betriebliche Ruhegelder:
100 % Konzeptaenderung (WiSta77; p.227/8)

Revision 1982: Konzeptaenderung: Prozentsatz auf Beamtenbezuege wird so gewaehlt, dass Belastung vergleichbar mit Belastung der Angestellten im oeffentlichen Dienst ist (WiSta82; p.563):
100 % Konzeptaenderung: neue statistisch operationale Definition (WiSta82; p.567/8)

4 Tatsaechl. Sozialbeitr. der Arbeitnehmer, MrdDM

BT'W = BT'W

Quelle: VGR, Fachserie 18, Tab.: 3.25 (Einkommen aus unselbstaendiger Arbeit), Zeile 41

Tatsaechliche Sozialbeitraege werden von Arbeitnehmern (im Inland und von Einpendlern) an Institutionen wie Sozialversicherung und Versicherungsunternehmen gezahlt, die soziale Leistungen gewaehren (VGR81;p.99).

Revision 1977: Konzeptaenderung: Die "Arbeitnehmerbeitraege zur Sozialversicherung" werden ersetzt durch die "tatsaechlichen Sozialbeitraege der Arbeitnehmer": unter anderem Einbeziehung der Beitraege an Versicherungsunternehmen (WiSta77; p.220):
100 % Konzeptaenderung (WiSta77; p.227/8)

Revision 1982: keine Konzeptaenderung:
100 % Datenmaterialaenderung (WiSta82; p.567/8)

5 Staatsverbrauch, Mrd76DM

C'G = C'G

Quelle: VGR, Fachserie 18, Tab.: 3.14 (Verwendung des Sozialprodukts), Zeile 17

Bem.: C'G = C'GN / (P'CG/100)

6 Staatsverbrauch, MrdDM

C'GN = C'GN

Quelle: VGR, Fachserie 18, Tab.: 3.14 (Verwendung des Sozialprodukts), Zeile 2

Der Staatsverbrauch setzt sich zusammen aus der Bruttowertschoepfung des Staates (Personalausgaben, Abschreibungen, Produktionssteuern) und den Sachausgaben ("Kaeufe - Verkaeufe" im privaten Sektor) (VGR81; p.86)

Revision 1977: Konzeptaenderung: nicht mehr einbezogen werden die anteilig unterstellten Entgelte fuer Bankdienstleistungen und die unentgeltlichen Lieferungen an die uebrige Welt (Entwicklungshilfe, Stationierungskosten) (WiSta77; p.222):
Aenderungen beruhen ueberwiegend auf den Konzeptaenderungen (1970: - 2.4 %), die allerdings durch neues statistisches Material (Aenderungen in der Haushaltssystematik) teilweise wieder aufgehoben werden (ab 1970; 1970: + 1.6 %):
Verhaeltnis Konzept- zu Datenmaterialaenderungen: 2 : 1 (unterstellt) (WiSta77; p.235/6)

Revision 1982: Neuberechnung der unterstellten Sozialbeitraege vermindert den Staatsverbrauch:
100 % Konzeptaenderung (WiSta82; p.563)

7 Privater Verbrauch, Mrd76DM

C'P = C'PN / (P'C/100)

Quelle: eigene Berechnung

Verwendete Zeitreihen:

C'PN	privater Verbrauch, MrdDM
P'C	Preisindex, Konsum, 1976=100

8 Privater Verbrauch, Mrd76DM

C'P_S = C'P_S

Quelle: VGR, Fachserie 18, Tab.: 3.14 (Verwendung des Sozialprodukts), Zeile 16

Bem.: C'P_S = C'PN / (P'CP/100)

9 Privater Verbrauch, MrdDM

C'PN = C'PN

Quelle: VGR, Fachserie 18, Tab.: 3.14 (Verwendung des Sozialprodukts), Zeile 1

Als privater Verbrauch werden die Kaeufe der inlaendischen privaten Haushalte fuer Konsumzwecke und der Eigenverbrauch der privaten Organisationen ohne Erwerbszweck bezeichnet (Inlaenderkonzept). Der private Verbrauch wird i. w. nach der commodity-flow-Methode ermittelt: Registrierung der Verkaeufe an private Haushalte (Zuordnungsschwierigkeiten!). Erhebungen bei privaten Haushalten sind bisher nur zur Kontrolle einsetzbar (WiSta77; p.220; DIW; p.102; Esenwein - Rothe; p.274 -276)

Revision 1977: Konzeptaenderung: Verminderung um die anteiligen unterstellten Entgelte fuer Bankdienstleistungen und um unentgeltliche Lieferungen an die uebrige Welt (WiSta77; p.222):
Aenderungen beruhen im wesentlichen auf Konzeptaenderungen (1970: - 1.1 %), die teilweise durch neue Ausgangsstatistiken und Berechnungsmethoden wieder ausgeglichen werden (1970: + 0.7 %) (Wohnungszaehlung 1968, Wohnungsstichprobe 1972, Einkommens- und Verbrauchsstichproben):
Verhaeltnis Konzept- zu Datenmaterialaenderungen: 2 : 1 (unterstellt) (WiSta77; p.234, 236)

Revision 1982: Datenmaterialaenderungen: neues statistisches Material: Handel- und Gaststaettenzaehlung 1978, Handwerkszaehlung 1976, Wohnungsstichprobe 1978:
100 % Datenmaterialaenderung

10 staatl. Kaeufe bei Privaten (Saldo), Mrd76DM

CG'G = CG'GN / (P'C / 100)

Quelle: eigene Berechnung

Verwendete Zeitreihen:

CG'GN	staatliche Kaeufe bei Privaten (Saldo), MrdDM
P'C	Preisindex, Verbrauch, 1976 = 100

11 staatl. Kaeufe bei Privaten (Saldo), Mrd76DM

CG'G_S = C'G - YNP'G

Quelle: eigene Berechnung

Verwendete Zeitreihen:

C'G	Staatsverbrauch, Mrd76DM
YNP'G	Bruttowertschoepfung, Staat, MRD76DM

Bem.: darunter ca. 75 % soziale Sachleistungen
(Kaeufe von anderen Sektoren der Volkswirtschaft zugunsten der Empfaenger sozialer Sachleistungen sowie Leistungen eigener sozialer Einrichtungen des Staates (Heime usw.)).

12 staatl. Kaeufe bei Privaten (Saldo), MRDDM

CG'GN = CG'GN1-CG'GN2

Quelle: eigene Berechnung

Verwendete Zeitreihen:

CG'GN1	Kaeufe des Staates vom privaten Sektor, MRDDM
CG'GN2	Verkaeufe des Staates an privaten Sektor, MRDDM

Bem.: darunter ca. 75 % soziale Sachleistungen
(Kaeufe von anderen Sektoren der Volkswirtschaft zugunsten der Empfaenger sozialer Sachleistungen sowie Leistungen eigener sozialer Einrichtungen des Staates (Heime usw.)).

13 Kaeufe des Staates vom privaten Sektor, MrdDM

CG'GN1 = CG'GN1

Quelle: VGR, Fachserie 18, Tab.: 3.34A (laufende Einnahmen, Ausgaben, Ersparnis, Investitionen des Staates (insgesamt)), Zeile 44

Bei den Kaeufen des Staates im privaten Sektor handelt es sich um Kaeufe fuer militaerische Zwecke und um laufende Aufwendungen etwa zur Unterhaltung von Fahrzeugen, fuer Mieten und Pachten, ausserdem um die von den Sozialversicherungen bezahlten Sachleistungen (DIW; p.108).
Bem.: Ca. 10 % sind Kaeufe der Sozialversicherung von Krankenhausleistungen der Gebietskoerperschaften (saldiert mit CG'GN2)

Revision 1977: Konzeptaenderung: Nicht mehr einbezogen werden die an-

teilig unterstellten Entgelte fuer Bankdienstleistungen und die unentgeltlichen Lieferungen an die uebrige Welt (Entwicklungshilfe, Stationierungskosten (WiSta77; p.219/20):
100 % Konzeptaenderung (WiSta77; p.235/6)

Revision 1982: keine Konzeptaenderung:
100 % Datenmaterialaenderung

14 Verkaeufe des Staates an privaten Sektor, MrdDM

CG'GN2 = CG'GN2

Quelle: VGR, Fachserie 18, Tab.: 3.34A (laufende Einnahmen, Ausgaben, Ersparnis, Investitionen des Staates (insgesamt)), Zeile 50

Bei den Verkaeufen des Staates an den privaten Sektor handelt es sich um Entgelte und Gebuehren fuer die Inanspruchnahme oeffentlicher Leistungen (DIW; p.108).
Bem.: Ca. 10 % sind Verkaeufe der Gebietskoerperschaften von Krankenhausleistungen an die Sozialversicherungen (saldiert mit CG'GN1)

Revision 1977: keine Konzeptaenderung:
neues statistisches Material fuehrt zur Verminderung der Verkaeufe des Staates (Aenderungen in der Haushaltssystematik) (WiSta77; p.235):
100 % Datenmaterialaenderung (WiSta77; p.235)

Revision 1982: keine Konzeptaenderung,
100 % Datenmaterialaenderung

15 Kostenterm in den Preisfunktionen

CT = (Y'WP + M'GSN + TI'P - SUB'G + (R'BS*A'BPRS+R'BL*A'BPRL)/100 + KCA'P) / YDP'P

Quelle: eigene Berechnung

Verwendete Zeitreihen:

Y'WP	Bruttoeink. aus unselbst. Arbeit, privat, MrdDM
M'GSN	Einfuhr, MrdDM
TI'P	Indir. Steuern der Privaten, MrdDM
SUB'G	Subventionen, MrdDM
R'BS	kurzfr. inlaendischer Zinssatz in %
A'BPRS	kurzfr. Kredite an private Nichtbanken, MrdDM
R'BL	langfr. inlaendischer Zinssatz in %
A'BPRL	langfr. Kredite an private Nichtbanken, MrdDM
KCA'P	Abschreibungen, Unternehmen, MrdDM

YDP'P priv. Bruttosozialprodukt, Mrd76DM

16 3-Jahresdurch. der Abgangsrate des Kap.stocks

DELTA = 0.33*(KCD'P|1|/K'FP|1|+KCD'P|2|/K'FP|2|+KCD'P|3|/K'FP|3|)*100

Quelle: eigene Berechnung
1960-1962 : = 1.25 (gesetzt)

Verwendete Zeitreihen:

KCD'P Anlagenabgaenge aller Wirtsch.bereiche, Mrd76DM
K'FP privater Bruttokapitalstock, Mrd76DM

17 Dummy, 1974 = 1

DUM74 = DUM74

Quelle: eigene Berechnung

18 Arbeitsvolumen der abh. Erwerbstaetigen, MrdStd

HW'DD = HW'DD

Quelle: DIW-Datenbank 1101A

Dieses Arbeitsvolumen ist die Summe der in einem Jahr von allen abhaengig Beschaeftigten im Inland geleisteten Arbeitsstunden. Das fuer die Errechnung dieser Arbeitszeit in der BRD zur Verfuegung stehende statistische Material ist sehr lueckenhaft (DIW; p.97).

19 Staatliches Arbeitsvolumen, MrdStd

HW'G = HW'G

Quelle: Originalzeitreihe des IAB

Dieses Arbeitsvolumen ist die Summe der in einem Jahr von allen staatlichen Beschaeftigten im Inland geleisteten Arbeitsstunden. Das fuer die Errechnung dieser Arbeitszeit in der BRD zur Verfuegung stehende statistische Material ist sehr lueckenhaft (DIW; p.97).

20 Arbeitsvolumen, privat und abhaengig, MrdStd

HW'PD = HW'DD - HW'G

Quelle: eigene Berechnung

Verwendete Zeitreihen:

HW'DD	Arbeitsvolumen der abh. Erwerbstaet., MrdStd
HW'G	staatliches Arbeitsvolumen, MrdStd

21 Anlageinvestitionen, Unternehmen, Mrd76DM

I'FP = I'FPN / (P'I/100)

Quelle: eigene Berechnung

Verwendete Zeitreihen:

I'FPN	Anlageinvestitionen, Unternehmen, MrdDM
P'I	Preisindex, Investitionen, 1976=100

Bem.: Unternehmen einschl. privater Organisationen ohne Erwerbszweck

22 Anlageinvestitionen, Unternehmen, Mrd76DM

I'FP_S = I'FP_S

Quelle: VGR, Fachserie 18, Tab.: 3.18 (Anlageinvestitionen nach Sektoren und Anlagearten), Zeile 57

Bem.: Unternehmen einschl. privater Organisationen ohne Erwerbszweck

23 Anlageinvestitionen, Unternehmen, MrdDM

I'FPN = I'FPN

Quelle: VGR, Fachserie 18, Tab.: 3.18 (Anlageinvestitionen nach Sektoren und Anlagearten), Zeile 9

Bem.: Unternehmen einschl. privater Organisationen ohne Erwerbszweck

Anlageinvestitionen sind Bau- und Ausruestungsinvestitionen, sie dienen dem Zweck, den Kapitalstock zu erhalten, zu erweitern und zu verbessern. Ausruestungsinvestitionen umfassen Kaeufe neuer Gueter, selbst erstellte Anlagen, werterhoehende Reparaturen sowie den Saldo aus Kauf und Verkauf von gebrauchten Ausruestungsguetern (DIW; p.113). Die Berechnung erfolg zum einen nach der commodity-flow-Methode: Angaben ueber die Produktion von Investitionsguetern ergaenzt durch Angaben aus der Absatzstatistik und der Aussenhandelsstatistik. Dabei entstehen nicht unwesentliche Zuordnungsschwierigkeiten, insbesondere hinsichtlich der Unterscheidung von Investitionen und Vorleistungen, z. B. beim Einbau von Investitionsguetern in komplexere Investitionsgueter. Zum anderen wird eine sogenannte Investorenrechnung durchgefuehrt, die auf Befragungen der Investoren ueber die Hoehe ihrer Investitionen beruht. Die Einfuehrung der Investorenrechnung fuehrte zur Revision der commodity-flow-Berechnung (Konsolidation) (WiSta77; p.235/6; WiSta82; p.563/4)

Revision 1977: keine Konzeptaenderung:Einfuehrung der Investorenrechnung

Revision 1982: keine Konzeptaenderung:Aenderung der commodity-flow-Berechnung

24 Anlageinvestitionen, Staat, Mrd76DM

I'G = I'GN / (P'I/100)

Quelle: eigene Berechnung

Verwendete Zeitreihen:

I'GN	Anlageinvestitionen, Staat, MrdDM
P'I	Preisindex, Investitionen, 1976=100

25 Anlageinvestitionen, Staat, Mrd76DM

I'G_S = I'G_S

Quelle: VGR, Fachserie 18, Tab.: 3.18 (Anlageinvestitionen nach Sektoren und Anlagearten), Zeile 62

26 Anlageinvestitionen, Staat, MrdDM

I'GN = I'GN

Quelle: VGR, Fachserie 18, Tab.: 3.18 (Anlageinvestitionen nach Sektoren und Anlagearten), Zeile 28

Grundsaetzlich gilt hier dasselbe wie bei den privaten Anlageinvestitionen (vgl. I'FPN). Allerdings erbringt der Staat nur in relativ geringem Masse investive Eigenleistungen, so dass ein grosser Teil der staatlichen Anlageinvestitionen als Gueterkaeufe im privaten Sektor angesehen werden kann. Ausruestungsinvestitionen stellen nur 7 % der staatlichen

Anlageinvestitionen dar (DIW; p.109). Man beachte, dass Kaeufe fuer den Ruestungsbereich beim staatlichen Konsum verbucht werden.

Revision 1977: keine Konzeptaenderung

Revision 1982: keine Konzeptaenderung

27 Vorratsveraenderung, Mrd76DM

I'I = I'IN / (P'I/100)

Quelle: eigene Berechnung

Verwendete Zeitreihen:

I'IN	Vorratsveraenderung, MrdDM
P'I	Preisindex, Investitionen, 1976=100

28 Vorratsveraenderung, Mrd76DM

I'I_S = I'I_S

Quelle: VGR, Fachserie 18, Tab.: 3.14 (Verwendung des Sozialprodukts), Zeile 22

29 Vorratsveraenderung, MrdDM

I'IN = I'IN

Quelle: VGR, Fachserie 18, Tab.: 3.14 (Verwendung des Sozialprodukts), Zeile 9

Die Vorratsveraenderung ist die Differenz zwischen dem Lagerbestand am Ende der Berichtsperiode und dem Bestand am Ende der vorangegangenen Periode. Zum Vorratsbestand gehoeren Vorprodukte sowie Halb- und Fertigwaren aus eigener oder aus fremder Produktion, wenn sie zur Weiterverarbeitung oder zum Verkauf bestimmt sind. Ausserdem werden Viehbestandsaenderungen und Aenderungen pflanzlicher Vorraete erfasst (DIW; p.115/116).Bei der Berechnung der Vorratsveraenderungen werden Bestandsangaben zu Buchwerten zunaechst auf eine konstante Preisbasis umgerechnet. Die Differenz zwischen Anfangs- und Endbestaenden in konstanten Preisen wird dann mit jahresduchschnittlichen Preisen bewertet (VGR81; p.88). - Trotz mehrerer Ueberarbeitungen bleibt die Berechnung der Vorratsveraenderung nach wie vor schwierig, so dass der Unsicherheitsbereich dieser Groesse erheblich weiter ist als der der anderen Aggregate der Verwendungsseite des Sozialprodukts (WiSta77; p.564). Das DIW zieht aus dieser Situation die Konsequenz und berechnet die Vorratsveraenderung als Differenzposten zwischen Entstehungs- und Verwendungsrechnung (DIW; p.116).

Revision 1977: keine Konzeptaenderung

Revision 1982: keine Konzeptaenderung

30 Privater Bruttokapitalstock, Mrd76DM

K'FP = K'FP|1|+I'FP|1|-KCD'P|1|

Quelle: eigene Berechnung

Verwendete Zeitreihen:

I'FP	Anlageinvestitionen, Unternehmen, Mrd76DM
KCD'P	Anlagenabgaenge im privaten Sektor, Mrd76DM

Bem.: Kapitalstock am Anfang des Jahres.
Der Startwert fuer 1960 wird als KF-KF'G berechnet.

31 Kapitalnutzungskosten (user cost of capital)

K'USCO = P'I/100*((R'SEC-((P-P|1|)/P|1|)*100) + DELTA) / (1-TY'PRAT)

Quelle: eigene Berechnung

Verwendete Zeitreihen:

P'I	Preisindex, Investitionen, 1976 = 100
R'SEC	Rendite festverz. Wertpapiere, Jahresdurch., %
P	Preisindex, priv. Bruttosozialpr., 1976 = 100
DELTA	3-Jahresdurch. der Abgangsrate des Kap.stocks, %
TY'PRAT	Quote: Steuern auf Gewinne

32 Erloes-Kosten Relation

KAPA = YDP'PN*(1+VAU)/(Y'WP+TI'P-SUB'G+K'USCO*KFN'PN/P'I+VAU*YDP'PN+TY'P)

Quelle: eigene Berechnung

Verwendete Zeitreihen:

YDP'PN	priv. Bruttosozialprodukt, MrdDM
VAU	Vorleistungsquote (unbereinigt)
Y'WP	Bruttoeink. aus unselbst. Arbeit, privat, MrdDM
TI'P	Indirekte Steuern der Privaten, MrdDM

SUB'G	Subventionen, MrdDM
K'USCO	Kapitalnutzungskosten (user cost of capital)
KFN'PN	Nettoanlageverm. zu Wied.besch.pr.,Untern.,MrdDM
TY'P	Direkte Steuern u. ae. der Gewinnbezieher, MrdDM

33 Abschreibungen, Unternehmen, MrdDM

KCA'P = KCA'P

Quelle: VGR, Fachserie 18, Tab.: 3.29 (Ersparnis und Vermoegensbildung), Zeile 50

Abschreibungen messen die Wertminderung des reproduzierbaren Anlagevermoegens im Lauf der Periode durch Verschleiss und wirtschaftliches Veralten. Tiefbauten wie Strassen und Bruecken werden nicht abgeschrieben, da davon ausgegangen wird, dass ihr Wert durch entsprechende Reparaturen erhalten bleibt. Die realen Abschreibungen werden ueber die Entwicklung des realen Vermoegensbestandes berechnet und anschliessend mit Wiederbeschaffungspreisen bewertet (VGR81; p.91; DIW; p.116).

Revision 1977: keine Konzeptaenderung:
Aenderungen in den Daten gehen zu 100 % auf Aenderungen bei den Anlageinvestitionen zurueck (WiSta77; p.236).

Revision 1982: keine Konzeptaenderung: (WiSta82; p.558)

34 Abschreibungsquote

KCA'PRAT = KCA'P / KFN'PN

Quelle: eigene Berechnung

Verwendete Zeitreihen:

KCA'P	Abschreibungen, Unternehmen, MrdDM
KFN'PN	Nettoanlageverm., Untern., MrdDM

35 Anlagenabgaenge im privaten Sektor, Mrd76DM

KCO'P = KF'AB-KF'GAB

Quelle: eigene Berechnung

Verwendete Zeitreihen:

KF'AB	Bruttoanlageverm., insg., Abgaenge, Mrd76DM
KF'GAB	Bruttoanlageverm., Staat, Abgaenge, Mrd76DM

36 Bruttoanlageverm., insg., Mrd76DM

KF = KF

Quelle: VGR, Fachserie 18, Tab.: 3.51K (Anlagevermoegen, Zugaenge, Abgaenge und Abschreibungen in Preisen von 1976), ZEILE 137

Bem.: ohne oeffentlichen Teifbau, einschl. private Organisationen ohne Erwerbszweck

37 Bruttoanlageverm., insges., Abgaenge, Mrd76DM

KF'AB = KF'AB

Quelle: VGR, Fachserie 18, Tab.: 3.51K (Anlagevermoegen, Zugaenge, Abgaenge und Abschreibungen in Preisen von 1976), Zeile 139

38 Bruttoanlageverm., Staat, Mrd76DM

KF'G = KF'G

Quelle: VGR, Fachserie 18, Tab.: 3.51K (Anlagevermoegen, Zugaenge, Abgaenge und Abschreibungen in Preisen von 1976), Zeile 129

Bem.: ohne oeffentlichen Tiefbau

39 Bruttoanlageverm., Staat, Abgaenge, Mrd76DM

KF'GAB = KF'GAB

Quelle: VGR, Fachserie 18, Tab.: 3.51K (Anlagevermoegen, Zugaenge, Abgaenge und Abschreibungen in Preisen von 1976), Zeile 131

40 Nettoanlageverm., Untern., MrdDM

KFN'PN = (KFN'PN|1| + I'FPN|1| - KCA'P|1|) * P'I / P'I|1|

Quelle: 1960 : VGR, Fachserie 18, Tab.: 3.51W (Anlagevermoegen, Zugaenge, Abgaenge und Abschreibungen zu Wiederbeschaffungspreisen), Zeile 117
sonst : eigene Berechnung

Verwendete Zeitreihen:

I'FPN	Anlageinvestitionen, Unternehmen, MrdDM
KCA'P	Abschreibungen, Unternehmen, MrdDM
P'I	Preisindex, Investitionen, 1976 = 100

41 Nettoanlageverm. zu Wied.besch.pr.,Untern.,MrdDM

KFN'PN_C = KFN'PN_C

Quelle: VGR, Fachserie 18, Tab.: 3.51W (Anlagevermoegen, Zugaenge, Abgaenge, Abschreibungen zu Wiederbeschaffungspreisen), Zeile 117

Nettoanlagevermoegen am Anfang eines Jahres =
Nettoanlagevermoegen am Anfang des Vorjahres
+ Zugaenge waehrend des Vorjahres
- Abschreibungen waehrend des Vorjahres.
Bei dem Nettoanlagevermoegen zu Wiederbeschaffungspreisen muss zusaetzlich noch die Wertaenderung am Vermoegensbestand infolge der Preisaenderungen vom Vorjahr zum Berichtsjahr beruecksichtigt werden (VGR81; p. 132).

Revision 1977: keine Konzeptaenderung

Revision 1982: keine Konzeptaenderung;
Datenmaterialaenderung: Ueberarbeitung der Werte fuer das Anlagevermoegen und der Jahresanfangspreisindizes

42 Arbeitskoeffizient im privaten Sektor

LC'PD = (HW'PD / YDP'P) * 100

Quelle: eigene Berechnung

Verwendete Zeitreihen:

HW'PD	Arbeitsvolumen, priv. und abh., MrdStd
YDP'P	priv. Bruttosozialprodukt, Mrd76DM

43 Einfuhr, Mrd76DM

M'GS = M'GSN / (P'MGS/100)

Quelle: VGR, Fachserie 18, Tab.: 3.14 (Verwendung des Sozialprodukts), Zeile 26

Verwendete Zeitreihen:

M'GSN	Einfuhr, MrdDM

P•MGS Preisindex, Einfuhr, 1976=100

44 Einfuhr, MrdDM

M•GSN = M•GSN

Quelle: VGR, Fachserie 18, Tab.: 3.14 (Verwendung des Sozialprodukts), Zeile 13

Zur Einfuhr von Waren und Dienstleistungen rechnen alle Waren- und Dienstleistungskaeufe von Wirtschaftseinheiten, die ihren staendigen Sitz ausserhalb der BRD haben. Dabei sind Erwerbs- und Vermoegenseinkommen an die uebrige Welt eingeschlossen. Aus praktischen Erwaegungen wird bei der Wareneinfuhr vom Zeitpunkt des Grenzuebergangs ausgegangen. (VGR81;p.89-90)

Revision 1977: Konzeptaenderung: Der Transithandel wird nur noch mit der Handelsspanne nachgewiesen (Differenz zwischen dem Wert der Warenverkaeufe und dem Wert der eingesetzten Handelsware zu Einstandspreisen), und die Handelsspanne wird im Export verbucht (Dienstleistungseinnahmen)(DIW; p.123). Der Wert der Transitware wird also nicht mehr im Import nachgewiesen. Durch eine geaenderte Behandlung von nachtraeglichen Preisnachlaessen sowie Ersatz- und Rueckzahlungen vermindern sich die Einfuhren ebenfalls (WiSta77; p.220): 100 % Konzeptaenderung (der Einfachheit halber) (vgl. aber WiSta77; p.236)

Revision 1982: keine Konzeptaenderung (WiSta82; p. 564/5)

45 Importquote

M•GSRAT = M•GS / YDP•P

Quelle: eigene Berechnung

Verwendete Zeitreihen:

M•GS	Einfuhr, Mrd76DM
YDP•P	priv. Bruttosozialprodukt, Mrd76DM

46 Preisindex, priv. Bruttosozialprod., 1976 = 100

P = YDP•PN / YDP•P * 100

Quelle: eigene Berechnung

Verwendete Zeitreihen:

YDP•PN priv. Bruttosozialprodukt, MrdDM
YDP•P priv. Bruttosozialprodukt, Mrd76DM

47 Preisindex, Verbrauch, 1976 = 100

P•C = (C•PN + CG•GN) / (C•P_S + CG•G_S) * 100

Quelle: eigene Berechnung

Verwendete Zeitreihen:

C•PN	privater Verbrauch, MrdDM
CG•GN	staatl. Kaeufe bei Privaten (Saldo), MrdDM
C•P_S	privater Verbrauch, Mrd76DM
CG•G_S	staatl. Kaeufe bei Privaten (Saldo), Mrd76DM

48 Preisindex, Staatsverbrauch, 1976 = 100

P•CG = P•CG

Quelle: VGR, Fachserie 18, Tab.: 3.14 (Verwendung des Sozialprodukts), Zeile 30

Preisindex zur Deflationierung von C•GN zu C•G.

Revision 1977: keine Konzeptaenderung

Revision 1982: keine Konzeptaenderung

49 Preisindex, privater Verbrauch, 1976 = 100

P•CP = P•CP

Quelle: VGR, Fachserie 18, Tab.: 3.14 (Verwendung des Sozialprodukts), Zeile 29

Preisindex zur Deflationierung von C•PN zu C•P_S.

Revision 1977: Konzeptaenderung: Bei der Deflationierung des privaten Verbrauchs von Inlaendern im Ausland werden jetzt die Preisentwicklungen in den wichtigsten Reiselaendern und die wechselkursbedingten Quasipreisaenderungen beruecksichtigt (WiSta77; p.223): 100 % Konzeptaenderung

Revision 1982: keine Konzeptaenderung

50 Preisindex, Investitionen, 1976 = 100

P'I = (I'FPN + I'GN + I'IN) / (I'FP_S + I'G_S + I'I_S) * 100

Quelle: eigene Berechnung

Verwendete Zeitreihen:

I'FPN	Anlageinvestitionen, Unternehmen, MrdDM
I'GN	Anlageinvestitionen, Staat, MrdDM
I'IN	Vorratsveraenderung, MrdDM
I'FP11	Anlageinvestitionen, Unternehmen, Mrd76DM
I'G11	Anlageinvestitionen, Staat, Mrd76DM
I'I11	Vorratsveraenderung, Mrd76DM

51 Preisindex, Anlageinvestitionen, 1976 = 100

P'IE = P'IE

Quelle: VGR, Fachserie 18, Tab.: 3.14 (Verwendung des Sozialprodukts), Zeile 31

Preisindex zur Deflationierung von (I'FPN + I'GN).

Revision 1977: keine Konzeptaenderung

Revision 1982: keine Konzeptaenderung

52 Preisindex, Einfuhr, 1976=100

P'MGS = P'MGS

Quelle: VGR, Fachserie 18, Tab.: 3.14 (Verwendung des Sozialprodukts), Zeile 37

Preisindex zur Deflationierung von M'GSN zu M'GS.

Revision 1977: Konzeptaenderung: Zur Deflationierung der Warenein- und -ausfuhr werden nunmehr Preismesszahlen aus der Statistik der Ein- und Ausfuhrpreise herangezogen, die in der feinsten Gliederung des Warenverzeichnisses der Aussenhandelsstatistik mit Gewichten des Berichtsjahres zusammengewogen werden (WiSta77; p.223): 100 % Konzeptaenderung

Revision 1982: keine Konzeptaenderung

53 Preisindex, Ausfuhr, 1976=100

P'XGS = P'XGS

Quelle: VGR, Fachserie 18, Tab.: 3.14 (Verwendung des Sozialprodukts), Zeile 35

Preisindex zur Deflationierung von X'GSN zu X'GS.

Revision 1977: Konzeptaenderung: Zur Deflationierung der Warenein- und -ausfuhr werden nunmehr Preismesszahlen aus der Statistik der Ein- und Ausfuhrpreise herangezogen, die in der feinsten Gliederung des Warenverzeichnisses der Aussenhandelsstatistik mit Gewichten des Berichtsjahres zusammengewogen werden (WiSta77; p.223): 100 % Konzeptaenderung

Revision 1982: keine Konzeptaenderung

54 Preisindex, Bruttosozialprodukt, 1976 = 100

PP = PP

Quelle: VGR, Fachserie 18, Tab.: 3.1 (Wertschoepfung, Inlandsprodukt und Sozialprodukt), Zeile 33

Preisindex zur Deflationierung von YDPN zu YDP.

Revision 1977: Konzeptaenderung: Berechnung der Preisindizes der Sektoren Kreditinstitute, Versicherungsunternehmen und der Ein- und Ausfuhr geaendert (WiSta77; p.223/4): Aenderung der statistisch operationalen Definition: 100 % Konzeptaenderung

Revision 1982: keine Konzeptaenderung (WiSta82; p.556)

55 Langfristiger inlaendischer Zinssatz in %

R'BL = R'BL

Quelle: MDDB, Tab.: VI.6 (Renditen inlaendischer Wertpapiere), Spalte 10

Rendite inlaendischer im Umlauf befindlicher Wertpapiere, hier der Anleihen der oeffentlichen Hand. Die Daten beruhen auf Renditen an Bankwochenstichtagen.

Keine Revision

56 Kurzfristiger inlaendischer Zinssatz in %

R'BS = R'BS

Quelle: MDDB, Tab.: V.5 (Geldmarktsaetze in Frankfurt am Main nach Monaten), Spalte 5

Mittlere Geldmarktsaetze in Frankfurt(Main), Dreimonatsgeld. Die Daten beruhen auf taeglichen Angaben am Frankfurter Bankplatz.

Keine Revision

57 Rendite festverz. Wertpapiere, Jahresdurch., %

R'SEC = R'SEC

Quelle: MDDB, Tab.: VI.6 (Renditen inlaendischer Wertpapiere), Spalte 6

Rendite inlaendischer im Umlauf befindlicher festverzinslicher Wertpapiere, insgesamt.Die Daten beruhen auf Renditen an Bankwochenstichtagen.

Keine Revision

58 Kapazitaetsauslastung

RHO'PC = YDP'P / YDP'PC

Quelle: eigene Berechnung

Verwendete Zeitreihen:

YDP'P	priv. Bruttosozialprodukt, Mrd76DM
YDP'PC	Produktion bei Normalauslastung

59 Subventionen, MrdDM

SUB'G = SUB'G

Quelle: VGR, Fachserie 18, Tab.: 3.1 (Wertschoepfung, Inlandsprodukt, Sozialprodukt), Zeile 9

Unter Subventionen versteht man Zuschuesse, die der Staat im Rahmen der Wirtschafts- und Sozialpolitik an Unternehmen fuer laufende Produktionszwecke gewaehrt. Angaben ueber Subventionen beziehen sich weitgehend auf Zahlungsvorgaenge. (VGR81; p.93/4)

Revision 1977: keine Konzeptaenderung (WiSta77; p. 231)

Revision 1982: Konzeptaenderung: Von der uebrigen Welt gezahlte Subventionen werden ueber den Staat abgerechnet. Eingliederungsbeihilfen der Bundesanstalt fuer Arbeit werden als Subventionen behandelt. Ausserdem wurden Umsetzungen vom Staatsverbrauch auf Subventionen vorgenommen. Der Pauschalbetrag fuer Zuschuesse zur landwirtschaftlichen Unfallversicherung wird jetzt bei den laufenden Uebertragungen und nicht mehr bei den Subventionen verbucht (WiSta82; p.570): 100 % Konzeptaenderung (der Einfachheit halber)

60 direkte Steuern und Sozialabgaben

T'W = TY'W + B'P + BT'W

Quelle: eigene Berechnung

Verwendete Zeitreihen:

TY'W	Lohnsteuer, MrdDM
B'P	Arbeitgeberbeitraege, MrdDM
BT'W	Arbeitnehmerbeitraege, MrdDM

61 lfde Uebertragungen, priv. Hh. (Saldo), MrdDM

T'WB = T'WR-T'WD

Quelle: eigene Berechnung

Verwendete Zeitreihen:

T'WR	empf. lfde Uebertragungen, priv. Hh., MrdDM
T'WD	geleist. lfde Uebertragungen, priv. Hh., MrdDM

62 Geleist. lfde. Uebertragungen, priv.Hh., MrdDM

T'WD = T'WD

Quelle: VGR, Fachserie 18, Tab.: 3.45 (Einkommen der privaten Haushalte und seine Verwendung), Zeile 62

Es handelt sich um geleistete laufende Uebertragungen aus dem verfuegbaren Einkommen der privaten Haushalte, wie etwa nichtzurechenbare Steuern (z.B. Kfzsteuern), freiwillige Sozialversicherungsbeitraege der Selbstaendigen, Hausfrauen u.ae., Rueckerstattungen und sonstige laufende Uebertragungen an den Staat, Nettopraemien fuer Schadensversicherungsleistungen, internationale private Uebertragungen (VGR60-81; p.278/9)

Revision 1977: Konzeptaenderung: Aenderung in der Darstellung des Kreislaufs von Sozialbeitraegen und sozialen Leistungen: wirkt sich kaum aus (WiSta77; p.229):
100% Konzeptaenderung

Revision 1982: keine Konzeptaenderung

63 Empf. lfde Uebertragungen, priv. Hh., MrdDM

T'WR = T'WR

Quelle: VGR, Fachserie 18, Tab.: 3.45 (Einkommen der privaten Haushalte und seine Verwendung), Zeile 60

Soziale Leistungen von Gebietskoerperschaften, Sozialversicherung, Unternehmen, privaten Organisationen ohne Erwerbscharakter und von der uebrigen Welt (nach Abzug der Lohnsteuer auf Pensionen und der Beitraege des Staates fuer Empfaenger sozialer Leistungen). Laufende Uebertragungen des Staates an private Organisationen ohne Erwerbszweck, internationale Uebertragungen (VGR60-81; p.278/9). Zu den sozialen Leistungen zaehlen prinzipiell laufende Geldleistungen an private Haushalte (und an die uebrige Welt), fuer die keine unmittelbare Gegenleistung erbracht wird und deren Gewaehrung vom Vorhandensein bestimmter Risiken abhaengig ist (Krankheit o.ae.).(VGR81; p.101)

Revision 1977: Konzeptaenderung: neue Abgrenzung des Begriffs soziale Leistungen: T'WR enthaelt jetzt auch zusaetzliche Sozialaufwendungen der Arbeitgeber, die zugleich Teil des Bruttoeinkommens aus unselbstaendiger Arbeit sind, wie Betriebspensionen, Beihilfen im Krankheitsfall u.ae. (WiSta77; p.226, 229):
100 % Konzeptaenderung

Revision 1982: keine Konzeptaenderung: Aenderung in der Verbuchung der Beitraege des Staates fuer Empfaenger sozialer Leistungen wirkt sich nicht aus!
100 % Datenmaterialaenderung

64 Quote: direkte Steuern und Soz.abg. auf Loehne

T'WRAT = T'W / Y'W

Quelle: eigene Berechnung

Verwendete Zeitreihen:

T'W	direkte Steuern und Sozialabgaben, MrdDM
Y'W	Bruttoeink. aus unselbst. Arbeit, MrdDM

65 Indirekte Steuern, MrdDM

TI = TI

Quelle: VGR, Fachserie 18, Tab.: 3.1 (Wertschoepfung, Inlandsprodukt und Sozialprodukt), Zeile 8

Indirekte Steuern sind alle Steuern und aehnliche Abgaben, die der Staat oder Einrichtungen der Europaeischen Gemeinschaft bei Produzenten erheben und die bei der Gewinnermittlung atzugsfaehig sind (nicht abzugsfaehig als Sonderausgaben). Die indirekten Steuern werden unterteilt in Produktionssteuern (Gewerbesteuer, Grundsteuer, Getraenkesteuer u.a.), nichtabzugsfaehige Umsatzsteuer (also ohne Umsatzsteuer auf Vorleistungen, aber mit einbehaltener Umsatzsteuer) und Einfuhrabgaben (Zoelle u. a.) (VGR81; p.91-93).

	(1980)
Bem.: Produktionssteuern (ohne Verwaltungsgebuehren)	80750
- Verbrauchssteuern (Mineraloelsteuer, Tabaksteuer u.ae.)	33340
- Gewerbesteuern	27090
- Grundsteuern	5800
- Kfz-Steuern (soweit nicht von priv. Haushalten gezahlt)	3100
- Sonstige Produktionssteuern	11420
Verwaltungsgebuehren der Unternehmen	2690
Nichtabzugsfaehige Umsatzsteuer (Kassenaufkommen an Steuern vom Umsatz sowie einbehaltene Umsatzsteuer aufgrund von gesetzlichen Sonderregelungen)	96180
- Umsatzsteuer (ohne Einfuhrumsatzsteuer)	52850
- Einfuhrumsatzsteuer	40600
- einbehaltene Umsatzsteuer (umsatzst.Verguenstigungen fuer Land- und Forstwirtschaftliche Betriebe (Par.24 Umsatzsteuergesetz), zur Foerderung der Berliner Wirtschaft (Par.1 bis 13 Berlinfoerderungsgesetz), fuer Bezuege aus dem Waehrungsgebiet der Mark der Deutschen Demokratischen Republik (allgem. Verwaltungsvorschrift zu Par. 26 Abs.4 Umsatzsteuergesetz vom 16. Mai 1973) sowie - im Jahr 1968- fuer die Entlastung der Altvorraete (Par. 28 Umsatzsteuergesetz 1967).	2730
Einfuhrabgaben	13450
- Zoelle	4790
- Verbrauchssteuern auf Einfuhren	7170
- Abschoepfungs- und Waehrungsausgleichsbetraege	1490

Revision 1977: Konzeptaenderung: Verminderung um Beitraege zur gesetzlichen Unfallversicherung (WiSta77; p.222,231):
100 % Konzeptaenderung (vgl. aber WiSta77; p.232)

Revision 1982: Konzeptaenderung: einbehaltene Umsatzsteuer als Subventionen abgerechnet, deshalb hoehere nichtabzugsfaehige Umsatzsteuer (WiSta82; p.555).
Ausserdem neue Daten ueber Steuern auf deutsche Einfuhren an EG-Aussengrenze (WiSta82; p.553):
Verhaeltnis Konzept- zu Datenmaterialaenderung: 2 : 1 (unterstellt)

66 Produktionssteuern, Staat, MrdDM

TI'G = TI'G

Quelle: VGR, Fachserie 18, Tab.: 3.11 (Produktionswert, Vorleistungen und Wertschoepfung des Staates, Staatsverbrauch), Zeile 4

Produktionssteuern sind Grund(erwerbs)steuern, Kfz-Steuern u.ae. der Nichtprivaten (VGR81; p.92).

Revision 1977: keine Konzeptaenderung

Revision 1982: keine Konzeptaenderung

67 Indirekte Steuern der Privaten, MrdDM

TI'P = TI-TI'G

Quelle: eigene Berechnung

Verwendete Zeitreihen:

TI	indirekte Steuern, MrdDM
TI'G	Produktionssteuern, Staat, MrdDM

68 Quote: indirekte Steuern der Privaten

TI'PRAT = TI'P / YDP'PN

Quelle: eigene Berechnung

Verwendete Zeitreihen:

TI'P	indirekte Steuern der Privaten
YDP'PN	priv. Bruttosozialprodukt, MrdDM

69 Zeit, 1960=0

TIME = TIME

Quelle: eigene Berechnung

70 Direkte Steuern u. ae. der Gewinnbezieher, MrdDM

TY'P = TY'P1+TY'P2+TY'P3-TY'P4-TY'P5-TY'P6

Quelle: als Summe aus: VGR, Fachserie 18, Tab.: 3.27 (Einkommen aus Unternehmertaetigkeit und Vermoegen, Zeilen 5,12,13,16,19,20; auch aus: VGR, Fachserie 18, Tab.: 2.13 (Einkommen aus Unternehmertaetigkeit und Vermoegen), Spalte 2

Verwendete Zeitreihen:

TY'P1	oeffentl. Abg. auf Eink. aus Unt.t.+Verm.,MrdDM
TY'P2	Saldo d.Schadenvers.Trans. d. Unternehmer, MrdDM
TY'P3	sonst. Uebertr. der Untern. mit eig. R.p.,MrdDM
TY'P4	Saldo der Soz. Beitr.u.Leist. d. Vers.Unt.,MrdDM
TY'P5	sonst. lfd. Uebertragungen, Unternehmen, MrdDM
TY'P6	Unterst. Soz.beitr. abzgl. soz.Leist.,Unt.,MrdDM

TY'P = direkte Steuern und sonstige laufende Uebertragungen an den Staat von Unternehmen mit eigener Rechtspersoenlichkeit
\+ direkte Steuern und Pflicht-Sozialbeitraege (der Selbststaendigen) von privaten Haushalten (ohne Lohnsteuern und Steuern im zusammenhang mit privatem Verbrauch) und privaten Organisationen ohne Erwerbszweck
\+ Saldo der Schadensversicherungstransaktionen der Unternehmen mit eigener Rechtspersoenlichkeit
\+ uebrige Uebertragungen der Unternehmen mit eigener Rechtspers.
\- Saldo der tatsaechlichen Sozialbeitraege an und der sozialen Leistungen von Versicherungsunternehmen
\- sonstige laufende Uebertragungen (Zuschuesse des Bundes an die Bundesbahn u.ae. fuer aussergewoehnliche Pensionslasten)
\- Saldo der unterstellten Sozialbeitraege an und der sozialen Leistungen von Unternehmen
(VGR60-81; p.220/1)

Revision 1977: Konzeptaenderung: neues Konzept fuer Sozialbeitraege und soziale Leistungen: einerseits erhoehte Uebertragungen an den Staat (z.B. Beitraege zur gesetzlichen Unfallversicherung) (TY'P1) (WiSta 77; p.220/1), andererseits staerkere Erhoehung der Sozialbeitraege an Unternehmen als der sozialen Leistungen von Unternehmen, etwa da Rueckstellungen fuer Ruhegeldverpflichtungen der Unternehmen und fuer Leistungen der Lebensversicherungsunternehmen und Pensions-

kassen nur als Sozialbeitraege vertucht werden, nicht aber als soziale Leistungen (WiSta77; p.228). Insgesamt ergibt sich daraus ein Rueckgang der Abgaben:
100 % Konzeptaenderung

Revision 1982: Konzeptaenderung: unterstellte Sozialbeitraege der Beamten bei der Bundesbahn und -post (oeffentliche Unternehmen) vermindert, da anzulegender Prozentsatz anhand der vergleichbaren Belastung der Angestellten im oeffentlichen Dienst ermittelt wurde (WiSta82; p.567).
Datenmaterialaenderung: Angaben fuer Rueckstellung fuer betriebliche Ruhegeldverpflichtungen auf gesicherte Datengrundlage gestellt, ebenso entsprechende Leistungen (WiSta82; p.568).
Insgesamt ergibt sich eine Erhoehung der Abgaben (WiSta82; p.568): Verhaeltnis Konzept- zu Datenmaterialaenderung: 1 : 1 (unterstellt)

71 Quote: Steuern auf Gewinne

TY'PRAT = TY'P / Y'P

Quelle: eigene Berechnung

Verwendete Zeitreihen:

TY'P direkte Steuern u. ae. der Gewinnbezieher, MrdDM
Y'P Bruttoeink. aus Unt.taetigkeit und Verm., MrdDM

72 Oeffentl. Abg. auf Eink. aus Unt.t.+Verm.,MrdDM

TY'P1 = TY'P1

Quelle: VGR, Fachserie 18, Tab.: 3.27 (Einkommen aus Unternehmertaetigkeit und Vermoegen (vor und nach der Umverteilung)), Zeile 5

Bem.: Oeffentliche Abgaben auf Bruttoeinkommen aus Unternehmertaetigkeit und Vermoegen =

direkte Steuern u. ae. der Unternehmen mit eigener Rechtspersoenlichkeit, d.h.
direkte Steuern
(1970 und 1971 einschliesslich, 1972 nach Erstattung des rueckzahlbaren Konjunkturzuschlages, 1973 und 1974 einschl. Stabilitaetszuschlag.- Vor Abzug der Investitionszulagen)
+ sonstige laufende Uebertragungen der Unternehmen an den Staat

+ direkte Steuern u. ae. der privaten Haushalte und privaten Organosationen ohne Erwerbszweck, d.h.

direkte Steuern
(1970 und 1971 einschl., 1972 nach Erstattung
des rueckzahlbaren Konjunkturzuschlages, 1973 und 1974 einschl.
Stabilitaetszuschlag.- Vor Abzug der Investitionszulagen)
+ tatsaechliche Sozialbeitraege (Pflichtbeitraege der Selbst-
staendigen)

73 Saldo d.Schadenvers.trans. d. Unternehmer, MrdDM

TY'P2 = TY'P2

Quelle: VGR, Fachserie 18, Tab.: 3.27 (Einkommen aus Unternehmertaetig-
keit und Vermoegen (vor und nach der Umverteilung)), Zeile 12

Bem.: Saldo der Schadensversicherungstransaktionen der Unternehmen
mit eigener Rechtspersoenlichkeit (einschl. Versicherungs-
unternehmen)

74 sonst. Uebertr. der Untern. mit eig. R.p., MrdDM

TY'P3 = TY'P3

Quelle: VGR, Fachserie 18, Tab.: 3.27 (Einkommen aud Unternehmertaetig-
keit und Vermoegen (vor und nach der Umverteilung)), Zeile 13

Bem.: uebrige Uebertragungen der Unternehmen mit eigener Rechts-
persoenlichkeit
an den Staat und
an die uebrige Welt

75 Saldo der Soz. Beitr.u.Leist. d. Vers.Unt.,MrdDM

TY'P4 = TY'P4

Quelle: VGR, Fachserie 18, Tab.: 3.27 (Einkommen aus Unternehmertaetig-
keit und Vermoegen (vor und nach der Umverteilung)), Zeile 16

Bem.:Saldo der tatsaechlichen Sozialbeitraege und der sozialen Lei-
stungen der Versicherungsunternehmen
(Nettozufuehrungen der Lebensversicherungsunternehmen, Pensions-
kassen und Versorgungswerke zu Deckungsrueckstellungen fuer
Betriebsrenten u. ae.):
tatsaechliche Sozialbeitraege an Versicherungsunternehmen
- soziale Leistungen der Versicherungsunternehmen
im Zusammenhang mit tatsaechlichen Sozialbeitraegen

76 Sonst. lfd. Uebertragungen, Unternehmen, MrdDM

TY'P5 = TY'P5

Quelle: VGR, Fachserie 18, Tab.: 3.27 (Einkommen aus Unternehmertaetigkeit und Vermoegen (vor und nach der Umverteilung)), Zeile 19

Bem.: Zuschuesse des Bundes an die Bundesbahn u. ae. zur Deckung aussergewoehnlicher Pensionslasten

77 Unterst. Soz.beitr. abzgl. soz.Leist.,Unt.,MrdDM

TY'P6 = TY'P6

Quelle: VGR, Fachserie 18, Tab.: 3.27 (Einkommen aus Unternehmertaetigkeit und Vermoegen (vor und nach der Umverteilung)), Zeile 20

Bem.:Saldo der unterstellten Sozialbeitraege und der sozialen Leistungen der Unternehmen:
unterstellte Sozialbeitraege
- soziale Leistungen

78 Lohnsteuer, MrdDM

TY'W = TY'W

Quelle: VGR, Fachserie 18, Tab.: 3.25 (Einkommen aus unselbstaendiger Arbeit), Zeile 42

Als Lohnsteuer eines Berichtsjahres werden die Kassenzahlen ab Februar des Jahres bis Januar des folgenden Jahres nachgewiesen (Berechnung nac Faelligkeit) (VGR81; p.99).

Bem.: ohne Lohnsteuer auf Pensionen. - Vor Abzug der Arbeitnehmersparzulage (ab 1971)
1970 und 1971 einschliesslich, 1972 nach Erstattung des rueckzahlbaren Konjunkturzuschlages, 1973 und 1974 einschliesslich Stabilitaetszuschlag

Revision 1977: keine Konzeptaenderung

Revision 1982: keine Konzeptaenderung

79 Vorleistungsquote (unbereinigt)

VAU = VORL'UBE/YDP'PN

Quelle: eigene Berechnung

Verwendete Zeitreihen:

VORL'UBE	Vorleistungen, Unternehmen, unbereinigt, MrdDM
YDP'PN	priv. Bruttosozialprodukt, MrdDM

80 Vorleistungen, Unternehmen (unbereinigt), MrdDM

VORL'UBE = VORL'UBE

Quelle: VGR, Fachserie 18, Tab.: 3.2/15 (Produktionswert, Vorleistungen, Wertschoepfung in jeweiligen Preisen), Spalte 2

Unter Vorleistungen ist der Wert der Waren und Dienstleistungen zu verstehen, die inlaendische Wirtschaftseinheiten von anderen in- und auslaendischen Wirtschaftseinheiten bezogen und im Berichtszeitraum im Zuge der Produktion verbraucht haben. In den unbereinigten Vorleistungen sind die gesamten unterstellten Entgelte fuer Bankdienstleistungen einbezogen. Vorleistungen sind zu Marktpreisen des Berichtsjahres bewertet. Eingefuehrte Gueter werden einschliesslich Einfuhrabgaben nachgewiesen. Auch Verbrauchssteuern und nicht abzugsfaehige Umsatzsteuern sind im Wert der Vorleistungen enthalten (VGR81; p.84). - Daten ueber die Produktion der Unternehmen sind z.B. im "Zensus fuer das produzierende Gewerbe" (5-jaehrig), in jaehrlichen Anschlusserhebungen in Industrie und Bankgewerbe, in der Umsatzsteuerstatistik sowie in monatlichen Umsatzmeldungen der Industrie- und Bauberichterstattung enthalten. Nach Esenwein - Rothe (1976; p.287/8) werden die alle 5 Jahre aus den Daten der Zensus-Unternehmen ermittelten branchenspezifischen Relationen zwischen Brutto- und Nettoproduktionswert als kurzfristig stabil angesehen. Dieses scheint schon deshalb als wenig gluecklich, da sich die Preise der Einsatzmaterialien voraussichtlich nicht proportional zu denen der Branche entwikkeln werden. Auch scheint nach Hamer (1970; p.78) eine Abgrenzung der Vorleistungen gegenueber Werbungskosten oder Geschaeftskosten als fliessend.

Bem.: Die bereinigten Vorleistungen unterscheiden sich von den unbereiten dadurch, dass die unterstellten Entgelte fuer Bankdienstleistungen (Vorleistungen einer fiktiven Einheit) nicht miteinbezogen werden.

Revision 1977: Konzeptaenderung: erstmals Einbeziehung von Einfuhrabgaben (WiSta77; p.217/8):
100 % Konzeptaenderung (unterstellt)

Revision 1982: Konzeptaenderung: Vorleistungen werden ohne abzugsfaehig
Umsatzsteuer nachgewiesen (WISta82; p.554); ausserdem vermindern sich die Vorleistungen um gewisse Transaktionen des Staates, die jetzt als Subventionen nachgewiesen werden (WiSta82; p.563): 100 % Konzeptaenderung (unterstellt)

81 Lohnsatz im privaten Sektor, DM/Std

WR'P = Y'WP/HW'PD

Quelle: eigene Berechnung

Verwendete Zeitreihen:

Y'WP	Bruttoeink. aus unselbst. Arbeit, privat, MrdDM
HW'PD	Arbeitsvolumen, privat und abhaengig, MrdStd

82 Ausfuhr, Mrd76DM

X'GS = X'GSN / (P'XGS/100)

Quelle: VGR, Fachserie 18, Tab.: 3.14 (Verwendung des Sozialprodukts), Zeile 24

Verwendete Zeitreihen:

X'GSN	Ausfuhr, MrdDM
P'XGS	Preisindex, Ausfuhr, 1976=100

83 Ausfuhr, MrdDM

X'GSN = X'GSN

Quelle: VGR, Fachserie 18, Tab.: 3.14 (Verwendung des Sozialprodukts), Zeile 11

Als Ausfuhr von Waren und Dienstleistungen gelten alle Waren- und Dienstleistungsverkaeufe an Wirtschaftseinheiten, die ihren staendigen Sitz ausserhalb der BRD haben. Es werden auch unentgeltliche Leistungen wie etwa Entwicklungshilfe und Stationierungskosten auslaendischer Streitkraefte als Ausfuhr verbucht. Ausserdem werden Erwerbs- und Vermoegenseinkommen aus der uebrigen Welt als Ausfuhr nachgewiesen (VGR81; p.89-90)

Revision 1977: Konzeptaenderung: Der Transithandel wird nur noch mit de
Handelsspanne verbucht (Verminderung der Ausfuhr). Die im Inland ge-

kauften Gueter fuer Geschenksendungen an das Ausland werden als Ausfuhr gebucht (Erhoehung der Ausfuhr). Einige unentgeltliche Leistungen werden als Ausfuhr gebucht (Erhoehung der Ausfuhr). Auch durch geaenderte Behandlung von nachtraeglichen Preisnachlaessen u.ae. vermindern sich die Ausfuhren (WiSta77; p.220):
100 % Konzeptaenderung (der Einfachheit halber) (vgl. aber WiSta77; p.263)

Revision 1982: keine Konzeptaenderung (WiSta82; p.564/5)

84 Verfuegbares Einkommen, priv. Hh., Mrd76DM

Y'DIS = Y'DISN / (P'C/100)

Quelle: eigene Berechnung

Verwendete Zeitreihen:

Y'DISN	verfuegbares Einkommen, priv. Hh., MrdDM
P'C	Preisindex, Konsum, 1976=100

85 Verfuegbares Einkommen, priv. Hh., MrdDM

Y'DISN = Y'PNETD + Y'WNET + T'WB

Quelle: VGR, Fachserie 18, Tab.: 3.20 (Nettosozialprodukt, verfuegbares Einkommen und seine Verwendung), Zeile 36

Verwendete Zeitreihen:

Y'PNETD	vert. Nettoeink. aus Unt.taet. und Verm., MrdDM
Y'WNET	Nettolohn- und Gehaltssumme, MrdDM
T'WB	Transferzahl., private Haushalte (Saldo), MrdDM

Das verfuegbare Einkommen gibt den Einkommensbetrag an, der den Wirtschaftseinheiten nach der Verteilung der Erwerbs- und Vermoegenseinkommen und nach der Umverteilung ueber empfangene und geleistete laufende Uebertragungen zur Verfuegung steht. Fuer den Sektor private Haushalte wird es hier ohne nichtentnommene Gewinne der Unternehmen ohne Rechtspersoenlichkeit ausgewiesen (VGR81; p.103/4).

86 Bruttoeink. aus Unt.taetigkeit und Verm., MrdDM

Y'P = YDP'PN - TI'P + SUB'G - KCA'P - Y'WP

Quelle: VGR, Fachserie 18, Tab.: 3.24 (Verteilung der Erwerbs- und Vermoegenseinkommen), Zeile 12

Verwendete Zeitreihen:

YDP'PN	privates Bruttosozialprodukt, MrdDM
TI'P	indirekte Steuern der Privaten, MrdDM
SUB'G	Subventionen, MrdDM
KCA'P	Abschreibungen der Unternehmen, MrdDM
Y'WP	Bruttoeink. aus unselbst. Arbeit, privat, MrdDM

Bei dem Bruttoeinkommen aus Unternehmertaetigkeit und Vermoegen handelt es sich um
- Zinsen, - Nettopachten und Einkommen aus immateriellen Werten,
- Dividenden und sonstigen Ausschuettungen von Unternehmen mit eigener Rechtspersoenlichkeit
- Einkommen der Unternehmen ohne eigene Rechtspersoenlichkeit

(VGR81; p.96). Das Bruttoeinkommen aus Unternehmertaetigkeit und Vermoegen wird nicht originaer erhoben, es ist eine Restgroesse (WiSta82; p.567)

87 Quote: Entnommene Gewinne + Verm.eink., priv.Hh.

Y'PDRAT = Y'PNETD / Y'PNET * 100

Quelle: eigene Berechnung

Verwendete Zeitreihen:

Y'PNETD	Entnommene Gewinne + Verm.eink., priv. Hh.,MrdDM
Y'PNET	Nettoeink. aus Unt.taetigkeit und Verm., MrdDM

88 Nettoeink. aus Untern.taet. und Vermoegen, MrdDM

Y'PNET = Y'P - TY'P

Quelle: VGR, Fachserie 18, Tab.: 2.13 (Einkommen aus Unternehmertaetigkeit und Vermoegen), Spalte 2

Verwendete Zeitreihen:

Y'P	Bruttoeink. aus Untern.taet. und Vermoegen,MrdDM
TY'P	Abgaben der Gewinnbezieher, MrdDM

89 Entnommene Gewinne + Verm.eink., priv. Hh.,MrdDM

Y'PNETD = Y'PNETD

Quelle: VGR, Fachserie 18, Tab.: 3.27 (Einkommen aus Unternehmertaetigkeit und Vermoegen (vor und nach der Umverteilung)), Zeile 25; VGR, Fachserie 18, Tab.: 2.13 (Einkommen aus Unternehmertaetigkeit und Vermoegen), Spalte 5

Bem.: nach Abzug der Zinsen auf Konsumentenschulden

90 Bruttoeinkommen aus unselbst. Arbeit, MrdDM

Y'W = Y'W

Quelle: VGR, Fachserie 18, Tab.: 3.24 (Verteilung der Erwerbs- und Vermoegenseinkommen), Zeile 11

Das Bruttoeinkommen aus unselbstaendiger Arbeit umfasst
- Bruttoloehne und -gehaelter und
- (tatsaechliche und unterstellte) Sozialbeitraege der Arbeitgeber
(VGR81; p.94)

Revision 1977: Konzeptaenderung: Einbeziehung der gesetzlichen Unfallversicherung und der Nettozufuehrungen zu Rueckstellungen fuer Ruhegeldverpflichtungen in die Sozialbeitraege:
100 % Konzeptaenderung (WiSta77; p.237)

Revision 1982: Konzeptaenderung: Verminderung der (unterstellten) Sozialbeitraege der Arbeitgeber durch Neuberechnung der unterstellten Sozialbeitraege fuer Beamte (von Bahn und Post) (WiSta82; p.567)
Datenmaterialaenderung: Konsolidation der Zahlen fuer Rueckstellungen fuer Ruhegeldverpflichtungen. Anhebung der Bruttolohn- und Gehaltssumme ab 1970 auf Grund neuer Daten in einer Reihe von Bereichsstatistiken, in der Beschaeftigten- und Entgeltstatistik und der Lohnsteuerstatistik (WiSta82; p.568).
Verhaeltnis Konzept- zu Datenmaterialaenderung: 1 : 1 (der Einfachheit halber)

91 Geleist. Eink. aus unselbst. Arbeit, Staat,MrdDM

Y'WG = Y'WG

Quelle: VGR, Fachserie 18, Tab.: 3.11 (Produktionswert,Vorleistungen, Wertschoepfung des Staates), Zeile 3

Die vom Staat geleisteten Bruttoeinkommen aus unselbstaendiger Arbeit umfassen Bruttoloehne und Gehaelter und (tatsaechliche und unterstellte) Sozialbeitraege (VGR81; p.94)

Revision 1977: Konzeptaenderung: Einbeziehung der gesetzlichen Unfallversicherung:
100 % Konzeptaenderung (WiSta77; p.237)

Revision 1982: Konzeptaenderung: Verminderung der unterstellten Sozialbeitraege durch Neuberechnung der Beitraege fuer Beamten (WiSta82; p.567);
Datenmaterialaenderung: Anhebung der Bruttoeinkommen auf Grund neuer Daten in der Beschaeftigten- und Entgeltstatistik und der Lohnsteuerstatistik (WiSta82; p.568)
Verhaeltnis Konzept- zu Datenmaterialaenderung: 1 : 1 (unterstellt)

92 Nettolohn- und Gehaltssumme, MrdDM

Y'WNET = Y'WNET

Quelle: VGR, Fachserie 18, Tab.: 3.25 (Einkommen aus unselbstaendiger Arbeit), Zeile 43

Nettolohn- und Gehaltssumme =
Bruttoeinkommen aus unselbstaendiger Arbeit (Y'W)
- Abgaben der abhaengig Beschaeftigten (TY'W + B'P + BT'W).

Revision 1977: Konzeptaenderung ausgeglichen durch Differenzbildung (vgl. Y'W, TY'W, B'P und BT'W):
100 % Datenmaterialaenderung

Revision 1982: Konzeptaenderung ausgeglichen durch Differenzbildung (vgl. Y'W, TY'W, B'P und BT'W):
100 % Datenmaterialaenderung

93 Bruttoeink. aus unselbst. Arbeit, privat, MrdDM

Y'WP = Y'W-Y'WG

Quelle: eigene Berechnung

Verwendete Zeitreihen:

Y'W	Bruttoeinkommen aus unselbst. Arbeit, MrdDM
Y'WG	geleist. Eink. aus unselbst. Arbeit, Staat,MrdDM

Bem.: Y'WP enthaelt auch den Saldo der Pendlerlohneinkommen

94 Bruttoeink. aus unselbst. Arbeit, Untern., MrdDM

Y'WP_C = Y'WP_C

Quelle: VGR, Fachserie 18, Tab.: 3.24 (Verteilung der Erwerbs- und Vermoegenseinkommen), Zeile 21

Von Unternehmen geleistete Bruttoeinkommen aus unselbstaendiger Arbeit.

Revision 1977: 100 % Konzeptaenderung (vgl. Y'W)

Revision 1982: 50 % Konzeptaenderung (vgl. Y'W)

95 Bruttosozialprodukt, Mrd76DM

YDP = YDP

Quelle: VGR, Fachserie 18, Tab.: 3.1 (Wertschoepfung, Inlandsprodukt und Sozialprodukt), Zeile 26

Bem.: YDP = YDPN / (PP/100)

96 priv. Bruttosozialprodukt, Mrd76DM

YDP'P = C'P + I'FP + I'I + CG'G + I'G + X'GS - M'GS

Quelle: eigene Berechnung

Verwendete Zeitreihen:

C'P	privater Verbrauch, Mrd76DM
I'FP	Anlageinvestitionen, Unternehmen, Mrd76DM
I'I	Vorratsveraenderung, Mrd76DM
CG'G	Staatliche Kaeufe bei Privaten (Saldo), MRD76DM
I'G	Anlageinvestitionen, Staat, Mrd76DM
X'GS	Ausfuhr, Mrd76DM
M'GS	Einfuhr, Mrd76DM

97 Produktion bei Normalauslastung

YDP'PC = YDP'PC

QUELLE: EIGENE BERECHNUNG : OLS-SCHAETZUNG: 1961-1982:
YDP'P = A1*TIME + A2 + YDP'PE
=: YDP'PC + YDP'PE

98 Priv. Bruttosozialprodukt, MrdDM

YDP'PN = C'PN + I'FPN + I'IN + CG'GN + I'GN + X'GSN - M'GSN

Quelle: eigene Berechnung

Verwendete Zeitreihen:

C'PN	privater Verbrauch, MrdDM
I'FPN	Anlageinvestitionen, Unternehmen, MrdDM
I'IN	Vorratsveraenderung, MrdDM
CG'GN	Staatliche Kaeufe bei Privaten (Saldo), MRDDM
I'GN	Anlageinvestitionen, Staat, MrdDM
X'GSN	Ausfuhr, MrdDM
M'GSN	Einfuhr, MrdDM

99 Bruttosozialprodukt, MrdDM

YDPN = YDPN

Quelle: VGR, Fachserie 18, Tab.: 3.1 (Wertschoepfung, Inlandsprodukt und Sozialprodukt), Zeile 13

Bruttowertschoepfung
+ nichtabzugsfaehige Umsatzsteuer
+ Einfuhrabgaben
=: Bruttoinlandsprodukt
+ Saldo der Erwerbs- und Vermoegenseinkommen zwischen Inlaendern und der uebrigen Welt
=: Bruttosozialprodukt

Die Bruttowertschoepfung ist ein Massstab fuer die wirtschaftliche Leistung der Sektoren, sie ergibt sich - ausgehend von den Produktionswerten der Sektoren - durch Ausschaltung der Vorleistungen (VGR81; p.90). Das Bruttoinlandsprodukt repraesentiert die im Inland entstandene wirtschaftliche Leistung. Das Bruttosozialprodukt repraesentiert die wirtschaftliche Leistung der Inlaender.

Revision 1977: Konzeptaenderung: Verminderung um den bisher in der letzten Verwendung enthaltenen Teil der unterstellten Bankgebuehren, Verminderung des Beitrages des Staates um die vom Staat uebernommenen Stationierungskosten auslaendischer Streitkraefte (WiSta77; p.222):
100 % Konzeptaenderung (der Einfachheit halber, vgl. aber WiSta77; p.230,232)

Revision 1982: keine Konzeptaenderung: Aenderung der Verbuchung der Mehrwertsteuer wirkt sich nicht aus (WiSta82; p.554):
100 % Datenmaterialaenderung

100 Bruttowertschoepfung, Staat, Mrd76DM

YNP'G = YNP'G

Quelle: VGR, Fachserie 18, Tab.: 3.4K (Bruttowertschoepfung nach Wirtschaftsbereichen, Nettoinlandsprodukt), Zeile 70

A N H A N G   3

Gütegruppeneinteilung von VGR-Daten des Statistischen Bundesamts

Die nachfolgende Gütegruppeneinteilung von Ergebnissen der VGR des Statistischen Bundesamts stammt aus einem Briefwechsel zwischen dem Autor und Herrn Dr. Lützel vom Statistischen Bundesamt in der Zeit vom 20.6.1983 bis zum 19.9.1983. Die klassifizierten Variablen lassen sich mit Hilfe der Tabelleneinträge unter "Nr.", "Bezeichnung", "Zeile", "Spalte" der "Standardtabelle" und unter "Variablenbezeichnung" in den "Konten und Standardtabellen 1981" (VGR81) eindeutig identifizieren. Bei der Gütegruppeneinteilung steht

A   für "genauer als der Durchschnitt",

B   für "durchschnittlich genau" und

C   für "ungenauer als der Durchschnitt".

	Standard-Tabelle Nr.	Bezeichnung	Zeile	Spalte	Variablenbezeichnung	Intervall gleich glaubwürdiger Werte: Typ =	Tendenz	Gütegruppe Typ =
1	2.13	Eink. aus Unt.tät. + Vermögen	-	1	Bruttoeink. aus Unt.tät. + Vermögen			C
2			-	2	Direkte Steuern u.ä.			A
3			-	3	Nettoeink. aus Unt.tät. + Vermögen			C
4			-	5	Entnommene Gewinne + Verm. Eink. der priv.Haushalte,nach Abzug d. Zinsen auf Konsumentenschulden			C
5	3.1	Wertschöpfung, Inlandspr. + Sozialpr.	8	-	Indirekte Steuern			A
6			9	-	Subventionen			B
7			13	-	Bruttosozialprodukt			A
8			26	-	Bruttosozialprodukt (real)			A
9			29	-	Preisindex: Bruttowertschöpfung			B
10			33	-	Preisindex: Bruttosozialprod.			B
11	3.2/15	Prod.werte, Vorleist. ..., in jew. Preisen, Untern. zusammen (unbereinigt)	-	2	Vorleistungen (unbereinigt)			B
12	3.4 K	Bruttowert. nach Wirtschaftsber., Nettoinlandspr., in Preisen von 1976	70	-	(Bruttowertschöpfung) Staat (real)			C
13	3.11	Prod.wert, Vorleist. + Wertsch. des Staates	3	-	Geleistete Eink. aus unselbst. Arbeit			A
14			4	-	Produktionssteuern			A
15	3.14	Verwendung des Sozialprodukts	1	-	Privater Verbrauch			B
16			2	-	Staatsverbrauch			A/B
17			9	-	Vorratsveränderung			C
18			11	-	Ausfuhr			A
19			13	-	Einfuhr			A
20			16	-	Privater Verbrauch (real)			B
21			17	-	Staatsverbrauch (real)			C
22			22	-	Vorratsveränderung (real)			C
23			24	-	Ausfuhr (real)			B
24			26	-	Einfuhr (real)			B
25			29	-	Preisindex: priv. Verbrauch			B
26			30	-	Preisindex: Staatsverbrauch			B
27			31	-	Preisindex: Anlageinvestit.			B
28			35	-	Preisindex: Ausfuhr			B
29			37	-	Preisindex: Einfuhr			B

	Standard-Tabelle Nr.	Bezeichnung	Zeile	Spalte	Variablenbezeichnung	Intervall gleich glaubwürdiger Werte: Typ =	Tendenz	Gütegruppe Typ =
30	3.18	Anlageinvest. nach Sektoren	9	-	(Anlageinv.) Unternehmen			B
31			28	-	(Anlageinv.) Staat			B
32			57	-	(Anlageinv.) Untern. (real)			B
33			62	-	(Anlageinv.) Staat (real)			B
34	3.24	Verteilung d. Erwerbs- u. Vermögens-Einkommen	11	-	Bruttoeink. aus unselbst. Arbeit (gesamte Volkswirtsch.)			A
35			21	-	Bruttoeink. aus unselbst. Arbeit (Unternehmen)			A
36	3.25	Eink. aus unselbst. Arbeit	36	-	Arbeitgeberbeiträge			A
37			41	-	Tats. Sozialbeitr. d. Arbeitnehmer			A
38			42	-	Lohnsteuern			A
39			43	-	Nettolohn- u. Gehaltssumme			A
40	3.28	Nettosozialpr., Verf. Eink., ...	36	-	(Verf. Eink.) Priv. Haushalte, ohne nicht entnommene Gewinne ...			B
41	3.29	Ersparnis + Vermögensbildung	50	-	Abschreibungen, Unternehmen			B/C
42	3.34 A	Laufende Einn. + Ausgaben ... des Staates, Staat insgesamt	44	-	Käufe von Gütern für die lfde. Produktion, Staat			B/C
43			50	-	Verkäufe von Verwaltungsleist.			B/C
44	3.45	Eink. der priv. Haushalte	60	-	Empfangene lfde. Obertr.			B
45			62	-	geleistete lfde. Obertr.			B
46	3.51 K	Anlageverm. Zugänge, ... , in Preisen von 1976	113	-	Bruttoanlageverm. ..., Unternehmen (real)			C
47			115	-	Abgänge, Untern. (real)			C
48			129	-	Bruttoanlageverm. ..., Staat (real)			C
49			131	-	Abgänge, Staat (real)			C
50			137	-	Bruttoanlageverm., ..., insgesamt (real)			C
51			139	-	Abgänge, insgesamt (real)			C
52	3.51 W	Anlageverm., Zugänge, ... , zu Wiederbeschaffungspreisen	117	-	Nettoanlageverm., ... , Unternehmen			C

LITERATURVERZEICHNIS

Aigner, D.J., Hsiao, C., Kapteyn, A., Wansbeek, T. (1984): Latent variable models in econometrics; in: Handbook of Econometrics, Vol. II; (Eds.) Z. Griliches, M.D. Intriligator; North-Holland; p. 1321-1393.

Amemiya, T. (1977): The Maximum Likelihood and the nonlinear Three-Stage Least Squares estimator in the general nonlinear simultaneous equation model; Econometrica 45, p. 955-968.

Bekker, P.A. (1984): Comment on:Identification in the linear errors in variables model; Department of Economics, Tilburg University, Research memorandum.

Bekker, P.A., Kapteyn, A., Wansbeek, T. (1984): Consistent sets of estimates for regressions with correlated or uncorrelated measurement errors in arbitrary subsets of all variables; Discussion paper No. 84.18, Katholieke Hogeschool Tilburg, Subfaculteit der Econometrie.

Belsley, D.A. (1979): On the computational competitiveness of Full-Information Maximum-Likelihood and Three-Stage Least-Squares in the estimation of nonlinear simultaneous-equations models;Journal of Econometrics 9, p. 315-342.

Belsley, D.A. (1980): On the efficient computation of the nonlinear Full-Information Maximum-Likelihood estimator; Journal of Econometrics 14, p. 203-225.

Berndt, E.K., Hall, B.H., Hall, R.E., Hausman, J.A. (1974): Estimation and inference in nonlinear structural models; Annals of Economic and Social Measurement 3, p. 653-665.

Betts, J.T. (1976): Solving the nonlinear least square problem: Application of a general method; Journal of Optimization Theory and Applications 18, p. 469-483.

Bianchi, C., Calzolari, G. (1980): The one-period forecast errors in nonlinear econometric models; International Economic Review 21, p. 201-208.

Bianchi, C., Calzolari, G. (1983): Standard errors of forecasts in dynamic simulation of nonlinear econometric models: Some empirical results; in: Time series analysis: Theory and practice 3; (Ed.) O.D. Anderson; North-Holland; p. 177-198.

Bianchi, C., Calzolari, G., Weihs, C. (1985): Parametric and nonparametric Monte Carlo estimates of standard errors of forecasts in econometric models; Technical report, IBM Italia, Centro Scientifico Pisa.

Box, G.E.P., Jenkins, G.M. (1970): Time series analysis: Forecasting and control; Holden-Day.

Brown, K.M. (1973): Computer oriented algorithms for solving systems of simultaneous nonlinear algebraic equations; in: Numerical solution of systems of nonlinear algebraic equations; (Eds.) D. Byrne, C.A. Hall; Academic Press; p. 281-348.

Broyden, C.G., Dennis, J.E. Jr., Moré, J.J. (1973): On the local and superlinear convergence of Quasi-Newton methods; Journal of the Institute of Mathematics and Applications 12, p. 223-246.

Brundy, J.M., Jorgenson, D.W. (1971): Efficient estimation of simultaneous equations by instrumental variables; Review of Economics and Statistics 53, p. 207-224.

Calzolari, G., Panattoni, L. (1984): A simulation study on FIML covariance matrix; Discussion paper, IBM Italia, Centro Scientifico Pisa.

Calzolari, G., Panattoni, L. (1985): Gradient methods in FIML estimation of econometric models; Discussion paper, IBM Italia, Centro Scientifico Pisa.

Calzolari, G., Panattoni, L., Weihs, C. (1985): Computational efficiency of FIML-estimation; Discussion paper, IBM Italia, Centro Scientifico Pisa.

Calzolari, G. Sterbenz, F.P. (1983): Efficient computation of reduced form variances in nonlinear econometric models; Discussion paper, IBM Italia, Centro Scientifico Pisa.

Christ, C.F. (1966): Econometric models and methods; J. Wiley.

Dagenais, M.G. (1978): The computation of FIML-estimates as iterative generalized least-squares estimates in linear and nonlinear simultaneous equation models; Econometrica 46, p. 1351-1362.

Dennis, J.E. Jr., Moré, J.J. (1974): A characterization of superlinear convergence and its application to Quasi-Newton methods; Mathematics of Computation 28,p. 549-560.

Dennis, J.E. Jr., Moré, J.J. (1977): Quasi-Newton methods, motivation and theory; SIAM Review 19, p. 46-89.

DIW (1978): Vierteljährliche Volkswirtschaftliche Gesamtrechnung für die Bundesrepublik Deutschland, Methoden und Probleme (Projektleitung K. Müller-Krumholz); Vierteljahreshefte zur Wirtschaftsforschung.

Domowitz, I., White, H. (1982): Misspecified models with dependent observations; Journal of Econometrics 20, p.35-58.

Erwe, F. (1970): Differential- und Integralrechnung I; Bibliographisches Institut, Hochschultaschenbücher 30/30a.

Esenwein-Rothe, I. (1976): Die Methoden der Wirtschaftsstatistik, Band 2; Vandenhoek&Ruprecht, UTB 560.

Fletcher, R. (1972): An algorithm for solving linearly constrained optimization problems; Mathematical Programming 2, p. 133-165.

Frisch, R. (1934): Statistical confluence analysis by means of complete regression systems; Oslo University, Economics Institute; Publikation Nr. 5.

Fuller, W.A. (1980): Properties of some estimators for errors-in-variables model; Annals of Statistics 8, p. 407-422.

Fuller, W.A., Hidiroglou, M.A. (1978): Regression estimation after correcting for attenuation; Journal of the American Statistical Association 73, p. 99-104.

Gallant, A.R. (1977): Three-Stage Least-Squares estimation for a system of simultaneous, nonlinear, implicit equations; Journal of Econometrics 5, p. 71-88.

Gallant, A.R., Holly, A. (1980): Statistical inference in an implicit, nonlinear, simultaneous equation model in the context of Maximum Likelihood estimation; Econometrica 48, p. 697-720.

Goldberger, A.S., Nagar, A.L., Odeh, H.S. (1961): The covariance matrices of reduced-form coefficients and of forecasts for a structural econometric model; Econometrica 29, p. 556-573.

Gourieroux, C., Monfort, A., Trognon, A. (1984): Pseudo Maximum Likelihood methods: Theory; Econometrica 52, p. 681-700.

Griliches, Z. (1974): Errors in variables and other unobservables; Econometrica 42, p. 979-1002.

Griliches, Z. (1985): Data and econometricians - The uneasy alliance; American Economic Review 75, Papers and Proceedings, p. 196-200.

Hatanaka, M. (1978): On the efficient estimation methods for the macro-economic models nonlinear in the variables; Journal of Econometrics 8, p. 323-356.

Hendry, D.F. (1976): The structure of simultaneous equations estimators; Journal of Econometrics 4, p. 51-88.

Hendry, D.F. (1980): Econometrics - Alchemy or science?; Economica 47, p. 387-406.

Hendry, D.F. (1984): Monte Carlo experimentation in econometrics; in: Handbook of Econometrics; (Eds.) Z. Griliches, M.D. Intriligator; North-Holland; p. 937-976.

Howrey, E.P., Kelejian, H.H. (1971): Simulation versus analytical solutions: The case of econometric models; in: Computer simulation experiments with models of economic systems; (Ed.) T.H. Naylor; J. Wiley, p. 299-319.

Jöreskog, K.G. (1973): A general method for estimating a linear structural equation system; in: Structural equation models in social sciences; (Eds.) A.S. Goldberger, O.D. Duncan; Seminar Press; p. 85-112.

Judge, G.G., Griffiths, W.E., Hill, R.C., Lee, T.-C. (1980): The theory and practice of econometrics; J. Wiley.

Jorgenson, D.W., Laffont, J.-J. (1974): Efficient estimation of nonlinear simultaneous equations with additive disturbances; Annals of Economic and Social Measurement 3/4, p. 615-640.

Kalman, R.E. (1982a): Identifiability and problems of model selection in econometrics; in: Advances in Econometrics; (Ed.) W. Hildenbrand; Cambridge Univ. Press; p. 169-207.

Kalman, R.E. (1982b): Identification from real data; in: Current development in the interface: Economics, econometrics, mathematics; (Eds.) M. Hazewinkel, A.H.G. Rinnooy Kan; D. Reidel; p. 161-196.

Keynes, J.M. (1939): Professor Tinbergen's method; Economic Journal 49, p. 558-568.

Keynes, J.M. (1940): Comment; Economic Journal 50, p. 154-156.

Klepper, S., Leamer, E.E. (1984): Consistent sets of estimates for regressions with errors in all variables; Econometrica 52, p. 163-183.

König, H. (1978): Konsumfunktionen; in: Handwörterbuch der Wirtschaftswissenschaft, Band 4.

König, H., Wolters, J. (1972): Einführung in die Spektralanalyse ökonomischer Zeitreihen; A. Hain.

Krelle, W. (1978): Investitionsfunktionen; in: Handwörterbuch der Wirtschaftswissenschaft, Band 4.

Kübler, K. (1977): Ein disaggregiertes Prognosesystem für die BRD, 2. Die Unternehmenssektoren; A. Hain.

Langaskens, Y., van Rijckeghem, W. (1974): A new method to estimate measurement errors in national account statistics: The Belgium case; International Statistical Review 42, p. 283-290.

Leamer, E.E. (1983): Let's take the con out of econometrics; American Economic Review 73, p. 31-43.

Lucas, R.E. Jr. (1976): Econometric policy evaluation: A critique; in: The Phillips curve and labor markets; (Eds.) K. Brunner, A.H. Meltzer; North-Holland; p. 19-61.

Malinvaud, E. (1980): Statistical methods of econometrics; North-Holland.

Maravall, A., Aigner, D.J. (1977): Identification of the dynamic shock-error model; in: Latent variables in socioeconomic models; (Eds.) D.J. Aigner, A.S. Goldberger; North-Holland; p. 349-363.

MDDB: Monatsberichte der Deutschen Bundesbank, verschiedene Jahrgänge.

Moré, J.J. (1978): The Levenberg-Marquardt algorithm: Implementation and theory; in: Lecture Notes in Mathematics 630: Numerical Analysis; (Ed.) G.A. Watson; Springer; p. 105-116.

Moré, J.J. (1982): Notes on optimization software; in: Nonlinear optimization 1981; (Ed.) M.J.D. Powell; Academic Press; p. 339-352.

Moré, J.J. (1983): Recent developments in algorithms and software for trust region methods; in: Mathematical Programming: The state of the art, Bonn 1982; (Eds.) A. Bachem, M. Grötschel, B. Korte; Springer; p. 258-287.

Moré, J.J., Trangenstein, J.A. (1976): On the global convergence of Broyden's method; Mathematics of Computation 30, p. 523-540.

Morgenstern, O. (1950): On the accuracy of economic observations, 1st ed.; Princeton University Press.

Morgenstern, O. (1965): On the accuracy of economic observations, 2nd, paperback ed.; Princeton University Press.

Nagar, A.L. (1969): Stochastic simulation on the Brookings econometric model; in: The Brookings econometric model: Some further results; (Eds.) J.S. Duesenberry, G. Fromm, L.R. Klein, E. Kuh; North-Holland; p. 425-456.

Nowak, E. (1983): Identification of the dynamic shock-error model with autocorrelated errors; Journal of Econometrics 23, p. 211-221.

Parke, W.R. (1982): An algorithm for FIML and 3SLS estimation of large nonlinear models; Econometrica 50; p. 81-95.

Powell, M.J.D. (1970): A new algorithm for unconstrained optimization; in: Nonlinear programming; (Eds.) J.B. Rosen, O.L. Mangasarian, K. Ritter; Academic Press;p. 31-65.

Powell, M.J.D. (1972): Problems related to unconstrained optimization; in: Numerical methods for unconstrained optimization; (Ed.) W. Murray; Academic Press; p. 29-55.

Powell, M.J.D. (1975): Convergence properties of a class of minimization algorithms; in: Nonlinear programming 2; (Eds.) O.L. Mangasarian, R.R. Meyer, S.M. Robinson; Academic Press; p. 1-27.

Rao, C.R. (1973): Lineare statistische Methoden und ihre Anwendungen; Akademie-Verlag.

Reiersøl, O. (1950): Identifiability of a linear relation between variables which are subject to error; Econometrica 18, p. 375-389.

Rinne, H. (1981): Datenqualität und ökonometrische Analysen und Prognosen; Manuskript, Professur für Statistik und Ökonometrie, Universität Gießen.

Ross, H. (1981): Zum asymptotischen Verhalten von linearen Schätzungen für Erwartungswerte und quadratischen Schätzungen für Varianzen und Kovarianzen in linearen Regressionsmodellen;Diplomarbeit, Institut für Mathematische Statistik, Universität Münster.

Sargan, J.D. (1975): Asymptotic theory and large models; International Economic Review 16, p. 75-91.

Sarrazin, H.T. (1984): Simulationsexperimente mit dem Bonner Modell 11; in: Simulationsexperimente mit ökonometrischen Makromodellen; (Hrsg.) H.G. Langer, J. Martiensen, H. Quinke; R. Oldenbourg; p. 79-109.

Schink, G.R. (1971): Small sample estimates of the variance covariance matrix of forecast error for large econometric models: The stochastic simulation technique; Ph.D. dissertation, University of Pennsylvania.

Schmidt, P. (1974): The asymptotic distribution of forecasts in the dynamic simulation of an econometric model; Econometrica 42, p. 303-309.

Schneeweiss, H. (1971): Ökonometrie; Physica-Verlag.

Schneeweiss, H. (1985): Estimating linear relations with errors in the variables: The merging of two approaches; in: Contributions to econometrics and statistics today; (Eds.) H. Schneeweiss, H. Strecker ; Springer; p. 207-221.

Schönfeld, P. (1969): Methoden der Ökonometrie, Band I; F. Vahlen.

Schönfeld, P. (1971): Methoden der Ökonometrie, Band II; F. Vahlen.

Schönfeld, P. (1980): Ökonometrie; in: Handwörterbuch der Wirtschaftswissenschaft, Band 5.

Sims, C.A. (1980): Macroeconomics and reality; Econometrica 48, p. 1-48.

Sluis, A. van der (1970): Condition numbers and equilibration of matrices; Numerische Mathematik 14, p. 14-23.

Sluis, A. van der (1975): Stability of the solutions of linear least squares problems; Numerische Mathematik 23, p. 241-254.

Sorensen, D.C. (1982): Newton's method with a model trust region modification; SIAM Journal of Numerical Analysis 19, p. 409-416.

Stefanski, L.A. (1985): The effects of measurement error on parameter estimation; Biometrica 72, p. 583-592.

Stoer, J. (1972): Einführung in die Numerische Mathematik I; Springer.

Theil, H. (1971): Principles of econometrics; J. Wiley.

VGR60-76(1977): Volkswirtschaftliche Gesamtrechnungen, Fachserie 18, Reihe S.2, revidierte Ergebnisse 1960 bis 1976; W. Kohlhammer.

VGR60-81 (1982): Volkswirtschaftliche Gesamtrechnungen, Fachserie 18, Reihe S.5, revidierte Ergebnisse 1960 bis 1981; W. Kohlhammer.

VGR69 (1970): Volkswirtschaftliche Gesamtrechnungen, Fachserie 18, Reihe 1, Konten und Standardtabellen 1969; W. Kohlhammer.

VGR75 (1976), VGR80 (1981), VGR81 (1982), VGR82 (1983): entsprechend.

Warren, R.D., Keller White, J., Fuller, W.A. (1974): An errors-in-variables analysis of managerial role performance; Journal of the American Statistical Association 69, p. 886-893.

Weihs, C. (1977): Kondition des linearen Ausgleichsproblems, Testmatrizen, Vergleich von Lösungsverfahren; Diplomarbeit, Mathematisches Institut der Universität Bonn.

Weihs, C. (1984a): IAS-System Bonn, Benutzerhandbuch; Discussion paper Nr. 144, Wirtschaftstheoretische Abt. I, Universität Bonn.

Weihs, C. (1984b): Zufallszahlenerzeugung im IAS-System Bonn; Discussion paper Nr. 146, Wirtschaftstheoretische Abt. I, Univerität Bonn.

Weihs, C. (1985): Convergence of an algorithm for FIML-estimation in (non-)linear econometric models; in: Methods of Operations Research 49; (Eds.) P. Brucker, R. Pauly; A. Hain; p. 101-126.

Weihs, C.,Calzolari, G., Panattoni, L. (1985): The behavior of trust-region methods in FIML-estimation; Discussion paper, IBM Italia, Centro Scientifico Pisa.

White, H., Domowitz, I. (1984): Nonlinear regression with dependent observations; Econometrica 52, p. 143-161.

WiSta77: Wirtschaft und Statistik 1977; W. Kohlhammer.

WiSta82: Wirtschaft und Statistik 1982; W. Kohlhammer.

Wolter, K.M., Fuller, W.A. (1982a): Estimation of nonlinear errors-in-variables models; Annals of Statistics 10, p. 539-548.

Wolter, K.M., Fuller, W.A. (1982b): Estimation of the quadratic errors-in-variables model; Biometrica 69, p. 175-182.

GPSR Compliance

The European Union's (EU) General Product Safety Regulation (GPSR) is a set of rules that requires consumer products to be safe and our obligations to ensure this.

If you have any concerns about our products, you can contact us on ProductSafety@springernature.com

In case Publisher is established outside the EU, the EU authorized representative is:

Springer Nature Customer Service Center GmbH
Europaplatz 3
69115 Heidelberg, Germany

Batch number: 10816188

Printed by Printforce, the Netherlands